装备科技译著出版基金

现代导弹制导

（第 2 版）

Modern Missile Guidance（2nd Edition）

[美] 拉斐尔·亚努舍夫斯基（Rafael Yanushevsky） 著

韦建明　王　宏　刘　方 译

国防工业出版社

·北京·

著作权合同登记 图字：军—2020—044 号

图书在版编目（CIP）数据

现代导弹制导/（美）拉斐尔·亚努舍夫斯基（Rafael Yanushevsky）著；韦建明，王宏，刘方译. —2 版. —北京：国防工业出版社，2022.1

书名原文：Modern Missile Guidance：2nd Edition

ISBN 978-7-118-06826-9

Ⅰ. ①现… Ⅱ. ①拉… ②韦… ③王… ④刘… Ⅲ. ①导弹制导 Ⅳ. ①TJ765

中国版本图书馆 CIP 数据核字（2021）第 238997 号

Modern Missile Guidance (2nd Edition)

ISBN 978-0-8153-8486-1

※

国防工业出版社 出版发行

（北京市海淀区紫竹院南路 23 号 邮政编码 100048）

北京龙世杰印刷有限公司印刷

新华书店经售

*

开本 710×1000 1/16 印张 19¼ 字数 355 千字

2022 年 1 月第 2 版第 1 次印刷 印数 1—2000 册 定价 159.00 元

（本书如有印装错误，我社负责调换）

国防书店：（010）88540777 书店传真：（010）88540776

发行业务：（010）88540717 发行传真：（010）88540762

前　言

在控制理论发展的初期，航空航天工业是其问题和思想的最主要源泉，非线性系统和稳定性分析理论最重要的研究成果都是基于航空航天工业的需求而产生的。

在20世纪，控制理论专家学者深入参与到航空航天领域问题的解决和系统设计之中，最优控制理论也是为了解决航空航天问题而发展起来的。

目前，航空航天领域专家都具备更坚实的数学基础，他们十分熟悉控制理论的最新成果，能够准确地描述工作中遇到的控制问题，并且可以不依靠控制理论专家的帮助而独立地解决，还会尝试在某些航空航天问题上应用新的控制理论成果。因此，控制理论正在失去其最重要的发展源泉，从某种程度上来说，这减缓了控制理论的发展。然而，航空航天学科本身也同样面临着理论发展与实际应用相分离的问题。

新的控制理论的应用在航空航夫类期刊上很常见，但传统的控制方法呢？奇怪的是，恰恰是比例导引法——比例控制器的类似形式，依然在寻的制导中有最广泛的应用。

本书的作者曾在控制领域工作30余年。从开始进入航空航天领域工作起，他惊讶地发现，航空航天工业应用的复杂控制系统的先进水平与现代拦截武器运用的简单制导律之间存在着差距。作者希望本书能够为将来缩小这个差距提供帮助。

制导规律的设计应该从控制理论的角度进行考虑，也就是说，是设计控制规律导引导弹击中目标。在导弹制导领域有两本著作值得一提，这两本著作的风格和内容不同，但它们的作者都是对制导问题有着深入理解的资深专家。第一本著作是N. Shneydor编著的*Missile Guidance and Pursuit*（《导弹制导与追踪》），该书详细描述了各类制导规律，并对主要特点进行了简要介绍。另一本著作是P. Zarchan撰写的*Tactical and Strategic Missile Guidance*（《战略战术导弹制导》），该书对作者在制导系统分析设计方面的丰富经验进行了总结，对比例导引规律进行了详细的阐述。

本书与上述两本著作不同的是将制导律设计作为控制问题来进行考虑。具体的设计过程分别在时域和频域进行，基于时域和频域的不同方法得到了性能互补的不同制导规律。书中第1章主要对导弹制导的基本原理进行介绍。第2

章主要对平行导引和比例导引规律进行描述。第3章主要是基于伴随方法对比例导引规律进行时域分析。第4章主要是对比例导引系统进行频域分析，得到可用于导弹系统设计的脱靶量的解析表达式，利用这些表达式即可分析制导系统参数对其性能的影响，还考虑了包含目标模型的广义导弹制导系统模型，并对频率响应和脱靶量阶跃响应的关系进行了讨论，给出了脱靶量幅值达到最大时的最优频率的确定过程。第5章详细介绍了基于Lyapunov方法得到的一类制导规律，这一类制导规律提高了比例导引规律对机动和非机动目标的效率，这些方法从另一个角度诠释了比例导引规律能够得到广泛应用的重要原因，并给出这类制导规律的解析表达式，用于分析具备和不具备轴向加速度控制能力两种情况下导弹的广义平面交会模型和三维交会模型。第6章主要介绍利用经典控制理论得到的比例导引规律修正形式。具体方法是利用前馈/反馈控制信号使导弹真实加速度趋近比例导引规律产生的指令加速度，同时验证了这些制导规律针对高机动目标的效率。第7章是导弹制导系统在不同类型噪声影响下的性能分析，其中包括比例制导系统分析的解析表达式以及计算方法。第8章主要对固定翼无人机的制导规律进行了详细描述，固定翼无人机的动力学特性与导弹在很多方面是相似的。无人机代表了航空航天工业发展最快、最活跃的分支。无人机编队的迅速发展和广泛应用也不断给它们的设计者提出新的问题。由于固定翼无人机的自动导引飞行在很多方面与巡航导弹是类似的，因此它们的制导系统也可以按与现有巡航导弹类似的方式进行设计。然而，由于无人机是在高危环境下使用，感知并规避障碍（天然的或人为设置的）的能力以及重建飞行航路能力都是无人机应具备的重要特征，对应的算法也应嵌入它们的制导与控制系统中。无人机制导与导弹制导是不同的，它的制导目标千差万别，这取决于无人机的具体应用领域。本章则考虑固定翼无人机一般制导问题，并将得到的制导规律的计算方法在3种应用情形中进行测试：监视、空中加油和无人机群的运动控制。第9章主要介绍了能够对制导规律性能进行有效分析以及对不同制导规律进行比较分析的仿真模型，特别是制导控制系统的组成部分的模块（自动驾驶仪、导引头、执行机构和滤波器）。第10章主要讨论了制导与控制规律的一体化设计问题，这主要是为了适应日益增长的飞行器系统一体化设计需求。第11章主要介绍如何将上述制导规律应用于装备下一代拦截弹的助推段拦截系统中。其中特别讨论了由无人机平台发射的机载拦截弹，阐述了确定最优制导规律的具体特征和各类方法。最后，在第12章给出了用于测试导弹制导规律的计算程序，主要面向对新理论方法持怀疑态度的工程师。为制导与控制领域学者和工程师的授课经历使作者相信，任何的理论课程都应附带详细的实际示例。

下面是《达芬奇日记》（1508—1518）中的一句话："那些沉迷于没有科学指引的实践的人，就像一个没有船桨或指南针的驾驶员进入一艘船，永远不知道他要去哪里，实践应始终以扎实的理论知识为基础”。这句话在今天依然很有意义。

如比例导引规律一样，本书中所涉及制导规律的吸引力主要来自于它们的简洁性。比例导引之所以能够得到广泛应用，主要因为它形式简洁。本书的第1版经翻译在欧洲和中国销售。本书的内容是航空航天系多个研究生课程的基础。作者还准备了简短的课程（16/24h），这些课程内容是他在美国、欧洲和澳大利亚的AIAA国际会议上演讲的内容。

众所周知，目前国防和航空航天工业在吸引和保留人才方面正经历着严重的困难，国防部门大约有13000名科学家将在未来的10年内退休，却没有足够数量的毕业生来接替他们的工作。

在新版本中包含了先进制导规律的实际应用，这可以为航空航天领域的研究学者以及工程师的日常研究提供借鉴。

在21世纪初，美国物理学会研究小组曾报告称，如果想要有效拦截来自朝鲜和伊朗的洲际弹道导弹，新一代拦截弹的速度至少应达到6.4～10km/s。而有关新一代拦截弹发展的研究还没有在任何有关导弹的书籍中报道。此外，由于2007年的经济危机，这个研究课题也没有得到适当的资助，如今这个问题必须得到重视。

本书的作者曾参与新一代拦截弹的研发，在此版中将对相关问题进行讨论。这个问题应该得到目前正在从事和将来准备从事导弹领域相关工作的读者的关注。

作者希望本书能够为航空航天领域科学家和工程师提供新的思想，且能够显著提升导弹系统性能。读者可以在下面的网站上得到更多的有用信息和帮助：www.randtc.com。

作者简介

Rafael Yanushevsky 出生于乌克兰首都基辅，他先后获得了基辅大学的数学学士学位和基辅工学院机电工程专业的荣誉硕士学位，并于 1968 年获得苏联科学院控制科学学院多变量系统最优控制方向博士学位。

1968 年他开始任职于苏联科学院控制科学学院，从事最优控制理论及应用（主要是在航空航天领域）、微分－差分系统最优控制、信号处理、博弈论和运筹学等领域的研究工作，在这些研究领域发表了 40 余篇论文，出版了两本著作，分别是 *Theory of Linear Optimal Multivariable Control Systems*（《线性多变量系统最优控制理论》）和 *Control Systems with Time－Lag*（《时滞控制系统》），并为乌克兰科学出版社出版的 14 本专业书籍担任过编辑。1971 年，苏联科学院常务委员会授予他自动控制领域高级研究员头衔。

1987 年 12 月，他移民美国，先后在马里兰大学的电气工程系、机械工程系以及哥伦比亚特区大学数学系任教。从 1999 年起他开始参与航空航天工业的项目，开展战场工程评估工具作战模型、武器控制系统软件、新型制导规律等方面的工作，撰写了 *Modeling and Simulation Handbook*（《模型和仿真手册》）中标准－3（SM－3）导弹武器控制系统和火力控制系统的相关内容。2002 年，他受到了海军战区弹道导弹计划部门的赞赏与肯定。

Yanushevsky 博士的研究领域包括制导与控制、信号处理与控制、机动目标跟踪和导弹制导控制一体化设计等，发表论文 100 余篇，曾担任第二届和第四届世界非线性分析大会“李雅普诺夫（Lyapunov）分会”主席，并且是第四届大会的组织委员会成员。他还入选了美国名人录、理工名人录、21 世纪 2000 名优秀知识分子等。

目　录

第1章 导弹制导基本原理

1.1 引言

在人类发展的历史进程中，人类生活的方方面面都在不断进步，先进武器系统的发展也不例外。从古到今，总是有人将战争作为改善他们自身生存条件的途径，武器就成为人们抵御这些敌人侵犯的重要手段。与古代的石头、长矛和近代的子弹、炸弹等武器相比，导弹在进攻性和防御性上都更具优势。尽管武器的形态在不断变化，但其进攻或防御的根本目的却从未改变，那就是摧毁目标。然而，目标随着技术的进步变得更加先进。

导弹是一种有控的无人驾驶空间飞行器，它的飞行空间仅指地球表面上空，因此，同样具有导引功能的鱼雷则不属于导弹的范畴。按照导弹发射点和目标的物理空间的不同，可将导弹分为4类：面面导弹、面空导弹、空面导弹及空空导弹。

在第一次世界大战期间，为实现与鱼雷水下攻击对应的空中攻击作战模式，美国首先开始尝试使用无人驾驶飞机去实现对目标的追踪和俯冲攻击。在1916—1917年间，美国生产了一种被称为“休伊特－斯佩里自动驾驶飞机”的试验原型机，并进行了多次短程飞行试验，证明了无人驾驶飞机的构想是合理可行的。1918年10月，20架“Bugs”无人飞机被生产出来并成功地进行了飞行试验。但第一次世界大战结束后，除了一些与“Bugs”相关的试验外，其他无人飞机项目全部终止。1925年，“Bugs”项目也最终被终止。这些无人飞机项目也是与导弹相关的早期研究，在接下来的10年间，几乎没有什么导弹方面的研究，但这期间航空工业和电子工业的发展进步也为后续导弹的发展奠定了基础。1936年，为了给高射炮试验提供实际靶标，美国海军开启了一项新的无人飞机项目。虽然这个项目并非以发展导弹为出发点，但却直接地影响了导弹的发展。1941年1月，将TG-2雷击机和BG-1轰炸机综合改造为导弹的项目正式启动。

在第二次世界大战期间，许多导弹研究项目开始启动，其中最先进的就是德国的面面导弹：V-1（FZG-76）导弹和V-2（A-4）导弹。“V”代表Vergeltungswaffe（复仇武器）。第二次世界大战后，喷气式飞机的出现和快速发展彻底改变了空战的特点。喷气式飞机的高速机动性能标志着空中混战模式的结束，同时也意味着要实现对这类目标的有效打击就需要实现超视距攻击，而解决超视距攻击问题的有效途径就是发展空空或面空导弹。第二次世界大战后，对高层大气武器的研究产生了一种新式的高空火箭类武器，即弹道导弹。这些进攻武器的发展都使得如何提高导弹制导水平及其精度成为导弹研究与发展所面临的最重要问题。

导弹系统是由导弹本身及其发射、导引、测试、操作设备组成的集合。导弹制导系统是指一套能够测量导弹与目标间相对位置并根据某一制导规律改变导弹飞行轨迹的设备，导弹制导系统一般包括传感器、制导计算机和控制组件。制导规律则是指能够产生导弹所需指令加速度的算法。

导弹与常规武器（如枪炮、火箭炮、炸弹）具有相似的战术使命。但对于常规武器系统，目标信息通过观察得到，再经过计算估计，完成武器的瞄准、射击或发射。从子弹、火箭射击或炸弹投射那一刻起，它们的轨迹就严格地由弹道学规律确定好，仅受重力、风的影响，从发射到击中目标的这段时间称为飞行时间。与子弹、炮弹相比，导弹在飞行过程中则不断地利用传感器得到的目标信息进行“再瞄准”，实时得到目标当前位置信息，并对其运动轨迹进行预估，实现对目标的跟踪。先进制导系统的工作需要利用到目标加速度和预测拦截点的估计数据。

为了实现导弹的制导控制，需要具备以下功能：

（1）发射功能。发射功能主要是导弹系统监控导弹的发射流程，确定发射后导弹的初始位置和速度。

（2）对准功能。对准功能是建立起导弹与目标间的几何关系，在建立好的坐标系内实现导弹对准目标和制导飞行。

（3）制导功能。制导功能主要生成指引导弹飞向目标的制导指令。

（4）飞行控制功能。飞行控制功能是由自动驾驶仪将制导指令转换为导弹的响应。导弹的执行机构一般包括推进器和/或舵面，推进器直接改变作用在导弹上推力矢量的方向，舵面通过偏转等运动实现改变作用在导弹上气动力的机械装置。

导弹的制导原理涉及许多学科及其分支，是难以在一本书里全面涵盖的。本书主要讨论导弹的制导功能，即能够控制导弹飞向目标的制导规律。制导功能是制导控制系统要实现的主要功能，上述的其他功能都可以看作制导功能的辅助部分，这一方面是由于其他的功能是为制导功能的实现创造条件，另一方面是由于这些功能将制导功能产生的指令转化为导弹的相应运动。

制导是将一个物体导引到一个给定的固定点或运动点的动态过程。通常将导引到固定点的制导过程称为导航，20世纪之前，这个术语主要用于引导舰船在海上航行。导航“navigate”一词来源于拉丁语“navis”和“agree”， navis意指“船”，agree 意指“移动”或“指向”。然而，如今这个词的概念还包括了在陆上、空中、大气层内外空间的航行导航，意指寻求从一个地点到另一个地点的路径，也就是导向固定点。在本书中，不再区分固定点和移动点的不同情况，只考虑一般意义上的移动点，并将其称为“目标”。

1.2　制导过程

制导的目的是使被控对象到达目标所在位置，也就是当接近目标时，使被控对象的位置与目标的位置相一致。对被控对象速度的要求决定了制导的方式，当被控对象的速度与目标的速度相同时，一般采用交会制导。当制导对象为导弹时，制导的目的就是拦截目标，即在某一时刻要使导弹的位置与目标的位置一致，且其速度应足以摧毁目标。

制导的目的无论是用精确的数学语言还是用易懂的人文语言来描述，都应有合适的制导规则的支持来实现这一目的。“平行导引法”是一种比较早得到成功应用的制导规则，水手利用这种制导方法实现与其他舰船在海上的交会，海盗利用这种方法来截获船只（人们也用“定向航行”或“碰撞航向导航”来描绘平行导引法的特征）[1-3]。这种古老的制导规律要求追踪者以固定的角度（地平面内北向与航向的夹角）接近目标并假设两者都是匀速航行。从纯几何的角度，很容易建立起追踪者接近目标所需要的速度。制导策略也是动物面临的问题，它的选择通常取决于动物所处的环境和要完成的任务，平行导引法也是动物广泛利用的制导策略之一，例如，它们在追捕猎物或追逐配偶时通常调整位置，以使它们相对目标保持固定的角度关系。

这种制导规则是很久以前在恒定速度假设下得到的，如今同样适用于加速运动的目标和被控对象。

1950 年，平行导引法首次应用于“云雀（Lark）”导弹，所谓的比例导引（Proportional Navigation，PN）被用来实现平行导引，自那时起，几乎世界上所有的战术导弹都采用了比例导引法。

一般而言，导弹的飞行过程分为 3 个阶段：助推段、中制导段和寻的制导段。助推段是从导弹初始点火发射至导弹速度达到可控的时间段；中制导段是导弹借助于外部武器控制系统导引飞行的阶段；寻的制导段对应于导弹的末制导段，此时由导弹弹上系统控制导弹飞行。目前，平行导引法主要用在导弹的寻的制导段，不过它也可用在中制导段。

在本书中，我们将制导问题作为一类控制问题来考虑，并从控制理论的角度讨论制导规律问题。考虑到制导规律主要用来控制被控对象的飞行，也就是说，它是为被控对象的运动提供了一个控制输入，因此需要从控制理论的角度来描述这个控制对象。下面将用数学的方式描述控制的目标，引入参数，分别描述被控对象的行为变化和影响被控对象行为变化的外力等环境因素。

尽管这种方法十分严谨且具有吸引力，但却很难用一个通用的动态模型来描述各类运动对象追踪目标的问题。这就是我们首先忽略被控对象的惯性，并在建模时忽略其动态特性的原因。这就可以使建立的模型在一定程度上具有“通用性”。然而利用这个模型设计的制导规律却不是各种运动对象的最佳方案，因为它没有考虑对象的动态特性。但基于这一模型，就可以设计一类具有一定通用性的制导规律，并在后续基于具体运动对象的动态特性信息进行改善。

1.3 导弹制导

本书主要关注导弹制导问题，在考虑导弹制导系统动态特性的情况下，研究导弹的制导规律。

在影响被控对象行为的所有外部因素中，目标信息是最重要的。目标一般可分为运动目标和静止目标两种基本类型。导弹的目标大致也可分为两类：空中目标和面目标。空中目标一般包括飞机或导弹，面目标通常是指水面舰船和各类地面上的目标。为了成功摧毁目标，必须由导弹或辅助装置实现对目标的探测、识别和跟踪。所有攻击运动目标的导弹都配备用来观测或感知目标的设备，由于观测方式的不同，观测点的位置有所差异，它可能位于导弹上，也可能位于导弹外部的制导站。根据观测信息，即可确定目标的行为特征。静止目标一般距离较远，其相关信息需要通过情报手段提前进行收集，根据信息规划导弹的航路，导弹沿着规划好的航路飞行，在飞行中对偏差进行修正。当静止目标距离较近且导弹具有足够的毁伤能力时，目标信息即可以通过设备观测或感知，也可以通过情报手段获取，或同时使用两种方式。

如前所述，导弹制导的目的是打击目标，也就是使导弹与目标的距离归零。但在满足这个目的的同时，通常还附带其他条件，例如，使飞行时间最短或使导弹末端速度最大。这些条件决定了制导系统导引导弹飞行的轨迹（即最优弹道）。目标为静止目标时，通过最优问题求解得到制导规律，使我们能够得到最优弹道并对其进行分析，导弹沿着最优弹道飞行时只需做微小的修正即可。目标为运动目标时，利用最优理论求解制导律时还需要考虑目标的未来运动信息，一般来说，这些信息是得不到的，因此，运动目标的最优制导问题存在一定的局限性。

早期的导弹采用了各种制导方法，包括驾束制导和追踪制导。然而，比例导引被证明是功能最全面的制导规律，经过不断改进和完善，现在仍用于大多数导弹制导中。现代很多导弹的制导规律都是由以比例导引的一种基本形式为基础发展而来的。

制导规律的效率取决于导弹飞行控制系统的参数，飞行控制系统实现导弹的飞行控制功能，并表征导弹的动力学特性。导弹的空气动力学特性是弹体子系统特性的一部分，其他的主要部分包括推进系统和弹体结构。自动驾驶仪接收到制导指令并将其处理为控制指令，例如控制面或推力矢量控制机构的偏转角度或偏转角速度。因此控制子系统就是将自动驾驶仪的指令转换为气动控制力/发动机推力及力矩，使导弹弹体发生转动，以获得所需要的攻角，达到改变导弹位置、实现按指令要求机动的目的。自动驾驶仪应以最小的超调量快速完成指令的响应，避免导弹超出结构上的限制。

常用的 3 种气动控制方式主要是：鸭舵（位于弹体前端小的操纵面）、翼面（弹体两侧的主升力面）和尾舵（弹体后端的小的操纵面）。不同于鸭舵和翼面控制，尾舵控制方式开始时给出的加速度方向与机动方向相反。弹体对控制指令的响应速度取决于弹体的惯性和系统的阻尼。飞行控制系统对制导精度的影响将在后面详细分析。

1.4　运动方程

下面考虑导弹 M 和目标 T 构成的两点系统的制导问题。导弹和目标在惯性参考坐标系中的位置分别用向量 $\boldsymbol{r}_{\mathrm{M}} = (R_{\mathrm{M1}}, R_{\mathrm{M2}}, R_{\mathrm{M3}})$ 和 $\boldsymbol{r}_{\mathrm{T}} = (R_{\mathrm{T1}}, R_{\mathrm{T2}}, R_{\mathrm{T3}})$ 表示。定义距离向量 $\boldsymbol{r} = (R_1, R_2, R_3)$ 为

$$\boldsymbol{r} = \boldsymbol{r}_{\mathrm{T}} - \boldsymbol{r}_{\mathrm{M}} \tag{1.1}$$

则距离向量的负导数等于导弹速度 $\boldsymbol{v}_{\mathrm{M}} = (V_{\mathrm{M1}}, V_{\mathrm{M2}}, V_{\mathrm{M3}})$ 与目标速度 $\boldsymbol{v}_{\mathrm{T}} = (V_{\mathrm{T1}}, V_{\mathrm{T2}}, V_{\mathrm{T3}})$ 的差值，即

$$-\dot{\boldsymbol{r}} = -(\dot{\boldsymbol{r}}_{\mathrm{T}} - \dot{\boldsymbol{r}}_{\mathrm{M}}) = \boldsymbol{v}_{\mathrm{M}} - \boldsymbol{v}_{\mathrm{T}} = \boldsymbol{v}_{\mathrm{cl}} \tag{1.2}$$

向量 $\boldsymbol{v}_{\mathrm{cl}} = (v_{\mathrm{cl1}}, v_{\mathrm{cl2}}, v_{\mathrm{cl3}})$ 称为接近速度。后面当涉及 $\boldsymbol{r}$ 和 $\boldsymbol{v}_{\mathrm{cl}} = -\dot{\boldsymbol{r}}$ 的绝对值时，分别用距离 r 和接近速度 v_{cl}（标量）来表示。

由式（1.1）和式（1.2）得

$$R_s = R_{\mathrm{T}s} - R_{\mathrm{M}s}, v_{\mathrm{cl}s} = V_{\mathrm{M}s} - V_{\mathrm{T}s} = \dot{R}_{\mathrm{M}s} - \dot{R}_{\mathrm{T}s} \quad (s = 1, 2, 3) \tag{1.3}$$

如果向量 $\boldsymbol{r}_{\mathrm{M}}$、$\boldsymbol{v}_{\mathrm{M}}$ 和 $\boldsymbol{r}_{\mathrm{T}}$、$\boldsymbol{v}_{\mathrm{T}}$ 始终保持在同一个固定平面内，则称两点制导为平面制导。一般制导过程是在三维空间的，此时的制导过程可以看作在两个正交平面内制导过程的组合。

解决导弹拦截问题需要用到几个不同的参考坐标系来确定弹目相对位置、速度、作用力、加速度等物理量。

对于任何一个动力学问题，固定的惯性参考平面是必不可少的。惯性坐标系不考虑太阳、月球及其他天体的万有引力作用，同时也不考虑由这些引力引起的地球的轨道运动。在诸多航空航天动力学问题中，地球的轨道运动都可以忽略，这样，任何相对地球固定的坐标系均可视为惯性坐标系。但对于高超飞行器

和大气外层太空飞行问题，则必须考虑地球的自转角速度。两个常用的相对地球固定的坐标系分别是：①地心惯性坐标系（Earth-Centered Fixed Ineritial，ECI），坐标系原点选取在地心，坐标轴的方向由地轴和赤道上的参考点确定；②地面固连坐标系（Earth-Surface Fxed，ESF），其坐标原点可以选取在地面任意一点（通常选取靠近飞行器的点），坐标轴在地平面内分别指向北向、东向和铅垂方向（在欧美坐标系体系中，大多数情况下选取向下为正，但有时为了方便也会选取向上为正）。

在建立导弹和目标的运动方程时，选取惯性坐标系作为基准坐标系会比较方便，但导弹的动力学分析通常在弹体坐标系中，而分析导弹跟踪目标的过程也需要建立一个不同的参考坐标系。

众所周知，一般物体的运动包括6个自由度：沿着3个方向的质心运动和绕3个方向的转动。与制导问题紧密相关的导弹的主要运动有：

（1）沿弹体纵轴方向的质心运动（速度）；

（2）绕弹体纵轴方向的转动（滚动）；

（3）绕弹体横轴方向的转动（俯仰）；

（4）绕弹体立轴方向的转动（偏航）。

弹体坐标系的原点位于导弹的质心，坐标轴的方向一般与惯性主轴的方向一致。导弹的运动由自动驾驶仪根据制导规律产生的控制信号控制。北－东－地坐标系（North-East-Down，NED）的原点也选在导弹的质心，坐标轴分别指向北向、东向、地心方向为正，它一般用于战术导弹。准确地来说，NED坐标系并不是一个惯性坐标系，因为导弹在地球表面运动过程中，NED坐标轴的方向在缓慢变化，但除了北向，其他方向的转动是可以忽略的。

在中制导和末制导段，制导指令是基于在各个坐标系下所测量到的物理量生成的（除上述坐标系外，还有其他坐标系，如弹道坐标系和速度坐标系，它们用于具体的问题分析中[1]），各个坐标系可以通过变换关系相互变换。

上述分析表明，坐标系的选取主要以方便问题的分析为基本准则。对于大气层内的飞行器，通常采用与地球和飞行器固连的坐标系。

下面的内容主要在地面坐标系或NED坐标系下进行分析。但理论分析的结果还需要与制导过程中六自由度仿真结果进行对比分析，而仿真模型则需要用到多个坐标系。

运动目标的位置通常用极（球面）坐标系来确定。导弹传感器测量的目标位置一般用相对弹体轴的方向余弦（分别为目标位置向量相对弹体系3个坐标轴的角度的余弦）来确定，这个方向余弦也可以变换为相对NED坐标系的方向余弦（$\Lambda_N,\Lambda_E,\Lambda_D$）。目标在NED坐标系下的角位置也可以用方位角$\alpha$和高低角$\beta$来确定：

$$\alpha = \arctan(\Lambda_E/\Lambda_N),\quad \beta = -\arcsin\Lambda_D \tag{1.4}$$

目标在 NED 笛卡儿坐标系中的坐标（R_N, R_E, R_D）可以通过距离 r 和方向余弦（$\Lambda_N, \Lambda_E, \Lambda_D$）确定：

$$R_N = r\Lambda_N = r\cos\alpha\cos\beta, R_E = r\Lambda_E = r\sin\alpha\cos\beta, R_D = r\Lambda_D = r\sin\beta \quad (1.5)$$

在这里，高低角的符号定义向下为正。

极坐标（r, α, β）与笛卡儿坐标（R_N, R_E, R_D）的关系如下：

$$r = \sqrt{R_N^2 + R_E^2 + R_D^2}, \alpha = \arctan(R_E/R_N), \beta = -\arcsin(r/R_D) \quad (1.6)$$

在后面，北向、东向和垂向坐标分别用下标 1、2、3 标注。在地基防御系统中，导弹和目标的位置在地面固连坐标系 ESF 直角坐标系中确定，垂向坐标为目标或导弹的高度。对于空基战略系统问题，选取 ECI 坐标系最为方便。一般而言，跟踪问题的分析通常选择笛卡儿直角坐标系。但对于单传感器系统的跟踪问题，比如机载雷达，也可以考虑选取球坐标系。

1.5　视线

在日常生活中，视线（Line-of-sight，LOS）一般是指人们在观察一个物体时，眼睛与物体之间的假想直线。在导弹制导问题中，视线描述的是导弹与目标间的相对位置关系，因此也称它为弹目视线或弹目线，这是一个非常重要的概念，它在参考坐标系中的指向可以使我们清晰准确地描述制导规律问题。

对于地基坐标系内的三维制导问题，弹目视线可以表示为

$$\boldsymbol{\lambda}(t) = \lambda_1(t)\boldsymbol{i} + \lambda_2(t)\boldsymbol{j} + \lambda_3(t)\boldsymbol{k} \quad (1.7)$$

式中：$\boldsymbol{i}$、$\boldsymbol{j}$、$\boldsymbol{k}$ 分别表示沿北向、东向和垂向的单位向量；$\lambda_s(t)$（$s=1, 2, 3$）为

$$\lambda_s(t) = \frac{R_s}{r} \quad (s = 1, 2, 3) \quad (1.8)$$

R_s（$s=1, 2, 3$）表示距离向量坐标（式（1.1）、式（1.3）~式（1.7））。在这里，为方便，假设 $\boldsymbol{k}$ 的方向朝上。

视线向量也可以看作水平面 $\boldsymbol{x}$-$\boldsymbol{y}$（北－东）内分量和垂直于 $\boldsymbol{x}$-$\boldsymbol{y}$ 平面内分量的矢量和，如图 1.1 所示。

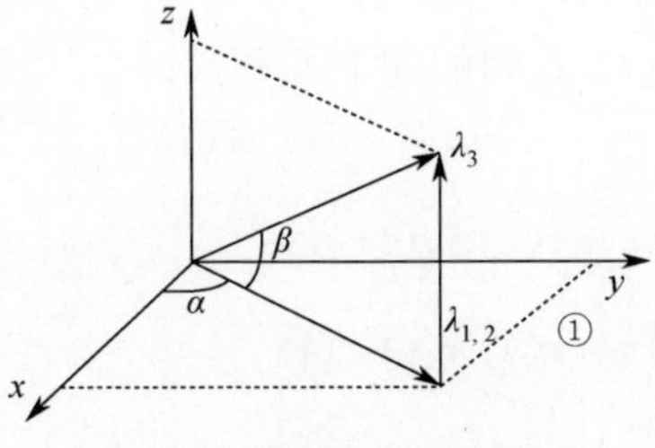

图 1.1　视线的三维示意图

① 原著图中符号标示有误。

视线在垂直面内的分量λ_3由高低角β确定，在水平面内的分量为$\lambda_{1,2}=\cos\beta$，其由方位角α确定。这样坐标值$\lambda_s(t)$（$s=1，2，3$）可以由式（1.6）和下式直接确定，即

$$\lambda_1=\cos\alpha\cos\beta,\lambda_2=\sin\alpha\cos\beta,\lambda_3=\sin\beta \tag{1.9}$$

视线的变化率在三维直角坐标系内可表示为

$$\dot{\boldsymbol{\lambda}}(t)=\dot{\lambda}_1(t)\boldsymbol{i}+\dot{\lambda}_2(t)\boldsymbol{j}+\dot{\lambda}_3(t)\boldsymbol{k} \tag{1.10}$$

其值可以由式（1.3）、式（1.7）和式（1.8）计算得到：

$$\dot{\lambda}_s(t)=\frac{\dot{R}_s r-R_s\dot{r}}{r^2}=\frac{V_{\mathrm{T}s}-V_{\mathrm{M}s}}{r}+\frac{R_s v_{\mathrm{cl}}}{r^2}\quad(s=1,2,3) \tag{1.11}$$

基于式（1.3）和式（1.8），有

$$v_{\mathrm{cl}}=-\dot{r}=-\frac{\sum_{s=1}^{3}R_s(V_{\mathrm{T}s}-V_{\mathrm{M}s})}{r}=\frac{\sum_{s=1}^{3}R_s v_{\mathrm{cl}s}}{r}=\sum_{s=1}^{3}\lambda_s v_{\mathrm{cl}s} \tag{1.12}$$

当在垂直面和水平面上计算时，使用垂直面上距离R_v和水平面（地面）上距离R_h及两个平面上的速度V_v和V_h更为方便，即

$$R_v=R_3=r\sin\beta,R_h=\sqrt{R_1^2+R_2^2}=r\cos\beta,R_1=R_h\cos\alpha,R_2=R_h\sin\alpha \tag{1.13}$$

$$V_v=-v_{\mathrm{cl}3}=\dot{R}_v,V_h=-v_{\mathrm{clh}}=\dot{R}_h=-\frac{\sum_{s=1}^{2}R_s v_{\mathrm{cl}s}}{R_h} \tag{1.14}$$

$$v_{\mathrm{cl}}=-\dot{r}=\frac{R_h v_{\mathrm{clh}}+R_v v_{\mathrm{clv}}}{r} \tag{1.15}$$

式（1.10）中的$\dot{\lambda}_s(t)$可以利用式（1.9）表达为极坐标α和β的形式：

$$\begin{cases}\dot{\lambda}_1(t)=-\dot{\alpha}\sin\alpha\cos\beta-\dot{\beta}\cos\alpha\sin\beta\\ \dot{\lambda}_2(t)=\dot{\alpha}\cos\alpha\cos\beta-\dot{\beta}\sin\alpha\sin\beta\\ \dot{\lambda}_3(t)=\dot{\beta}\cos\beta\end{cases} \tag{1.16}$$

利用向量$\boldsymbol{r}(t)$和$\boldsymbol{\lambda}(t)$之间的如下关系式：

$$\boldsymbol{r}(t)=r(t)\boldsymbol{\lambda}(t) \tag{1.17}$$

$$\dot{\boldsymbol{r}}(t)=(\dot{\lambda}_1(t)r+\dot{r}(t)\lambda_1(t))\boldsymbol{i}+(\dot{\lambda}_2(t)r+\dot{r}(t)\lambda_2(t))\boldsymbol{j}+(\dot{\lambda}_3(t)r+\dot{r}(t)\lambda_3(t))\boldsymbol{k} \tag{1.18}$$

$$\ddot{\boldsymbol{r}}(t)=(\ddot{\lambda}_1(t)r(t)+2\dot{r}(t)\dot{\lambda}_1(t)+\ddot{r}(t)\lambda_1(t))\boldsymbol{i}+(\ddot{\lambda}_2(t)r(t)+2\dot{r}(t)\dot{\lambda}_2(t)+\ddot{r}(t)\lambda_2(t))\boldsymbol{j}+(\ddot{\lambda}_3(t)r(t)+2\dot{r}(t)\dot{\lambda}_3(t)+\ddot{r}(t)\lambda_3(t))\boldsymbol{k} \tag{1.19}$$

可以给出如下的运动方程：

$$\ddot{\boldsymbol{r}}(t) = \boldsymbol{a}_{\mathrm{T}}(t) - \boldsymbol{a}_{\mathrm{M}}(t) \tag{1.20}$$

式中：$\boldsymbol{a}_{\mathrm{M}}(t) = (a_{\mathrm{M1}}, a_{\mathrm{M2}}, a_{\mathrm{M3}})$ 和 $\boldsymbol{a}_{\mathrm{T}}(t) = (a_{\mathrm{T1}}, a_{\mathrm{T2}}, a_{\mathrm{T3}})$ 分别为作用在导弹和目标上的作用力所产生的加速度向量。导弹的加速度是由推力、空气动力（升力、阻力）和重力共同作用产生的，在后面将对式（1.20）详细讨论。

1.6 纵向运动和横向运动

为方便分析，可以将导弹的运动分解为两部分：沿视线方向的径向（纵向）运动和垂直于视线方向的侧向（横向）运动。

对于地基坐标系内的三维运动，目标相对导弹的距离向量 $\boldsymbol{r}(t)$ 及其导数可以由式（1.17）~式（1.19）表示，则由式（1.20）可得三维交会过程的动态方程为

$$\ddot{\boldsymbol{r}}(t) = \boldsymbol{a}_{\mathrm{T}}(t) - \boldsymbol{a}_{\mathrm{M}}(t) = \boldsymbol{a}_{\mathrm{Tr}}(t) + \boldsymbol{a}_{\mathrm{Tt}}(t) - \boldsymbol{a}_{\mathrm{Mr}}(t) - \boldsymbol{a}_{\mathrm{Mt}}(t) \tag{1.21}$$

式中：导弹加速度 $\boldsymbol{a}_{\mathrm{M}}(t)$ 和目标加速度 $\boldsymbol{a}_{\mathrm{T}}(t)$ 都分别分解为纵向和横向的两个分量，即

$$\boldsymbol{a}_{\mathrm{M}}(t) = \boldsymbol{a}_{\mathrm{Mr}}(t) + \boldsymbol{a}_{\mathrm{Mt}}(t), \boldsymbol{a}_{\mathrm{T}}(t) = \boldsymbol{a}_{\mathrm{Tr}}(t) + \boldsymbol{a}_{\mathrm{Tt}}(t) \tag{1.22}$$

式中：$\boldsymbol{a}_{\mathrm{Tr}}(t)$、$\boldsymbol{a}_{\mathrm{Mr}}(t)$ 和 $\boldsymbol{a}_{\mathrm{Tt}}(t)$、$\boldsymbol{a}_{\mathrm{Mt}}(t)$ 分别为目标和导弹的纵向（径向）加速度和侧向加速度，它们的坐标分别用 $a_{\mathrm{Tr}s}(t)$、$a_{\mathrm{Mr}s}(t)$、$a_{\mathrm{Tt}s}(t)$ 和 $a_{\mathrm{Mt}s}(t)$ $(s=1, 2, 3)$ 表示。

在后面将会介绍一些制导规律只形成横向加速度，也就是说只对横向的运动产生作用。此外，即使根据制导规律应实现纵向和横向的机动，但目前，并非所有的推进系统都能够控制纵向运动。

参 考 文 献

1. Hemsch, M., Tactical Missile Aerodynamics, Progress in Astronautics and Aeronautics, 141, American Institute of Astronautics and Aeronautics, Inc., Washington, 1992.
2. Shneydor, N. A., Missile Guidance and Pursuit, Horwood Publishing, Chichester, 1998.
3. Zarchan, P., Tactical and Strategic Missile Guidance, Progress in Astronautics and Aeronautics, 176, American Institute of Astronautics and Aeronautics, Inc., Washington, 1997.

第2章　平行导引法

2.1　引言

根据平行导引法的原理，视线的方向在惯性系中始终保持不变，也就是说，在制导过程中，视线始终与其初始方向保持平行。则利用式（1.10）和式（1.11），平行导引法可以表示为

$$\dot{\boldsymbol{\lambda}}(t) = \dot{\lambda}_1(t)\boldsymbol{i} + \dot{\lambda}_2(t)\boldsymbol{j} + \dot{\lambda}_3(t)\boldsymbol{k} = 0 \tag{2.1}$$

或

$$\dot{R}_s r - R_s \dot{r} = 0 \quad (s = 1, 2, 3) \tag{2.2}$$

式（2.2）表明，要实现平行导引，$\dot{R}_s$ 和 R_s（$s=1, 2, 3$）之比在制导过程中要保持不变，即

$$\frac{\dot{R}_1}{R_1} = \frac{\dot{R}_2}{R_2} = \frac{\dot{R}_3}{R_3} = \frac{\dot{r}}{r} \tag{2.3}$$

这意味着向量 $\dot{\boldsymbol{r}}$ 与 $\boldsymbol{r}$ 是共线的，且向量 $\boldsymbol{r}(t)$、$\boldsymbol{v}_{\mathrm{M}}(t)$ 和 $\boldsymbol{v}_{\mathrm{T}}(t)$ 在任意瞬时是共面的（并不意味着整个交会过程需要在一个平面内），这个结论可直接由上述3个向量构成的 3×3 矩阵的行列式值为零得到。

对于平行导引法，需满足 $\dot{\boldsymbol{r}}\boldsymbol{r} = 0.5(\boldsymbol{r}^2)'$ 为负，否则弹目间的距离会变大，而非减小。这等价于 $\dot{r} < 0$ 或 $v_{\mathrm{cl}} > 0$。

若假设目标不做机动（即 $\boldsymbol{a}_T(t) = 0$），且导弹和目标的速度比 v_M/v_T 保持常值，采用平行导引法时，弹目相对运动的特征可以在一个固定平面内清晰地描述，如图2.1所示。

利用式（1.10）和式（1.18），根据式（1.2）中向量 $\dot{\boldsymbol{r}}(t)$ 和向量 $\boldsymbol{\lambda}(t)$ 的数量积，可得

$$\dot{r} = v_T\cos\theta - v_M\cos\delta \tag{2.4}$$

根据 $\dot{r} < 0$，可知

$$v_M\cos\delta > v_T\cos\theta \tag{2.5}$$

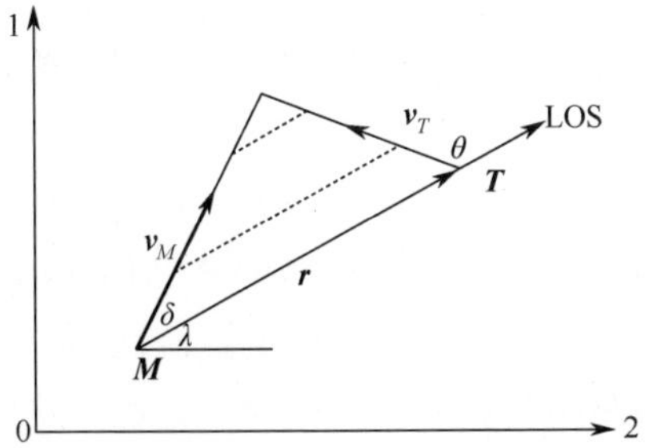

图2.1　平面交会时平行导引法几何示意图

式（2.3）的共线条件等价于

$$v_T\sin\theta - v_M\sin\delta = 0 \tag{2.6}$$

因此，如果目标匀速运动，且导弹与目标的运动关系满足式（2.5）和式（2.6），则匀速运动的导弹能够沿直线运动实现拦截目标。

图2.1所示的拦截态势图构成了一个三角形，其中包含了导弹和目标的位置、速度矢量、视线和距离向量等要素。视线角 λ 以水平参考线02为基准进行测量。角 δ 称为前置角，$180^{\circ} - \theta$ 称为视线角。若式（2.5）和式（2.6）成立，导弹以一个合适的速度匀速运动就能够拦截匀速运动的目标。图中的虚线描绘了按平行导引法制导时导弹和目标在相应时刻的位置，也就是该时刻的视线的位置。图2.1中的三角形就称为碰撞三角形（Collision Triangle）。

2.2　平面比例导引

比例导引法（Proportional Navigation，PN）是在实际中应用最为广泛的制导规律，其实质是使导弹的加速度能够抵消视线变化的速率。因此，从直觉上，比例导引要实现的就是平行导引。根据平行导引法的原理，弹目视线转动的角速率应等于零，而在实际中它不可能保持为零，但使导弹的制导指令与视线的变化成比例关系却能够使视线变化率的绝对值逐渐减小并趋于零。比例导引要求导弹的指令加速度与视线变化率成比例关系，比例系数可以写为有效导航比 N 与弹目接近速度的乘积，即

$$a_{c}(t) = Nv_{cl}\dot{\lambda}(t) \tag{2.7}$$

式中：$a_{c}(t)$ 为垂直于各个时刻弹目视线方向上的指令加速度。

对于大多数大气层内飞行的战术导弹，比例导引规律决定了导弹所需要的升力，这个升力是通过偏转导弹的控制面产生的。而对大气层外飞行的导弹，主要由推力矢量发动机、侧向喷流发动机或脉冲发动机等产生比例导引律所需的加速度。对于采用雷达寻的制导的战术导弹，视线的变化率由雷达导引头测

量得到；对于采用红外成像导引头的红外寻的战术导弹，视线的变化率通过图像扫描技术得到。红外导引头通过测量红外图像强度数据甚至能够估计得到导弹与目标的相对距离及距离变化率。随着红外技术的发展，未来红外导引头能够提供精度越来越高的估计信息。而当前大多数雷达导引头都能够提供较高精度的弹目相对距离及距离变化率（接近速度）的估计信息。

比例导引制导问题是一个三维空间内的控制问题，但通过滚动控制能够实现将导弹的机动解耦为侧向和纵向两个平面内运动，这就能够将三维空间制导问题简化为等效的两个平面制导问题。这也是我们要首先讨论平面制导问题的原因。

用 y 表示距离向量 $\boldsymbol{r}$ 在垂直方向上的投影，则视线角 λ 可以写为

$$\sin\lambda = y/r \tag{2.8}$$

当 λ 角比较小时，式（2.8）可近似写为

$$\lambda = y/r \tag{2.9}$$

式中：$y(t)$ 为在 t 时刻导弹与目标的位移量，称为脱靶距离，或简称为脱靶量。

这种描述形式广泛应用于线性交会模型中。

类似于式（1.11），视线变化率近似为

$$\dot{\lambda} = \frac{\dot{y}r + yv_{\mathrm{cl}}}{r^2} \tag{2.10}$$

假设导弹与目标的接近速度恒定（导弹和目标在接近过程中不进行机动），则式（2.9）和式（2.10）可写为

$$\lambda(t) = \frac{y(t)}{v_{\mathrm{cl}}t_{\mathrm{go}}} \tag{2.11}$$

$$\dot{\lambda}(t) = \frac{\dot{y}(t)r + y(t)v_{\mathrm{cl}}}{r^2} = \frac{\dot{y}(t)t_{\mathrm{go}} + y(t)}{v_{\mathrm{cl}}t_{\mathrm{go}}^2} = \frac{\mathrm{ZEM}}{v_{\mathrm{cl}}t_{\mathrm{go}}^2} \tag{2.12}$$

式中：$t_{\mathrm{go}} = t_{\mathrm{F}} - t$，为导弹从当前时刻直至飞行结束成功拦截目标的剩余飞行时间（t_{F} 为导弹飞行结束的时刻），ZEM 代表 Zero-Effort Miss，其表达式为

$$\mathrm{ZEM} = \dot{y}(t)t_{\mathrm{go}} + y(t) \tag{2.13}$$

其被称为零控脱靶量，也就是在 t 时刻之后导弹和目标都不做机动的情况下所产生的导弹相对目标的脱靶量。

若假设导弹以加速度 $a_{\mathrm{c}}(t)$ 运动能够成功拦截目标，则 ZEM 可以看作预测拦截坐标，式（2.7）可以重写为

$$a_{\mathrm{c}}(t) = N\frac{\dot{y}(t)t_{\mathrm{go}} + y(t)}{t_{\mathrm{go}}^2} = N\frac{\mathrm{ZEM}}{t_{\mathrm{go}}^2} \tag{2.14}$$

若将 ZEM 看作预测拦截点，则式（2.14）可以看作预测制导律，而 ZEM 可以根据目标未来运动的信息或假设进行计算。

通过解析分析（见参考文献［6］和第 3 章）可以看出，在理想的动力学特性下（即在视线变化率与指令加速度间不存在延迟），视线变化率是时间的递减函数并在追踪结束时趋近于零。但当考虑真实的动力学特性时，比例导引在拦截点附近是发散的，也就是说视线变化率是发散的。尽管一些学者认为这种发散会严重影响脱靶量，但我们在后面的讨论中还是忽略这一点。

2.3　三维比例导引

如前所述，三维运动可以分解为两个正交平面内的运动（图 1.1）。

利用方位角 α 和高低角 β 代替式（2.7）中的 λ，可以分别得到水平面内的指令加速度 $a_{ch}(t)$ 和垂直面内的指令加速度 $a_{cv}(t)$：

$$a_{ch}(t) = Nv_{cl}\dot{\alpha}(t), a_{cv}(t) = Nv_{cl}\dot{\beta}(t) \tag{2.15}$$

总的指令加速度 $\boldsymbol{a}_c(t) = (a_{c1}(t), a_{c2}(t), a_{c3}(t))$（式（1.13）和式（2.15））等于：

$$a_{c1}(t) = -a_{ch}(t)\sin\alpha - a_{cv}(t)\cos\alpha\sin\beta \tag{2.16}$$

$$a_{c2}(t) = a_{ch}(t)\cos\alpha - a_{cv}(t)\sin\alpha\sin\beta \tag{2.17}$$

$$a_{c3}(t) = a_{cv}(t)\cos\beta \tag{2.18}$$

式（2.16）~式（2.18）考虑到 $a_{ch}(t)$ 和 $a_{cv}(t)$ 分别垂直于视线在水平面和垂直面内的投影（图 1.1 和图 2.1）。

由式（1.10）可直接得到比例导引加速度指令：

$$\boldsymbol{a}_c(t) = Nv_{cl}\dot{\boldsymbol{\lambda}}(t) \tag{2.19}$$

考虑式（1.16）和式（2.15），指令加速度也可写为

$$a_{c1}(t) = -a_{ch}(t)\sin\alpha\cos\beta - a_{cv}(t)\cos\alpha\sin\beta \tag{2.20}$$

$$a_{c2}(t) = a_{ch}(t)\cos\alpha\cos\beta - a_{cv}(t)\sin\alpha\sin\beta \tag{2.21}$$

$$a_{c3}(t) = a_{cv}(t)\cos\beta \tag{2.22}$$

式（2.16）~式（2.18）与式（2.20）~式（2.22）有细微的差别，这主要是由于式（2.16）~式（2.18）给出比例导引指令加速度需要约束条件才能成立，即制导指令的两个分量 $a_{ch}(t)$ 和 $a_{cv}(t)$ 分别作用在两个正交的平面上，而由比例导引加速度指令（式（2.19））得到的 3 个分量（式（2.20）~式（2.22））则不需要此约束。在高低角 β 比较小的情况下，两种表达式的结果是十分接近的。

水平和垂直的加速度指令是在 NED 坐标系内，在实际应用中分别由滚动和俯仰通道的自动驾驶仪实现。α 和 β 角由弹上的传感器测量得到，加速度指令由制导控制系统生成。这个过程对应于导弹的末制导段，在中制导段导弹的

制导主要依赖于弹外的传感器，制导指令由地球固连坐标系下的地基（或空基）防御系统确定。在地球固连坐标系下，比例导引律为

$$a_{cs}(t) = Nv_{cl}\dot{\lambda}_s(t) \quad (s = 1,2,3) \tag{2.23}$$

式中：$\dot{\lambda}_s(t)$ 和 v_{cl} 分别由式（1.11）和式（1.12）确定。类似于式（2.14），比例导引律也可写为

$$a_{cs}(t) = N\frac{\dot{R}_s(t)t_{go} + R_s(t)}{t_{go}^2} = N\frac{\mathrm{ZEM}_s}{t_{go}^2} \quad (s = 1,2,3) \tag{2.24}$$

式中：零控脱靶量向量 $\boldsymbol{ZEM} = (\mathrm{ZEM}_1, \mathrm{ZEM}_2, \mathrm{ZEM}_3)$。

$$\mathrm{ZEM}_s = \dot{R}_s(t)t_{go} + R_s(t) \quad (s = 1,2,3) \tag{2.25}$$

零控脱靶量 ZEM_s（$s = 1,2,3$）与视线是垂直的，这个结论可以直接由式（1.8）、式（1.11）、式（2.12）、式（2.14）、式（2.25）及关系式 $\sum_{s=1}^{3}\dot{\lambda}_s\lambda_s = 0$ 推导得到。

2.4 增广比例导引

比例导引中基本的导引参数是弹目视线的变化率。由于比例导引法不需要弹目距离和剩余飞行时间的信息，因此它仅依靠弹上的角度传感器就能够实现，这也是比例导引法最大的优点。虽然比例导引并非主要利用目标运动加速度信息推导得到，但它仍适用于机动目标。且直观地来看，目标加速度的相关信息可以改进比例导引的效果。

式（2.13）中的零控脱靶量是在导弹在剩余飞行时间内不做加速的假设下推导得到的。当目标以加速度 a_T 做机动飞行时，零控脱靶量则必须加上一个平方项 $0.5a_Tt_{go}^2$，即

$$\mathrm{ZEM} = \dot{y}(t)t_{go} + y(t) + 0.5a_Tt_{go}^2 \tag{2.26}$$

将式（2.26）代入式（2.14），并用其来计算比例导引律中的变量 $\dot{\lambda}(t)$ 和 v_{cl}（式（2.10）~式（2.12）），对于平面拦截，增广比例导引（Augmented Proportional Navigation，APN）律 $a_{aug}(t)$ 可以写为

$$a_{aug}(t) = a_c(t) + 0.5Na_T = Nv_{cl}\dot{\lambda}(t) + 0.5Na_T \tag{2.27}$$

对于三维拦截的情况，导弹的指令加速度 $a_{aug}(t) = (a_{aug1}, a_{aug2}, a_{aug3})$ 与目标加速度 $a_T(t) = (a_{T1}, a_{T2}, a_{T3})$ 的关系如下：

$$a_{augs}(t) = a_{cl}(t) + 0.5Na_{Ts} \quad (s = 1,2,3) \tag{2.28}$$

尽管增广比例导引律是在假设目标做阶跃机动（即目标的法向加速度为一恒定常值）的情况下推导得到的，但它仍然被推荐使用，虽然这样没有严格的推导证明。增广比例导引律也在实际中被广泛应用于各类机动目标。

2.5　比例导引作为控制问题的处理

比例导引的基本原理是实现平行导引，即利用导弹的加速度去抵消视线的变化率。比例导引基本原理的实现是基于物理上的直觉：当视线的变化率开始变化，不再为零时，导弹产生正比于视线变化率与零之间偏差的加速度指令去消除这个偏差。

下面考虑如何将比例导引作为一个控制问题来实现平行导引规律 $\dot{\lambda}(t)=0$。首先考虑线性化的平面拦截模型（见图 2.1 和式（2.10）、式（2.11））。将式（2.11）的导数重新写为下面的形式：

$$\dot{\lambda}(t)=\frac{\dot{y}(t)r(t)-y(t)\dot{r}(t)}{r^2(t)}=\frac{\dot{y}(t)}{r(t)}-\frac{\lambda(t)\dot{r}(t)}{r(t)} \tag{2.29}$$

$$\begin{aligned}\ddot{\lambda}(t)&=\frac{\ddot{y}(t)r(t)-\dot{y}(t)\dot{r}(t)}{r^2(t)}-\frac{(\dot{\lambda}(t)\dot{r}(t)+\lambda(t)\ddot{r}(t))r(t)-\lambda(t)\dot{r}^2(t)}{r^2(t)}\\&=\frac{\ddot{y}(t)-\dot{\lambda}(t)\dot{r}(t)-\lambda(t)\ddot{r}(t)}{r(t)}-\frac{\dot{r}(t)}{r(t)}\frac{(\dot{y}(t)-\lambda(t)\dot{r}(t))}{r(t)}\\&=\frac{\ddot{y}(t)-\dot{\lambda}(t)\dot{r}(t)-\lambda(t)\ddot{r}(t)-\dot{\lambda}(t)\dot{r}(t)}{r(t)}\\&=\frac{\ddot{y}(t)-2\dot{\lambda}(t)\dot{r}(t)-\lambda(t)\ddot{r}(t)}{r(t)}\end{aligned} \tag{2.30}$$

引入时变系数：

$$a_1(t)=-\frac{\ddot{r}(t)}{r(t)} \tag{2.31}$$

$$a_2(t)=\frac{2\dot{r}(t)}{r(t)} \tag{2.32}$$

$$b(t)=\frac{1}{r(t)} \tag{2.33}$$

式（2.30）可以表达为

$$\ddot{\lambda}(t)=-a_1(t)\lambda(t)-a_2(t)\dot{\lambda}(t)+b(t)\ddot{y}(t) \tag{2.34}$$

考虑到

$$\ddot{y}(t)=-a_{\mathrm{M}}(t)+a_{\mathrm{T}}(t) \tag{2.35}$$

则式（2.34）可以转化为

$$\ddot{\lambda}(t) = -a_1(t)\lambda(t) - a_2(t)\dot{\lambda}(t) - b(t)a_M(t) + b(t)a_T(t) \tag{2.36}$$

令 $x_1(t) = \lambda(t)$ ，$x_2(t) = \dot{\lambda}(t)$ ，则导弹与目标的交会模型可以用下面的一阶微分方程组表示：

$$\begin{cases} \dot{x}_1 = x_2 \\ \dot{x}_2 = -a_1(t)x_1 - a_2(t)x_2 - b(t)u + b(t)f \end{cases} \tag{2.37}$$

式中：$u = a_M(t)$ 为控制输入；$f = a_T(t)$ 为干扰。

首先，考虑目标不做机动的情况，即假设 $f = 0$ ，这个假设体现在这种情况下比例导引的主要关系式里。

当 x_2 渐近稳定时，即 $\lim x_2 \to 0$ ，则可实现平行导引。因此满足使 $\lim x_2 \to 0$ 的控制律就是实现平行导引的制导律。因此，制导问题就可描述为一个控制问题：选取控制律 u 来保证式（2.37）中变量 x_2 的渐近稳定性（实际上，我们处理的是一个有限时间收敛的问题。为了简便和使用术语“渐近稳定”的严谨性，假定干扰是一个逐渐消失的量，即它包含一个时间因数 $e^{-\varepsilon t}$ ，其中 ε 是一个无限小的正数）。

需要指出的是，制导律是基于动态系统的局部稳定性确定的，即只考虑相对视线导数的稳定性[1-3]。下面利用李雅普诺夫（Lyapunov）方法检验系统的渐近稳定性（见附录A）。根据Lyapnov方法，对式（2.37）自然地选择Lyapunov函数为视线导数的平方项：

$$Q = \frac{1}{2}cx_2^2 \tag{2.38}$$

式中：c 为一个正的系数。

对式（2.38）求导，可得Lyapunov函数在式（2.37）描述的任意轨迹上的导数为

$$\dot{Q} = cx_2(-a_1(t)x_1 - a_2(t)x_2 - b(t)u) \tag{2.39}$$

使Lyapunov函数的导数（式（2.39））负定的条件，也就是使式（2.35）对于变量 x_2 渐近稳定的条件如下：

$$\dot{Q} = cx_2(-a_1(t)x_1 - a_2(t)x_2 - b(t)u) \leqslant -c_1x_2^2 \tag{2.40}$$

式中：c_1 为一个正的系数。

在接近弹目交会的过程中，假设弹目没有加速运动，则 $\ddot{r}(t) = 0$ ，即 $a_1(t) = 0$ ，式（2.40）可写为

$$(-a_2(t) + c_1/c)x_2^2 - a_1(t)x_1x_2 - b(t)x_2u \leqslant 0 \tag{2.41}$$

在 $a_1(t) = 0$ 和 $c_1 \leqslant c$ 的条件下，由式（2.40）和式（2.41）可知控制量取如

下形式：

$$u = kx_2 = k\dot{\lambda}(t) \tag{2.42}$$

在 k 满足不等式

$$kb(t) + a_2(t) > 0$$

或

$$k > -\frac{a_2(t)}{b(t)} \tag{2.43}$$

的条件下，即可使式（2.37）描述的系统稳定。

引入弹目接近速度 $v_{\mathrm{cl}} = -\dot{r}(t)$ 和有效导航比 N，则式（2.43）可写为 $k > 2v_{\mathrm{cl}}$，控制律可写为

$$u = Nv_{\mathrm{cl}}\dot{\lambda}(t), N > 2 \tag{2.44}$$

这就是式（2.7）给出的比例导引规律。

对于地球固连坐标系内的三维制导过程，视线的变化率如式（1.10）和式（1.11）所示，则与式（2.36）类似，可得

$$\ddot{\lambda}_s(t) = -a_1(t)\lambda_s(t) - a_2(t)\dot{\lambda}_s(t) + b(t)(a_{\mathrm{Ts}}(t) - u_s)(s = 1,2,3) \tag{2.45}$$

式中：$\ddot{\lambda}_s$（$s = 1,2,3$）为视线二阶导数在三个坐标轴上的坐标值；$a_{\mathrm{Ts}}(t)$（$s = 1,2,3$）为目标加速度矢量在三个轴上的坐标值；$u_s(t)$（$s = 1,2,3$）则为导弹加速度矢量在三个坐标轴上的坐标值，它表示系统的控制输入。

选取 Lyapunov 函数为视线变化率 3 个分量的平方和：

$$Q = \frac{1}{2}\sum_{s=1}^{3} d_s\dot{\lambda}_s^2 \tag{2.46}$$

式中：d_s 为正系数。这样选取的 Lyapunov 函数与比例导引的本质也是一致的。

则 Lyapunov 函数的导数可表示为如下的形式：

$$\dot{Q} = \sum_{s=1}^{3} d_s\ddot{\lambda}_s\dot{\lambda}_s \text{①} \tag{2.47}$$

或

$$\dot{Q} = \sum_{s=1}^{3} d_s(-a_1(t)\lambda_s\dot{\lambda}_s - a_2(t)\dot{\lambda}_s^2 + b(t)\dot{\lambda}_s(a_{\mathrm{Ts}}(t) - u_s)) \text{①} \tag{2.48}$$

与平面交会情况类似，在交会过程中弹目不做加速的假设下，能够保证 $\lim\limits_{t\to\infty}\|\dot{\lambda}\| \to 0$ 的控制律 $u_s(t)$ 可表示为

$$u_s = Nv_{\mathrm{cl}}\dot{\lambda}_s, N > 2 \quad (s = 1,2,3) \tag{2.49}$$

---

① 原著中表达式有误。

则式（2.49）在形式上与式（2.23）也是一致的。

2.6 增广比例导引作为控制问题的处理

对于机动目标的平面交会情况，式（2.38）表示的 Lyapunov 函数在式（2.37）描述的任意轨迹上的导数则变为

$$\dot{Q} = cx_2(-a_1(t)x_1 - a_2(t)x_2 - b(t)u + b(t)f) \tag{2.50}$$

使 Lyapunov 函数的导数（式（2.39））负定的条件则变为

$$\dot{Q} = cx_2(-a_1(t)x_1 - a_2(t)x_2 - b(t)u + b(t)f) \leqslant -c_1x_2^2 \tag{2.51}$$

此时可保证式（2.37）关于变量 x_2 是渐近稳定的。

由 Lyapunov 函数导数（式（2.51））的负定条件可得到制导律为

$$u = Nv_{\mathrm{cl}}\dot{\boldsymbol{\lambda}} + a_{\mathrm{T}}(t), N > 2 \tag{2.52}$$

式中：加速度项要比目标做阶跃机动情况下得到的增广比例导引律（见式(2.27)）小0.5N倍。

类似地，由式（2.48）可以得到三维交会情况下的制导律为

$$u_s = Nv_{\mathrm{cl}}\dot{\boldsymbol{\lambda}}_s + a_{\mathrm{Ts}}(t), N > 2 \quad (s = 1,2,3) \tag{2.53}$$

同样，这样得到的加速度项比目标做阶跃机动情况下得到的增广比例导引律（见式（2.28））小0.5N倍。

通过对比式（2.52）、式（2.53）与式（2.27）、式（2.78），可以看出增广比例导引中目标加速度项的增益系数 $N/2$ 要比基于 Lyapunov 方法得到的结果大。

式（2.53）已经具有了目前增广制导律的类似形式，后续将给出更多一般形式的制导律。

2.7 最优比例导引

式（2.7）是通过一种简单的逻辑推导得到的。如果视线变化率不为零，即与零之间存在误差，则需要生成一个与误差成正比关系的法向加速度去消除这个误差。在本章前面的内容中，已经对消除视线变化率误差的问题进行了严格的描述和推导，将比例导引问题作为一个控制问题来处理，利用视线及其导数作为状态量得到了系统控制量——指令加速度。

在文献［1］中，作者独辟蹊径地将比例导引律作为一种控制作用来考虑。在20世纪60年代，最优控制理论快速发展，得到了大量重要的成果[5]。

根据最优控制理论，对于由线性微分方程组描述的系统，当选取一个二次方函数作为性能指标时，可以推导得知线性控制律是最优的[3]。对于线性运动方程式（1.20）（或（2.35）），需要找到这样一个性能指标，从而证明式（2.7）就是最优控制律。这样的问题称为逆优化问题。为分析简便，在这里只考虑平面交会的情形。

假设在交会阶段导弹以匀速 v_{cl} 接近目标，忽略导弹的动态特性，可得

$$\ddot{y} = -a_M, y = r\lambda \ll r, r(\tau) = v_{cl}\tau \tag{2.54}$$

定义性能指标（或代价函数）为

$$I = \frac{1}{2}\left(Cy^2(t_F) + \int_0^{t_F} a_M^2(t)\,dt\right) \tag{2.55}$$

式中：C 为一个常值系数，通常被称为权重因子，制导飞行的初始时刻为0。式（2.55）中的第一项代表脱靶量，第二项表示制导飞行过程中的能量消耗。如果 C 的值取得比较大，则意味着在考虑性能指标时脱靶量的重要性要大；相反，如果 C 的值取得较小，则意味着更多地强调在制导飞行末端导弹具有足够的能量去攻击目标。

这样，平面制导的最优控制问题就变为寻找 $a_M(t)$，使性能指标函数（式（2.55））最小。文献［1］已经给出了这个最优控制问题的解（参见附录A）为

$$a_M(t) = \frac{3\tau}{3/C + \tau^3}(y(t) + \dot{y}(t)\tau) \tag{2.56}$$

要求脱靶量为零时对应的 C 的取值应为 $C \to \infty$，这样最优制导律就变为

$$a_M(t) = \frac{3}{\tau^2}(y(t) + \dot{y}(t)\tau) \tag{2.57}$$

考虑式（2.12），它可以重写为如下的形式：

$$\dot{\lambda}(t) = \frac{y(t) + \dot{y}(t)\tau}{v_{cl}\tau^2}$$

因此，式（2.57）变为

$$a_M(t) = 3v_{cl}\dot{\lambda}(t) \tag{2.58}$$

这就表明，在上述假设下，比例导引律能够使性能指标函数（式（2.55））最小，导航比取最优值 $N=3$ 时，能够保证脱靶量为零。

在上面通过忽略导弹的动力学特性且假设目标不做机动，大大地简化了制导问题，这样得到的结果更多地具有“纯”理论上的意义，而非实际的意义。在前面已经分析了考虑实际制导问题求解的困难性。

参考文献

1. Bryson, A. E. Linear feedback solution for minimal effort intercept rendezvous, and soft landing, AIAA Journal, 3, 8, 1542 – 1548, 1965.
2. Rumyantsev, V. V. On asymptotic stability and instability of motion with respect to a part of the variables, Journal of Applied Mathematics and Mechanics, 35, 1, 19 – 30, 1971.
3. Yanushevsky, R. Theory of Optimal Linear Multivariable Control Systems, Nauka, Moscow, 1973.
4. Yanushevsky, R. and Boord, W. New approach to guidance law design, Journal of Guidance, Control, and Dynamics, 28, 1, 162 – 166, 2005.
5. Zadeh, L. and Desoer, C. Linear System Theory, Mc – Graw Hill, New York, 1963.
6. Zarchan, P. Tactical and Strategic Missile Guidance, Progress in Astronautics and Aeronautics, 176, American Institute of Astronautics and Aeronautics, Inc., Washington, DC, 1997.

第 3 章　导弹比例导引系统时域分析

3.1　引言

众所周知，要对物理过程或现象进行研究，首先需要建立数学模型，即用数学语言对其进行描述。因此，数学模型描述就是物理过程或现象的一些变量及参数之间的函数关系。在控制系统中，这些变量或参数包括输入变量或控制量（或简称为控制）、输出变量或被控量及中间变量（即所谓的状态量）。在大多情况下，物理过程并不是完全孤立的，而是与其他的过程及现象间有相互的影响，这种来自外部环境的影响称为干扰影响，简称干扰。实际上，数学模型无非就是系统具有相互关系的各个具体参量之间的解析表达式。具体参量的选取取决于要考虑的具体问题。

在第 2 章中，利用控制理论分析方法得到了比例导引规律的表达式[1,2]。在这个问题里，将视线变化率看作系统的输出，比例导引律（即导弹的指令加速度）看作系统的控制量或输入量，将目标的加速度视为系统的干扰。

下面将建立并分析比例导引系统的模型，将表征导弹制导系统性能的脱靶量作为系统的输出，导弹和目标的加速度分别作为系统的控制量和干扰。

在控制理论中，一般利用基于系统误差的分析工具来研究控制系统的特性，控制的目标就是尽可能地使误差减小到一个小的容许值。控制器设计的主要目标则是能够调整控制系统的瞬态和稳态响应，使之达到一定的性能指标要求。因此，为了分析控制系统，首先需要确定选取哪些性能指标，然后根据期望的性能指标调整系统的参数和/或结构，使其能够产生期望的系统响应。由于实际中系统的输入信号通常是未知的，一般选取一个标准的测试信号作为输入信号，而时域分析通常就是基于所谓的阶跃信号展开的。

从一定程度上来说，在制导系统的分析与设计中，脱靶量与传统控制系统的误差是类似的，因此，制导的目的就是尽可能地减小脱靶量，使其达到一个小的容许值。目标的机动方式在确定导弹战术技术指标中起决定性的作用。由目标做阶跃机动引起的脱靶量称为脱靶量阶跃响应，这与控制理论中有名的时域特性是类似的。下面首先根据比例导引制导系统的简化模型得到脱靶量的解析表达式。在实际中，很难得到考虑自动驾驶仪和弹体动态特性的闭环系统在时域上的解析解，因此，在本章中所考虑的简化模型也能使我们得到一些比例导引导弹系统线性模型的特性。

3.2 不考虑系统惯性的比例导引系统

虽然比例导引描述的是一个非线性控制问题，但为了能够应用现有的分析设计方法，需要对系统方程进行线性化，将其转化为一个线性时变系统。这种线性化方法在导弹与目标接近交会的假设下是有效的。通过对线性和非线性系统进行仿真可以看出，线性化的模型能够真实地反映制导系统的动态特性。这也就是说，在弹目接近速度近似为常值的拦截情况下，这种线性化模型是有效的，此时弹目距离就可以近似地表示为一个时间变量的线性函数。

在第2章中，通过考虑式（2.35），得到了比例导引规律的表达式，下面将通过这个方程来分析比例导引制导系统理想线性无惯性模型的性能。将式（2.7）代入式（2.35），可得

$$\ddot{y}(t) = -Nv_{\mathrm{cl}}\dot{\lambda}(t) + a_{\mathrm{T}}(t) \tag{3.1}$$

对式（3.1）进行积分并考虑式（2.9）和式（2.11），可得

$$\dot{y}(t) = -Nv_{\mathrm{cl}}\lambda(t) + \int a_{\mathrm{T}}(t)\mathrm{d}t = -\frac{N}{t_{\mathrm{F}} - t}y(t) + V_{\mathrm{T}}(t) \tag{3.2}$$

式（3.2）的解可以写为如下的形式：

$$y(t) = \frac{1}{M(t)}\left(\int V_{\mathrm{T}}(t)M(t)\mathrm{d}t + C\right) \tag{3.3}$$

式中：C 为积分常数，且

$$M(t) = \exp\left(\int \frac{N}{t_{\mathrm{F}} - t}\mathrm{d}t\right) = (t_{\mathrm{F}} - t)^{-N} \tag{3.4}$$

$y(t)$ 可以简化为如下的形式：

$$y(t) = C(t_{\mathrm{F}} - t)^{N} + \frac{t_{\mathrm{F}} - t}{N-1}V_{\mathrm{T}}(t) - \frac{(t_{\mathrm{F}} - t)^{N}}{N-1}\int (t_{\mathrm{F}} - t)^{-N+1}a_{\mathrm{T}}(t)\mathrm{d}t \tag{3.5}$$

在目标进行阶跃机动的情况下，即 $a_{\mathrm{T}}(t) = a_{\mathrm{T}}$，式（3.5）则变为

$$y(t) = C(t_{\mathrm{F}} - t)^{N} + \left(\frac{(t_{\mathrm{F}} - t)t}{N-1} - \frac{(t_{\mathrm{F}} - t)^{2}}{(N-1)(N-2)}\right)a_{\mathrm{T}} \tag{3.6}$$

式中：常数 C 的值由 $y(t)$ 的初始值确定。

通过对式（3.6）进行分析，能够得到结论：命中时刻的脱靶量 $y(t_{\mathrm{F}})$ 为零，也就是说，在有效导航比 $N > 2$ 情况下的比例导引是命中目标的一种有效

制导方式。更严谨地说，式（3.6）表明，当有效导航比取为 $N = 1$ 和 $N = 2$ 时是危险的，但只要选取 $N > 2$，就能够保证零脱靶量。

但前面考虑的导弹制导系统的模型过于简单，以至于很难对比例导引规律的性能进行准确的评估。对于导弹制导系统，即使是稍微复杂一点的线性模型（例如，用一阶动态模型描述自动驾驶仪的动态特性）都会使脱靶量分析的问题变得复杂。

在导弹拦截目标的模型中，假设导弹的加速度延迟为 τ_1，目标做阶跃加速度机动，脱靶量模型可以用如下的方程组来描述：

$$\begin{cases} \dot{y}_1 = y_2 \\ \dot{y}_2 = a_T - a_M \\ \dot{a}_M = (a_c - a_M)/\tau_1 \\ \dot{a}_T = \delta(t) \\ y(t) = y_1 \\ a_c(t) = N\left(\dfrac{y_1}{(t_F - t)^2} + \dfrac{y_2}{t_F - t}\right) \end{cases} \tag{3.7}$$

在这种情况下，指令加速度 $a_c(t)$ 并不与导弹实际的加速度 $a_M(t)$ 一致，其表达式由式（2.14）给出。目标在 $t = 0$ 时刻的阶跃机动 $a_T(t)$ 用一个方程右边为脉冲函数 $\delta(t)$ 的微分方程表示。

对于上述系数时变且在 $t = t_F$ 时刻奇异的式（3.7），无法得到一个显式的解析解 $y(t)$，而对这类方程组进行分析的一般方法是数值仿真法。对于导弹拦截目标问题，主要关注命中时刻的脱靶量 $y(t_F)$，这就意味着我们需要在各种 $y(t_F)$ 情况下对式（3.7）进行仿真。为避免多次仿真，且在一次仿真运算中就能得到 t_F，在这里采用了伴随方法[4,5]。此外，基于伴随方法，式（3.7）的具体结构使我们能够得到它关于 $y(t_F)$ 的解析表达式。

3.3　伴随方法

伴随方法对于时变线性系统在确定观测时刻 $\sigma = t_F$ 的脉冲响应 $P(\sigma, t)$（t 为脉冲作用时刻）仿真是一个有效的工具，因此它在导弹制导系统的设计与分析中得到了广泛应用，特别是对于线性化交会模型。伴随系统模型可以根据制导系统模型的结构形式得到。

下面将以一个线性时变系统为例，介绍伴随方法。以如下的向量－矩阵形式描述的微分方程系统为例：

$$\dot{\boldsymbol{y}} = \boldsymbol{A}(t_F - t)\boldsymbol{y} + \boldsymbol{f},\ 0 \leqslant t \leqslant t_F \tag{3.8}$$

式中：$\boldsymbol{y}$ 和 $\boldsymbol{f}$ 为 n 维向量；$\boldsymbol{A}$ 为系数与 $t_F - t$ 相关的矩阵。

引入式（3.8）的伴随系统：

$$\boldsymbol{x} = -\boldsymbol{A}^T(t_F - t)\boldsymbol{x} \tag{3.9}$$

容易验证伴随向量 $\boldsymbol{x}$ 满足条件：

$$\frac{\mathrm{d}\boldsymbol{x}^T\boldsymbol{y}}{\mathrm{d}t} = \boldsymbol{x}^T\boldsymbol{f} \tag{3.10}$$

或

$$\boldsymbol{x}^T(t_F)\boldsymbol{y}(t_F) - \boldsymbol{x}^T(0)y(0) = \int_0^{t_F}\boldsymbol{x}^T(\sigma)\boldsymbol{f}(\sigma)\mathrm{d}\sigma \tag{3.11}$$

式中：上标“T”表示转置。

为了表示由目标常值机动引起的脱靶量 $y(t_F)$，令 $\boldsymbol{x}^T(t_F) = (1,0,\cdots,0)$ 和 $\boldsymbol{f}(t) = \delta(t)$，则

$$y(t_F) = \boldsymbol{x}^T(0)\boldsymbol{y}(0) \tag{3.12}$$

容易验证式（3.9）的变换矩阵 $\boldsymbol{\Phi}_a(t,t_0) = \boldsymbol{\Phi}^T(t_0,t)$，其中 $\boldsymbol{\Phi}(t,t_0)$ 为式（3.8）的变换矩阵。

对于所研究的这类制导问题，应把干扰（目标加速度或其他外部因素）表示为微分方程系统的解。如式（3.7）所示，对于目标开始做阶跃加速度机动的情况（即 $\boldsymbol{f}(t) = \delta(t)$），这个问题就简化为简单的微分运算。

式（3.9）的初始条件 $\boldsymbol{x}(0)$ 可以通过对式（3.9）进行后向积分得到，或通过考虑时间相关变量 $\tau = t_F - t$ 的修正伴随系统得到，这样脱靶量 $y(t_F)$ 即可通过对系统进行一次仿真得到：

$$\dot{\boldsymbol{z}} = \boldsymbol{A}^T(\tau)\boldsymbol{z},\ y(t_F) = \boldsymbol{z}^T(t_F)\boldsymbol{y}(0) \tag{3.13}$$

式中：$\boldsymbol{z}^T(0) = (1,0,\cdots,0)$。

对于式（3.7），其修正伴随系统的形式为

$$\begin{cases} \dot{z}_1 = \dfrac{N}{\tau_1\tau^2}z_3 \\ \dot{z}_2 = z_1 + \dfrac{N}{\tau_1\tau}z_3 \\ \dot{z}_3 = -z_2 - \dfrac{1}{\tau_1}z_3 \\ \dot{z}_4 = z_2 \end{cases} \tag{3.14}$$

其初始条件为 $\boldsymbol{z}^T(0) = (1,0,\cdots,0)$。

式（3.13）的系数矩阵通过对式（3.8）的系数矩阵 $\boldsymbol{A}(t_F - t)$ 进行转置得到。因此，修正伴随矩阵可以通过以下方式得到：将式（3.8）的输入变为输出，将所有时变系数中的变量 t 变换为 $t_F - t$。将输入变为输出等效于如下的

结构变换：原系统的分节点变换为修正伴随系统的和节点，原系统的和节点变换为修正伴随系统的分节点，且信号流方向变为反向。此外，如上面提到的，对原系统的结构变换需要将其实际输入变换为与之等效的脉冲输入。

对式（3.14）的第二个方程求导可得

$$\ddot{z}_2 = \frac{N}{\tau_1 \tau}\dot{z}_3 \tag{3.15}$$

对式（3.15）进行拉普拉斯变换（简称拉氏变换），并用式（3.14）第三式代替 z_3，则式（3.15）可写为

$$\frac{\mathrm{d}}{\mathrm{d}s}(s^2 Z_2(s)) = \frac{Ns^2}{s(\tau_1 s + 1)} Z_2(s)$$

或

$$\frac{\mathrm{d}}{\mathrm{d}s}X(s) = NH(s)X(s) \tag{3.16}$$

式中：s 为拉氏变换符号，式中各变量定义为

$$X(s) = s^2 Z_2(s) \tag{3.17}$$

$$H(s) = \frac{1}{s(\tau_1 s + 1)} = \frac{W(s)}{s} \tag{3.18}$$

式（3.16）的解可表示为

$$X(s) = s^2 Z_2(s) = C\exp\left(\int NH(s)\mathrm{d}s\right) = C\left(\frac{s}{s + 1/\tau_1}\right)^N \tag{3.19}$$

式中：C 为由初始条件确定的常数。

由式（3.14）的最后一个方程可得

$$Z_4(s) = s^{-3}C\left(\frac{s}{s + 1/\tau_1}\right)^N = s^{-1}X(s) \tag{3.20}$$

由式（3.14）前两个方程的初始条件 $z_1(0) = \dot{z}_2(0) = 1$ 可知常数 $C = 1$，则 $\lim\limits_{s\to\infty} s^2 Z_2(s) = \lim\limits_{s\to\infty} X(s) = 1$，式（3.20）可变为

$$Z_4(s) = s^{-3}\left(\frac{s}{s + 1/\tau_1}\right)^N \tag{3.21}$$

考虑式（3.13）和式（3.21），有效导航比取为 $N = 4$ 时，由目标单位阶跃加速度引起的脱靶量为

$$y(t_{\mathrm{F}}) = t_{\mathrm{F}}^2 \exp(-t_{\mathrm{F}}/\tau_1)(0.5 - t_{\mathrm{F}}/6\tau_1) \tag{3.22}$$

原导弹制导系统（式（3.7））的框图如图3.1所示（D 表示微分算子）。

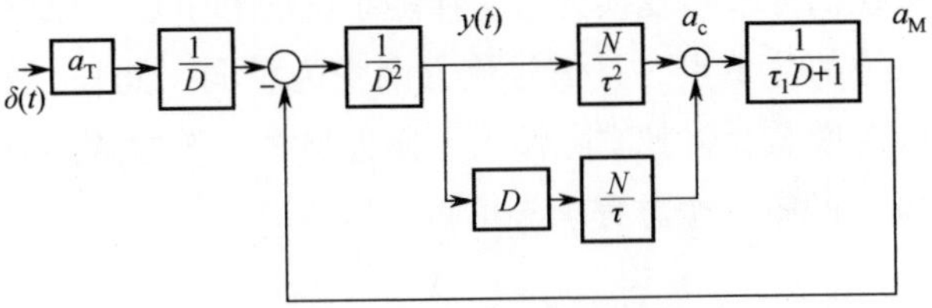

图 3.1　原制导系统框图

伴随系统的结构框图如图 3.2 所示。

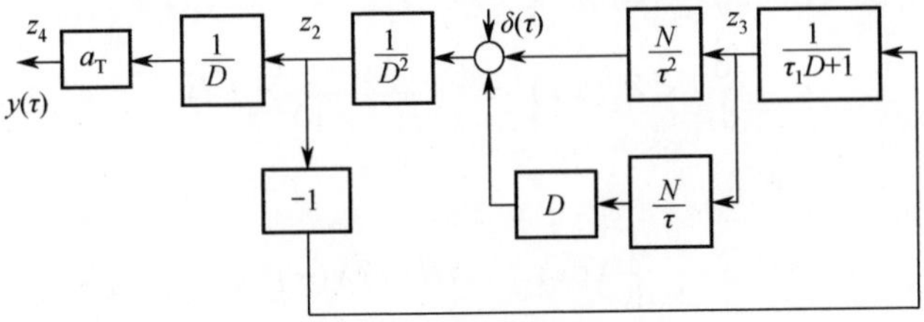

图 3.2　伴随系统框图

式（3.7）和式（3.14）对于目标单位阶跃加速度 a_T = 1 情况下的上述框图可以进一步进行简化，根据式（2.10）~式（2.14），其简化形式分别如图 3.3 和图 3.4 所示。

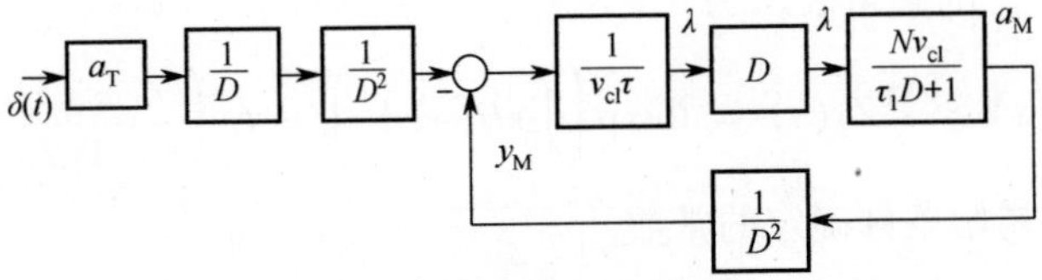

图 3.3　原制导系统的简化框图

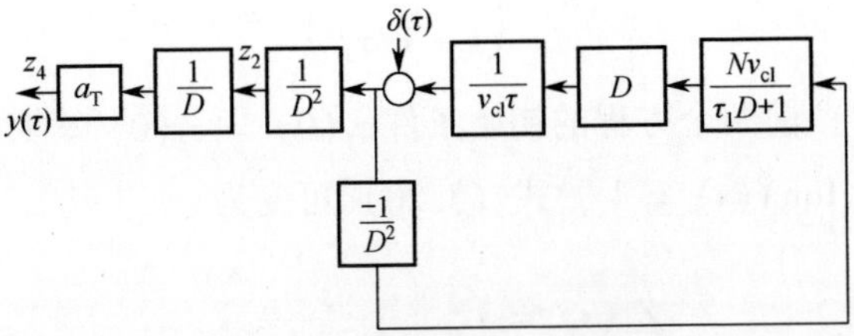

图 3.4　伴随系统的简化框图

修正后的系统更便于进行分析。修正后的原制导系统直接以视线 $\lambda = y/(v_{cl}\tau)$ 及其导数进行运算。修正的伴随系统与式（3.16）~式（3.18）一致。图 3.4 中的接近速度 v_{cl} 与图 3.3 完全一致。

图 3.5 所示为在 $\tau_1 = 0.5$s、$a_T = 1$g（g = 9.81m/s² 表示重力加速度）伴随系统的仿真结果，显示了导弹制导系统的脱靶量阶跃响应曲线。

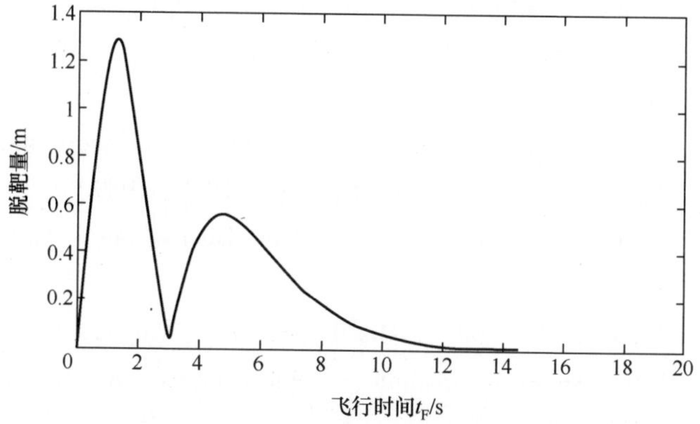

图3.5　目标阶跃机动的脱靶量

由图3.5可以看出，相较于理想线性无惯性模型（式（3.1）），有惯性导弹制导系统（式（3.7））的脱靶量不为零，加速度时间滞后 τ_1 显著地影响了脱靶量阶跃特性，显然，τ_1 越小脱靶量越小。

通过对目标阶跃机动引起的脱靶量的解析表达式（式（3.6）和式（3.22））的分析，可以得出结论：尽管线性比例导引制导系统模型（式（3.7））的指令加速度在 $t \to t_f$ 时趋于无穷，但它并不会显著地影响脱靶量 $y(t_f)$；对理想无惯性模型而言，它不会产生任何影响。

脱靶量阶跃响应是导弹系统性能分析的最常用指标之一，它是导弹制导系统一个重要的时域特性，利用它可以帮助设计者选择合适的导弹制导系统参数，从而使脱靶量达到最小。由于难以得到用于制导系统分析设计的脱靶量阶跃响应的解析表达式，需要利用原系统模型或伴随系统模型在每一个脉冲作用时刻来对系统进行仿真。伴随方法是为了简化仿真过程而提出来的。

零/单时延的制导系统模型便于进行分析，但它们并不符合实际情况。在文献［5］中，虽然二项式模型 $1/(1+sT/n)^n$（T 表示制导系统有效时间常数，n 表示系统阶次）被用来更加准确地描述高阶制导系统模型，它依然不能准确地反应飞行控制系统动力学特性。二项式模型通常用于逼近延迟环节，因此，它不能作为制导系统设计的可靠工具。

正是由于不能得到高阶平面模型脱靶量阶跃响应的解析表达式，利用伴随方法的仿真是时域分析的一种有效工具。解析方法的困难性使研究人员难以在时域内建立和分析包含目标机动特性的复杂模型。在第4章要介绍的导弹制导系统分析设计的频域方法却能够克服上述困难。

参考文献

1. Yanushevsky, R. and Boord, W. New approach to guidance law design, Journal

of Guidance, Control, and Dynamics, 28, 1, 162 – 166, 2005.

2. Yanushevsky, R. Concerning Lyapunov – based guidance, Journal of Guidance, Control, and Dynamiics, 29, 2, 509 – 511, 2006.
3. Yanushevsky, R. Optimal control of differential – difference systems of neutral type, International Journal of Control, 1, 1835 – 1850, 1989.
4. Zadeh, L. and Desoer, C. Linear System Theory, Mc – Graw Hill, New York, 1963.
5. Zarchan, P. Tactical and Strategic Missile Guidance, Progress in Astronautics and Aeronautics, 176, American Institute of Astronautics and Aeronautics, Inc. , Washington, DC, 1997.

第4章　导弹比例导引系统频域分析

4.1　引言

根据前面的分析，制导系统的线性模型为时变系数微分方程，利用时域方法分析的困难就在于不能得到能够对制导系统进行有效分析的脱靶量的解析表达式。正如文献［7］提及的那样：“使用单一时间常数模型描述导弹制导系统的缺陷就在于脱靶量会严重地被低估”，而二项式模型存在同样的问题。

第3章介绍的伴随方法可以将脱靶量以积分的形式描述为伴随系统的脉冲响应，即它对单位脉冲函数的响应。在制导系统表示为单一时间常数模型时，目标加速度与制导系统脱靶量之间的传递函数可以由式（3.21）得到。在控制理论中，描述线性系统输入－输出特性传递函数是频域方法（即在频域内对系统进行分析）的基础。类似于时间域内的单位阶跃信号，单位正弦信号则是频域内标准输入测试信号。频域分析方法主要考虑系统对于频率变化的响应，即频率响应。频率响应定义为系统在正弦输入信号下的稳态响应。频域方法深受工程师的青睐，它使得设计人员能够控制系统的带宽，这一点对于研究人员和设计人员都具有很现实的意义，使得他们能够建立系统的实用模型并进行合理的简化。

在下面的内容中，对线性比例导引制导系统的分析是基于线性制导系统的频率响应展开的，它与目标“蛇形”机动（即正弦形式加速度）引起的脱靶量是相对应的。在后续内容中也将阐明，对于目标阶跃机动引起的脱靶量，即脱靶量阶跃响应，同样可以通过系统的频率特性得到。

拦截弹的主要子系统如图4.1所示。

导引头为制导系统提供目标信息，其与地面/舰面传感器测量的信息共同构成制导律所需要的信息。制导系统生成加速度指令，并将其提供给自动驾驶仪，从而控制导弹的运动。制导系统为战斗部子系统提供起爆指令。导弹的系统性能由末端效应来评估，“末端效应”的产生及控制是导弹系统设计的关键指标之一。

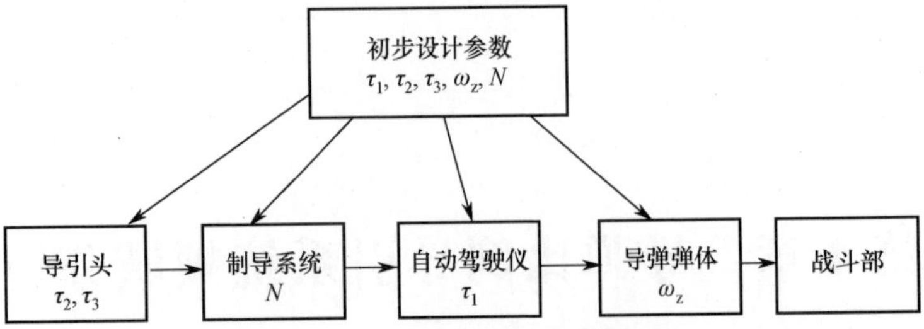

图4.1　拦截系统主要子系统框图

上述各子系统是相互联系的，单一子系统的性能也会影响与其交联子系统的性能要求，比如，导弹弹体参数决定弹体特性 ω_z ，而弹体特性对导弹的动态性能有重要的影响，进一步影响对自动驾驶仪系统 τ_1 的特性要求。制导和控制系统的精度越高，对战斗部大小的要求越小。导引头的动态参数 τ_2 和 τ_3 又会影响到制导系统的精度。但采用传统设计方法进行制导控制系统设计时一般会忽略各子系统之间的耦合影响，将它们作为彼此独立的子系统来处理，单独设计好各子系统之后再集成，并对其整体性能进行检验。在导弹制导控制系统进行集成设计前重要的第一步是对上述导弹参数对脱靶量的影响进行量化。对寻的制导导弹，影响脱靶量的主要因素是导引头误差、弹体气动特性、控制系统延迟时间 τ_1 和目标机动。合理地选择系统的评估参数（见图4.1，应结合导引头的参数 τ_2 和 τ_3 进行选择）能够降低对导引头制导精度和制导律有效导航比 N 的需求。上述分析也表明了建立脱靶量与导弹制导系统主要参数之间解析关系式的重要性。

根据上面分析，利用导弹制导控制系统性能，并结合弹体特性、自动驾驶仪动态特性（阻尼、自然频率、时间常数、弹体零点频率）能够得到导弹飞行控制系统的重要特性，下面将推导得到导弹制导控制系统采用比例导引时脱靶量（即频域响应）的解析表达式和导弹相关系统性能的表达式。相较于伴随方法，利用得到的解析表达式来分析制导系统基本参数对目标阶跃机动或摆动式机动时的脱靶量的影响，不需要复杂的计算程序。

4.2　广义模型的伴随方法

如前面所述，伴随方法是对系统脉冲响应（即对脉冲输入函数的输出响应）进行仿真分析的有效工具。利用时域方法对目标做阶跃加速度机动情况下系统性能分析具有一定的局限性。而由于频域方法采用了不同的测试信号，更便于采用一种在现代控制理论中广泛使用的广义模型进行分析。

相比于式（3.8）、式（3.9）和式（3.13），在这里采用一种比式（3.8）

更为广泛的模型。考虑现代控制理论中的标准形式模型：

$$\begin{cases}\dot{\boldsymbol{x}}(t) = \boldsymbol{A}(t)\boldsymbol{x}(t) + \boldsymbol{B}(t)\boldsymbol{u}(t)\\ y(t) = \boldsymbol{C}(t)\boldsymbol{x}(t)\end{cases} \tag{4.1}$$

式中：状态方程形式与式（3.8）类似，并给出输出方程；$\boldsymbol{x}(t)$ 为状态向量；$\boldsymbol{u}(t)$ 和 $y(t)$ 分别为输入（控制量）和输出变量；$\boldsymbol{A}(t)$、$\boldsymbol{B}(t)$ 和 $\boldsymbol{C}(t)$ 为相应维数的矩阵。

式（4.1）的伴随系统的形式为

$$\begin{cases}\dot{z}(t) = -\boldsymbol{A}^{\mathrm{T}}(t)z(t) + \boldsymbol{C}^{\mathrm{T}}(t)\boldsymbol{v}(t)\\ w(t) = \boldsymbol{B}^{\mathrm{T}}(t)z(t)\end{cases} \tag{4.2}$$

式中：$z(t)$、$\boldsymbol{v}(t)$ 和 $w(t)$ 分别为伴随系统的状态向量、输入和输出变量。

与前述原系统与伴随系统间变换矩阵关系类似，式（4.1）的脉冲响应矩阵 $\boldsymbol{P}(t,\sigma)$ 与式（4.2）的脉冲响应矩阵 $\boldsymbol{P}_a(t,\sigma)$ 的关系为

$$\boldsymbol{P}_a(t,\sigma) = \boldsymbol{P}^{\mathrm{T}}(\sigma,t) \tag{4.3}$$

原系统与伴随系统的结构如图4.2所示（注意信号流的方向）。对于单输入-输出系统，若取 $\sigma = t_{\mathrm{F}}$，则 $\boldsymbol{P}(t_{\mathrm{F}},t) = \boldsymbol{P}_a(t,t_{\mathrm{F}})$，即 $\boldsymbol{P}(t_{\mathrm{F}},t)$ 相当于伴随系统相对于 δ 函数 $\delta(t-t_{\mathrm{F}})$ 的响应，也就是在 t_{F} 时刻作用的 δ 函数。因此在 $t > t_{\mathrm{F}}$ 时，$P(t_{\mathrm{F}},t) = 0$，式（4.1）在物理上是可实现的（它也被称为因果或非预测系统，因为系统的输出不能预测未来的输入值），而伴随系统在 $t > t_{\mathrm{F}}$、$\boldsymbol{P}_a(t,t_{\mathrm{F}}) = 0$ 情况下，在物理上是无法实现的（因此它被称为纯预测系统[8]）。为使伴随系统具有可实现性，将式（4.2）转化为时间变量 $\tau = t_{\mathrm{F}} - t$ 的模型，修正后的伴随系统具有脉冲响应 $\boldsymbol{P}_{\mathrm{ma}}(t_{\mathrm{F}}-\tau,0)$（$0 \leqslant \tau \leqslant t_{\mathrm{F}}$），且其形式如下：

$$\begin{cases}\dot{z}(\tau) = \boldsymbol{A}^{\mathrm{T}}(t_{\mathrm{F}}-\tau)z(\tau) + \boldsymbol{C}^{\mathrm{T}}(t_{\mathrm{F}}-\tau)\boldsymbol{v}(\tau)\\ w(\tau) = \boldsymbol{B}^{\mathrm{T}}(t_{\mathrm{F}}-\tau)z(\tau)\end{cases} \tag{4.4}$$

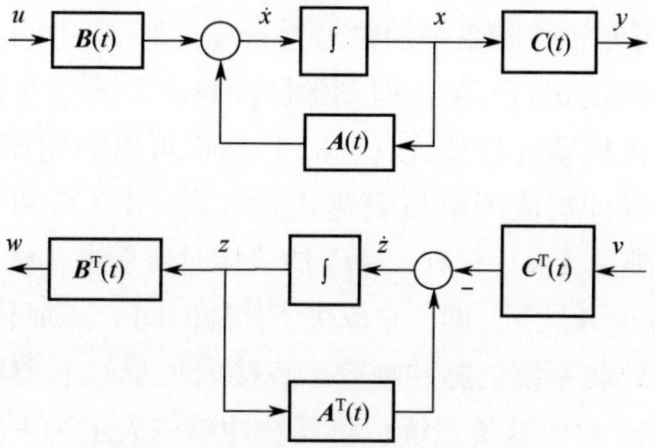

图4.2　原系统与伴随系统结构框图

修正伴随系统的结构如图4.3所示。

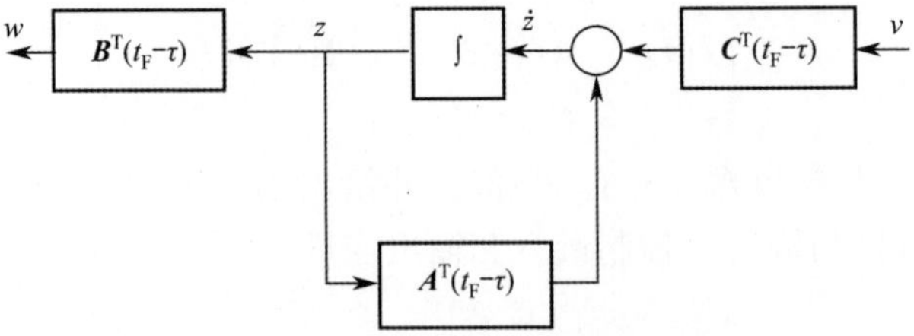

图 4.3　修正伴随系统结构框图

对比图 4.1 和图 4.3 可以看出，要构建修正伴随系统，应遵循以下步骤：

(1) 将所有时变系数变量中的 t 用 $t_F - \tau$ 代替；

(2) 将所有信号流变为反向，并将框图中的分节点重新定义为和节点，反之亦然。

得到修正伴随系统后，式（4.3）可写为

$$P_{ma}^T(t_F - \tau, 0) = P(t_F, \tau) \tag{4.5}$$

式中：脉冲响应 $P(t_F, \tau)$ 可以由对修正伴随系统作用 δ 函数 $\delta(\tau)$ 得到。

将式（3.7）写为式（4.1）的形式，则状态量、输入量和输出量的矩阵分别为

$$\begin{cases} A = \begin{bmatrix} 0 & 1 & 0 \\ 0 & 0 & -1 \\ \dfrac{N}{\tau_1 \tau^2} & \dfrac{N}{\tau_1 \tau} & \dfrac{-1}{\tau_1} \end{bmatrix} \\ B = \begin{bmatrix} 0 \\ 1 \\ 0 \end{bmatrix} \\ C = [1 \quad 0 \quad 0] \end{cases} \tag{4.6}$$

由式（4.3）可知，伴随系统的输出为 $w(\tau) = z_2 = P(t_F, \tau)$，$P(t_F, \tau)$ 表示系统对于目标加速度 $a_T(t)$ 在 t_F 时刻的脉冲响应。一个系数随 $t_F - t$ 变化的导弹制导系统线性化模型（比如式（3.8））不仅可以利用伴随方法进行仿真，还可以利用它得到脉冲响应的解析表达式。由式（4.1）和式（4.3）可以看出，对于状态矩阵满足 $\boldsymbol{A}(t) = \boldsymbol{A}(t_F - t)$ 的线性时变系统，修正伴随系统的状态矩阵满足 $\boldsymbol{A}(t_F - \tau) = \boldsymbol{A}(\tau)$，即，它取决于伴随时间 τ，而不是直接取决于 t_F。这种情况下，修正伴随系统的脉冲响应不直接取决于 t_F，伴随时间 $0 \leq \tau \leq t_F$ 可看作飞行时间 t_F。对于这类系统，将其脉冲响应表示为 $P(t_F, t)$。

状态量、输入量、输出量矩阵为式（4.6）所定义系统的方框图，如图 4.4 所示。图中 $W(s) = 1/(\tau_1 s + 1)$，可见图 4.4 与图 4.3 相似。在频域内，系统

的输入－输出关系由系统对应的传递函数来描述，在下面将予以详细分析。综上所述，目标轨迹 $y_T(t)$ 、目标加速度 $a_T(t)$ 与脱靶量 $y(t_F)$ 之间的关系可以由修正伴随系统结构框图 4.5 分析得到。与图 3.4 类似，$W(s)=1/(\tau_1 s+1)$ 。

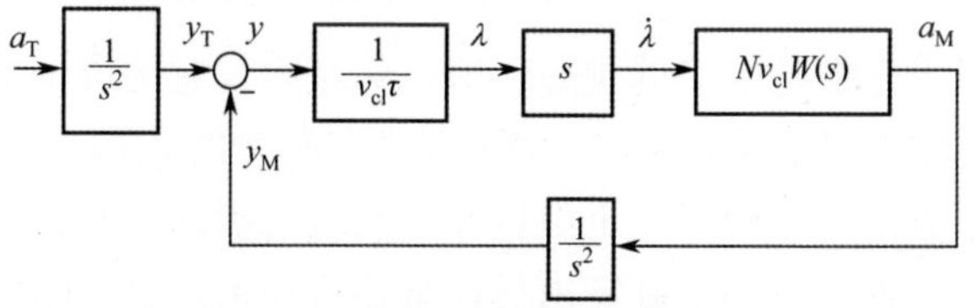

图 4.4 原系统的修正结构框图

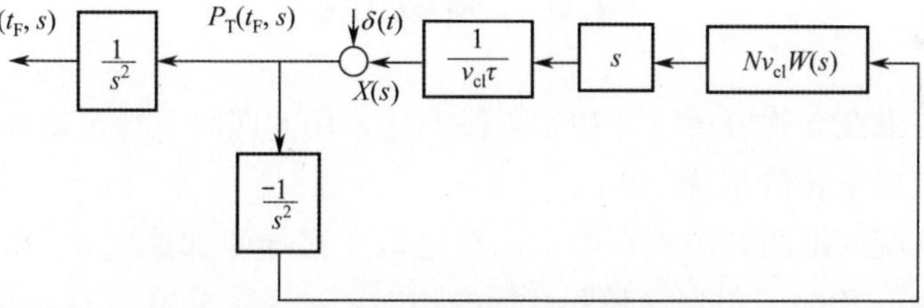

图 4.5 伴随系统的修正结构框图

如前所述，一个时间常数为 τ_1 的一阶传递函数不能准确地描述视线变化率与导弹加速度之间的关系。传递函数 $W(s)$ 应能够反映弹体、自动驾驶仪、制导滤波器及导引头的动力学特性。然而，更复杂形式的 $W(s)$ 并不会改变图 4.5 的结构。分析图 4.5 的结构能够得到系统脉冲响应 $P(t_F,t)$ 对应的传递函数 $P(t_F,s)$ 的解析表达式，以及对应于系统对 $y_T(t)$ 的脉冲响应 $P_T(t_F,t)$ 的传递函数 $P_T(t_F,s)$ 。

令 $X(\tau)$ 为图 4.5 所示系统闭环结构的脉冲响应。考虑式（3.18），闭环系统的动力学特性可表示为

$$\frac{1}{\tau}\int_0^\tau NH(\tau-\sigma)(\delta(\sigma)-X(\sigma))\mathrm{d}\sigma = X(\tau) \tag{4.7}$$

或表示为拉氏变换形式

$$\int_s^\infty NH(q)(1-X(q))\mathrm{d}q = X(s) \tag{4.8}$$

对式（4.8）求导，可得

$$-\frac{\mathrm{d}(1-X(s))}{\mathrm{d}s} = NH(s)(1-X(s)) \tag{4.9}$$

式（4.9）与式（3.16）类似。考虑到 $P_T(t_F,s)=1-X(s)$ ，可将其写为与式（3.19）类似的形式，即

$$P_T(t_F,s) = \exp\left(\int_\infty^s NH(\sigma)\mathrm{d}\sigma\right) \tag{4.10}$$

相应地，有

$$P(t_{\mathrm{F}},s)=\frac{1}{s^{2}}\exp\left(\int_{\infty}^{s}NH(\sigma)\,\mathrm{d}\sigma\right)=\frac{1}{s^{2}}P_{\mathrm{T}}(t_{\mathrm{F}},s) \tag{4.11}$$

式中：式（4.10）和式（4.11）的积分下限∞由 $\lim\limits_{s\to\infty}P_{\mathrm{T}}(t_{\mathrm{F}},s)=0$ 得到。

阶跃脱靶量等于脉冲响应的积分，即在频域内，它等价于 $s^{-1}P(t_{\mathrm{F}},s)$。容易验证，对于一阶系统，它与第3章中得到的表达式 $Z_4(s)$（式（3.20））一致。然而，上述方法并不限于确定由目标阶跃机动引起的脱靶量和目标常值机动引起的脱靶量，而且可用于确定由目标其他机动形式引起的脱靶量。

4.3 频域分析

首先考虑在导弹分析设计初始阶段广泛采用的四阶飞行控制系统，再将得到的结果扩展至 n 阶系统。

制导系统的框图如图4.6所示。在这里，对导弹加速度 a_{M} 和目标加速度 a_{T} 的差值进行积分，得到导弹和目标的相对距离 y，它在飞行末端的值 $y(t_{\mathrm{F}})$ 就是脱靶量，用相对距离 y 除以拦截距离（接近速度 v_{cl} 乘以剩余飞行时间 t_{go}）就得到视线角 λ，其中剩余时间定义为 $t_{\mathrm{go}}=t_{\mathrm{F}}-t$。导弹导引头表示为一个理想的微分器，它能够有效地测量弹目视线角速度。滤波器和导引头的动力学模型表示为传递函数 $G_1(s)=\dfrac{\tau_{\mathrm{z}}s+1}{\tau_2 s+1}$，式中，$\tau_{\mathrm{z}}$ 和 τ_2 为常值系数。根据视线角速率的估计值，利用比例导引律（有效导航比 $N>2$）就可以生成制导指令 a_{c}。飞行控制系统根据制导指令实现导弹制导飞行。

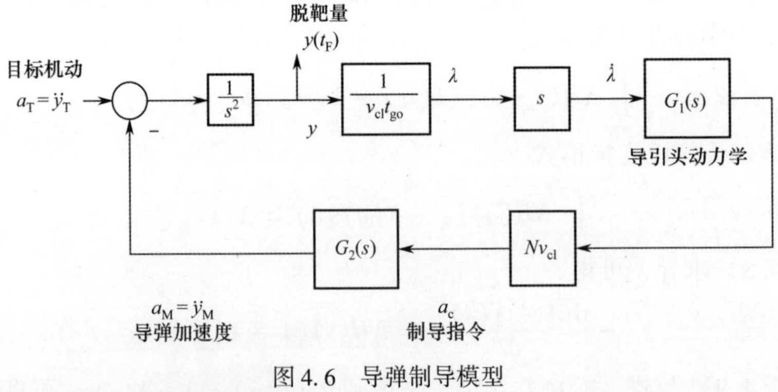

图4.6 导弹制导模型

结合弹体和自动驾驶仪的动力学特性，飞行控制系统的动力学模型可以用如下的传递函数来表示：

$$G_2(s) = \frac{a(s)}{(1+\tau_1 s)\left(\frac{s^2}{\omega_M^2} + \frac{2\zeta}{\omega_M}s + 1\right)} \tag{4.12}$$

式中：对于正常式布局的尾舵控制的导弹，$a(s) = 1 - \frac{s^2}{\omega_z^2}$；对于非尾舵控制的导弹，$a(s)$ 为一阶多项式。飞行控制系统的阻尼 ζ 、自然频率 ω_M 、时间常数 τ_1 和弹体零点 ω_z 都是系统参数。

根据式（4.10），在复域内，t_F 时刻的脱靶量可表示为

$$Y(t_F,s) = \exp\left(N\int_{\infty}^{s} H(\sigma)\mathrm{d}\sigma\right)Y_T(s) \tag{4.13}$$

式中：$Y_T(s)$ 为目标垂向位置 $y_T(t)$ 的拉氏变换；$Y(t_F,s)$ 为 $y(t_F)$ 的拉氏变换。与式（3.18）类似：

$$H(s) = \frac{W(s)}{s} \tag{4.14}$$

$$W(s) = G_1(s)\cdot G_2(s) = \frac{1 + r_1 s + r_2 s^2 + r_3 s^3}{(1+\tau_1 s)(1+\tau_2 s)\left(1 + \frac{2\zeta}{\omega_M}s + \frac{s^2}{\omega_M^2}\right)} \tag{4.15}$$

式中：r_k（$k = 1,2,3$）为常值系数。

积分项 $\int_{\infty}^{i\omega} H(\sigma)\mathrm{d}\sigma$ 可以通过将 $H(s)$ 写为如下的形式来进行计算：

$$H(s) = \frac{A}{s} + \frac{B_1/\tau_1}{s + 1/\tau_1} + \frac{B_2/\tau_2}{s + 1/\tau_2} + \frac{Cs + D}{\frac{s^2}{\omega_M^2} + \frac{2\zeta}{\omega_M}s + 1} \tag{4.16}$$

式中：A、B_1 、B_2 、C 和 D 按式（4.17）计算。

$$\begin{cases} A = 1 \\ B_1 = \dfrac{\tau_1^2 - r_1\tau_1 + r_2 - \dfrac{r_3}{\tau_1}}{\left(1 - \dfrac{\tau_2}{\tau_1}\right)\left(\dfrac{2\xi}{\omega_M} - \tau_1 - \dfrac{1}{\tau_1\omega_M^2}\right)} \\ B_2 = \dfrac{\tau_2^2 - r_1\tau_2 + r_2 - \dfrac{r_3}{\tau_2}}{\left(1 - \dfrac{\tau_1}{\tau_2}\right)\left(\dfrac{2\xi}{\omega_M} - \tau_2 - \dfrac{1}{\tau_2\omega_M^2}\right)} \\ C = -\dfrac{1}{\omega_M^2} - \dfrac{B_1}{\tau_1\omega_M^2} - \dfrac{B_2}{\tau_2\omega_M^2} \\ D = r_1 - B_1 - B_2 - (\tau_1 + \tau_2) - \dfrac{2\xi}{\omega_M} \end{cases} \tag{4.17}$$

对于 $\tau_2=0$：

$$B_2=0,\lim_{\tau_2\to 0}\frac{B_2}{\tau_2\omega_M^2}=-\frac{r_3}{\tau_1} \tag{4.18}$$

若 $\tau_1=0$ 且 $r_3=0$，则

$$B_1=0,\lim_{\tau_1\to 0}\frac{B_1}{\tau_1\omega_M^2}=-r_2 \tag{4.19}$$

为了得到制导系统对于目标加速度的传递函数 $P(t_f,s)$，应对积分项 $\int_{\infty}^{i\omega}H(\sigma)\mathrm{d}\sigma$ 中被积函数的各部分（式（4.16））进行计算。

式（4.16）前三项的积分上限分别为 $\ln s$、$\frac{B_1}{\tau_1}\ln(s+1/\tau_1)$ 和 $\frac{B_2}{\tau_2}\ln(s+1/\tau_2)$。式（4.16）最后一项积分表示为

$$\int_{\infty}^{s}\frac{Cs+D}{\frac{s^2}{\omega_M^2}+\frac{2\zeta}{\omega_M}s+1}\mathrm{d}s=\int_{\infty}^{s}\frac{C\omega_M^2 s+D\omega_M^2}{s^2+2\omega_M\zeta s+\omega_M^2}\mathrm{d}s$$

$$=\frac{C\omega_M^2}{2}\ln(s^2+2\omega_M\zeta s+\omega_M^2)-\int_{\infty}^{s}\frac{\omega_M^2(\zeta\omega_M C-D)}{s^2+2\omega_M\zeta s+\omega_M^2}\mathrm{d}s$$

$$=\frac{C\omega_M^2}{2}\ln(s^2+2\omega_M\zeta s+\omega_M^2)+\omega_M^2(D-\zeta\omega_M C)\frac{1}{\omega_M\sqrt{1-\zeta^2}}\mathrm{Arctan}\frac{s+\zeta\omega_M}{\omega_M\sqrt{1-\zeta^2}}$$ ①

$$=\frac{C\omega_M^2}{2}\ln(s^2+2\omega_M\zeta s+\omega_M^2)+\omega_M^2(D-\zeta\omega_M C)\frac{1}{\omega_M\sqrt{1-\zeta^2}}\frac{1}{2i}$$

$$\ln\frac{i\omega_M\sqrt{1-\zeta^2}-(s+\zeta\omega_M)}{i\omega_M\sqrt{1-\zeta^2}+(s+\zeta\omega_M)} \tag{4.20}$$

利用式（4.13）、式（4.15）和式（4.20），对于 $Y_T(s)=\frac{1}{s^2}a_T(s)$ 和 $a_T(s)=g$，式（4.13）的积分上限可表示为

$$P(t_F,s)=gs^{N-2}\prod_{k=1}^{2}\left(s+\frac{1}{\tau_k}\right)^{B_kN/\tau_k}(s^2+2\omega_M\zeta s+\omega_M^2)^{CN\omega_M^2/2}$$
$$\left(\frac{-s-\zeta\omega_M+i\omega_M\sqrt{1-\zeta^2}}{s+\zeta\omega_M+i\omega_M\sqrt{1-\zeta^2}}\right)^{\frac{N\omega_M(D-\zeta\omega_M C)}{2i\sqrt{1-\zeta^2}}} \tag{4.21}$$

---

① 在本书中，“Arctan”表示复变量反正切函数，“arctan”表示实变量的反正切函数，用于描述对数函数复变量的幅角。

由于式（4.15）中分子的阶次小于分母的阶次，因此式（4.13）的积分下限等于零（将在后面详细阐述，见文献［5］）。上述方程表示了描述脱靶量和目标机动之间关系的传递函数。

当令 $s = i\omega$ 时，由式（4.21）就可以得到制导系统的频域响应。

当 $s = i\omega$ 时，式（4.21）的最后一项可写为

$$-i\frac{\omega_{\mathrm{M}}(D-\zeta\omega_{\mathrm{M}}C)}{2\sqrt{1-\zeta^2}}\ln\frac{i(-\omega+\omega_{\mathrm{M}}\sqrt{1-\zeta^2})-\zeta\omega_{\mathrm{M}}}{i(\omega+\omega_{\mathrm{M}}\sqrt{1-\zeta^2})+\zeta\omega_{\mathrm{M}}} = \mathrm{Re}(\cdot) + i\mathrm{Im}(\cdot) \tag{4.22}$$

式中，

$$\mathrm{Re}(\cdot) = \frac{\omega_{\mathrm{M}}(D-\zeta\omega_{\mathrm{M}}C)}{2\sqrt{1-\zeta^2}}\left(\arctan\frac{\omega-\omega_{\mathrm{M}}\sqrt{1-\zeta^2}}{\zeta\omega_{\mathrm{M}}} - \arctan\frac{\omega+\omega_{\mathrm{M}}\sqrt{1-\zeta^2}}{\zeta\omega_{\mathrm{M}}}\right) \tag{4.23}$$

$$\mathrm{Im}(\cdot) = -\frac{\omega_{\mathrm{M}}(D-\zeta\omega_{\mathrm{M}}C)}{4\sqrt{1-\zeta^2}}\ln\left(\frac{\omega_{\mathrm{M}}^2+\omega^2-2\omega\omega_{\mathrm{M}}\sqrt{1-\zeta^2}}{\omega_{\mathrm{M}}^2+\omega^2+2\omega\omega_{\mathrm{M}}\sqrt{1-\zeta^2}}\right) \tag{4.24}$$

将式（4.23）~式（4.25）代入式（4.13），并令 $s = i\omega$，可以将式（4.21）的最后一项写为下面的形式（利用复数指数的定义[2]直接由式（4.21）得到）：

$$\left(\frac{-i\omega-\zeta\omega_{\mathrm{M}}+i\omega_{\mathrm{M}}\sqrt{1-\zeta^2}}{i\omega+\zeta\omega_{\mathrm{M}}+i\omega_{\mathrm{M}}\sqrt{1-\zeta^2}}\right)^{\frac{N\omega_{\mathrm{M}}(D-\zeta\omega_{\mathrm{M}}C)}{2i\sqrt{1-\zeta^2}}} = \exp(N\mathrm{Re}(\cdot))\exp(iN\mathrm{Im}(\cdot)) \tag{4.25}$$

制导系统的幅值和频率特性可直接由式（4.21）~式（4.25）得到。幅值特性 $|P(t_{\mathrm{F}},i\omega)|$ 的形式如下：

$$|P(t_{\mathrm{F}},i\omega)| = g\omega^{N-2}\prod_{k=1}^{2}\left(\omega^2+\frac{1}{\tau_k^2}\right)^{B_kN/2\tau_k}\left((\omega_{\mathrm{M}}^2-\omega^2)^2+4\omega_{\mathrm{M}}^2\omega^2\zeta^2\right)^{CN\omega_{\mathrm{M}}^2/4}\exp(\cdot) \tag{4.26}$$

式中，

$$\exp(\cdot) = \exp\left(N\frac{\omega_{\mathrm{M}}(D-\zeta\omega_{\mathrm{M}}C)}{2\sqrt{1-\zeta^2}}\left(\arctan\frac{\omega-\omega_{\mathrm{M}}\sqrt{1-\zeta^2}}{\zeta\omega_{\mathrm{M}}} - \arctan\frac{\omega+\omega_{\mathrm{M}}\sqrt{1-\zeta^2}}{\zeta\omega_{\mathrm{M}}}\right)\right) \tag{4.27}$$

相角特性 $\varphi(t_{\mathrm{F}},i\omega)$ 形式如下：

$$\varphi(t_{\mathrm{F}},i\omega) = -\pi + N\frac{\pi}{2} + N\frac{B_1}{\tau_1}\arctan(\omega\tau_1) + N\frac{B_2}{\tau_2}\arctan(\omega\tau_2) + N\frac{C}{2}\omega_{\mathrm{M}}^2\arctan\left(\frac{2\omega\omega_{\mathrm{M}}\zeta}{\omega_{\mathrm{M}}^2-\omega^2}\right) - \frac{\omega_{\mathrm{M}}(D-\zeta\omega_{\mathrm{M}}C)}{4\sqrt{1-\zeta^2}}\ln\left(\frac{\omega_{\mathrm{M}}^2+\omega^2-2\omega\omega_{\mathrm{M}}\sqrt{1-\zeta^2}}{\omega_{\mathrm{M}}^2+\omega^2+2\omega\omega_{\mathrm{M}}\sqrt{1-\zeta^2}}\right) \tag{4.28}$$

式（4.25）的第一项对应于式（4.27）中的 exp(·) 项，第二项对应于相角特性的最后一项。

式（4.26）、式（4.28）是根据四阶模型得到的，下面推导 n 阶飞行控制系统的表达式。对于 n 阶模型，式（4.15）变为

$$W(s) = G_1(s)\cdot G_2(s) = \frac{1+\sum_{k=1}^{n-1} r_k s^k}{\prod_{q=1}^{l}(1+\tau_q s)\prod_{j=1}^{m}\left(1+\frac{2\zeta_j}{\omega_j}s+\frac{s^2}{\omega_j^2}\right)} \tag{4.29}$$

式中：$l + 2m = n$；$l = 2$，$m = 1$ 时，式（4.29）与式（4.15）相同；$r_k(k = 1,2,\cdots,n-1)$ 为常值系数。

$H(s)$ 的部分分式展开形式为

$$H(s) = \frac{A}{s} + \sum_{q=1}^{l}\frac{B_q/\tau_q}{s+1/\tau_q} + \sum_{j=1}^{m}\frac{C_j s + D_j}{\frac{s^2}{\omega_j^2}+\frac{2\zeta_j}{\omega_j}s+1} = \frac{A}{s} + \sum_{p=1}^{n}\frac{K_p}{s-\alpha_p} \tag{4.30}$$

式中：α_p（$p = 1,2,\cdots,n$）为 $W(s)$ 的极点（为简化分析，假定极点都是不同的），系数 A、B_q、C_j、D_j 和 K_p 的计算过程为

$$K_p = \lim_{s\to\alpha_p}(s-\alpha_p)H(s),A = \lim_{s\to 0}sH(s) = W(0) = 1 \tag{4.31}$$

对于实极点 $\alpha_p = -1/\tau_p$，有

$$B_q = K_q\tau_q \tag{4.32}$$

对于成对的共轭极点 $\alpha_{p,p+1} = -\zeta_p\omega_p \pm j\omega\sqrt{1-\zeta_p^2}$，系数 K_p 和 K_{p+1} 也是共轭的，由式（4.30）及下式：

$$\frac{\mathrm{Re}K_p + i\mathrm{Im}K_p}{s+\zeta_p\omega_p+i\omega_p\sqrt{1-\zeta_p^2}} + \frac{\mathrm{Re}K_p - i\mathrm{Im}K_p}{s+\zeta_p\omega_p-i\omega_p\sqrt{1-\zeta_p^2}} = 2\,\frac{\mathrm{Re}K_p s + \zeta_p\omega_p\mathrm{Re}K_p + \omega_p\sqrt{1-\zeta_p^2}\,\mathrm{Im}K_p}{s^2+2\zeta_p\omega_p s+\omega_p^2}$$

有：

$$C_j = \frac{2\mathrm{Re}K_p}{\omega_p^2},D_j = \frac{2(\zeta_p\mathrm{Re}K_p + \sqrt{1-\zeta_p^2}\,\mathrm{Im}K_p)}{\omega_p},p = 2j-1 \tag{4.33}$$

n 阶飞行控制系统的传递函数 $P(t_f,s)$ 为

$$P(t_f,s) = gs^{N-2}\prod_{k=1}^{l}\left(s+\frac{1}{\tau_k}\right)^{\frac{B_kN}{\tau_k}}\prod_{j=1}^{m}(s^2+2\omega_j\zeta_js+\omega_j^2)^{\frac{C_jN\omega_j^2}{2}} \cdot \left(\frac{-s-\zeta_j\omega_j+i\omega_j\sqrt{1-\zeta_j^2}}{s+\zeta_j\omega_j+i\omega_j\sqrt{1-\zeta_j^2}}\right)^{\frac{N\omega_j(D_j-\zeta_j\omega_jC_j)}{2i\sqrt{1-\zeta_j^2}}} \tag{4.34}$$

令式 (4.34) 中 $s=i\omega$，即可得到制导系统的频率响应。幅值特性 $|P(t_f,s)|$ 具有如下的形式：

$$|P(t_f,i\omega)| = g\omega^{N-2}\prod_{k=1}^{l}\left(\omega^2+\frac{1}{\tau_k^2}\right)^{\frac{B_kN}{2\tau_k}}\prod_{j=1}^{m}((\omega_j^2-\omega^2)^2+4\omega_j^2\omega^2\zeta_j^2)^{\frac{C_jN\omega_j^2}{4}} \tag{4.35}$$

式中，

$$\exp(\cdot) = \exp\left(N\sum_{j=1}^{m}\frac{\omega_j(D_j-\zeta_j\omega_jC_j)}{2\sqrt{1-\zeta_j^2}}\left(\arctan\frac{\omega-\omega_j\sqrt{1-\zeta_j^2}}{\zeta_j\omega_j} - \arctan\frac{\omega+\omega_j\sqrt{1-\zeta_j^2}}{\zeta_j\omega_j}\right)\right) \tag{4.36}$$

相角特性 $\varphi(t_f,i\omega)$ 形式如下：

$$\varphi(t_f,i\omega) = -\pi + N\frac{\pi}{2} + N\sum_{k=1}^{l}\frac{B_k}{\tau_k}\arctan(\omega\tau_k) + N\sum_{j=1}^{m}\frac{C_j}{2}\omega_j^2\arctan\left(\frac{2\omega\omega_j\zeta_j}{\omega_j^2-\omega^2}\right) - \frac{\omega_j(D_j-\zeta_j\omega_jC_j)}{4\sqrt{1-\zeta_j^2}}\ln\left(\frac{\omega_j^2+\omega^2-2\omega\omega_j\sqrt{1-\zeta_j^2}}{\omega_j^2+\omega^2+2\omega\omega_j\sqrt{1-\zeta_j^2}}\right) \tag{4.37}$$

由式 (4.35) ~ 式 (4.37) 即可得到式 (4.22) ~ 式 (4.27) 的扩展形式：

$$\sum_{j=1}^{m} -i\frac{\omega_j(D_j-\zeta_j\omega_jC_j)}{2\sqrt{1-\zeta_j^2}}\ln\frac{i(-\omega+\omega_j\sqrt{1-\zeta_j^2})-\zeta_j\omega_j}{i(\omega+\omega_j\sqrt{1-\zeta_j^2})+\zeta_j\omega_j} = \mathrm{Re}(\cdot)+i\mathrm{Im}(\cdot) \tag{4.38}$$

式中，

$$\mathrm{Re}(\cdot) = \sum_{j=1}^{m}\frac{\omega_j(D_j-\zeta_j\omega_jC_j)}{2\sqrt{1-\zeta_j^2}}\left(\arctan\frac{\omega-\omega_j\sqrt{1-\zeta_j^2}}{\zeta_j\omega_j} - \arctan\frac{\omega+\omega_j\sqrt{1-\zeta_j^2}}{\zeta_j\omega_j}\right) \tag{4.39}$$

$$\mathrm{Im}(\cdot) = \sum_{j=1}^{m} -\frac{\omega_j(D_j-\zeta_j\omega_jC_j)}{4\sqrt{1-\zeta_j^2}}\ln\left(\frac{\omega_j^2+\omega^2-2\omega\omega_j\sqrt{1-\zeta_j^2}}{\omega_j^2+\omega^2+2\omega\omega_j\sqrt{1-\zeta_j^2}}\right) \tag{4.40}$$

及

$$\prod_{j=1}^{m}\left(\frac{-i\omega-\zeta_j\omega_j+i\omega_j\sqrt{1-\zeta_j^2}}{i\omega+\zeta_j\omega_j+i\omega_j\sqrt{1-\zeta_j^2}}\right)^{\frac{N\omega_j(D_j-\zeta_j\omega_jC_j)}{2i\sqrt{1-\zeta_j^2}}}=\exp(N\mathrm{Re}(\cdot))\exp(iN\mathrm{Im}(\cdot))^{①}\tag{4.41}$$

与式（4.35）和式（4.37）相似，基于式（4.21）可得到 $P_{\mathrm{T}}(t_f,i\omega)$ 的幅值特性 $|P_{\mathrm{T}}(t_f,i\omega)|$ 和相角特性 $\varphi_{\mathrm{T}}(t_f,i\omega)$ 分别为

$$|P_{\mathrm{T}}(t_f,i\omega)|=\omega^N\prod_{k=1}^{l}\left(\omega^2+\frac{1}{\tau_k^2}\right)^{\frac{B_kN}{2\tau_k}}\prod_{j=1}^{m}\left((\omega_j^2-\omega^2)^2+4\omega_j^2\omega^2\zeta_j^2\right)^{\frac{C_jN\omega_j^2}{4}}\exp(\cdot)\tag{4.42}$$

$$\begin{aligned}\varphi_{\mathrm{T}}(t_f,i\omega)&=N\frac{\pi}{2}+N\sum_{k=1}^{l}\frac{B_k}{\tau_k}\arctan(\omega\tau_k)+N\sum_{j=1}^{m}\frac{C_j}{2}\omega_j^2\arctan\left(\frac{2\omega\omega_j\zeta_j}{\omega_j^2-\omega^2}\right)\\&\quad-\frac{\omega_j(D_j-\zeta_j\omega_jC_j)}{4\sqrt{1-\zeta_j^2}}\ln\left(\frac{\omega_j^2+\omega^2-2\omega\omega_j\sqrt{1-\zeta_j^2}}{\omega_j^2+\omega^2+2\omega\omega_j\sqrt{1-\zeta_j^2}}\right)\end{aligned}\tag{4.43}$$

$P(t_f,i\omega)$ 和 $P_{\mathrm{T}}(t_f,i\omega)$ 的实部和虚部如下：

$$\begin{cases}\mathrm{Re}[P(t_{\mathrm{F}},i\omega)]=[P(t_{\mathrm{F}},i\omega)]\cos(\varphi(t_{\mathrm{F}},i\omega))\\\mathrm{Re}[P_{\mathrm{T}}(t_{\mathrm{F}},i\omega)]=[P_{\mathrm{T}}(t_{\mathrm{F}},i\omega)]\cos(\varphi_{\mathrm{T}}(t_{\mathrm{F}},i\omega))\end{cases}\tag{4.44}$$

$$\begin{cases}\mathrm{Im}[P(t_{\mathrm{F}},i\omega)]=[P(t_{\mathrm{F}},i\omega)]\sin(\varphi(t_{\mathrm{F}},i\omega))\\\mathrm{Im}[P_{\mathrm{T}}(t_{\mathrm{F}},i\omega)]=[P_{\mathrm{T}}(t_{\mathrm{F}},i\omega)]\sin(\varphi_{\mathrm{T}}(t_{\mathrm{F}},i\omega))\end{cases}\tag{4.45}$$

得到前述的导弹制导系统的传递函数及其频率特性，就可以对系统的性能进行分析，而不必采用借助伴随模型进行仿真的方法。

4.4 稳态脱靶量分析

与控制理论中稳态分析[3]类似，利用频域方法能够对目标各种机动情况下的稳态脱靶量进行分析。众所周知，在时间足够大的情况下，系统的稳态解能够很好地对系统性能进行估算。

对于目标做阶跃机动的情况，稳态脱靶量 Miss_s 为

$$\mathrm{Miss}_s=P(t_f,s)\big|_{s=0}\tag{4.46}$$

由式（4.21）和式（4.34）可知，若 $N>2$，则 $\mathrm{Miss}_s=0$。

在目标作斜坡机动的情况下，稳态脱靶量 Miss_s 为

$$\mathrm{Miss}_s=\frac{\mathrm{d}}{\mathrm{d}s}(P(t_f,s))\big|_{s=0}\tag{4.47}$$

① 原著此式有误。

由式（4.21）和式（4.34）可知，当 $N > 3$ 时，$\text{Miss}_s = 0$。

在目标作抛物线机动的情况下，有

$$\text{Miss}_s = \frac{d^2}{ds^2}(P(t_f, s))\big|_{s=0} \tag{4.48}$$

由式（4.21）和式（4.34）可得：当 $N > 4$ 时，$\text{Miss}_s = 0$。

对于摆动式机动，脱靶量稳态响应可直接由式（4.26）~式（4.28）、式（4.35）~式（4.37）、式（4.44）、式（4.45）确定。

4.5 摆动式机动分析

摆动式机动是导弹实现目标打击的最佳策略。规避机动是对抗导弹攻击最有效的手段之一。而由于规避机动需要导弹消耗额外的动力，造成导弹不能到达有效的攻击范围，从而使导弹产生大大超出允许范围的脱靶量，特别是对于直接碰撞杀伤的导弹，这是不能容忍的。如果设计合理，导弹的机动能够使敌方防御系统失效。如文献［6，7］所述，目标做正弦或盘旋形式的机动会使拦截导弹对目标的拦截变得异常困难。目标低频率的机动近似于“常值机动”，在大多情况下对采用比例导引的导弹的拦截过程不会造成太大影响。当目标做高频率的机动时，由于目标机动引起位置的变化比较小，它对导弹制导系统的影响也比较小。当目标机动频率介于两者之间的一个合适范围内时，造成导弹的脱靶量会显著增加。文献［5］给出了目标的最优机动频率，也就是使脱靶量稳态值最大时的机动频率。

将脱靶量作为有效导航比、制导系统时间常数、自然频率和阻尼比的函数，得到其前述闭环解，就可以在实际中使用频率分析方法。利用最优规避机动频率的确定方法，就可以在进攻型导弹的设计中确定最优的攻击策略，也可以在研制防御型导弹时对最严峻的拦截情况进行估计。

首先考虑最简单的导弹制导系统动力模型，即 $W(s) = (\tau_1 s + 1)^{-1}$。由式（4.26）和式（4.28）可得，幅值特性和相角特性分别为

$$|P(t_F, i\omega)| = g\omega^{N-2}(\omega^2 + 1/\tau_1^2)^{\frac{B_1 N}{2\tau_1}} \tag{4.49}$$

$$\varphi(t_F, i\omega) = -\pi + N\frac{\pi}{2} + N\frac{B_1}{\tau_1}\arctan(\omega\tau_1) \tag{4.50}$$

式中：$B_1 = -\tau_1$。

目标做频率为 ω 的摆动式机动时，稳态脱靶量的时域表达式为

$$y(t_F) = |P(t_F, i\omega)| \sin(\omega t_F + \varphi(t_F, i\omega)) \tag{4.51}$$

例如取 $N = 3$ 时，有

$$y(t_F) = \frac{g\omega}{(\omega^2 + 1/\tau_1^2)^{1.5}} \sin(\omega t_F + \pi/2 - 3\arctan(\omega\tau_1)) \tag{4.52}$$

取 $\tau_1 = 0.5\mathrm{s}$ 时，脱靶量峰值随目标机动频率的变化曲线如图4.7所示。

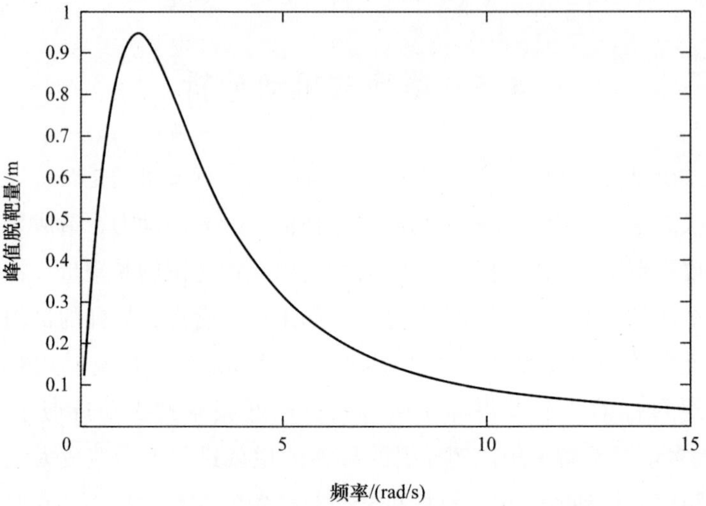

图4.7　脱靶量峰值随目标机动频率变化曲线图

从图中可以看出，稳态脱靶量最大为0.93m，对应的目标机动频率为1.5rad/s，即目标的机动周期为4.2s。

4.6　示例

为了说明上述方法的有效性，考虑一个尾翼控制导弹在大高度飞行的实例[5,11]。

飞行控制系统动力学模型用一个三阶传递函数来表示，其中，阻尼比 $\zeta = 0.7$，自然频率 $\omega_M = 20\mathrm{rad/s}$，时间常数 $\tau_1 = \tau = 0.5\mathrm{s}$。与导弹大高度飞行相对应，模型存在一个右半平面的零点 $\omega_z = 5\mathrm{rad/s}$。忽略滤波器和导引头的动态特性（$G_1(s) = 1$），假设导引头能够对视线角速度进行完美的估计，根据比例导引律生成制导指令 a_c。则在式（4.15）中，$\tau_2 = 0$，$r_1 = 0$，$r_3 = 0$，$r_2 = -1/\omega_z^2$。

文献［11］对大气层内飞行的尾翼控制导弹的飞行控制系统进行了分析，结果显示尾翼控制的气动导弹在大高度飞行时，由于右半平面低频零点 ω_z 的

存在，飞行控制系统的性能会恶化。

表4.1列出了飞行控制系统参数对脱靶量幅值和最优机动频率 ω_{opt} 的影响，表4.1中数值考虑了图4.7中数值的偏差。从表中可以看出，当 $\omega_z \geqslant 10\text{rad/s}$ 时，脱靶量峰值迅速减小，但右半平面零点对最优机动频率没有造成显著影响。当飞行控制系统的动态特性（超调量、调节时间等）不满足要求时，时间常数越小，阻尼比和自然频率越大，则脱靶量幅值越大。

表4.1　飞行控制系统参数对最优机动频率和脱靶量峰值的影响

序号	ω_z/(rad/s)	τ/s	ζ	ω_M/(rad/s)	脱靶量峰值/m	最优机动频率 ω_{opt}/(rad/s)
1	5	0.5	0.7	20	234	1.4
2	10	0.5	0.7	20	7.9	1.3
3	20	0.5	0.7	20	3.4	1.3
4	100	0.5	0.7	20	2.8	1.3
5	5	0.2	0.7	20	22100	4.5
6	5	0.6	0.7	20	151	1.2
7	5	0.7	0.7	20	115	1.0
8	5	0.5	0.6	20	265	1.4
9	5	0.5	0.8	20	208	1.4
10	5	0.5	0.7	10	33.8	1.3
11	5	0.5	0.7	30	2325	1.5

频率特性分析使我们不必对制导系统进行仿真就可以对脱靶量进行分析。此外，相较于目标做阶跃机动的情况，考虑目标摆动式机动的情况更具现实意义，且脱靶量可以直接通过前面给出的频率响应的解析表达式进行分析。这就使我们能够分析制导系统参数对制导系统性能的影响。

上面考虑的式（3.1）要比文献［9，10］中的二项式模型更精确，因此得到的结果可靠性也更高。

例如，在文献［9，10］中，结果显示制导系统二项式模型的时间常数越大，则脱靶量越大。然而，在上面给出的示例中，由于右半平面零点 $\omega_z = 5\text{rad/s}$ 的影响，脱靶量会随着飞行控制系统时间常数 τ 的减小而增大。图4.8中的实线描述了在式（4.26）中取 $\omega_z = 5\text{rad/s}$ 时脱靶量与时间常数 τ 之间的关系，验证了尾翼控制导弹在高空飞行时的性能问题。在低空飞行时，即 ω_z 的值较大时，脱靶量峰值会随时间常数 τ 的减小而减小（图4.8中的虚线表示 $\omega_z = 20\text{rad/s}$；脱靶量峰值的比例是100∶1）。

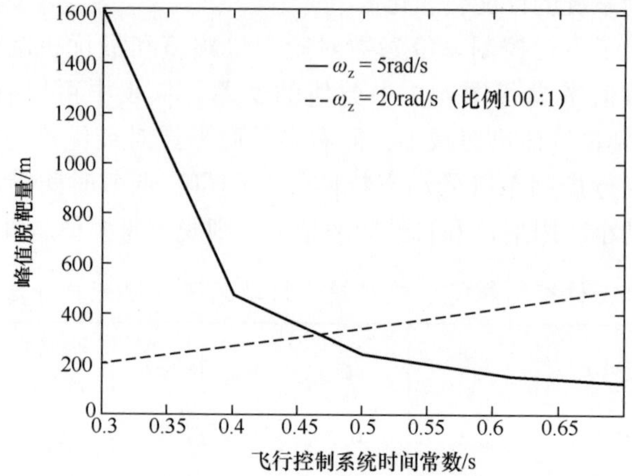

图4.8　脱靶量峰值与飞行控制系统时间常数关系图

4.7　频率分析与脱靶量阶跃响应

频域内的频率响应与时间域的阶跃响应之间存在着对应关系[3]，这就使我们可以通过导弹制导系统的频率响应进行频率分析，从而得到脱靶量阶跃响应。

导弹制导系统的传递函数与脉冲响应之间存在如下的关系：

$$P(t_F,s) = \int_0^{\infty} P(t_F,t)\mathrm{e}^{-st}\mathrm{d}t \tag{4.53}$$

令 $s = i\omega$，可以得到对应的频率响应和脉冲响应的表达式分别为

$$P(t_F,i\omega) = \int_0^{\infty} P(t_F,t)\mathrm{e}^{-i\omega t}\mathrm{d}t \tag{4.54}$$

$$P(t_F,t) = \frac{1}{2\pi}\int_{-\infty}^{\infty} P(t_F,i\omega)\mathrm{e}^{\omega t}\mathrm{d}\omega \tag{4.55}$$

式（4.54）、式（4.55）仅在 $P(t_F,s)$ 稳定时成立，否则，式（4.54）等号右边的积分将会发散。

将 $P(t_F,i\omega)$ 写为

$$P(t_F,i\omega) = \mathrm{Re}[P(t_F,i\omega)] + i\mathrm{Im}[P(t_F,i\omega)] \tag{4.56}$$

考虑到 $\mathrm{e}^{i\omega} = \cos\omega t + i\sin\omega t$，脉冲响应的表达式可写为

$$\begin{aligned}P(t_F,t) = &\frac{1}{2\pi}\int_{-\infty}^{\infty}(\mathrm{Re}[P(t_F,i\omega)]\cos\omega t - \mathrm{Im}[P(t_F,i\omega)]\sin\omega t)\mathrm{d}\omega \\ &+ \frac{1}{2\pi}\int_{-\infty}^{\infty}(\mathrm{Re}[P(t_F,i\omega)]\sin\omega t + \mathrm{Im}[P(t_F,i\omega)]\cos\omega t)\mathrm{d}\omega\end{aligned} \tag{4.57}$$

式（4.57）的第二项积分式的被积函数是频率ω的奇函数，因此，第二项积分等于零；第一项积分式的被积函数是频率ω的偶函数，因此，这一项积分的值等于在$\omega\in[0,\infty)$上积分的两倍。因此有：

$$P(t_F,t)=\frac{1}{\pi}\int_0^\infty(\mathrm{Re}[P(t_F,i\omega)]\cos\omega t-\mathrm{Im}[P(t_F,i\omega)]\sin\omega t)\mathrm{d}\omega \tag{4.58}$$

考虑到实际物理情况：

$$P(t_F,t)\equiv 0,t\leqslant 0$$

即

$$P(-t_F,t)=\frac{1}{\pi}\int_0^\infty(\mathrm{Re}[P(t_F,i\omega)]\cos(-\omega t)-\mathrm{Im}[P(t_F,i\omega)]\sin(-\omega t))\mathrm{d}\omega=0$$

或

$$P(-t_F,t)=\frac{1}{\pi}\int_0^\infty(\mathrm{Re}[P(t_F,i\omega)]\cos\omega t+\mathrm{Im}[P(t_F,i\omega)]\sin\omega t)\mathrm{d}\omega=0 \tag{4.59}$$

将式（4.58）和式（4.59）相加，可得

$$P(t_F,t)=\frac{2}{\pi}\int_0^\infty\mathrm{Re}[P(t_F,i\omega)]\cos\omega t\mathrm{d}\omega \tag{4.60}$$

脱靶量阶跃响应等于脉冲响应$P(t_F,t)$的积分：

$$\mathrm{Miss}=\int_0^{t_F}P(t_F,\sigma)\mathrm{d}\sigma \tag{4.61}$$

将式（4.60）代入式（4.61）并调整积分的顺序，可得

$$\mathrm{Miss}=\frac{2}{\pi}\int_0^\infty\mathrm{Re}[P(t_F,i\omega)]\int_0^{t_F}\cos\omega\sigma\mathrm{d}\sigma\mathrm{d}\omega \tag{4.62}$$

或

$$\mathrm{Miss}=\frac{2}{\pi}\int_0^\infty\frac{\mathrm{Re}[P(t_F,i\omega)]}{\omega}\sin\omega t_F\mathrm{d}\omega \tag{4.63}$$

根据控制理论（见文献［3，4］），若ω_s为系统的带宽，则系统瞬态响应调节时间满足：

$$\frac{\pi}{\omega_s}\leqslant t\leqslant\frac{4\pi}{\omega_s}$$

由此可以按如下的方式描述制导系统。如果根据频率响应的实部得到制导系统带宽为ω_s，则在飞行时间满足下式时阶跃脱靶量较小：

$$t_F\geqslant\frac{4\pi}{\omega_s} \tag{4.64}$$

利用式（4.63）得到脱靶量阶跃响应的过程已经在前面分析的制导系统实例中进行了阐述。

图 4.9 所示为制导系统（式（4.44）和式（4.45））在有效导航比 $N=3$

时的频率响应，图4.10给出的是频率响应（式（4.44））的实部变化曲线。如前面所述，根据频率特性实部的特性，就可以在脱靶量足够小时估算出飞行时间 t_F。将带宽 $\omega_s \approx 3\text{rad/s}$（图4.10）代入式（4.64），即可知飞行时间的估计值满足 $t_F \geqslant 4.2\text{s}$。

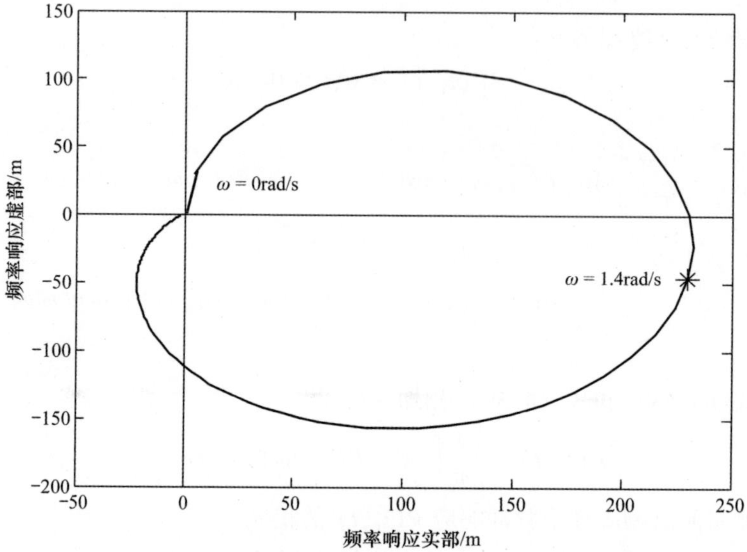

图4.9　制导系统频率响应

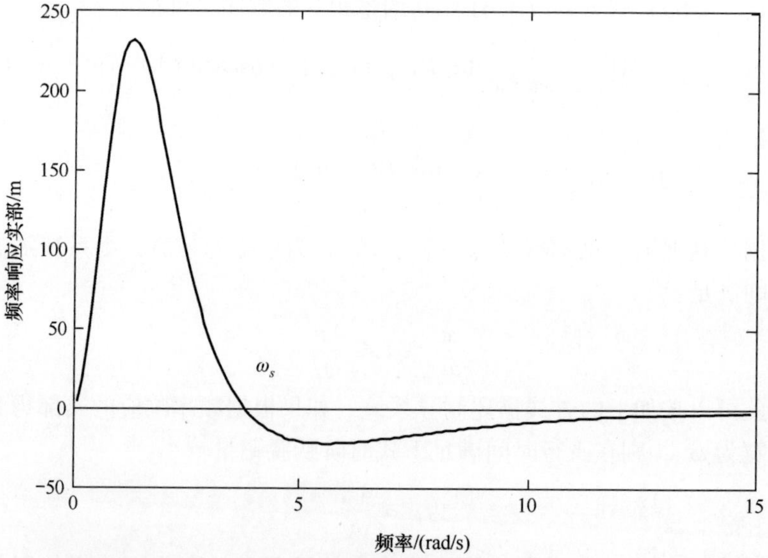

图4.10　制导系统频率响应实部

由于目标阶跃机动造成的脱靶量可利用式（4.63）计算得到，脱靶量的值在图4.11中用“*”号标注。利用图4.6所示的制导系统进行仿真，得到目标单位阶跃机动造成的脱靶量如图4.11中实线所示。由图4.11的结果可以看出，通过频率特性不需对导弹制导系统进行仿真即可估算阶跃脱靶量。

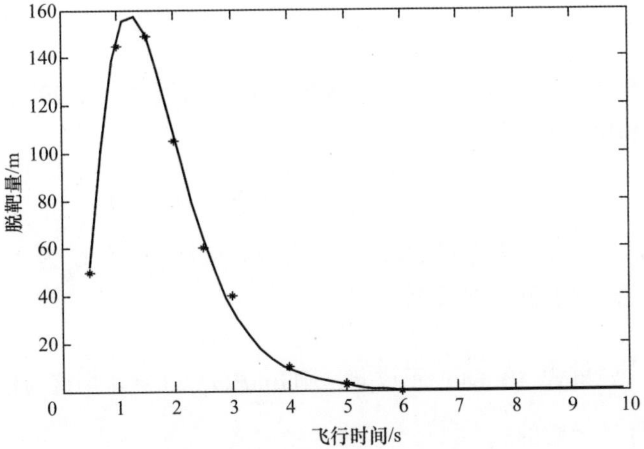

图4.11　目标阶跃机动造成的脱靶量

4.8　有界输入-有界输出稳定性

导弹制导系统频率响应的表达式是在式(4.54)和式(4.55)存在的前提下得到的，换言之，系统关于 $y(t_F)$，$t_F \in [0,\infty)$ 是稳定的。然而，稳定条件是制导系统分析与综合最困难的部分。由于制导系统是在有限的时间区间上工作的，因此制导系统的稳定性是有限时间稳定性，这被称为 Lyapunov 稳定性[1]。Lyapunov 稳定的已知条件是充分条件，且是根据非线性系统稳定性的相关结果得到的。

相比于直接分析 $y(t)$ 在区间 $t \in [0,t_F]$ 上的有限时间稳定性，通过脱靶量 $y(t_F)$ 与目标加速度之间的输入-输出关系（见式(4.13)、式(4.14)和式(4.34)）使我们可以通过分析 $y(t_F)$（$t_F \in [0,\infty)$）得到制导系统的稳定性，且可以将比例导引系统的稳定性问题描述为有界输入-有界输出（Bounded Input-Bounded Output，BIBO）稳定性问题。

1. 定义

如果对于目标任意的有界加速度，脱靶量 $y(t_F)$ 在全部的飞行时间 $t_F \in [0,\infty)$ 上都是有界的，则比例导引制导系统是 BIBO 稳定的。

显然，$y(t_F)$ 在一个有限的时间区间上是有界的。当 $1/t_{go} \to 0$，即 $t_F \to \infty$ 时，可以得知 $y(t_F)$ 是有界的。

利用式（4.34），系统的稳定性条件可类比于线性系统的BIBO稳定性条件给出，即$L^{-1}(P(t_F,s))$在$[0,\infty)$上是绝对可积的（L表示拉普拉斯变换）。这个条件与传递函数$P(t_F,s)$在复平面右半平面（包括虚轴）是可解析的要求是等价的，且$\lim\limits_{s\to\infty}P(t_F,s)=0$。

2. 定理

当且仅当满足如下条件时，传递函数为$W(s)$（见式（4.29））的比例导引制导系统是BIBO稳定的：

$$N-2+N\sum_{k=1}^{l}B_k/\tau_k+N\sum_{j=1}^{m}C_j\omega_j^2<0 \tag{4.65}$$

式中：τ_k和ω_j为导弹制导系统参数；N为有效导航比；B_k和C_j为$W(s)/s$的部分分式展开表达式（4.30）的系数。

3. 证明

必要性：如果式（4.64）不成立，则$\lim\limits_{s\to\infty}P(t_F,s)\neq 0$。这与传递函数反变换存在的条件是矛盾的。

充分性：假设式（4.64）成立，式（4.34）定义的函数$P(t_F,s)$在域$C_v=\{s:\mathrm{Re}s>-\sigma\}$内是解析的，其中$\sigma=\min(1/\tau_k,\zeta_j\omega_j)$，$k=1,2,\cdots,l$，$j=1,2,\cdots,m$，即，$P(t_F,s)$在复平面右半平面（$\mathrm{Re}s\geq 0$）内是解析的，因此$L^{-1}(P(t_F,s))$在$[0,\infty)$上是绝对可积的。考虑到$P(t_F,s)$是复变量$s$的多值函数，上述结论还需要进一步阐述，附录B给出了该结论的严格证明。

4. 推论

由式（4.29）描述的比例导引导弹制导系统对于所有的r_i（$i=1,2,\cdots,n-1$）都是BIBO稳定的。

由于$H(s)$是一个真有理函数，且分子的阶次为$n-1$，把式（4.30）表示成式（4.29）的形式，分子的n次幂项写为0，则

$$1+\sum_{k=1}^{l}B_k/\tau_k+\sum_{j=1}^{m}C_j\omega_j^2=0$$

因此，式（4.64）总是成立的。

图4.6所描述制导系统结构的性质可作为对上述分析过程的一个诠释，且上述分析过程可用于在频域内对比例导引制导系统的分析与综合。

4.9 广义导弹制导系统模型的频率响应

在现有文献中广泛采用的导弹制导模型都没有考虑目标的动态特性，这些文献考虑的目标加速度本质上是一个指令目标加速度，而非目标真实的加速度。尽管如此，这个目标加速度还是用于与导弹的加速度做比较来计算制导指

令，在这里，导弹的加速度是由导弹指令加速度经过飞行控制系统的动态环节（一阶或高阶）变换后得到的。

在评估导弹的拦截性能时，忽略导弹和目标的动态特性会导致精确度不高的问题，而采用图4.12给出的广义导弹制导模型可提高结果的精确度。

与式（4.12）类似，目标的飞行控制特性可以用如下的三阶传递函数（这里考虑的是尾舵控制形式的导弹）来表示：

$$W_{\mathrm{T}}(s)=\frac{1-\dfrac{s^2}{\omega_{\mathrm{Tz}}^2}}{(1+\tau_{\mathrm{T}}s)\left(1+\dfrac{2\zeta_{\mathrm{T}}}{\omega_{\mathrm{T}}}s+\dfrac{s^2}{\omega_{\mathrm{T}}^2}\right)} \tag{4.66}$$

式中：ζ_{T} 为阻尼；ω_{T} 为自然频率；τ_{T} 为飞行控制系统时间常数；ω_{Tz} 为右半平面零点。

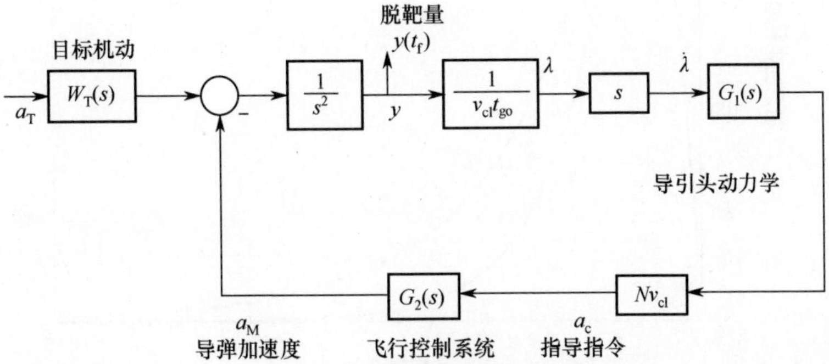

图4.12　广义导弹制导模型

广义导弹制导系统在指令目标加速度作用下的传递函数为 $P_{\mathrm{G}}(t_{\mathrm{F}},s)$，它可以表示为 $P(t_{\mathrm{F}},s)$ 与 $W_{\mathrm{T}}(s)$ 的乘积。目标飞行控制系统的频率响应 $W_{\mathrm{T}}(i\omega)$ 为

$$W_{\mathrm{T}}(i\omega)=|P_{\mathrm{T}}(i\omega)|\exp(i\varphi_{\mathrm{T}}(i\omega)) \tag{4.67}$$

其中，

$$|P_{\mathrm{T}}(i\omega)|=\omega_{\mathrm{T}}^2(1+\omega^2/\omega_{\mathrm{Tz}}^2)(\tau_{\mathrm{T}}^2\omega^2+1)^{-2}((\omega_{\mathrm{T}}^2-\omega^2)^2+4\xi_{\mathrm{T}}^2\omega_{\mathrm{T}}^2\omega^2)^{-2} \tag{4.68}$$

$$\varphi_{\mathrm{T}}(i\omega)=-\arctan(\omega\tau_{\mathrm{T}})-\arctan\left(\frac{2\omega\omega_{\mathrm{T}}\zeta_{\mathrm{T}}}{\omega_{\mathrm{T}}^2-\omega^2}\right) \tag{4.69}$$

广义导弹制导系统的幅值特性 $|P_{\mathrm{G}}(t_{\mathrm{F}},i\omega)|$ 和相角特性 $\varphi_{\mathrm{G}}(t_{\mathrm{F}},i\omega)$ 如下：

$$|P_{\mathrm{G}}(t_{\mathrm{F}},i\omega)|=|P(t_{\mathrm{F}},i\omega)|\cdot|P_{\mathrm{T}}(i\omega)| \tag{4.70}$$

$$\varphi_{\mathrm{G}}(t_{\mathrm{F}},i\omega)=\varphi(t_{\mathrm{F}},i\omega)+\varphi_{\mathrm{T}}(i\omega) \tag{4.71}$$

将式（4.44）~式（4.88）、式（4.62）中 $|P(t_{\mathrm{F}},i\omega)|$ 和 $\varphi_{\mathrm{G}}(t_{\mathrm{F}},i\omega)$ 分别替换为 $|P_{\mathrm{G}}(t_{\mathrm{F}},i\omega)|$ 和 $\varphi_{\mathrm{G}}(t_{\mathrm{F}},i\omega)$，即可得到广义模型的其他频率特性和脱靶

量估计值。

如前所述，采用广义导弹制导模型能够得到比不考虑目标动态特性时更为精确的结果。图 4.13 所示为制导模型频率响应幅值特性曲线。虚线为前面考虑导弹制导系统的脱靶量幅值特性曲线，实线为广义导弹制导模型的脱靶量幅值特性曲线，其中目标的参数为 $\zeta_T = 0.8$，$\omega_T = 3.5\text{rad/s}$，$\tau_T = 0.15\ \text{s}$，$\omega_{Tz} = 15\text{rad/s}$。可见，广义制导系统模型的脱靶量比忽略目标动态特性的制导模型的脱靶量要小。

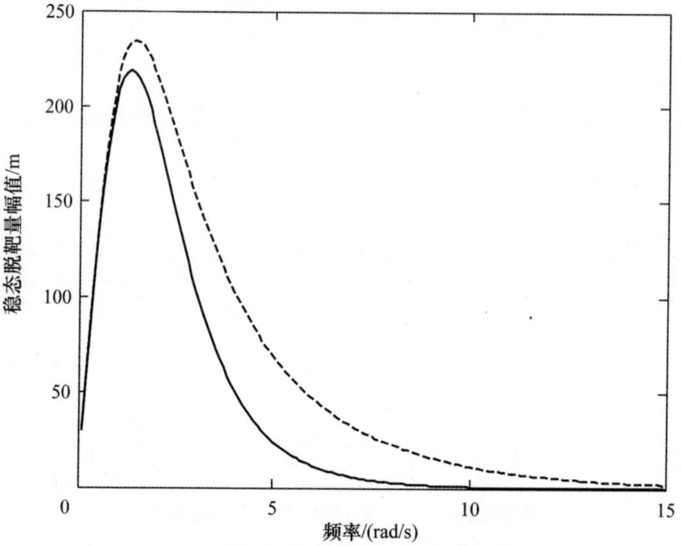

图 4.13　制导模型频率响应的幅值特性

上述讨论和示例主要针对尾舵控制的导弹。如图 4.8 所示，弹体零点会严重降低导弹的性能。由于尾舵布局导弹线性模型的传递函数在 s 右半平面有一个零点，因此是非最小相位系统。由于尾舵控制导弹在燃料耗尽后尾舵距离导弹重心位置较远，即力臂较长，因此只需较小的控制力就可产生所需要的攻角，由此产生的阻力较小。这些控制力的方向与需要的导弹机动方向相反，这样就造成导弹在正确方向上的响应存在延迟。

尾舵控制的响应延迟可以利用附加前向控制装置进行补偿，可采用直接力发动机或气动鸭舵实现。鸭式布局导弹已经应用了多年，然而这种类型导弹存在副翼反效。近年来，有方案提出利用“格栅舵”代替传统平面舵作为尾舵控制面，来改进滚转控制问题。研究表明，与传统平面舵相比，格栅舵具有一定的优势，比如提高在大攻角和高马赫数下的气动控制效率、通过减弱弹体涡流干扰来改善滚转控制。格栅舵最主要的缺点是阻力要高于传统平面舵。鸭舵位于弹体的前部，产生的舵控力与导弹所需的机动力方向一致，这样就能够在正确的方向上快速响应。鸭式布局导弹具有前部和尾部控制系统。与式（4.12）

和图4.6相比，鸭式布局导弹飞行控制系统的动态特性可以表示为两个传递函数：前部控制系统的最小相位传递函数和尾部控制系统的非最小相位传递函数。采用两个控制系统使导弹具备了一些新的能力，例如在快速及大角度转弯时产生大攻角的能力。采用双控制系统使导弹具有了额外的自由度，在制导和控制系统设计时需要特殊的考虑。有机地融合两个控制系统可以显著地提高鸭式布局导弹的性能。根据本章所述，读者可以推导得到鸭式布局导弹的类似方程。

参考文献

1. Bhat, S. and Bernstein, D. Finite – time stability of continuous autonomous systems, SIAM Journal Control and Optimization, 38, 3, 751 – 766, 2000.
2. Churchill, R. V. Complex Variables and Applications, McGraw – Hill, New York, 1960.
3. Dorf, R. C. Modern Control Systems, Addison – Wesley, Inc., New York, 1989.
4. Solodovnikov, V. V. Introduction to the Dynamics of Automatic Control Systems, Dover, New York, 1960.
5. Yanushevsky, R. Analysis of optimal weaving frequency of maneuvering targets, Journal of Spacecraft and Rockets, 41, 3, 477 – 479, 2004.
6. Yanushevsky, R. Analysis and design of missile guidance systems in frequency domain, 44th AIAA Space Sciences Meeting, paper AIAA 2006 – 825, Reno, Nevada, 2006.
7. Yanushevsky, R. Frequency domain approach to guidance system design, IEEE Transactions on Aerospace and Electronic Systems, 43, 1544 – 1552, 2007.
8. Zadeh, L. and Desoer, C. Linear System Theory, Mc – Graw Hill, New York, 1963.
9. Zarchan, P. Tactical and Strategic Missile Guidance, Progress in Astronautics and Aeronautics, 176, American Institute of Astronautics and Aeronautics, Inc., Washington, DC, 1997.
10. Zarchan, P. Proportional navigation and weaving targets, Journal of Guidance, Control, and Dynamics, 18, 5, 969 – 974, 1995.
11. Zarchan, P., Greenberg, E0. and Alpert, J. Improving the high altitude performance of tail controlled endoatmospheric missiles, AIAA Guidance, Navigation and Control Conference, AIAA Paper 2002 – 4770, August 2002.

第5章　实现平行导引的制导规律时域设计方法

5.1　引言

比例导引法在研究导弹制导规律的文献里已经有大量的研究，并将继续以其为基础衍生出新型的制导规律。文献［6,8,16］详细研究了这种制导规律对于固定目标和运动目标的特性。文献［4,5］讨论了比例导引法的杀伤区及其存在条件。

如前所述，比例导引法的本质是使导弹产生加速度去抵消视线的变化。对导弹自导飞行段采用的比例导引法进行分析时通常假设目标为固定目标，且弹目接近速度恒定。增广比例导引及其他修正比例导引法大都是在攻击非机动目标确定的相对运动关系下得到的，第2章对此进行了详细的讨论（也可见文献［10,16］）。

根据广泛应用于自寻的制导系统（可进行线性化近似）分析设计的线性多变量控制系统理论，可以对制导系统的性能进行评估，也可以得到修正比例导引规律[10,16]。基于比例导引思想或滑模变结构控制理论（见文献［8］）的制导规律对导弹制导系统是不实用的。由于“颤振”问题，滑模系统的应用受到极大限制，相关的控制规律需要严格的推导和验证。文献［14］给出了一种可以消除颤振的滑模控制系统设计方案，但这种方法并未在文献［8］及其他采用滑模控制的制导系统中得到应用。此外，对于机动目标，滑模面的范围取决于目标的加速度，对于较小的视线角速度，滑模面可能会消失。这就需要采用一种需要目标加速度测量值的变结构形式（不同于文献［8］等文章中所采用的形式）。

经典比例导引规律也可能通过求解一个最优问题得到（见文献［1, 7, 16］），它就是对应于某个二次性能指标的一个最优解。文献［2］根据微分对策理论，基于一个二次性能指标给出了一种制导规律决策方法，这种制导规律在对机动目标的适应性上比普通的比例导引法要好。

然而，任何的最优制导律都要假设目标的机动轨迹、剩余飞行时间或拦截点是已知的。而在实际中，这些信息都是未知的，只能近似地进行估计，对其估计的精度将严重地影响拦截的精度。

由于比例导引规律已经得到了广泛应用，并得到了实践的验证，因此对其进行改进研究仍是一个热点。

第 2 章中讨论的 Lyapunov 方法也是一种在比例导引律的研究中广泛应用的方法，利用这种方法还可以推导出其他形式的导引规律，获得在攻击固定目标或机动目标时相对比例导引规律更高的效率。通过利用 Lyapunov 方法对稳定问题求解，可以得到一大类新型的比例导引规律。在这里，与第 2 章中将比例导引描述为控制问题类似，对于平面拦截情况，可以选取 Lyapunov 函数为视线角速度的平方项，对于三维拦截模型，则可以选取 Lyapunov 函数为视线角速度各分量之和。制导规律的适应范围则由 Lyapunov 函数的导数为负定这个条件确定，将 Lyapunov 函数导数的绝对值作为性能指标可以对不同的比例导引规律进行比较，且可以推导得到新的制导规律。

需要指出的是，制导规律都是基于系统动态特性的局部稳定条件得到的，且仅与视线变化率相关[9]。

5.2　制导校正控制

如第 2 章所述，比例导引是实现平行导引的制导规律，平行导引的过程可定义为 $\dot{\lambda}(t)=0$ 且 $\dot{r}(t)<0$ ，其中，$\lambda(t)$ 表示相对于基准轴的视线角，$r(t)$ 表示弹目距离。

捕食者追逐猎物时常采用的就是平行导引，因此它可以看作一种自然法则。基于平行导引法，可以构建一大类制导规律，上述的比例导引法就是其中最简单的一种制导规律。

为了描述导弹与目标交会的动态过程，下面建立数学模型。首先考虑平面交会的情况，定义一个笛卡儿坐标系（图 2.1），其中原点 0 取为惯性参考坐标系的原点，$y(t)$ 表示弹目距离在垂直于水平参考轴方向上的分量，v_{M} 和 v_{T} 分别表示导弹和目标的速度。利用小角度近似原理，视线角的二阶导数可写为如下的形式（见式（2.9）和式（2.29）~式（2.37））：

$$\ddot{\lambda}(t)=-a_1(t)\lambda(t)-a_2(t)\dot{\lambda}(t)-b(t)a_{\mathrm{M}}(t)+b(t)a_{\mathrm{T}}(t) \tag{5.1}$$

令 $x_1=\lambda(t)$ ，$x_2=\dot{\lambda}(t)$ 。弹目交会模型可以用如下的一阶微分方程组表示：

$$\begin{cases}\dot{x}_1=x_2\\ \dot{x}_2=-a_1(t)x_1-a_2(t)x_2-b(t)u+b(t)f\end{cases} \tag{5.2}$$

式中：$u=a_{\mathrm{M}}(t)$ 为控制量；$f=a_{\mathrm{T}}(t)$ 为干扰量，且

$$\begin{cases} a_1 = \dfrac{\ddot{r}(t)}{r(t)} & (5.3) \\ a_2 = \dfrac{2\dot{r}(t)}{r(t)} & (5.4) \\ b(t) = \dfrac{1}{r(t)} & (5.5) \end{cases}$$

（见式（2.31）~式（2.33））。

与第 2 章中的方法类似，制导问题可以描述为：确定控制量 u，使式（5.2）相对于 x_2 是渐近稳定的。

选取 Lyapunov 函数为

$$Q = \frac{1}{2}cx_2^2 \tag{5.6}$$

式中：c 为一个正系数。Lyapunov 函数沿式（5.2）的导数为

$$\dot{Q} = cx_2(-a_1(t)x_1 - a_2(t)x_2 - b(t)u + b(t)f) \tag{5.7}$$

若式（2.44）能够保证在有限的时间 t_F 内实现拦截，就称它是可接受的。

下面考虑形如式（2.44）或包含式（2.44）的比例导引规律。虽然具有不同有效导航比 N 的比例导引律（式（2.44））一般通过试验可以进行比较，但下面仍将引入一个具有一定物理意义的比较标准。由于比例导引律是实现平行导引（$\dot{\lambda}(t)=0$）的制导规律，下面将以与平行导引法接近的程度作为标准，来对不同比例导引规律进行比较。

当然，最可靠的性能指标应能够对制导规律在整个交会时间内的性能进行评估，但是这个时间是未知的，反过来，它又取决于使用的制导规律。为了避免这种矛盾，我们假设能够使 $\dot{\lambda}(t)$ 在每个时刻 t 更快趋于零（即接近于平行导引）的制导规律是更可取的。

下面将 Lyapunov 函数导数的模值 $|\dot{Q}(t)|$ 作为对不同比例导引规律进行比较的性能指标，并据此得到新的比例导引律形式。按照这种处理方式，我们将有限时间区间上的交会问题转化为一个具体的无限时间区间上的局部稳定问题，并利用 Lyapunov 方法来进行控制输入——制导规律的比较和设计。

5.3 基于 Lyapunov 方法的控制律设计

基于 Lyapunov 方法的控制律设计思路如下（更为严格的描述和定理可参考文献［9，15］）：如果存在正定函数 $Q(\boldsymbol{x},t)$ 和 $|R(\boldsymbol{x},t)|$，$Q(\boldsymbol{x},t)$ 沿所考虑控制系统方程（方程中，$\boldsymbol{x}$ 和 $\boldsymbol{u}$ 分别表示系统状态和输入）轨迹对时间 t 的导数 $\dot{Q}(\boldsymbol{x},t)$ 满足不等式：

$$\dot{Q} = \dot{Q}(\boldsymbol{x},\boldsymbol{u},t) \leqslant -R(\boldsymbol{x},t) \tag{5.8}$$

则控制输入 $\boldsymbol{u}$ 可由此不等式确定，且系统在 $\boldsymbol{u}$ 的作用下是稳定的。

为了在实际中应用上述充分条件，必须找到上述正定函数形式。遗憾的是，对于如何找到正定函数并没有通用的准则。根据线性二次最优控制问题（黎卡提类方程）[7,14] 可确定 $Q(\boldsymbol{x},t)$ 和 $|R(\boldsymbol{x},t)|$ 的关系。基于这个方法，可以将设计过程扩展至一类非线性系统中[14]。

然而，对于某些特定类型的方程，并不难于找到 $Q(\boldsymbol{x},t)$ 和 $|R(\boldsymbol{x},t)|$，并使其满足不等式（5.8）。下面利用基于 Lyapunov 方法的控制设计过程对制导问题（见式（5.2）和式（5.7），为简便，令式（5.2）中 $f=0$）进行验证。

选取 $Q(\boldsymbol{x},t)$ 的形式为式（5.6），$R(\boldsymbol{x},t)=c_1x_2^2$，其中 c_1 为正系数，式（5.8）可写为（见式（5.7））：

$$\dot{Q}=cx_2(-a_1(t)x_1-a_2(t)x_2-b(t)u)\leqslant -c_1x_2^2 \tag{5.9}$$

或

$$(-a_2(t)+c_1/c)x_2^2-a_1(t)x_1x_2-b(t)x_2u\leqslant 0 \tag{5.10}$$

由式（5.10）可知，当 $a_1(t)=0$ 和 $c_1\ll c$ 时，若 k 满足式（2.43），取控制量为 $u=kx_2$（见式（2.42）和式（2.44））即可使式（5.2）稳定。

若取 $R(\boldsymbol{x},t)=c_1x_2^2+c_2x_2^4$，其中 c_1 为一正系数，则不同于式（5.9），$\dot{Q}$ 应满足：

$$\dot{Q}=cx_2(-a_1(t)x_1-a_2(t)x_2-b(t)u)\leqslant -c_1x_2^2-c_2x_2^4 \tag{5.11}$$

或

$$\left(-a_2(t)+\frac{c_1}{c}\right)x_2^2-a_1(t)x_1x_2+\frac{c_2}{c}x_2^4-b(t)x_2u\leqslant 0 \tag{5.12}$$

容易得到，在 $a_1(t)=0$ 和 $c_{1,2}\ll c$ 情况下，若取控制量为 $u=kx_2+N_1x_2^3$，k 满足式（2.43），$N_1>0$，则式（5.12）的左边是负定的，因而控制量能够使式（5.2）对于变量 x_2 是稳定的。

通过在 $R(\boldsymbol{x},t)$ 中增加附加项，对 Q 减小的速率提出了更为“严苛”的要求。虽然在一些 Lyapunov 方法的应用中选取 $|\dot{Q}|$ 为系统估计（例如文献［14］），但它并不能作为衡量控制系统性能的可靠准则，只能作为衡量一种瞬态的指标。控制系统的性能估计还应该直接或间接地包含控制时间。例如，在很多情况下长时间的振荡对控制系统是难以接受的，即便是这种振荡的幅值很小。然而，在选取制导规律去实现平行导引时，唯一的要求就是使视线角速率尽可能地趋于零，性能指标 $|\dot{Q}|$ 能够体现这一要求。

假设存在一个截获时间范围，能够使控制律（即制导律）$u(t)$ 保证弹目交会（即 $x_2(t)\to 0$）。根据上述分析，不难得到如下结论。

制导律：

$$u=Nv_{\mathrm{cl}}\dot{\lambda}(t)+N_1\dot{\lambda}^3(t),N>2,N_1>0 \tag{5.13}$$

优于比例导引律（式（2.44））。

在弹目接近速度变化不大的情况下，比例导引律对于各种视线角速率变化的反应都是一致的，即都能够使导弹加速度的变化正比于视线的变化。根据式（5.11）和式（5.13），通过增大比例导引律中的系数 N，能够快速减小视线角变化的速率，但当视线角速度变小时，将增大噪声的水平，因此会降低制导的精度。此外，大的增益系数还会导致整个制导系统的鲁棒性变差。从纯物理的角度，如果制导系统增益系数可变，视线变化率较大时则增益大，视线变化率较小时则增益小，则该制导系统的响应情况要优于经典的比例导引系统。在式（5.13）中第二项（立方项）的系数 N_1 选取合适即可实现这个目的。

文献［2］已经阐明，若有效导航比采用一个时间的复指数型函数 $N(t)$ 来代替常值 N，则可以改善比例导引规律的性能。这个函数可以通过对一个最优制导问题求解的方式确定，且其取决于预测剩余时间，从它的计算过程可以看出，这种制导规律在实际中应用存在一定的难度。

式（5.13）可以写成式（2.44）的形式：

$$u(t) = \left(N + \frac{N_1}{v_{cl}}\dot{\lambda}^2(t)\right)v_{cl}\dot{\lambda}(t) = N(t)v_{cl}\dot{\lambda}(t) \tag{5.14}$$

则 $N(t)$ 就是一个时变系数，其在形式上就是一个指数型的函数（在上述假设条件下，式（5.2）关于 x_2 的渐近解是一个指数型函数）。式（5.14）与文献［2］中制导律的形式类似。与文献［2］中通过求解最优制导问题的方法得到的变 $N(t)$ 制导律相比较，式（5.13）不需要经过特殊的复数计算。

如果在式（5.7）中 $f \neq 0$，则

$$\dot{Q} = cx_2(-a_1(t)x_1 - a_2(t)x_2 - b(t)u + b(t)f) \leqslant -c_1x_2^2 - c_2x_2^4 \tag{5.15}$$

在控制量中需要有额外的量 $a_T(t) = f$ 来“补偿”式（5.15）中的 $b(t)f$，因此需要取控制为 $u = kx_2 + N_1x_2^3 + a_T(t)$ 才能使式（5.2）相对于 x_2 是稳定的（也可见式（2.52））。

上面详细阐述了在 $a_1(t) = 0$ 情况下利用 Lyapunov 方法对式（5.2）进行设计的过程。类似地，容易得到在 $a_1(t) \neq 0$ 和 $a_2(t) \leqslant 0$ 情况下，使式（5.7）负定的控制输入应为[10]

$$\begin{cases} u = Nv_{cl}\dot{\lambda}(t) + N_1\dot{\lambda}^3(t) - N_2\ddot{r}(t)\lambda(t) + N_3a_T(t), N > 2, N_1 > 0 \\ N_2\begin{cases} \geqslant 1, \operatorname{sign}(\ddot{r}(t)\dot{\lambda}(t)\lambda(t)) \leqslant 0 \\ \leqslant 1, \operatorname{sign}(\ddot{r}(t)\dot{\lambda}(t)\lambda(t)) \geqslant 0 \end{cases} \\ N_3\begin{cases} \geqslant 1, \operatorname{sign}(a_T(t)\dot{\lambda}(t)) \leqslant 0 \\ \leqslant 1, \operatorname{sign}(a_T(t)\dot{\lambda}(t)) \geqslant 0 \end{cases} \end{cases} \tag{5.16}$$

控制律中 $N_3 a_T(t)$ 项与增广比例导引律中的对应项是不同的，因为在这里是 N_3 时变的。$N_2 \ddot{r}(t)\lambda(t)$ 项（成型项）沿视线方向发挥作用，它能够改变导弹飞行弹道的形状，也对导弹的末端速度产生影响。

5.4 Bellman – Lyapunov 方法：最优制导参数

在第 2 章中已经阐明，在式（2.54）假设下，比例导引能够使代价函数（式（2.55））达到最小值，且在控制量不受限的假设下，有效导航比取最优值为 $N = 3$ 时能够保证脱靶量为零。但这个假设严重影响了在实际应用中选取 $N = 3$ 的合理性。

下面将通过不同的优化问题来验证有效导航比取 $N = 3$ 的合理性。利用这个方法，可以在为一大类实现平行导引的制导规律进行设计时选择更为合理的参数。

5.4.1 非机动目标的最优制导问题

针对平面交会模型，导弹与目标交会的过程可以用式（2.37）来描述。假设弹目接近速度恒定，即 $a_1(t) = 0$，$a_T(t) = 0$，下面设计制导规律使如下的指标函数最小：

$$I = \int_0^{t_F} (cx_2^2 + u^2(t))\,\mathrm{d}t \tag{5.17}$$

式中：c 为常系数，其值取决于式（2.37）。式（2.37）可写为

$$\dot{x}_2 = -a_2(t)x_2 - b(t)u \tag{5.18}$$

对于这个优化问题，贝尔曼（Bellman）泛函方程为（见附录 A.2）：

$$\min_u \left\{ cx_2^2 + u^2 + \frac{\partial \varphi}{\partial x_2}\left(\frac{2v_{\mathrm{cl}}}{r(t)}x_2 - \frac{1}{r(t)}u\right) + \frac{\partial \varphi}{\partial t} \right\} = 0 \tag{5.19}$$

或

$$u = \frac{1}{2r(t)} \frac{\partial \varphi}{\partial x_2} \tag{5.20}$$

式中：$\varphi(x_2, t)$ 为式（5.17）的最小值，其形式为

$$\varphi(x_2, t) = w(t)x_2^2 = Nv_{\mathrm{cl}} r(t) x_2^2 \tag{5.21}$$

$$r(t) = r(0) - v_{\mathrm{cl}} t \tag{5.22}$$

因此可得

$$\frac{\partial \varphi}{\partial x_2} = 2w(t)x_2 = 2Nv_{\mathrm{cl}} r(t) x_2 \tag{5.23}$$

$$\frac{\partial \varphi}{\partial t} = \frac{\partial w}{\partial t}x_2^2 = -Nv_{\mathrm{cl}}^2 x_2^2 \tag{5.24}$$

$$u = \frac{w(t)}{r(t)}x_2 = Nv_{\mathrm{cl}}x_2 \tag{5.25}$$

Bellman 方程（式（5.19））可写为

$$\frac{\partial w}{\partial t} + w\frac{4v_{\mathrm{cl}}}{r(t)} - w^2\frac{1}{r^2(t)} + c = 0, w(t_{\mathrm{F}}) = 0 \tag{5.26}$$

根据式（5.21）和式（5.24），式（5.26）可简化为黎卡提（Riccati）代数方程：

$$4Nv_{\mathrm{cl}}^2 - N^2v_{\mathrm{cl}}^2 - Nv_{\mathrm{cl}}^2 + c = 0 \tag{5.27}$$

对式（5.27）求解可得最优导引比为

$$N = 3/2 + \sqrt{9/4 + c/v_{\mathrm{cl}}^2} > 3 \tag{5.28}$$

式（5.27）的另一根为 $N = 3/2 - \sqrt{9/4 + c/v_{\mathrm{cl}}^2} < 0$ ，是与式（5.26）对应的。

准确地说，式（5.26）中 $r(t)$ 是一个时变参数，终端条件 $w(t_{\mathrm{F}}) = 0$（由 $\varphi(x_2, t_{\mathrm{F}}) = 0$ 得到）可理解为存在 $t_{\mathrm{F}} \in (0, \infty)$ ，使得 $r(t_{\mathrm{F}}) = 0$ ，即 t_{F} 为拦截时间。如果 $t_{\mathrm{F}} \to \infty$，则 $x_2 \to 0$ ，即在式（5.25）的作用下，式（5.18）是渐近稳定的，也就是在式（5.25）作用下实现了平行导引。这个渐近稳定性的要求是十分重要的，它能够保证在导弹按制导律运动过程中，避免出现在 $c = 0$ 时为使能量消耗最小而始终保持 $u = 0$ 的情况。

由式（5.28）可知，在 $c = 0$ 时的最优解为 $N = 3$ ，即有效导航比为 $N = 3$ 的比例导引律的能量效率最高，它实现平行导引（ $\lim_{t_{\mathrm{F}} \to \infty} x_2 = 0$ ）所需的能量最小。对于有限的拦截时间 t_{F} ，在拦截可以实现的前提下（ $r(t_{\mathrm{F}}) = 0$ ），取有效导航比为 $N = 3$ 的最小能量制导是可以实现的。

在选取 $N > 3$ 时，能够使视线角速度比 $N = 3$ 时更快地减小，即制导更接近于平行导引。然而，由于存在控制量的饱和限制以及制导控制系统中噪声的原因，有效导航比的增加是有界的。

根据参考文献［1］，在控制装置不受限的情况下，$N = 3$ 的比例导引能够在任意的 t_{F} 下保证脱靶量为零；$N = 3$ 是利用预测剩余飞行时间（预测拦截点），根据修正比例导引律能量效率最高的条件计算得到的。前面在分析有效导航比的取值时，考虑了控制动作和导弹侧向加速度的限制。根据本节的分析结果，雷达导引头的有效导航比建议保持在3左右，而光学导引头的有效导航比可取更大的值。

现在考虑如下形式的制导律（见式（5.16））：

$$a_{\mathrm{M}}(t) = u = Nv_{\mathrm{cl}}\dot{\lambda}(t) + N_1v_{\mathrm{cl}}\dot{\lambda}^3(t) \tag{5.29}$$

则可将系数 N 和 N_1 的选择与某些最优问题的求解联系起来。

根据逆最优化问题的思路可以确定指标泛函，使在式（5.29）[①]作用下由式（5.18）确定的指标泛函取得最小值，该指标泛函的形式为

$$I=\int_0^{t_F}(c(x_2)x_2^2+u^2(t))\mathrm{d}t \tag{5.30}$$

式中，

$$c(x_2)=c_0+c_1x_2^2+c_2x_2^4 \tag{5.31}$$

当 $N=3$ 时，式（5.31）的系数为

$$c_0=0,c_1=2.5N_1v_{\mathrm{cl}}^2,c_2=N_1^2v_{\mathrm{cl}}^2 \tag{5.32}$$

为了证明上述结论，下面对式（5.19）求解，式（5.19）中 c 改为 $c(x_2)$。Bellman 泛函方程的解的形式为

$$\varphi(x_2,t)=w(t)x_2^2+w_1(t)x_2^4 \tag{5.33}$$

把 $\varphi(x_2,t)$ 代入式（5.19）中，并考虑：

$$\frac{\partial\varphi}{\partial x_2}=2w(t)x_2+4w_1(t)x_2^3 \tag{5.34}$$

$$\frac{\partial\varphi}{\partial t}=\frac{\partial w}{\partial t}x_2^2+\frac{\partial w_1}{\partial t}x_2^4 \tag{5.35}$$

$$u=\frac{w(t)}{r(t)}x_2+\frac{2w_1(t)}{r(t)}x_2^3 \tag{5.36}$$

则可将式（5.19）表示为

$$\left(\frac{\partial w}{\partial t}+w\frac{4v_{\mathrm{cl}}}{r(t)}-\frac{w^2}{r^2(t)}+c_0\right)x_2^2+\left(\frac{\partial w_1}{\partial t}+w_1\frac{8v_{\mathrm{cl}}}{r(t)}-\frac{4ww_1}{r^2(t)}+c_1\right)x_2^4-\left(\frac{4w_1^2}{r^2(t)}-c_2\right)x_2^6=0$$

$$w(t_F)=0,w_1(t_F)=0 \tag{5.37}$$

选择式（5.37）的解的形式为

$$w(t)=Nv_{\mathrm{cl}}r(t),w_1(t)=\frac{1}{2}N_1v_{\mathrm{cl}}r(t) \tag{5.38}$$

使式（5.37）中的二次、四次和六次项为零，可得

$$\begin{cases}4Nv_{\mathrm{cl}}^2-N^2v_{\mathrm{cl}}^2-Nv_{\mathrm{cl}}^2+c_0=0\\4N_1v_{\mathrm{cl}}^2-0.5N_1^2v_{\mathrm{cl}}^2-2NN_1v_{\mathrm{cl}}^2+c_1=0\\-N_1^2v_{\mathrm{cl}}^2+c_2=0\end{cases} \tag{5.39}$$

当 $N=3$ 时，由式（5.39）可知，式（5.30）的系数 c_0、c_1 和 c_2 满足式（5.32）。

对比式（5.17）和式（5.30）可以看出，式（5.29）的立方项可以使视线角速度 x_2 减小，但其需要更多的控制资源。然而，如前所述，控制律的效率会随着 x_2 的减小而下降。

---

①此处原著有误。

5.4.2 最优扩展制导律

下面考虑如何针对下式确定制导律，使式（5.17）取最小值，可得

$$\dot{x}_2 = -a_2(t)x_2 - b(t)u + b(t)f \tag{5.40}$$

相应地，式（5.19）改写为

$$\min_u\left\{cx_2^2 + u^2 + \frac{\partial\varphi}{\partial x_2}\left(\frac{2v_{\mathrm{cl}}}{r(t)}x_2 - \frac{1}{r(t)}u + \frac{1}{r(t)}f\right) + \frac{\partial\varphi}{\partial t}\right\} = 0 \tag{5.41}$$

式中：$\varphi(x_2,t)$ 为式（5.17）的最小值。

式（5.17）的最小值的形式为

$$\varphi(x_2,t) = w(t)x_2^2 + L(t)x_2 + L_0(t) = Nv_{\mathrm{cl}}r(t)x_2^2 + L(t)x_2 + L_0(t) \tag{5.42}$$

可以得到制导律为

$$u = \frac{1}{2r(t)}\frac{\partial\varphi}{\partial x_2} = Nv_{\mathrm{cl}}x_2 + \frac{L(t)}{2r(t)} \tag{5.43}$$

将包含 x_2^2 和 x_2 的项分类组合，Bellman 泛函方程可表示为

$$\frac{\partial w}{\partial t} + w\frac{4v_{\mathrm{cl}}}{r(t)} - w^2\frac{1}{r^2(t)} + c = 0, w(t_{\mathrm{F}}) = 0 \tag{5.44}$$

$$\dot{L}(t) - \frac{N-2}{r(t)}v_{\mathrm{cl}}L(t) + 2Nv_{\mathrm{cl}}f(t) = 0, L(t_{\mathrm{F}}) = 0 \tag{5.45}$$

式中：$w(t)$ 与式（5.26）的解一致；函数 $L(t)$ 满足式（5.45）；$L_0(t)$ 应等于式（5.41)的自由项（由于制导律中不包含 $L_0(t)$，因此在这里不给出其表达式)。

式（5.45）的解为

$$L(t) = \frac{1}{(r(0) - v_{\mathrm{cl}}t)^{N-2}}\int_t^{t_{\mathrm{F}}} 2Nv_{\mathrm{cl}}(r(0) - v_{\mathrm{cl}}t)^{N-2}f(t)\,\mathrm{d}t \tag{5.46}$$

因此，利用式（5.45)，可得到制导律为

$$a_{\mathrm{M}}(t) = Nv_{\mathrm{cl}}\dot{\lambda}(t) + \frac{1}{(r(0) - v_{\mathrm{cl}}t)^{N-1}}\int_t^{t_{\mathrm{F}}} Nv_{\mathrm{cl}}(r(0) - v_{\mathrm{cl}}t)^{N-2}a_{\mathrm{T}}(t)\,\mathrm{d}t \tag{5.47}$$

对于目标阶跃机动 $a_{\mathrm{T}}(t) = a_{\mathrm{T}}$，制导律为

$$a_{\mathrm{M}}(t) = Nv_{\mathrm{cl}}\dot{\lambda}(t) + \frac{N}{(N-1)}a_{\mathrm{T}} \tag{5.48}$$

式（5.48）与很多文献中的增广比例导引（APN）规律是不同的。

一般情况下，由式（5.47）可知，导弹最优加速度在时间接近 t_{F} 时会增大。当 $N = 3$ 和 $a_{\mathrm{T}}(t) = a_{\mathrm{T}}\sin\omega_{\mathrm{T}}t$（假设 $r(t_{\mathrm{F}})$ 很小且 $a_{\mathrm{T}}(t_{\mathrm{F}}) = 0$）时，可得

$$a_{\mathrm{M}}(t) = Nv_{\mathrm{cl}}\dot{\lambda}(t) + \frac{Nv_{\mathrm{cl}}}{\omega_{\mathrm{T}}^2 r(t)}\dot{a}_{\mathrm{T}}(t) + \frac{Nv_{\mathrm{cl}}^2}{\omega_{\mathrm{T}}^2 r^2(t)}a_{\mathrm{T}}(t) \tag{5.49}$$

如前所述，增广比例导引律以前未经过严格的证明，上述分析填补了这一空白。

5.5　修正线性平面交会模型

大多数制导律都有一个共同目标：使导弹与目标之间的脱靶量为零。然而，这有时是不够的，导弹接近目标的方向也很重要。在某些想定中，作战任务需要导弹的有效载荷能够从特定的方向撞击目标。尤其是在打击地面目标时，由于存在最有效的攻击角度，因此导弹的最终撞击角度是非常重要的。

当导弹利用导引头进行导引时，攻击点（导弹战斗部的爆炸点或撞击目标的点）很大程度上取决于导引头提供的目标信息。以红外导引头为例，若导弹采用传统的制导律，最可能的攻击点位于目标的热源附近，因此如果导弹只是简单地跟踪热源，杀伤概率可能会非常低。如果能够适当地选取攻击角度，则可在一定程度上解决这个问题。

如果使导弹攻击目标的视线角固定为 λ_0，则可进一步改进前述线性平面交会模型。

引入状态量：

$$z_1 = \lambda - \lambda_0 = x_1 - \lambda_0, x_2 = \dot{z}_1 \tag{5.50}$$

根据前面类似的分析过程，可以将式（5.2）改写为

$$\begin{cases} \dot{z}_1 = x_2 \\ \dot{x}_2 = -a_1(t)(z_1 + \lambda_0) - a_2(t)x_2 - b(t)u + b(t)a_{\mathrm{T}} \end{cases} \tag{5.51}$$

相较于式（5.6），Lyapunov 函数 Q 选取为

$$2Q = cx_2^2 + c_0 z_1^2 \tag{5.52}$$

且将通过整个系统（式（5.51））的稳定性条件，而非相对于 x_2 的局部稳定性来确定制导律。

通过 Lyapunov 函数（式（5.51））的导数为负定的条件：

$$\dot{Q} = cx_2(-a_1(t)(z_1 + \lambda_0) - a_2(t)x_2 - (b(t)u - b(t)a_{\mathrm{T}})) + c_0 z_1 x_2 \tag{5.53}$$

可以得到如下的制导律：

$$\begin{cases} u(t) = Nv_{\mathrm{cl}}\dot{\lambda}(t) + N_1\dot{\lambda}^3(t) - N_2\left(\ddot{r}(t) - \dfrac{c_0}{c}r(t)\right)(\lambda(t) - \lambda_0) - \ddot{r}\lambda_0 + N_3 a_{\mathrm{T}}(t) \\ N_2 \begin{cases} \geqslant 1, \mathrm{sign}\left(\left(\ddot{r}(t) - \dfrac{c_0}{c}r(t)\right)\dot{\lambda}(t)(\lambda(t) - \lambda_0)\right) \leqslant 0 \\ \leqslant 1, \mathrm{sign}\left(\left(\ddot{r}(t) - \dfrac{c_0}{c}r(t)\right)\dot{\lambda}(t)(\lambda(t) - \lambda_0)\right) \geqslant 0 \end{cases} \end{cases} \tag{5.54}$$

比较式（5.16）和式（5.54）可以看出，特定的弹目撞击视线角 λ_0 只影响成型项 $N_2(\ddot{r}(t)-\frac{c_0}{c}r(t))(\lambda(t)-\lambda_0)-\ddot{r}(t)\lambda_0$。

5.6 一般平面模型

在本节不再考虑上述的小线性近似模型（式（2.9）），而是考虑一般的非线性模型。视线角（式（2.8））及其导数的表达式如下：

$$\sin(\lambda(t))=\frac{y(t)}{r(t)} \tag{5.55}$$

$$\begin{aligned}&\ddot{\lambda}(t)\cos(\lambda(t))-\dot{\lambda}^2\sin(\lambda(t))\\&=-a_1(t)\sin(\lambda(t))-a_2(t)\cos(\lambda(t))\dot{\lambda}(t)+b_1\ddot{y}(t)\end{aligned} \tag{5.56}$$

或

$$\begin{cases}\dot{x}_1=x_2\\ \dot{x}_2=x_2^2\tan x_1-a_1(t)\tan x_1-a_2(t)x_2-\dfrac{b(t)}{\cos x_1}u+\dfrac{b(t)}{\cos x_1}f\end{cases} \tag{5.57}$$

式中：$u(t)$ 为指令导弹加速度；$x_1=\lambda(t)$；$x_2=\dot{\lambda}(t)$；系数 $a_1(t)$、$a_2(t)$ 和 $b(t)$ 分别由式（5.3）~式（5.5）所示。

值得注意的是，对式（5.7）中的三角函数进行线性近似，并不能得到式（5.2），会存在一个额外的非线性项 $x_2^2x_1$（由于对于小的 x_1 值，$x_2^2\tan x_1\approx x_2^2x_1$）。在这里，对于小的视线角，上述非线性模型的线性化形式要比很多文献中采用的线性化表达式（式（2.9））及其微分形式更严谨。弹目交会模型采用式（5.1）和式（5.2）的主要原因就在于处理非线性模型的困难性。

Lyapunov 函数（式（5.6））沿导弹任意轨迹（式（5.57））的导数为

$$\dot{Q}=cx_2(x_2^2\tan x_1-a_1(t)\tan x_1-a_2(t)x_2-(b(t)u-b(t)f)/\cos x_1)$$

或

$$\dot{Q}=c(x_2^3\tan x_1-a_1(t)x_1x_2\tan x_1-a_2(t)x_2^2-(b(t)x_2u-b(t)x_2f)/\cos x_1) \tag{5.58}$$

为保证式（5.58）是负定的，选取制导律为

$$\begin{aligned}u(t)&=Nv_{\mathrm{cl}}\cos(\lambda(t))\dot{\lambda}(t)+N_1\cos(\lambda(t))\dot{\lambda}^3(t)\\&\quad-N_2\sin(\lambda(t))\ddot{r}(t)-N_0r(t)\dot{\lambda}^2(t)\sin(\lambda(t))+N_3a_{\mathrm{T}}(t)\\&\qquad N>2,N_1>0\end{aligned} \tag{5.59}$$

$$N_0\begin{cases}\geqslant 1, \operatorname{sign}(\dot{\lambda}(t)\lambda(t)) \leqslant 0 \\ \leqslant 1, \operatorname{sign}(\dot{\lambda}(t)\lambda(t)) \geqslant 0\end{cases}$$

$$N_2\begin{cases}\geqslant 1, \operatorname{sign}(\ddot{r}(t)\dot{\lambda}(t)\lambda(t)) \leqslant 0 \\ \leqslant 1, \operatorname{sign}(\ddot{r}(t)\dot{\lambda}(t)\lambda(t)) \geqslant 0\end{cases}$$

$$N_3\begin{cases}\geqslant 1, \operatorname{sign}(a_{\mathrm{T}}(t)\dot{\lambda}(t)) \leqslant 0 \\ \leqslant 1, \operatorname{sign}(a_{\mathrm{T}}(t)\dot{\lambda}(t)) \geqslant 0\end{cases}$$

式（5.59）可以表示为主要比例导引项与其他修正项的和：

$$u = Nv_{\mathrm{cl}}\cos(\lambda(t))\dot{\lambda}(t) + \sum_{k=0}^{3} u_k \tag{5.60}$$

其中，

$$u_0 = -N_0 r(t)\dot{\lambda}^2(t)\sin(\lambda(t)) \tag{5.61}$$

$$u_1 = N_1\cos(\lambda(t))\dot{\lambda}^3(t) \tag{5.62}$$

$$u_2 = -N_2\ddot{r}(t)\sin(\lambda(t)) \tag{5.63}$$

$$u_3 = N_3 a_{\mathrm{T}}(t) \tag{5.64}$$

在视线角较小且自寻的距离较短的情况下（大多数制导问题有关的文献都讨论的这种情况），式（5.58）中的 $x_2^3\tan x_1$ 项小于主导量 x_2^2 。这也就是在满足这些条件的情况下，对式（5.2）进行分析的合理性。如果视线角的幅值比较大，就需要控制量中包含分量 u_0 。

修正项 u_1 的有效性已经在前面考虑的线性模型中进行了讨论。对于机动目标，在弹目距离的二阶导数不太小的情况下，需要 u_2 项进行修正。增广比例导引项（式（5.64））是不同于式（2.53）的，式（2.53）是针对目标阶跃机动推导得到的，但要求其能够应对目标各种类型的机动。N_3 中的因子 $\operatorname{sign}(a_{\mathrm{T}}\dot{\lambda}(t))$ 反映了制导律对目标运动的修正。控制量中的每一个分量 u_k（$k = 0,1,2,3$）都能够提升比例导引在所选定准则下的有效性，在实际应用中应选取其中的哪几个分量则主要取决于所考虑的具体问题（弹目距离、视线角、目标机动与否等，此外还包括在实际中实现控制修正项时系统的稳定性问题）。

鉴于上面考虑的是修正比例导引问题，式（5.61）~式（5.64）可看作改进式（2.49）并扩展其适用范围的手段。与前面确定最佳导航比 $N = 3 \sim 4$ 的方式一样，系数 $N_0 \sim N_3$（常值或时变）可以通过考虑自动驾驶仪对导弹加速度限制、弹体动力学特性以及其他因素的导弹全系统仿真确定。下面再给出一种它们的选取方法。

与线性平面模型一样，可以通过明确制导过程中导弹打击目标的视线角为固定值 λ_0 来改进非线性平面交会模型，同样引入状态量：

$$z_1 = \sin(\lambda(t)) - \sin\lambda_0, x_2 = \dot{z}_1 \tag{5.65}$$

并考虑式（5.52）。与式（2.29）~式（2.33）类似，可得

$$\dot{z}_1 = \frac{\dot{y}(t)}{r(t)} - \frac{\sin(\lambda(t))\dot{r}(t)}{r(t)} \tag{5.66}$$

$$\dot{x}_2 = \frac{\ddot{y}(t)}{r(t)} - \frac{\dot{z}_1\dot{r}(t)}{r(t)} - \frac{\dot{y}(t)\dot{r}(t)}{r^2(t)} - \frac{\ddot{r}(t)\sin(\lambda(t))}{r(t)} + \frac{\dot{r}^2(t)\sin(\lambda(t))}{r^2(t)}$$

$$- \frac{\dot{r}(t)\dot{\lambda}(t)\cos(\lambda(t))}{r(t)} = \frac{\ddot{y}(t)}{r(t)} - \frac{2\dot{z}_1\dot{r}(t)}{r(t)} - \frac{z_1\ddot{r}(t)}{r(t)} - \sin\lambda_0\frac{\ddot{r}(t)}{r(t)} \tag{5.67}$$

与式（5.51）不同，在这里有：

$$\begin{cases} \dot{z}_1 = x_2 \\ \dot{x}_2 = -a_1(t)z_1 - a_2(t)x_2 - a_1(t)\sin\lambda_0 - b(t)u + b(t)a_{\mathrm{T}} \end{cases} \tag{5.68}$$

与对式（5.53）的处理类似，可以推导得到如下的制导律：

$$u(t) = Nv_{\mathrm{cl}}\cos(\lambda(t))\dot{\lambda}(t) + \sum_{k=1}^{3} u_k \tag{5.69}$$

式中：u_k（$k = 1,3$）分别与式（5.62）和式（5.64）一致，u_2 项为

$$u_2 = N_2\left(\ddot{r}(t) - \frac{c_0}{c}r(t)\right)(\sin\lambda(t) - \sin\lambda_0) - \ddot{r}(t)\sin\lambda_0 \tag{5.70}$$

利用包含视线三角函数的修正 Lyapunov 函数，可以将带有攻击角度限制的非线性平面模型的制导问题简化为与线性模型及其 Lyapunov 函数（式（5.52））类似的问题。与线性平面模型的情况一样，修正 Lyapunov 函数没有包含扩展非线性交会模型制导律中 u_0 项（见式（5.61））的二次形式。

包含攻击角度限制的制导律（式（5.54）和式（5.69））与不考虑攻击角度限制时对应的制导律有很大的不同，但它们的实现并不存在任何困难。

5.7 三维交会模型

针对地球固连坐标系内的三维交会情况，式（2.45）可改写为

$$\ddot{\lambda}_s(t) = -a_1(t)\lambda_s(t) - a_2(t)\dot{\lambda}_s(t) + b(t)(a_{\mathrm{T}s}(t) - u_s) \tag{5.71}$$

式中：$a_{\mathrm{T}s}(t)$（$s = 1,2,3$）为目标加速度矢量在基准坐标系三个轴上的分量；$u_s(t)$（$s = 1,2,3$）为导弹加速度矢量在基准坐标系三个轴上的分量，即为控制量。

与平行导引律的本质对应，选取 Lyapunov 函数为与式（2.46）类似的视线角速度各分量平方和的形式：

$$Q = \frac{1}{2}\sum_{s=1}^{3} d_s \dot{\lambda}_s^2 \tag{5.72}$$

式中：d_s 为正系数。

Lyapunov 函数的导数为

$$\dot{Q} = \sum_{s=1}^{3} d_s(-a_1(t)\lambda_s\dot{\lambda}_s - a_2(t)\dot{\lambda}_s^2 + b(t)\dot{\lambda}_s(a_{\mathrm{T}s}(t) - u_s)) \text{①} \tag{5.73}$$

由此可见，三维制导问题与线性平面制导问题是类似的。

与式（5.16）类似，为保证 $\lim\limits_{t\to\infty}\|\dot{\lambda}\|$ ，可选取控制律为

$$u_s = Nv_{\mathrm{cl}}\dot{\lambda}_s + \sum_{k=1}^{3} u_{sk} \tag{5.74}$$

式中，

$$u_{s1} = N_1\dot{\lambda}_s^3(t), N_1 > 0 \tag{5.75}$$

$$\begin{cases} u_{s2}(t) = -N_{2s}\lambda_s(t)\ddot{r}(t), N_{2s}\begin{cases}\geqslant 1, \mathrm{sign}(\ddot{r}(t)\dot{\lambda}_s(t)\lambda_s(t)) \leqslant 0 \\ \leqslant 1, \mathrm{sign}(\ddot{r}(t)\dot{\lambda}_s(t)\lambda_s(t)) \geqslant 0\end{cases} & (5.76) \\ u_{s3} = N_{3s}a_{\mathrm{T}s}(t), N_{3s}\begin{cases}\leqslant 1, \mathrm{sign}(a_{\mathrm{T}s}(t)\dot{\lambda}_s(t)) \leqslant 0 \\ \geqslant 1, \mathrm{sign}(a_{\mathrm{T}s}(t)\dot{\lambda}_s(t)) \geqslant 0\end{cases} \quad (s = 1,2,3) & (5.77) \end{cases}$$

式（5.74）~式（5.77）与式（5.16）类似。但在三维交会模型中，若 $d_s = 1$ ，则式（5.73）中的 $\sum\limits_{s=1}^{3} -a_1(t)\lambda_s\dot{\lambda}_s$ 等于零。这意味着在控制律中不需要分量 $u_{s2}(t) = -N_{2s}\lambda_s(t)\ddot{r}(t)$ 即可保证 $\lim\limits_{t\to\infty}\|\dot{\lambda}\|$ 。尽管如此，这一控制分量仍然是制导律的重要组成部分。

指令加速度可以看作两部分组成：径向分量（沿视线方向，也称为纵向分量）和切向分量（垂直于视线方向，也称为横向分量）。由式（5.76）可以看出，$u_{s2}(t)$ 属于径向分量，也就是它主要影响弹目接近速度。

一般来说，在导弹飞行过程中，只有视线角速度的两个分量起主导作用，因此，d_s 三个值相等并非是典型的情况，$u_{s2}(t)$（$s = 1,2,3$）同样会影响导弹的横向加速度。

综上所述，如果 d_s 三个值相等，$u_{s2}(t) = -N_{2s}\lambda_s(t)\ddot{r}(t)$（$s = 1,2,3$）不会影响导弹的横向加速度分量，但会改变导弹的径向加速度分量，这对于保证导弹在拦截目标时具有适当的加速度（作用力）具有重要作用。

---

① 此处原著有误。

需要指出的是，现有的很多类型导弹（例如发动机喷流不可调节的导弹）的径向加速度不能通过控制动作调节。这类导弹不能将推力控制量作为制导律的一部分。控制量 u_{s2} 只能通过减小导弹的速度来影响导弹的飞行弹道。

由式（5.73）~式（5.77）可以看出，多维比例导引律不仅是制导问题的可行解之一，也是一个更为复杂的非线性制导律的一部分。

上述制导律可以用于导弹的中制导和末制导段。在中制导段，视线的分量可以由式（1.8）得到；在末制导段，视线的分量一般由所测量的方位角和高低角计算得到。向量 $\boldsymbol{\lambda}(t)$ 和 $\dot{\boldsymbol{\lambda}}(t)$ 如下所示（见式（1.9）和式（1.16））：

$$\boldsymbol{\lambda}(t) = \begin{bmatrix} \cos\alpha\cos\beta \\ \cos\alpha\sin\beta \\ \sin\alpha \end{bmatrix}, \dot{\boldsymbol{\lambda}}(t) = \begin{bmatrix} -\sin\alpha\cos\beta \\ -\sin\alpha\sin\beta \\ \cos\alpha \end{bmatrix}\dot{\alpha} + \begin{bmatrix} -\cos\alpha\sin\beta \\ -\cos\alpha\cos\beta \\ 0 \end{bmatrix}\dot{\beta} \quad (5.78)$$

式中：α 和 β 分别为方位角和高低角。

对比式（5.74）和式（5.60）的制导律，可以得到以下结论：式（5.60）可以用来分析三维模型中的分量 u_3，也就是说，基于 Lyapunov 方法得到的三维制导律包含了同样利用 Lyapunov 方法得到的平面模型制导律[12]。

根据确定三维交会模型制导律的方程与线性平面交会模型制导律的方程之间的相似性，可以得到当导弹以固定的视线角 λ_0 攻击目标时，三维扩展交会模型的制导律，其形式为式（5.74）加上修正项 $u_{s2}(t)$（见式（5.76））：

$$u_{s2}(t) = -N_{2s}\left(\ddot{r}(t) - \frac{c_0}{c}r(t)\right)(\boldsymbol{\lambda}_s(t) - \boldsymbol{\lambda}_{0s}) - \ddot{r}(t)\boldsymbol{\lambda}_{0s} \quad (5.79)$$

$$N_{2s}\begin{cases} \geqslant 1, \operatorname{sign}\left(\left(\ddot{r}(t) - \frac{c_0}{c}r(t)\right)\dot{\boldsymbol{\lambda}}_s(t)(\boldsymbol{\lambda}_s(t) - \boldsymbol{\lambda}_{0s})\right) \leqslant 0 \\ \leqslant 1, \operatorname{sign}\left(\left(\ddot{r}(t) - \frac{c_0}{c}r(t)\right)\dot{\boldsymbol{\lambda}}_s(t)(\boldsymbol{\lambda}_s(t) - \boldsymbol{\lambda}_{0s})\right) \geqslant 0 \end{cases} \quad (s = 1,2,3)$$

许多拦截弹采用杀伤增强装置提高自身的杀伤能力，例如，大气层内飞行的导弹一般采用引信系统和破片式战斗部来达到这一目的。这些杀伤威力增强装置的性能对末段条件十分敏感。适当地控制末端拦截弹的速度和拦截弹与目标的接近角度能够最大程度地提升杀伤增强装置的性能和有效性。

5.8 广义制导律

如前所述，本章所考虑的制导律是在两个制导律分量（径向分量和横向分量）在实践中都能够实现的假设下得到的。然而，这个假设只有在某些导弹上能够满足。对于发动机喷流无法调节的导弹，只能实现制导律的横向分量。

与发动机喷流无法调节的导弹不同，具有轴向控制功能的导弹可以通过推力控制实现制导的径向分量。这类导弹在两个方向上都具有优异的制导能力，为了对其进行详细的分析，将分别考虑它的纵向运动和横向运动。

对于三维制导模型，选取地固坐标系为基准坐标系，导弹与目标的距离向量 $\boldsymbol{r}$ 及其导数由式（1.17）~ 式（1.19）所示，则利用式（1.21）和式（1.22），可将三维交会模型的动力学方程写为

$$\ddot{\boldsymbol{r}}(t) = \boldsymbol{a}_{\mathrm{T}r}(t) + \boldsymbol{a}_{\mathrm{T}t}(t) - \boldsymbol{a}_{\mathrm{M}r}(t) - \boldsymbol{a}_{\mathrm{M}t}(t) \tag{5.80}$$

式中：$\boldsymbol{a}_{\mathrm{M}r}(t)$、$\boldsymbol{a}_{\mathrm{M}t}(t)$ 和 $\boldsymbol{a}_{\mathrm{T}r}(t)$、$\boldsymbol{a}_{\mathrm{T}t}(t)$ 分别为导弹和目标的纵向加速度和横向加速度，即

$$a_{\mathrm{M}s}(t) = a_{\mathrm{M}rs}(t) + a_{\mathrm{M}ts}(t), a_{\mathrm{T}s}(t) = a_{\mathrm{T}rs}(t) + a_{\mathrm{T}ts}(t)(s = 1,2,3) \tag{5.81}$$

式中：$a_{\mathrm{M}s}(t)$ 和 $a_{\mathrm{T}s}(t)$ 分别为导弹加速度 $\boldsymbol{a}_{\mathrm{M}}(t)$ 和 $\boldsymbol{a}_{\mathrm{T}}(t)$ 在地固坐标系三个坐标轴上值；$a_{\mathrm{M}rs}(t)$ 和 $a_{\mathrm{T}rs}(t)$ 分别为导弹和目标的纵向（径向）加速度的在地固坐标系上的三个坐标值；$a_{\mathrm{M}ts}(t)$ 和 $a_{\mathrm{T}ts}(t)$ 分别为导弹和目标的切向（横向）加速度的在地固坐标系上的三个坐标值。

联合式（1.19）、式（1.20）和式（5.80），可得到三维交会模型的系统方程：

$$\ddot{\lambda}_s(t)r(t) + 2\dot{r}(t)\dot{\lambda}_s(t) + \ddot{r}(t)\lambda_s(t) = a_{\mathrm{T}s}(t) - a_{\mathrm{M}s}(t)(s = 1,2,3) \tag{5.82}$$

式（5.82）左边的最后一项对应于沿视线方向的向量。$h_s = \ddot{\lambda}_s(t)r(t) + 2\dot{r}(t)\dot{\lambda}_s(t)$（$s = 1,2,3$）中的 $q\lambda_s$ 可以由径向向量与切向向量的正交性得到，即

$$\sum_{s=1}^{3}(h_s - q\lambda_s)q\lambda_s = 0$$

对 $\sum_{s=1}^{3}\lambda_s^2 = 1$ 求导，可以得到因子 q 的表达式：

$$q = r(t)\sum_{s=1}^{3}\ddot{\lambda}_s(t)\lambda_s(t) = -r(t)\sum_{s=1}^{3}\dot{\lambda}_s^2(t) \tag{5.83}$$

由式（5.82）和式（5.83）可以得到导弹纵向和侧向运动的表达式。下面将在一个笛卡儿惯性参考坐标系中分析导弹的纵向和侧向运动，这与大家熟知的三维制导运动学形式是不同的（见文献［10］）（其纵向和侧向运动是在一个旋转坐标系中描述的，旋转坐标系的定义为：一个轴上的单位向量 $\boldsymbol{l}_r$ 指向 $\boldsymbol{r}$ 的方向，另一轴上的单位向量 $\boldsymbol{l}_w$ 指向 $\boldsymbol{r}\times\dot{\boldsymbol{r}}$ 的方向，沿第三个轴上的单位向量为 $\boldsymbol{l}_t = \boldsymbol{l}_r \times \boldsymbol{l}_w$）。

对于纵向运动，有：

$$\ddot{r}(t)\boldsymbol{\lambda}_s(t) - r(t)\sum_{s=1}^{3}\dot{\lambda}_s^2(t)\boldsymbol{\lambda}_s = a_{\mathrm{T}rs}(t) - a_{\mathrm{M}rs}(t)(s = 1,2,3) \quad (5.84)$$

将径向向量 $\boldsymbol{a}_{\mathrm{T}r}(t)$ 和 $\boldsymbol{a}_{\mathrm{M}r}(t)$ 表示为

$$a_{\mathrm{T}rs}(t) = a_{\mathrm{T}r}(t)\boldsymbol{\lambda}_s(t), a_{\mathrm{M}rs}(t) = a_{\mathrm{M}r}(t)\boldsymbol{\lambda}_s(t)(s = 1,2,3) \quad (5.85)$$

式中：$a_{\mathrm{T}r}(t)$ 和 $a_{\mathrm{M}r}(t)$ 分别为目标和导弹径向加速度。则式（5.84）可以简化为

$$\ddot{r}(t) - r(t)\sum_{s=1}^{3}\dot{\lambda}_s^2(t) = a_{\mathrm{T}r}(t) - a_{\mathrm{M}r}(t) \quad (5.86)$$

对于侧向运动，有

$$\ddot{\boldsymbol{\lambda}}_s(t)r(t) + 2\dot{r}(t)\dot{\boldsymbol{\lambda}}_s(t) + r(t)\sum_{s=1}^{3}\dot{\lambda}_s^2(t)\boldsymbol{\lambda}_s(t) = a_{\mathrm{T}ts}(t) - a_{\mathrm{M}ts}(t)(s = 1,2,3)$$

$$(5.87)$$

由式（5.86）和式（5.87）构成的系统等同于式（5.82），对其特性的分析可以简化对式（5.82）的分析。

正如前面所述，不具备轴向控制功能的导弹只能控制其侧向运动，利用自身的推力、阻力及目标加速度等信息来产生控制动作。控制侧向运动的本质是利用导弹的侧向加速度去抵消视线变化率，即将侧向加速度作为控制量的目的是实现平行导引。在理想情况下，$\dot{\boldsymbol{\lambda}}_s(t) = 0\ (s = 1,2,3)$，则式（5.86）可简化为

$$\ddot{r}(t) = a_{\mathrm{T}r}(t) - a_{\mathrm{M}r}(t) \quad (5.88)$$

由式（5.86）和式（5.87）可以看出，利用一个沿径向的伪加速度 $a_{\mathrm{M}r1}(t)$ 可以实现纵向运动和侧向运动动力学方程的解耦：

$$a_{\mathrm{M}r1}(t) = a_{\mathrm{M}r}(t) - r(t)\sum_{s=1}^{3}\dot{\lambda}_s^2(t) \quad (5.89)$$

这样就可以将式（5.88）中 $a_{\mathrm{M}r}(t)$ 变换为 $a_{\mathrm{M}r1}(t)$，并利用其代替式（5.86）进行分析。

上面用到的术语“侧向加速度”和“侧向运动”描述的是导弹在垂直于视线的平面内的运动，真比例导引律（True Proportional Navigation，TPN）$a_{\mathrm{M}ts}(t) = -N\dot{r}(t)\dot{\boldsymbol{\lambda}}_s(t)$，$N>2$ 描述的就是这个平面内的运动。然而，这一类去实现平行导引的制导律并非必须要满足式（5.87），这是因为制导律所要求的加速度矢量并不在上述平面内。例如，采用纯比例导引律（Pure PN，PPN）时，指令加速度一般作用在导弹的速度矢量上；而采用广义比例导引律（Generalized PN，PPN）时，指令加速度会使导弹形成一个相对视线固定的角度[10]。由于这些制导律中横向分量是主导分量，下面将用侧向加速度来描述它们。纵向（径向）加速度则主要用来描述式（5.88）表征的运动形式。

根据前面所采用的基于 Lyapunov 的控制设计方法，制导问题可以描述为：选取合适的控制量 $a_{\mathrm{M}r}(t)$ 和 $a_{\mathrm{M}ts}(t)\ (s = 1,2,3)$ 保证 $\dot{r}(t) < 0$，且

式（5.87）相对 $\dot{\lambda}_s(t)$（$s=1,2,3$）是渐近稳定的。由于在实际中处理的都有限时间问题，为了简化问题及使用术语“渐近稳定性”的严谨性，在这里假设：干扰（目标加速度）是一个逐渐减小的函数，即含有因子 $e^{-\varepsilon t}$（ε 是一个小的正数）；如果 t_F 为拦截时刻，则 $\lim\limits_{t \to t_F} r(t) \to 0$，且 $t > t_F$ 时 $a_T(t) = 0$。

由式（5.88）可知，如果控制律满足 $t \leqslant t_F$ 时 $a_{Mr1}(t) > a_{Tr}(t)$，且 $t > t_F$ 时 $a_{Mr1}(t) = 0$，即可实现 $\dot{r}(t) < 0$ 和 $\lim\limits_{t \to t_F} r(t) \to 0$，则可选取：

$$a_{Mr1}(t) = k_1(t)a_{Tr}(t), k_1(t) > 1 \tag{5.90}$$

式（5.90）可以通过 Lyapunov 函数 $r^2(t)$ 沿式（5.88）的导数的负定条件得到，即 $r(t)\dot{r}(t) < 0$，其中

$$\dot{r}(t) = \dot{r}(t_0) + \int_{t_0}^{t} (a_{Tr}(t) - a_{Mr1}(t))\mathrm{d}t < 0 \tag{5.91}$$

式中：t_0 为制导初始时刻。

许多文献都已经详细研究了式（5.88）所描述的系统，将其作为各类最优化问题进行考虑并给出了其求解方案（例如，文献［1，7］）。在这里不考虑具体的最优化问题（由于缺乏目标加速度未来值的信息，最优制导律的实际应用受到很大限制），仅说明一点：径向方向上的伪加速度 $a_{Mr1}(t)$ 应超过目标的径向加速度，二者之间的差值越大，弹目距离减小地越快。

式（5.87）相对 $\dot{\lambda}_s(t)$（$s=1,2,3$）渐近稳定性可以由如下的制导律保证：

$$a_{Mts}(t) = Nv_{cl}\dot{\lambda}_s(t) + \sum_{k=1}^{3} u_{sk}(t) \tag{5.92}$$

式中：$v_{cl} = -\dot{r}(t)$，且

$$u_{s1}(t) = N_{1s}\dot{\lambda}_s^3(t), N_{1s} > 0 \tag{5.93}$$

$$u_{s2}(t) = -N_2 r(t)\sum_{s=1}^{3}\dot{\lambda}_s^2(t)\lambda_s(t),\ N_{2s}\begin{cases}\geqslant 1, \mathrm{sign}(\dot{\lambda}_s(t)\lambda_s(t)) \leqslant 0\\ \leqslant 1, \mathrm{sign}(\dot{\lambda}_s(t)\lambda_s(t)) \geqslant 0\end{cases} \tag{5.94}$$

$$u_{s3} = N_{3s}a_{Tts}(t), N_{3s}\begin{cases}\leqslant 1, \mathrm{sign}(a_{Tts}(t)\dot{\lambda}_s(t)) \leqslant 0\\ \geqslant 1, \mathrm{sign}(a_{Tts}(t)\dot{\lambda}_s(t)) \geqslant 0\end{cases} (s=1,2,3) \tag{5.95}$$

若选取 Lyapunov 函数为式（2.46）的形式，利用 5.7 节中的 Lyapunov 方法可直接得到式（5.93）~式（5.95）。

由式（5.87）~式（5.95）可知，制导律可以表示为如下的形式：

$$\begin{aligned}a_{Ms}(t) = {} & Nv_{cl}\dot{\lambda}_s(t) + N_1\dot{\lambda}_s^3(t) + (1 - N_{2s})r(t)\sum_{s=1}^{3}\dot{\lambda}_s^2(t)\lambda_s(t)\\ & + k_1(t)a_{Trs}(t) + N_{3s}a_{Tts}(t)(s=1,2,3)\end{aligned} \tag{5.96}$$

式中：N_1、N_{2s} 和 N_{3s}（$s=1,2,3$）与式（5.93）~式（5.95）相同。

式（5.96）的第一项表示经典的比例导引律；其第三项，如前所述，选取合适的 N_1，能够对视线角速度的变化产生响应运动，且当视线角速度较小时不会影响导弹加速度。系数 $k_1(t)$ 的选取要保证 $r(t)$ 快速减小，它是常值还是时变的取决于能够测量得到的目标信息。制导律中的 $N_{3s}a_{Tts}(t)$ 项与增广比例导引律中的对应项是不同的，这是因为参数 N_{3s} 是时变的且属于“bang－bang”类型，其决定因子 $\mathrm{sign}(a_{Tts}(t)\dot{\lambda}_s(t))$ 反映了目标行为对制导律修正项的影响。当取 $N_{3s}=1$ 时，相当于通过前馈补偿了目标在垂直于视线方向上的加速度分量 $\boldsymbol{a}_{Tr}(r)$，从而使目标机动对 Lyapunov 函数的导数 $\dot{Q}$（式（5.73））不产生影响。与前面确定最佳导航比为 $N=3\sim4$ 的方式一样，系数 N_1、N_2 和 k_1（常值或时变）可以通过考虑自动驾驶仪对导弹加速度限制、弹体动力学特性以及其他因素的导弹全系统仿真确定。

式（5.96）中假设导弹能够实现在三维空间内任意方向上的控制。而对于只能控制其横向加速度的导弹，应对式（5.82）而不是式（5.88）和式（5.91）进行分析。该方程与式（5.71）类似，对应于这种情况的制导律如式（5.84）~式（5.87）所示。对比式（5.96）和式（5.74）可以看出：对于推力不可控的导弹，$u_{3s}(t)$ 取决于目标总的加速度，而不是它的横向分量；制导规律的径向分量为 $u_{2s}(t)$（$s=1,2,3$），而非径向分量 $k_1(t)a_{Trs}(t)+(1-N_{2s})r(t)\sum\limits_{s=1}^{3}\dot{\lambda}_s^2(t)\lambda_s(t)$。如前所述，式（5.84）中的 $u_{2s}(t)$ 只有在系数 d_s（$s=1,2,3$）不相等的情况下才会影响导数 $\dot{Q}$。此外，在实际中，只有负的 u_{2s}（$s=1,2,3$），即导弹减速，才能够实现。

在本书所采用的简化交会模型中，假定导弹和目标都是质点，且径向加速度沿视线方向。而在实际中，径向加速度方向与导弹的弹体方向一致，横向加速度则垂直于弹体方向，因此实际的横向加速度是通过将式（5.84）向垂直于弹体轴的坐标轴上投影得到的，它也能够反映制导律分量 $u_{2s}(t)$（$s=1,2,3$）的影响。

前面得到的制导规律假定当前的目标加速度信息是可以准确得到的。而通常情况下，只能根据估计的目标加速度来计算制导律，这样得到的结果比利用理想的估计值时差。许多导弹并不能测量目标的加速度信息并将其用于制导律计算。这种情况下，分量 $u_{3s}(t)$（$s=1,2,3$）则不能在制导律中出现，这样制导律的性能要差于目标加速度可以测量的情况。

5.9 示例

首先，通过一个采用尾舵控制的飞航导弹进行高空飞行的实际示例来验证所描述制导规律的效能，并将其与比例导引律的结果进行对比分析。

飞行控制系统的动力学方程用三阶传递函数表示：

$$W(t) = \frac{1 - \dfrac{s^2}{\omega_z^2}}{(1 + \tau s)\left(1 + \dfrac{2\zeta}{\omega}s + \dfrac{s^2}{\omega^2}\right)} \tag{5.97}$$

式中：阻尼 ζ 和自然频率 ω 的取值与文献［16］一致（$\zeta = 0.7$，$\omega = 20$ rad/s）；飞控系统的时间常数为 $\tau = 0.5$s；右半平面的零点为 $\omega_z = 5$ rad/s。

如文献［17］所述，在高空飞行时，弹体的零点频率 ω_z 比较低，对于与文献［2］类似的单滞后模型，最优制导律相对比例导引律并没有优势，甚至效果会更差。采用最优制导律时，脱靶量会随着弹体零点频率的降低而增大。针对这种存在弹体零点影响的问题，文献［17］提出了一种新型的最优制导律并进行了验证。结果显示，这种最优制导律的效果优于比例导引律，但它并不能作为一个封闭解，因为它是数值形式的，存储为一个由多个因子决定的时间列表函数形式。

下面对比式（5.16）所示的制导律与比例导引律的性能。假定有效导航比为 $N = 4$，弹目接近速度 $v_{cl} = 1219.2$m/s，当视线角相对较小时导弹进入自寻的制导段，此时可以采用式（5.16）。如文献［16］，考虑两个误差源：$3g$ 的目标常值机动加速度和 1m 的与测量距离无关的角度测量误差。导弹的加速度上限为 $10g$。

图 5.1 所示为一个简化的导弹制导模型框图。图中，R_{MT} 为弹目距离，$\hat{R}_{MT}$ 为其估计值。视线角的测量值 λ_k^* 受到噪声的影响。将 λ_k^* 和 $\hat{R}_{MT}$ 相乘得到一个相对距离的伪测量量 y_k^*。利用卡尔曼滤波器得到弹目相对位置、相对速度以及目标加速度的最优估计值。考虑三种制导律：比例导引律；不采用目标加速度测量值的非线性制导律；采用目标加速度测量值的非线性制导律。

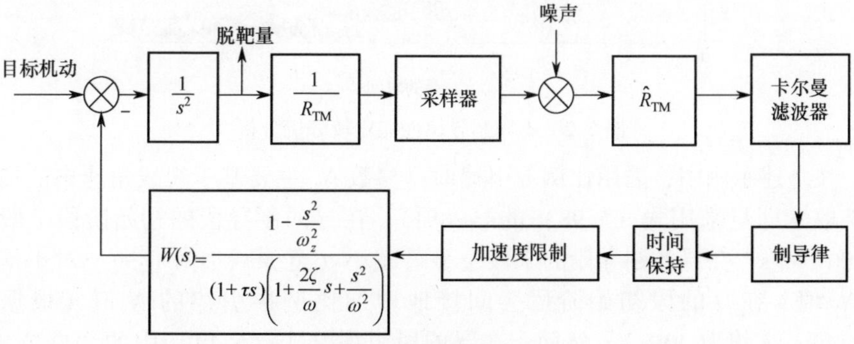

图 5.1　导弹制导模型

非线性制导律的表达式为

$$u(t) = 4v_{cl}\dot{\lambda}(t) + N_1\dot{\lambda}^3(t) + N_3 a_T(t) \tag{5.98}$$

（对于图5.1给出的线性制导交会模型，假设弹目接近速度为常值，则在式（5.16）中的二阶导数项 $\ddot{r}(t)=0$）

下面采用非线性制导律的离散形式，$\dot{\lambda}$ 的估计值为（用符号“ ˆ ”表示估计值）

$$\hat{\dot{\lambda}}_k = \frac{\hat{y}_k + \hat{\dot{y}}_k t_{go}}{v_{cl} t_{go}^2} \tag{5.99}$$

在目标做阶跃机动和零初始条件下，蒙特卡罗仿真结果如图5.2所示，脱靶量绝对平均值基于50次仿真结果得到。与比例导引律的结果（图中“－－”线）相比，增益为 $N_1 = 40\,000v_{cl}$ 的非线性项（图中的“＊”）显著提高了导弹的性能，通过测量目标加速度可以进一步提高性能，图5.2中实线为取 $N_3 = 1$ 的仿真结果，带有符号“○○○”的曲线为取增益为时间相关的 $N_3 = 0.75$、$N_3 = 1.25$（见式（5.16））的仿真结果。式（5.16）中的每一项都能够增大 $|\dot{Q}(t)|$，这样就可以顺序选取增益 N_i（$i = 1 \sim 3$）。

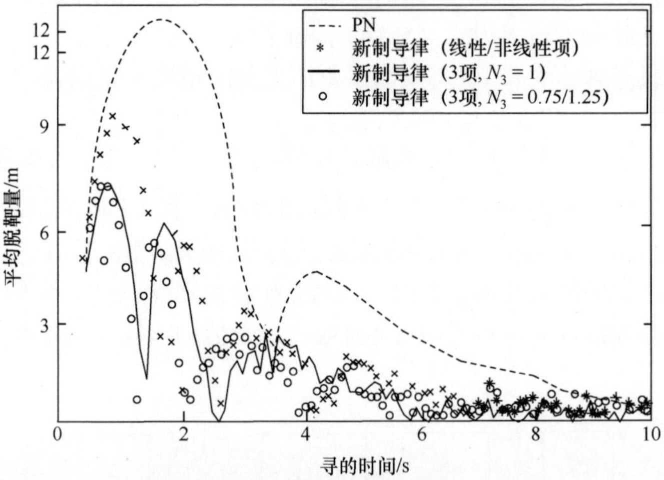

图5.2　不同制导律性能比较分析分析

在上述示例中，采用比例导引律时，参数 N_1 主要基于视线角速率的估计值选取（即只采用式（5.98）的第一项），在寻的制导段的初始阶段一般为0.006 rad/s，在寻的制导段的末段会显著减小（至少减小为1/3）。对于给定的 N_1 值，在寻的段初始阶段会间接地增加比例导引律的 N 值（根据式（5.14），大约为30%）。然而，在寻的段末段，式（5.14）中的“立方项”会产生不可忽略的影响。

现在考虑一个采用上述制导律的尾舵控制飞航导弹的实例，比较这些制导律在攻击一个以加速度 $a_T(t) = 5g\sin(1.75t)$ 进行摆动式机动的目标时的效能。飞行控制系统系统的动力学方程如式（5.97），系统参数为：阻尼 $\zeta = 0.65$，自然频率 $\omega = 5$ rad/s，飞控系统的时间常数为 $\tau = 0.1$ s，右半平面的零点为 $\omega_z = 30$ rad/s。

分析如下的制导律（有效导航比 $N = 3$，弹目接近速度 $v_{cl} = 7000$m/s）。

（1）比例导引律：$u(t) = 3v_{cl}\dot{\lambda}(t)$。

（2）增广比例导引律（APN）：$u(t) = 3v_{cl}\dot{\lambda}(t) + 1.5a_T(t)$。

（3）$u(t) = 3v_{cl}\dot{\lambda}(t) + N_1\dot{\lambda}^3(t)$。

（4）$u(t) = 3v_{cl}\cos(\lambda(t))\dot{\lambda}(t) + N_1\cos(\lambda(t))\dot{\lambda}^3(t) + N_3a_T(t)$

$$\left(N_1 = 30000v_{cl};N_3 = \begin{cases}0.75, \mathrm{sign}(a_T(t)\dot{\lambda}(t)) \leqslant 0\\ 1.75, \mathrm{sign}(a_T(t)\dot{\lambda}(t)) \geqslant 0\end{cases}\right)。$$

仿真结果如图 5.3 所示。比例导引律和增广比例导引律的脱靶量分别如虚线和点划线所示。由比例导引律和视线角速率“立方项”所构成制导律（3）对于线性平面模型的效果如图 5.3 中的点线所示。可以看出，“立方项”以及制导律中的其他附加项都能够显著地减小针对非线性平面模型（图中实线）脱靶量。

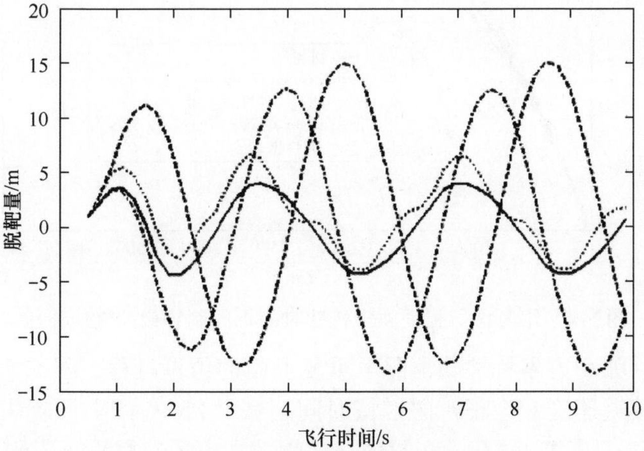

图 5.3　不同制导律的脱靶量对比

最后，以一交会模型的例子对上述制导律进行验证，模型的参数与文献[8]类似：有效导航比 $N = 3$；目标初始条件为 $R_{T1} = 4500$m，$R_{T2} = 2500$m，$R_{T3} = 0$，$V_{T1} = -350$m/s，$V_{T2} = 30$m/s，$V_{T3} = 0$；导弹初始条件为 $R_{M1} = R_{M2} = R_{M3} =$

0，V_{M1} = - 165m/s，V_{M2} = 475m/s，V_{M3} = 0；目标加速度为 a_{T1} = 0，a_{T2} = 3gsin(1.31t)，a_{T3} = 0；导弹的加速度上限为5g。与文献［8］不同，导弹动力学特性为：导弹飞行控制系统右半平面的零点为 ω_z = 30rad/s，阻尼比 ζ = 0.7，自然频率 ω_M = 20 rad/s，时间常数为 τ = 0.5 s。目标的机动频率根据文献［13］选择。

图5.4为不考虑导弹动力学特性时式（5.96）的仿真结果，图5.4中给出了目标的飞行轨迹（叉实线）以及导弹在比例导引律及本章中其他制导律作用下的弹道。从图中可以看出，增广比例导引律和比例导引律的拦截时间为8s，且在这种情况下，增广比例导引律并没有能够改进比例导引律的效果。不过，式（5.96）中的附加项可以提高比例导引律的性能。用符号“ATN”表示式（5.96）中的分量 $N_{2s}a_{Tts}(t)$（N_{21} = N_{22} = {0.5;3.5}，N_{23} = 0）。立方项对应于分量 $u_{s1}(t)$，其增益为 N_{11} = 20000v_{cl}，N_{12} = 2000v_{cl}，N_{13} = 0。具有式（5.96）所有项的制导律的结果最好，拦截的时间为0.75s。与预测的结果一致，目标加速度测量值的不稳定以及轴向控制的缺失都会降低导弹的性能。对式（5.84），取 $u_{s2}(t)$ = 0，N_{31} = N_{32} = {1;3.5}，N_{33} = 0时，其拦截时间为7.8s。

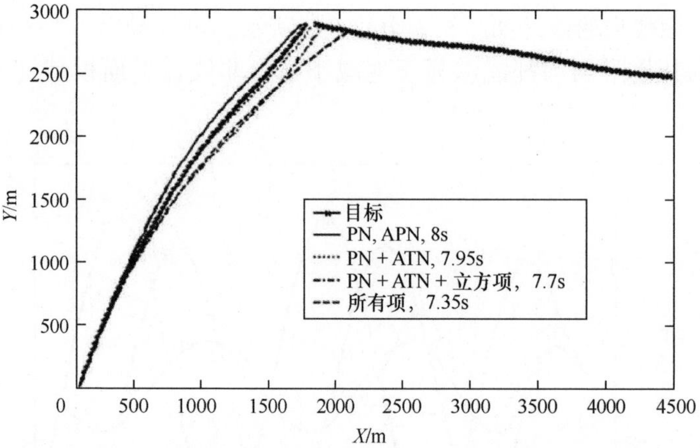

图5.4 不考虑导弹动力学特性时的不同制导规律性能比较

在考虑导弹动力学特性的情况下重复上面的仿真过程，图5.5所示为脱靶量和当弹目接近速度变为正时的拦截时间。在“PN + ATN”的情况下，N_{21} = {0;1.5}，N_{22} = 1，N_{23} = 0；在“PN + ATN + 立方项”情况下，N_{11} = 28000v_{cl}，N_{12} =40000v_{cl}，N_{13} = 0。与忽略导弹动力学特性时一样，具有所有项的式（5.96)的结果最好，制导律参数如下：$k_1(t)$ = 2.8，N_{11} = 400000v_{cl}，N_{12} = 19400v_{cl}，N_{21} = {0;1.5}，N_{22} = 1，N_{23} = 0。该制导律作用下的拦截时间和脱靶量显著好于比例导引律（PN）和增广比例导引律（APN）[11]。

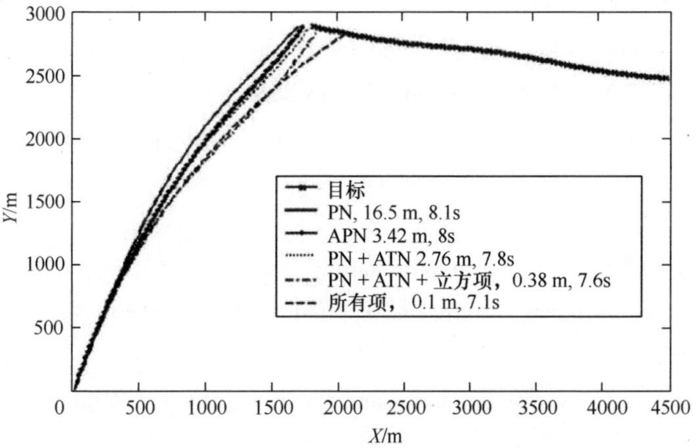

图5.5 考虑导弹动力学特性时的不同制导规律性能比较

上述示例显示了本章提出的制导律在攻击机动目标时的有效性以及相对比例导引律（PN）和增广比例导引律（APN）的优越性。这些制导律除了具有更好的性能外，由于它们的参数与 PN 和 APN 相同，因而在实践中很易于实现。

本章所讨论的这一类制导律都是实现平行导引，若考虑不可微分的 Lyapunov 函数，还可以将它们进一步扩展，见文献［3］。

参考文献

1. Balakrishnan, S. N. Analytical missile guidance laws with a time – varying transformation, Journal of Guidance, Control, and Dynamics, 19, 2, 496 – 499, 1996.

2. Ben – Asher, J. Z. and Yaesh, I. Advances in Missile Guidance Theory, Progress in Astronautics and Aeronautics, 180, American Institute of Astronautics and Aeronautics, Inc., Washington, DC, 1998.

3. Clarke, F. Lyapunov functions and discontinuous stabilizing feedback, Annual Reviews in Control, 35, 1, 13 – 33, 2011.

4. Ghose, D. True proportional navigation with maneuvering target, IEEE Transactions on Aerospace and Electronic Systems, 30, 1, 229 – 237, 1994.

5. Guelman, M. A qualitative study of proportional navigation, IEEE Transactions on Aerospace and Electronic Systems, 7, 4, 637 – 643, 1971.

6. Kim, K. B., Kim, M. J. and Kwon, W. H. Receding horizon guidance laws with no information on the time – to – go, Journal of Guidance, Control, and Dynamics,

23, 2, 193 - 199, 2000.

7. Lee, E. B. and Markus, L. Foundations of Optimal Control Theory, John Wiley & Sons, Inc., New York, London, Sydney, 1986.
8. Moon, J., Kim, K. and Kim, Y. Design of missile guidance law via variable structure control, Journal of Guidance, Control, and Dynamics, 24, 4, 659 - 664, 2001.
9. Rumyantsev, V. V. On asymptotic stability and instability of motion with respect to a part of the variables, Journal of Applied Mathematics and Mechanics, 35, 1, 19 - 30, 1971.
10. Shneydor, N. A. Missile Guidance and Pursuit, Horwood Publishing, Chichester, 1998.
11. Yanushevsky, R. and Boord, W. New approach to guidance law design, Journal of Guidance, Control, and Dynamics, 28, 1, 162 - 166, 2005.
12. Yanushevsky, R. Concerning lyapunov - based guidance, Journal of Guidance, Control, and Dynamics, 29, 2, 509 - 511, 2006.
13. Yanushevsky, R. Analysis of optimal weaving frequency of maneuvering targets, Journal of Spacecraft and Rockets, 41, 3, 477 - 479, 2004.
14. Yanushevsky, R. An approach to design on control systems with parametric - coordinate feed - back, IEEE Transactions on Automatic Control, 36, 11, 1293 - 1295, 1991.
15. Yanushevsky, R. Lyapunov approach to guidance laws design, in Proceedings of the WCNA 2004, Orlando, FL, June 29 - July 7, 2004.
16. Zarchan, P. Tactical and Strategic Missile Guidance, Progress in Astronautics and Aeronautics, 176, American Institute of Astronautics and Aeronautics, Inc., Washington, DC, 1997.
17. Zarchan, P., Greenberg, E. and Alpert, J. Improving the high altitude performance of tail - controlled endoatmospheric missiles, AIAA Guidance, Navigation and Control Conference, AIAA paper 2002 - 4770, August 2002.

第 6 章　实现平行导引的制导律频域设计方法

6.1　引言

经典的导弹制导方法通常以利用某些视线几何规则所得到的制导律为基础，制导律就是去实现期望的几何规律的算法。在军事领域有广泛应用的比例导引律，就是使导弹的加速度与测量的视线角速度成比例关系。比例导引律起到的就是指令加速度的作用，导弹根据它产生实际的加速度，但实际加速度往往会与期望的指令加速度存在差值。通常情况下，在分析比例导引律的运动学问题时，并不考虑导弹的动力学特性，大多数制导律参数也都是基于这种分析确定的。在前面的章节中，我们也采用同样的方法进行分析设计。如在第 3 章中（式（3.6）），对采用比例导引律的理想的线性无惯性平面弹目交会模型进行了分析，得到结论：目标阶跃机动引起的脱靶量为零。然后针对制导系统单滞后模型，利用伴随法（式（3.22））对导弹动力学的影响进行分析检验，可知单滞后模型及二项式模型与实际情况都存在差异，不能准确反映飞行控制系统的动力学特性。在第 4 章中则考虑了更符合实际情况的制导系统模型，它考虑了导弹的弹体及自动驾驶仪的动力学特性，利用这个模型，分析了导弹攻击摆动式机动目标时比例导引律的有效性。

众所周知，对于非机动或适度机动的目标，比例导引律具有良好的性能，而对于高机动目标，所谓的（基于最优控制或决策理论）最优制导律在理论上能够获得明显更好的效果。然而，如前所述，这些制导律需要关于导弹动力学特性及目标未来行为特性的完整且详细的信息。这样就使问题变得非常复杂，只有对简单的制导系统模型才能得到闭环解[6,7]。

如前所述，由于飞行控制系统动态特性的影响，导弹的实际加速度会与指令加速度存在区别。一方面，瞬态响应可能会使这种区别变得明显，对于摆动式机动的目标，飞行控制系统的频率响应决定了导弹真实加速度相对指令加速度的稳态幅值和相移。另一方面，在许多交会模型中忽略的外部扰动（如阻力）同样会造成导弹真实加速度与指令加速度存在差值，并会增大脱靶量。

在控制系统发展的初期，比例导引律被用作简单的比例控制器。如今，在实践中广泛应用 PID（比例 – 积分 – 微分）控制器。一般来说，使用这些控制器的指导原则如下：比例控制能够缩短上升时间，减小稳态误差，但永远不能消除；积分控制能够消除稳态误差，但它会使瞬态响应变差；微分控制能够增强系统的稳态性，减小超调量，改善瞬态响应。那么这些使用建议适用于比例导引律吗？

在过去的几十年里，控制理论已经有了巨大的进步，各类控制律得到发展并用于实践。然而，在航空领域的制导律却没有显著的发展，比例导引律仍然是这个领域研究与发展的重点。直到2001年，所谓的新古典制导方法进入人们的研究视野[1]，在一定程度上，它与比例积分控制器（自20世纪40年代就已经开始应用）是类似的。

鉴于利用反馈/前馈控制信号能够同时改善瞬态响应和频率响应，下面将考虑如何利用经典控制理论去提高导弹系统比例导引律的性能，并讨论如何通过在制导律中利用真实的导弹加速度去修正比例导引律，从而显著地降低脱靶量。此外，还将对新的制导律及它们的参数选取方法进行分析。

6.2 新古典导弹制导规律

重新考虑第4章讨论的导弹制导问题（图4.6和图6.1）。将目标加速度 a_{T} 减去导弹加速度 a_{M} ，对其差值进行积分，即得到弹目间相对距离 $y(t)$ ，再除以距离（接近速度 v_{cl} 乘以剩余飞行时间 t_{go} 得到，其中剩余飞行时间定义为 $t_{\mathrm{go}} = t_{\mathrm{F}} - t$ ）就得到几何视线角 λ 。与图4.6类似，导弹导引头一般表示为理想的微分环节，滤波器和导引头的动力学特性可以用传递函数 $G_1(s) = \dfrac{\tau_z s + 1}{\tau_2 s + 1}$ 表示，其中 τ_z 和 τ_2 表示常系数。根据有效导航比为 N 的比例导引律，利用视线角速率的估计值就可生成制导指令 a_c 。包含弹体和自动驾驶仪动力学特性的飞行控制系统的动态特性可用式（4.12）表示。

将第4章中的式（4.13）~式（4.15）重写如下（为简单起见，在这里不考虑高阶的 $G_1(s)$ ，且不用式（4.29）来表示 $W(s)$ ）：

$$Y(t_{\mathrm{F}}, s) = \exp\left(N\int_{\infty}^{s} H(\sigma)\,\mathrm{d}\sigma\right) Y_{\mathrm{T}}(s) \tag{6.1}$$

式中：$Y_{\mathrm{T}}(s)$ 为目标垂直位置 $y_{\mathrm{T}}(t)$ 的拉普拉斯变换；$Y_{\mathrm{T}}(t_{\mathrm{F}}, s)$ 为 $y(t_{\mathrm{F}})$ 的拉普拉斯变换，且

$$H(s) = \frac{W(s)}{s} \tag{6.2}$$

其中，

$$W(s) = G_1(s)\cdot G_2(s) = \frac{1 + r_1 s + r_2 s^2 + r_3 s^3}{(1+\tau_1 s)(1+\tau_2 s)\left(1 + \dfrac{2\zeta}{\omega_{\mathrm{M}}}s + \dfrac{s^2}{\omega_{\mathrm{M}}^2}\right)} \tag{6.3}$$

式中：r_k（$k=1,2,3$）为常系数。

相比于图4.6，图6.1包含了前馈和反馈单元，它们应根据提高比例导引律性能的需求确定。

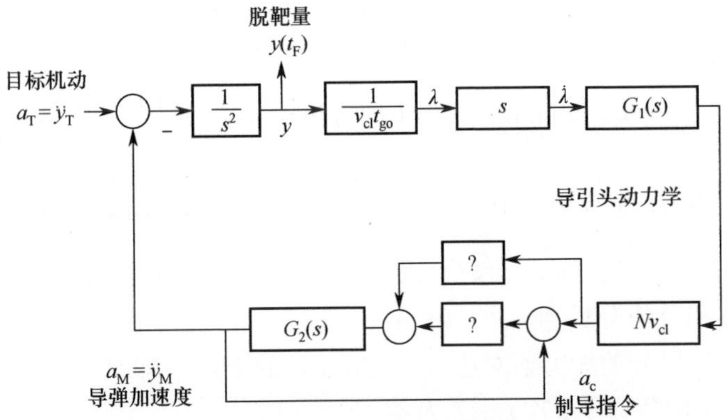

图6.1　修正导弹制导模型

在这里，如何获得较小的脱靶量的问题与传统反馈系统如何达到较高的控制精度的问题是类似的。众所周知，在传统反馈控制系统中，可以通过增大控制器增益提高控制精度。然而，控制精度与稳定性之间的矛盾使高精度系统的设计变得没那么容易。

文献［3］考虑了一类允许增益无限大的特殊线性系统，文献［4］则讨论了这类线性结构与线性最优系统之间的联系。文献［3，4］分析的这类系统是由 n 阶微分方程描述，需要 $n-1$ 个“纯”微分器进行微分。如文献［5］所述，这种结构在实际实现时，会降低系统的鲁棒性。

对于第3章讨论的理想无惯性的线性平面比例导引模型（式（3.6）），$W(s)=1$，因此对于传递函数 $W(s)$ 为式（6.3）的比例导引导弹制导系统，要实现脱靶量为零，一个直观的方法就是使反馈单元的传递函数包含 $1/W(s)$，这样，修正系统（图6.1）的传递函数（式（6.3））就等于1。这样一个“简单”方法于20世纪60年代被应用在逆算子方法中，并应用于允许无限高增益的控制系统中[4]。但这种方法有明显的缺点：①它忽略了永远也不可能消除的瞬态响应，由于具有逆算子的系统鲁棒性不好，因此这种方法不适用于具有不稳定零点的系统；②这种方法的实现需要多重微分，这就使系统对噪声的影响十分敏感。

文献［1］提出类似的方法，通过在“加速度通道”增加额外的微分单元，以减小比例导引制导系统脱靶量。这种实现零脱靶量（Zero-Miss-Distance，ZMD）的方法称为新古典制导方法，其主要结论可用如下的定理描述[1]。

定理： 考虑一个严格真有理函数 $H(s)=\dfrac{W(s)}{s}$，其形式为

$$H(s)=\frac{b(s)}{a(s)}=\frac{b_1 s^{n-1}+b_2 s^{n-2}+\cdots+b_n}{s^n+a_1 s^{n-1}+\cdots+a_{n-1}s},b_1\geqslant 0$$

式中：$a(s)$ 和 $b(s)$ 为互质多项式。

记 $H(s)$ 的相对阶数为 r，即 $r=\deg[a(s)]-\deg[b(s)]$。

在这些条件下，如果 $s=\mathrm{Re}s+i\omega$，则

$$F(\infty)=\lim_{\omega\to\infty}F(s)=\lim_{\omega\to\infty}\left[\int H(s)\mathrm{d}s\right]\to\begin{cases}0,r\geqslant 2\\ \infty,r=1\end{cases}$$

证明：将 $H(s)$ 表示为 $H(s)=\frac{b_1}{s}+\sum_{j=2}^{\infty}h_j s^{-j}$，$h_j$ 为系数。对该表达式进行积分，当 $b_1\neq 0$（当 $r=1$）时，由于 $\ln(\infty)\to\infty$，则积分值趋于无穷大；当 $b_1=0$ 时，积分值分量为 $h_j s^{1-j}/(1-j),j>1$，其值趋于零。

由于上述积分的无穷值对应于式（6.1）的下限，即对应的指数因子等于零，在 $r=1$ 的条件下，$Y(t_{\mathrm{F}},s)$ 为零。

如文献［1］所述，如果制导系统是线性的，$W(s)$ 分子的阶数等于分母的阶数（$W(s)$ 为双正则传递函数），且 $b_1>0$，则在任意的目标有界机动情况下脱靶量都为零。

需要指出的是，式（6.1）是利用伴随法，根据脉冲响应的表达式得到的，因此假设比例导引导弹系统的平面模型具有零初始条件。因此，零脱靶量只能在上述零初始条件下才能得到。

制导系统是在有限时间区间上运行的，因此 $y(t_{\mathrm{F}})$ 是有限的，如果仅根据式（6.1）便得出结论，认为满足上述定理条件的线性模型，即可实现脱靶量为零，那么就意味着需要忽略导弹的动力学特性，这是不可取的，因为这样就造成新古典制导方法不但没能改善，反而降低了导弹系统的性能。

只有当补偿器中包含一个“纯”微分算子时，才能得到双正则的传递函数。实际上，微分运算只能近似进行，因此不取 $r=1$，取 $r=2$。

利用式（4.16）~式（4.21），得到上述两种情况下的脱靶量的表达式，比较“理想”制导系统和特性极为接近的制导系统（采用真实的微分算子）结果。当制导系统输入（即目标加速度）为一个频率为 ω 单位谐波函数（例如，$n_{\mathrm{T}}=1\mathrm{g}\sin\omega t$，g 为重力加速度），即为式（4.26）时，根据系统稳态分量的幅值，即可对目标摆动式机动造成的脱靶量进行估计。

下面以尾舵控制导弹为例，对“理想”的新古典制导律进行分析。设：

$$G_2(s)=\frac{1-\frac{s^2}{\omega_z^2}}{(1+\tau_1 s)\left(1+\frac{2\zeta}{\omega_{\mathrm{M}}}s+\frac{s^2}{\omega_{\mathrm{M}}^2}\right)}\tag{6.4}$$

补偿器为

$$G_1(s) = -\tau_1 s + 1 \tag{6.5}$$

微分项 $-\tau_1 s$ 的负号是由条件 $b_1 > 0$ 得到的。根据上述定理，这类的修正项能够使脱靶量为零。

考虑用如下在物理上可实现的模块来代替式（6.5）：

$$G_1(s) = \frac{\tau_1 s + 1}{\varepsilon s + 1} \tag{6.6}$$

式中：ε 为一个小的参数。

则幅值特性（式（4.17）~式（4.19）、式（4.26））表达式为

$$|P(t_F,\omega)| = g\omega^{N-2}(\omega^2 + \varepsilon^{-2})^{\frac{B_2 N}{2\varepsilon}}\left(\omega^2 + \frac{1}{\tau_1^2}\right)^{\frac{B_1 N}{2\tau_1}}((\omega_M^2 - \omega^2)^2 + 4\omega_M^2\zeta^2)^{\frac{CN\omega_M^2}{4}}\exp(\cdot) \tag{6.7}$$

式中：exp(·) 如式（4.27）所示。

当取 $N = 3$，$\omega_M = 20\text{rad/s}$，$\omega_z = 5\text{rad/s}$，$\tau_1 = 0.5\text{s}$，$\zeta = 0.7$，目标机动的频率为 1.4rad/s，即机动周期为 4.48s 时，最大脱靶量（峰值脱靶量）为 234m。若 $\tau_1 = 0.2\text{s}$，$\varepsilon = 0.01\text{s}$，脱靶量的精度可达到 $O(10^{-6})$，即精度很高。然而，由含传递函数 $W(s) = G_1(s)G_2(s)$（图 6.2）的飞行控制系统的阶跃响应可以看出，飞行控制系统的动态特性并不符合设计要求，由负导数产生的信号放大了“尾端效应”，因此修正系统的动态特性并不理想。

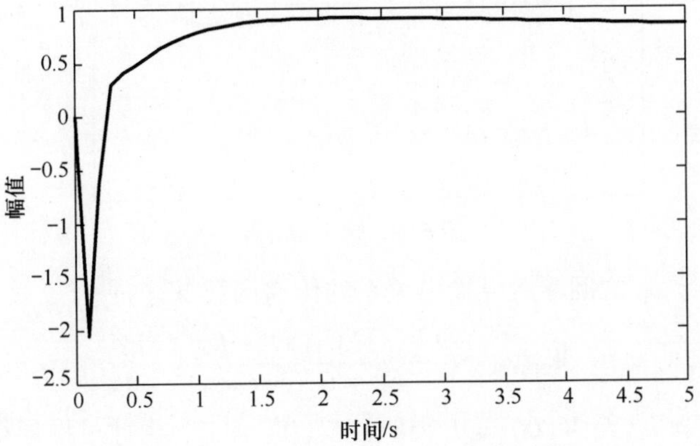

图 6.2　$\tau_1 = 0.2\text{s}$，$\varepsilon = 0.01\text{s}$ 时的阶跃响应

注：在文献［2］中，在考虑非线性平面导弹制导系统模型时，考虑了由气动或结构限制造成的饱和效应。为了避免饱和状态，对系统施加正实（Positive Realness，PR）条件。由于正实条件作为稳定性条件广泛应用于非线性控制理论中，它与有限时间稳定是存在一定关系的[1]，因此将其与精度要求[1]相结合，就可以使我们得到飞行控制系统合适的动力学特性。不过，正实条件在理论上对零初始条件下能够实现零脱靶量的导弹系统做出了严格的限制。在

导弹控制方式中占有重要地位的尾舵控制导弹并不满足正实条件。

6.3 伪经典导弹制导规律

比例导引法如此受到欢迎，因此可以将其视为经典制导规律，在下面，我们将利用经典控制理论来分析其修正形式，所采用的方法主要是利用前馈/反馈控制信号，使导弹的真实加速度接近比例导引律产生的指令加速度。修正制导律的性能与用于虚拟飞行控制系统的比例导引律的性能相当，但其动态特性要优于后者。

下面将在分析控制理论中广泛应用的控制系统结构（图6.3）的基础上，对修正比例导引律进行分析，图6.3详细展示了包含未知模块（符号“?”）的图6.1的一部分。在这里，新的指令加速度 a_A（新的制导律）的形式为前馈信号 $G_4(D)a_c$ 和反馈信号 $G_3(D)(a_c - a_M)$ 的和，即

$$a_A = G_4(D)a_c + G_3(D)(a_c - a_M) \tag{6.8}$$

式中：D 为微分算子；传递函数 $G_3(s)$ 和 $G_4(s)$ 分别描述反馈和前馈通道。

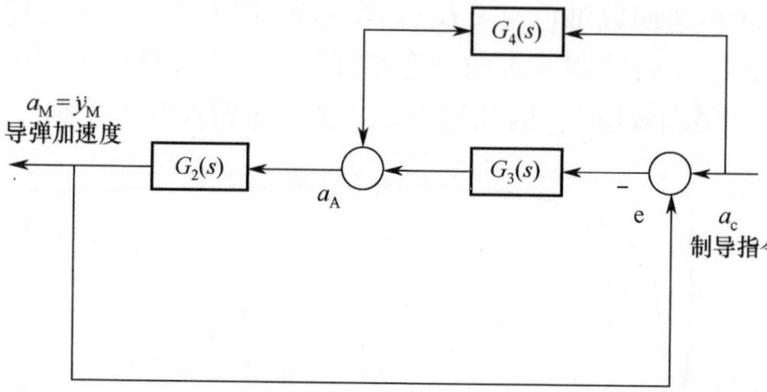

图6.3 修正制导律

描述 a_c 与 a_M 之间输入–输出关系的传递函数 $W_\Sigma(s)$ 为

$$W_\Sigma(s) = \frac{G_2(s)(G_3(s) + G_4(s))}{1 + G_2(s)G_3(s)} \tag{6.9}$$

式中：$G_4(0) = 1$（与 $W(0) = 1$ 类似，$W_\Sigma(0) = 1$，由此可推导得到）。

下面考虑虚拟飞行控制系统 $W_\Sigma(s) = 1$ 的情况，其相对指令加速度（比例导引律）具有比原飞行控制系统 $W(s)$ 更好的动态特性。

对采用新型制导律式（6.8）的制导系统的分析，等价于对指令加速度为 a_c、虚拟飞行控制系统传递函数为 $W_\Sigma(s)$ 的制导系统（图6.1）的分析。

这样，如何设计一个性能好于比例导引律的新制导律的问题，就简化为如何确定 $W_\Sigma(s)$（反馈通道 $G_3(s)$ 和前馈通道 $G_4(s)$ 的传递函数），使脱靶量 $y(t_F)$ 小于原系统 $W(s)$ 的情况，且瞬态响应满足设计要求。

根据式（6.1），为制导系统输入一个频率为 ω 的目标加速度单位谐波信号，确定系统响应的稳态分量，即可利用下式对目标摆动式机动造成的脱靶量稳态分量进行估计：

$$P(t_F, i\omega) = \exp\left(N\int_{\infty}^{i\omega} H(\sigma)\mathrm{d}\sigma\right) \frac{g}{(i\omega)^2} \tag{6.10}$$

式中：$P(t_F, i\omega)$ 为目标加速度为 a_T 时，与 t_F 时刻脱靶量相关的频率响应。

下面将对系统输入为正弦信号时，式（6.1）的稳定分量进行分析，其幅值即为峰值脱靶量。

式（6.10）中的积分式可表示为

$$\int_{i\infty}^{i\omega} H(\sigma)\mathrm{d}\sigma = \int_{\infty}^{\omega} i(\mathrm{Re}H(i\omega) + i\mathrm{Im}H(i\omega))\mathrm{d}\omega = \int_{\omega}^{\infty} (-i\mathrm{Re}H(i\omega) + \mathrm{Im}H(i\omega))\mathrm{d}\omega \tag{6.11}$$

由于 $\exp\left(N\int_{\infty}^{i\omega} H(\sigma)\mathrm{d}\sigma\right)$ 的绝对值等于 $\exp\left(N\int_{\omega}^{\infty} \mathrm{Im}H(i\omega)\mathrm{d}\omega\right)$，下面将分析 $\exp\left(N\int_{\omega}^{\infty} \mathrm{Im}H(i\omega)\mathrm{d}\omega\right)$。考虑式（6.2），可得

$$H(i\omega) = \frac{\mathrm{Re}W(i\omega)}{i\omega} + i\frac{\mathrm{Im}W(i\omega)}{i\omega} = \frac{\mathrm{Im}W(i\omega)}{\omega} - i\frac{\mathrm{Re}W(i\omega)}{\omega} \tag{6.12}$$

因此

$$\exp\left(N\int_{\omega}^{\infty} \mathrm{Im}H(i\omega)\mathrm{d}\omega\right) = \exp\left(-N\int_{\omega}^{\infty} \frac{\mathrm{Re}W(i\omega)}{\omega}\mathrm{d}\omega\right) \tag{6.13}$$

定理：如果式（6.9）中的 $W_\Sigma(s)$ 在复变量 s 的右半平面没有极点，且

$$\exp\left(\int_{\omega}^{\infty} \frac{\mathrm{Re}W_\Sigma(i\omega)}{\omega}\mathrm{d}\omega\right) > \exp\left(\int_{\omega}^{\infty} \frac{\mathrm{Re}W(i\omega)}{\omega}\mathrm{d}\omega\right) \tag{6.14}$$

则在式（6.8）所示的新制导律 a_A 作用下，峰值脱靶量要小于比例导引律作用下的峰值脱靶量。

证明：定理的第 1 个条件是为保证式（6.10）中的积分存在。在此基础上即可由式（6.10）和式（6.13）直接得到式（6.14）。

推论 1：如果 $W_\Sigma(s)$ 不是严格的真有理函数，且其分子和分母是同阶次的多项式，则峰值脱靶量等于零。

证明：当 $W_\Sigma(s)$ 的分子分母具有相同的阶次时，则 $\mathrm{Re}W_\Sigma(i\omega)$ 包含一个正的常数项，因此式（6.14）左侧的积分项等于无穷大，也就是式（6.10）和式（6.13）的指数项等于零。因此，峰值脱靶量等于零。

6.2 节讨论了对非严格真有理传递函数脱靶量为零的条件，在这里从一个不同的角度证明了零脱靶量的条件。此外，上述结论只与脱靶量的稳态分量相关。正如前所述，这类非严格真有理函数对噪声的影响非常敏感，且其实现所要求的“纯”微分环节在实际中是无法实现的。这也就是我们只考虑非严格

真有理函数 $W_\Sigma(s)$ 的原因。

推论2：目标机动频率为 ω_T 时，如果 $W_\Sigma(s)$ 在复变量 s 的右半平面存在极点且

$$\mathrm{Re}W_\Sigma(i\omega) > \mathrm{Re}W(i\omega), \omega \geqslant \omega_T \tag{6.15}$$

则新制导律 a_A（式（6.8））的峰值脱靶量比比例导引律的峰值脱靶量要小，

证明：由于式（6.14）中被积函数的分母是正的，因此若式（6.15）成立，则式（6.14）的条件也是满足的。

实际上，用式（6.15）比用式（6.14）更简单。然而，一般很难（简直不可能）找到在物理上可实现的环节 $G_3(s)$ 和 $G_4(s)$，使其在所有的 $\omega \geqslant \omega_T$ 情况下满足式（6.15）。这也就是为什么一般我们首先根据式（6.15），在 $\omega \in [0,\omega_c]$ 时选取 $G_3(s)$ 和 $G_4(s)$（ω_c 表示制导系统 $W(i\omega)$ 的带宽），然后再验证其是否满足式（6.14）。如果不满足式（6.14），则应根据式（6.15）在一个更高频率范围内选择 $G_3(i\omega)$ 和 $G_4(i\omega)$。

式（6.14）和式（6.15）是稳态模式下得到的。由于瞬态响应与频率响应之间的相关性，假设满足这些条件的新制导律能够减小短时间飞行下的脱靶量是合理的。下面将利用一个足够简单的控制结构来验证上述方法，确保新的制导律能够在实践中易于实现，并同时考虑系统的瞬态响应和频率响应。

6.4 示例

第4章讨论了所考虑的这类比例导引制导系统结构的 BIBO 稳定条件。传递函数 $G_3(s)$ 和 $G_4(s)$ 的选取应能够保证 $W_\Sigma(s)$ 是渐近稳定的。

6.4.1 平面交会模型

对于图6.1给出的导弹制导模型，$G_1(s) = 1$，$G_2(s)$ 由式（4.12）描述。图6.2中的前馈和反馈单元选取为

$$\begin{cases} G_3(s) = \dfrac{k_1(\tau_{10}s + \mu)}{\tau_2 s + 1} & (6.16) \\ G_4(s) = k_2 & (6.17) \end{cases}$$

式中：τ_{10}、τ_2 和 k_1 为常值参数，$\mu = 1$ 或 0，$k_2 = 1$ 或 0。

基于式（6.9），可知传递函数 $W_\Sigma(s)$ 等于

$$W_\Sigma(s) = \frac{((k_1\tau_{10} + k_2\tau_2)s + k_1\mu + k_2)a(s)}{(\tau_2 s + 1)(\tau_1 s + 1)\left(1 + \dfrac{2\zeta}{\omega_M}s + \dfrac{s^2}{\omega_M^2}\right) + k_1(\tau_{10}s + \mu)a(s)} \tag{6.18}$$

以尾舵控制导弹为例，对 $G_3(s)$ 和 $G_4(s)$ 的选择过程进行阐述，对于这种类

型导弹，位于右半平面的弹体零点会严重影响飞行控制系统的动态特性。下面将考虑 $\omega_z = 30\text{rad/s}$ 和 $\omega_z = 5\text{rad/s}$ 两种情况。如前所述，第2种情况对应于导弹高空飞行的情形。$G_2(s)$ 的其他参数选取为 $\zeta = 0.7$，$\omega_M = 20\text{rad/s}$，$\tau_1 = 0.5\text{s}$。有效导航比为 $N = 3$，可按照下面的方式进行修改。

通常情况下，可将式（6.15）连同 $W_\Sigma(i\omega)$ 的极点条件（该条件为保证系统某些动态性能）描述为一个数学规划问题的一部分，以确定 $W_\Sigma(i\omega)$ 的未知参数。不过，下面将采用一种利用控制理论和 MATLAB 软件的标准工程方法。

当 $\omega_z = 30\text{rad/s}$ 时，$W(i\omega)$ 的频率响应如图6.4中的实线所示，可以看出系统的动态特性是令人满意的，且具有足够的稳定裕度。根据控制理论，增大增益 k_1（图6.3）可以减小稳态误差 $e = a_c - a_M$。从图6.4还可以看出，当 $\omega \geqslant 10\text{rad/s}$ 时，$W(i\omega) \ll 1$ 且 $\text{Re}W(i\omega) < 0$，因此，当 $\omega \in [0,10]$ 时，还需要检验式（6.13）是否成立。

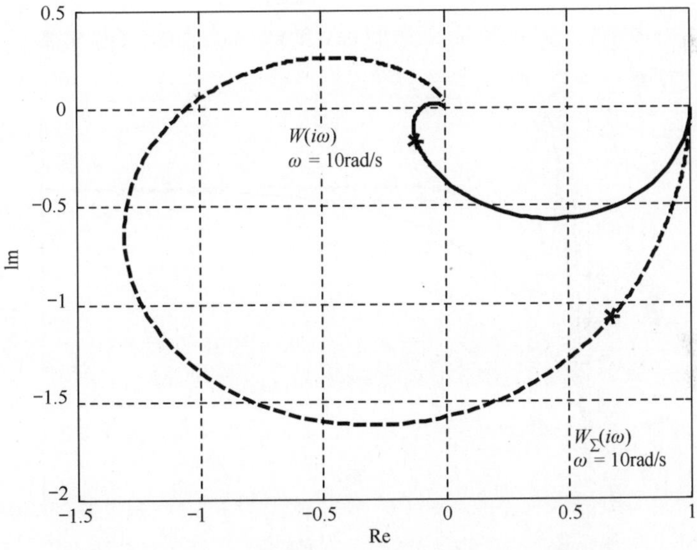

图6.4　$\omega_z = 30\text{rad/s}$ 时 $W(i\omega)$ 和 $W_\Sigma(i\omega)$ 的频率响应

首先，考虑 $G_3(s) = k_1$ 的情况。通过对式（6.9）进行分析可以看出，当取 $k_1 = 5$ 时，可以显著地减小 $e = a_c - a_M$，即，使 a_M 趋于 a_c。当取 $k_1 = 5$ 时，有两种 $W_\Sigma(i\omega)$ 的实现形式：$k_2 = 0$ 或 $k_2 = 1$。$k_2 = 0$ 时，$W_\Sigma(i\omega)$ 的增益等于5/6，此时为了满足条件 $W_\Sigma(0) = 1$，有效导航比则应增大6/5。假设 N 也相应地增大（如有必要），则 $W_\Sigma(s)$ 的增益等于1。图6.4中 $W_\Sigma(i\omega)$ 的频率响应曲线（虚线）显示，当 $\omega \in [0,10]$ 时，$\text{Re}W_\Sigma(i\omega) > \text{Re}W(i\omega)$（图6.5）。通过图6.5中的实际频率响应曲线以及图6.6中的阶跃响应曲线，都可以看出修正系统的动态特性优于原系统。

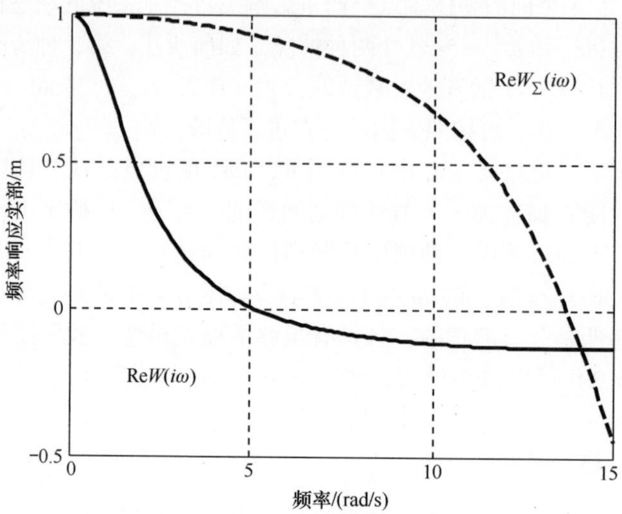

图6.5　$\omega_z = 30\text{rad/s}$ 时 $W(i\omega)$ 和 $W_{\Sigma}(i\omega)$ 的频率响应实部

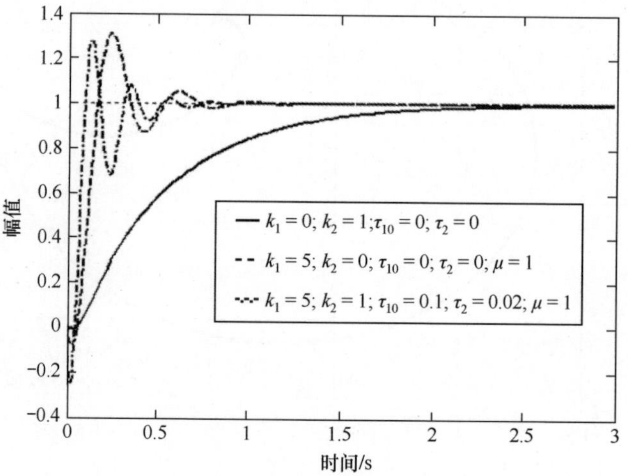

图6.6　$\omega_z = 30\text{rad/s}$ 时 $W(i\omega)$ 和 $W_{\Sigma}(i\omega)$ 的阶跃响应

比较图6.7给出的比例导引制导系统和修正制导系统的峰值脱靶量，可以得出结论：新制导律（式（6.8））

$$a_A = 5(a_c - a_M),N = 3 \times 6/5,a_c = Nv_{cl}\dot{\lambda} \tag{6.19}$$

或

$$a_A = a_c + 5(a_c - a_M),N = 3,a_c = Nv_{cl}\dot{\lambda} \tag{6.20}$$

能够显著减小脱靶量。

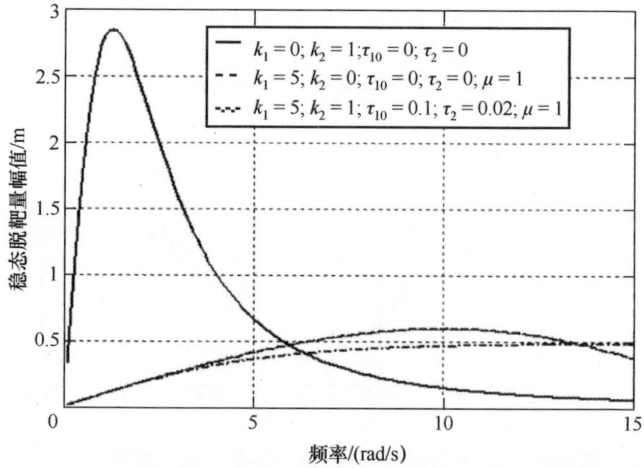

图6.7 $\omega_z = 30\text{rad/s}$ 时比例导引律和修正制导律的峰值脱靶量比较

利用含有参数 τ_{10} 和 τ_2 的相位超前网络可以增大 $\text{Re}W_\Sigma(i\omega)$，因此可以采用更为复杂的制导律（如图6.6和图6.7中，$k_1 = 5$，$k_2 = 1$，$\tau_{10} = 0.1\text{s}$，$\tau_2 = 0.02\text{s}$，$\mu = 1$），从而使脱靶量进一步减小，但减小的量并不是很显著。

图6.8和图6.9给出了 $\omega_z = 5\text{rad/s}$ 时飞行控制系统的阶跃响应和频率响应。在高空飞行时，采用尾舵控制大气层内拦截器的“尾端效应”很明显，因此它们在高空飞行时的动力学特性明显差于低高度飞行时的情况。通过图6.10中比例导引制导导弹频率响应的幅值特性可以看出，$\omega_z = 5\text{rad/s}$ 时的峰值脱靶量明显大于 $\omega_z = 30\text{rad/s}$ 时的情况（图6.6）。通过分析图6.9中 $W(i\omega)$ 的频率响应曲线（实线）可以得出结论：增益 $k_1 > 0.8$ 时会使飞行控制系统 $W_\Sigma(i\omega)$ 变得不稳定。此外，与 $\omega_z = 30\text{rad/s}$ 时的情况相比较，在这里 $W(i\omega)$ 具有更宽的带宽以及更大的使 $\text{Re}W(i\omega) < 0$ 的频率范围。

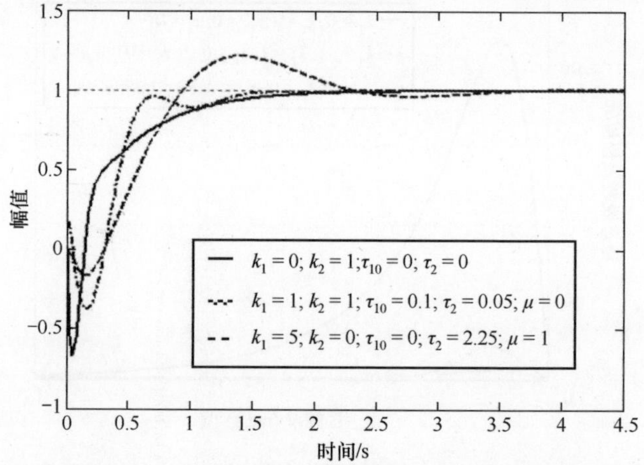

图6.8 $\omega_z = 5\text{rad/s}$ 时 $W(s)$ 和 $W_\Sigma(s)$ 的阶跃响应

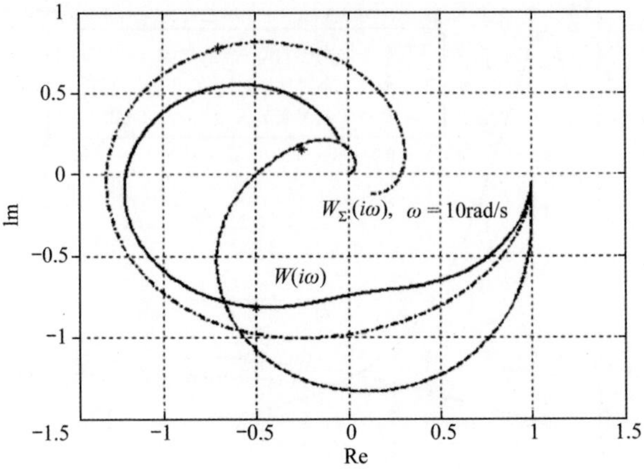

图 6.9　ω_z = 5rad/s 时 $W(i\omega)$ 和 $W_\Sigma(i\omega)$ 的频率响应

与 ω_z = 30rad/s 时的情况类似，若要构建增益 k_1 的反馈系统，就需要 $G_3(s)$ 大幅减小带宽（即 $\tau_1 = 0$，时间常数 τ_2 足够大）。对系统进行与 ω_z = 30rad/s 情况时类似的分析，可以看出 $\tau_2 = 2.25$s 时能够显著减小脱靶量（图 6.8 ~ 图 6.10 中的虚线）。此时制导律的形式为

$$2.25\dot{a}_A + a_A = 5(a_c - a_M), N = 3 \times 6/5, a_c = Nv_{cl}\dot{\lambda} \qquad (6.21)$$

通过图 6.8 中的阶跃响应可以看出，尾端效应起到了一个“负方向力”的作用，可以用一个反方向的作用力对其影响进行补偿，这种补偿作用可以用一个传递函数为 $\tau_{10}s/(\tau_2 s + 1)$ 的正反馈环节实现。

根据式（6.15），可以选取参数为：$k_1 = -1$，$k_2 = 1$，$\tau_{10} = 0.1$s，$\tau_2 = 0.05$s，$\mu = 1$，图 6.8 ~ 图 6.10 中的点划线给出了频率响应、阶跃响应以及阶跃响应幅值特性曲线。通过曲线可知，制导律：

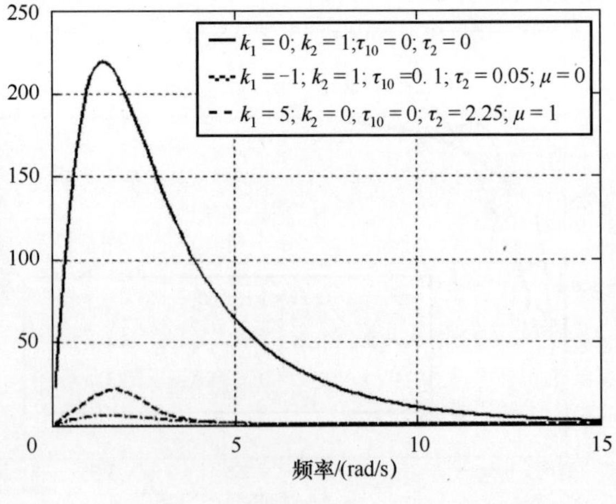

图 6.10　ω_z = 5rad/s 时比例导引律和修正制导律的峰值脱靶量比较

$$0.05\dot{a}_A + a_A = 0.05\dot{a}_c + a_c + 0.1\dot{a}_M, a_c = Nv_{cl}\dot{\lambda} \tag{6.22}$$

能够获得比式（6.21）作用时更小的峰值脱靶量。

6.4.2 多维交会模型

上述结果是在飞行控制系统零初始条件和弹目接近速度恒定的假设下，针对线性平面模型得到的，并对其进行了验证。下面将在一个更为精确的多维非线性交会模型上对新制导律进行检验，模型参数如下。

目标初始条件：$R_{T1} = 4500\text{m}$；$R_{T2} = 2500\text{m}$；$R_{T3} = 0$；$V_{T1} = -350\text{m/s}$；$V_{T2} = 30\text{m/s}$；$V_{T3} = 0$。

导弹初始条件：$R_{M1} = R_{M2} = R_{M3} = 0$；$V_{M1} = -165\text{m/s}$；$V_{M2} = 475\text{m/s}$；$V_{M3} = 0$。

目标加速度：$a_{T1} = 0$；$a_{T2} = 3\text{g}\sin 1.31t$；$a_{T3} = 0$。

导弹加速度约束：$\| \boldsymbol{a}_c \| \leqslant 10\text{g}$

（R_i 和 V_i（$i = 1 \sim 3$）分别表示相对原点位置矢量和速度矢量在3个坐标轴上的分量）

飞行控制系统的参数与线性平面模型相同。

仿真结果见表6.1，脱靶量和拦截时刻对应于接近速度变为正的时刻。从表6.1中的结果可以看出，新制导律能够显著减小脱靶量，提高导弹的性能。

表6.1 制导律比较分析

序号	参数	拦截时间/s	脱靶量/m
1	$\omega_z = 30\text{rad/s}; N = 3; k_1 = 0; k_2 = 1; \tau_1 = 0; \tau_2 = 0$	8.0	2.01
2	$\omega_z = 30\text{rad/s}; N = 3 \times 6/5; k_1 = 5; k_2 = 0; \tau_1 = 0; \tau_2 = 0; \mu = 1$	8.0	0.52
3	$\omega_z = 5\text{rad/s}; N = 3; k_1 = 0; k_2 = 1; \tau_1 = 0; \tau_2 = 0$	8.0	5.58
4	$\omega_z = 5\text{rad/s}; N = 3 \times 6/5; k_1 = 5; k_2 = 0; \tau_1 = 0; \tau_2 = 2.25; \mu = 1$	8.0	0.81
5	$\omega_z = 5\text{rad/s}; N = 3; k_1 = -1; k_2 = 1; \tau_1 = 0.1; \tau_2 = 0.05; \mu = 0$	8.0	0.29

第5章讨论了利用Lyapunov方法推导制导律的问题，下面考虑将如下包含视线角速度分量 λ_i（$i = 1 \sim 3$）的"立方"项的制导律作为指令加速度：

$$a_{ci} = Nv_{cl}\dot{\lambda}_i + N_{1i}\dot{\lambda}_i^3, N > 2, N_{1i} > 0 (i = 1 \sim 3) \tag{6.23}$$

如前所述，即使从纯物理的角度考虑，如果能使导弹制导系统的增益可变，当视线角速率大时增益也大，当视线角速率较小时增益也小，则其性能要好于传统的比例导引系统，式（6.23）中的 N_{1i} 如果选取得当，则其对应的分量就能达到上述目的。

由于本章与前面章节中考虑的制导律在思想体系上存在差异，不同于前面

章节中将 $N=3$ 的比例导引律作为指令加速度，在这里将通过考虑式（6.23）及式（6.19）~式（6.22）来对“立方”项的有效性进行验证。通常情况下，由于式（6.23）中的非线性项，不能依靠式（6.14）和式（6.15）进行分析，因为这两个表达式是适用于导弹制导系统线性模型的。不过，基于使真实加速度接近指令加速度这个基本的思想，也允许我们在式（6.19）~式（6.22）中使用式（6.23）中的“立方”项。仿真结果见表6.2。

表6.2 非线性“立方”项影响分析

序 号	参 数	拦截时间/s	脱靶量/m
1	$\omega_z=30\text{rad/s}; N=3; k_1=0; k_2=1; \tau_1=0; \tau_2=0$	7.2	2.01
2	$\omega_z=30\text{rad/s}; N=3\times 6/5; k_1=5; k_2=0; \tau_1=0; \tau_2=0; \mu=1$	6.1	0.5
3	$\omega_z=5\text{rad/s}; N=3; k_1=0; k_2=1; \tau_1=0; \tau_2=0$	7.0	0.59
4	$\omega_z=5\text{rad/s}; N=3\times 6/5; k_1=5; k_2=0; \tau_1=0; \tau_2=2.25; \mu=1$	6.0	0.29
5	$\omega_z=5\text{rad/s}; N=3; k_1=-1; k_2=1; \tau_1=0.1\text{s}; \tau_2=0.05\text{s}; \mu=0$	6.0	0.28

从仿真结果可以看出，式（6.8）和式（6.19）~式（6.22）能够与包含比例导引律的其他制导律有效地配合。

相比于自动驾驶仪中采用的加速度反馈（其影响由 $G_2(s)$ 反映出来），上述的附加加速度反馈项用来产生式（6.8），并假设新制导律能够与现有的自动驾驶仪配合。不过，式（6.8），特别是加速度算子 $G_4(s)$ 也可用于制导控制系统的一体化设计。

传统的导弹制导与控制系统设计一般忽略它们之间的耦合影响，对它们分别进行设计，再组合到一起。如果整体系统性能不满足要求，再对各个分系统重新设计，以提高系统的性能。这种反复迭代的设计过程是非常耗时且代价较高的，本章讨论的方法则可以看作制导与控制系统一体化设计方法的重要组成部分。

参考文献

1. Gurfl, P., Jodorkovsky, M. and Guelman, M. Neoclassical guidance for homing missiles, Journal of Guidance, Control, and Dynamics, 24, 3, 452 - 459, 2001.
2. Gurfl, P., Jodorkovsky, M. and Guelman, M. Design of nonsaturating guidance systems, Journal of Guidance, Control, and Dynamics, 23, 4, 693 - 700, 2000.
3. Meerov, M. V. Structural Synthesis of High Accuracy Automatic Control Systems, Nauka, Moscow, 1965.

4. Yanushevsky, R. Theory of Linear Optimal Multivariable Control Systems, Nauka, Moscow, 1973.
5. Yanushevsky, R. On the robustness of the solution of the problem of the analytical construction of controls, Automation and Remote Control, 3, 356 - 363, 1966.
6. Zarchan, P. Tactical and Strategic Missile Guidance, Progress in Astronautics and Aeronautics, 176, American Institute of Astronautics and Aeronautics, Inc., Washington, DC, 1997.
7. Zarchan, P., Greenberg, E. and Alpert, J. Improving the High Altitude Performance of Tail - Controlled Endoatmospheric Missiles, AIAA Guidance, Navigation and Control Conference, AIAA Paper 2002 - 4770, August 2002.

第7章　随机输入条件下的制导规律性能分析

7.1　引言

在前面的章节中，制导律的分析是完全确定的，假设其参数信息没有任何误差，导弹制导系统各分量的参数也是固定的，因此不存在任何不确定性。这种分析方法在设计的初始阶段是十分实用的。

为了实现所讨论的制导规律，需要视线角速度、弹目接近速度、目标加速度等信息，这些信息是由传感器测量得到的。与任何一种测量一样，这些测量量会受到噪声的影响，如果不采取必要的措施来减小其影响，则会导致脱靶量显著地增加。

在本章，将讨论导致制导律变差的噪声及其对脱靶量的影响。至于对自动驾驶仪及弹体参数不确定性产生的影响的评估问题，已经在控制理论相关文献中进行了讨论[1,8,10]，在设计自动驾驶仪时可以适当地采用相关的结果。

由于噪声的随机特性，分析它对脱靶量的影响时，需要用到能够根据随机函数产生随机噪声的设备，并对噪声的随机过程进行分析。

制导问题中的随机过程也可以用目标机动的随机性来描述。

为了更好地理解后续内容，下面将根据随机过程理论对基本问题进行分析。首先给出影响比例导引性能的主要噪声源的特性。然后利用脱靶量均方根(Root Mean Square，RMS）指标评估随机干扰（测量噪声和目标随机机动）对导弹制导系统性能的影响，并推导得到在上述随机输入下脱靶量的解析表达式。再以一个简单的一阶导弹制导系统为例，详细分析 RMS 脱靶量的解析式。对于高阶模型，文献［6－9］根据得到的解析表达式讨论了脱靶量的计算过程及相应的算法。所考虑的这种方法的优势在于，它不再需要通过伴随系统仿真来分析随机输入下的脱靶量（例如，文献［2，11］)，因此大大简化了计算过程。

上述脱靶量解析表达式及相关的计算算法是针对比例导引制导系统提出的，不过如果我们分析的是虚拟系统（式（6.9)），而非真实的飞行控制系统，则上述表达式同样可用于第6章中更为先进的制导律的分析。

7.2　随机过程简述

一般形式的随机信号理论是非常抽象的，若对其进行严谨详细的说明，需要一定的数学基础，这已经超出了本书的范畴。本节的主要目的是给出后面将会用到的一些具体的随机信号理论的结论。虽然这些随机信号相关资料并不缜密，我们主要总结一些重要的结论及其相关的数学假设，这需要读者对概率论的基本概念是熟悉的，如随机变量、概率分析、平均值等。

随机过程的一般概念可阐述如下：令 U 为一组基本事件集，t 为一个连续的参数，随机过程 $\eta(t)$ 可定义为两个变量的函数，即

$$\eta(t) = f(e,t), e \in U, t \in T \tag{7.1}$$

对每一个时刻 t，$f(e,t)$ 仅为 e 的函数，因此它是一个随机变量；而对每一个固定的变量值 e（即相对每一个基本事件而言），$f(e,t)$ 又仅依赖于 t，即它是时间的函数。每一个这样的函数称为随机过程 $\eta(t)$ 的实现或样本函数。随机过程或可看作取决于时间变量 t 的随机变量 $\eta(t)$ 的集合，或可看作随机过程 $\eta(t)$ 实现的集合。为了定义一个随机过程，需要在实现这个过程的函数空间内明确一个概率度量（如一组概率分布函数）。

随机变量 η 的概率规律一般可以通过它的分布函数或概率密度函数（Probability Density Function）$p(\eta)$ 来确定。

随机变量 η 的平均值（Average 或 Mean）可定义为

$$m_\eta = E[\eta] = \int_{-\infty}^{\infty} \eta p(\eta) \mathrm{d}\eta \tag{7.2}$$

η 的方差（Variance）定义为

$$\mathrm{Var}[\eta] = E[(\eta - E(\eta))^2] = \sigma^2[\eta] = E[\eta^2] - E^2[\eta] \tag{7.3}$$

η 的标准差（Standard Deviation）定义为

$$\sigma[\eta] = \sqrt{\mathrm{Var}[\eta]} \tag{7.4}$$

可以看出，如果随机变量 η_i 是独立的，则和的均值 m_0 和方差 σ_0^2 分别等于各均值和方差的和：

$$m_0 = E[\sum \eta_i] = \sum E[\eta_i] = \sum m_{\eta i} \tag{7.5}$$

$$\sigma_0^2 = E[(\sum \eta_i - m_0)^2] = \sum E[(\eta_i - m_{\eta_i})^2] = \sum \sigma_{\eta_i}^2 \tag{7.6}$$

下面给出两个重要的概率密度函数：均匀分布（Uniform Distribution）函数 $p_{\mathrm{uniform}}(\eta)$，高斯分布或正态分布（Normal Distribution）函数 $p_{\mathrm{normal}}(\eta)$。

对于均匀分布，有

$$p_{\mathrm{uniform}}(\eta) = \frac{1}{b-a}, m_{\mathrm{uniform}}(\eta) = \frac{1}{b-a}\int_a^b \eta \mathrm{d}\eta = \frac{a+b}{2} \tag{7.7}$$

$$\sigma_{\text{uniform}}^2 = E[\eta^2] - m_{\text{uniform}}^2 = \frac{b^3 - a^3}{3(b-a)} - \left(\frac{b+a}{2}\right)^2 = \frac{(b-a)^2}{12} \quad (7.8)$$

式中：变量 $\eta \in [a,b]$。

对于正态分布，有

$$p_{\text{normal}}(\eta) = \frac{1}{\sqrt{2\pi}\sigma_{\text{normal}}}\exp\left[-\frac{(\eta - m_{\text{normal}})^2}{2\sigma_{\text{normal}}}\right] \quad (7.9)$$

式中：m_{normal} 和 σ_{normal}^2 分别均值和方差。

类似于随机变量的均值，随机过程的总体均值可采用如下描述：

过程均值：

$$m(t) = E[\eta(t)] = \int_{-\infty}^{\infty}\eta(t)p(\eta,t)\mathrm{d}\eta \quad (7.10)$$

均方值（Mean - square Value）：

$$E[\eta^2(t)] = \int_{-\infty}^{\infty}\eta^2(t)p(\eta,t)\mathrm{d}\eta \quad (7.11)$$

均方根（Root - mean - square，RMS）：

$$\text{rms} = \sqrt{E[\eta^2(t)]} \quad (7.12)$$

随机过程方差为

$$\sigma_\eta^2(t) = E[(\eta(t) - E(\eta(t)))^2] = E[\eta^2(t)] - E^2[\eta(t)] \quad (7.13)$$

式中：与随机变量概率密度的函数类似，$p(\eta,t)$ 为随机过程的概率密度函数。

方差 $\sigma_\eta^2(t)$ 的平方根就是标准差，对于均值为零的随机过程，均方根的值与标准差相等。

随机变量 η 的均值和方差与随机过程的均值函数和协方差核相似，协方差核定义为

$$\text{Cov}[\eta(\tau),\eta(t)] = E[(\eta(\tau) - E[\eta(\tau)])(\eta(t) - E[\eta(t)])] \quad (7.14)$$

若两组有限变量 $\eta(t_1),\eta(t_2),\cdots,\eta(t_n)$ 和 $\eta(t_1-k),\eta(t_2-k),\cdots,\eta(t_n-k)$ 的概率分布函数是相同的，则称随机过程 $\eta(t)$ 是平稳的，与 k 无关。

显然，一个平稳随机过程 $\eta(t)$ 任何数值特性都与时间 t 是无关的，因此其期望值和方差为

$$E(\eta(t_i)) = m_\eta, \text{Var}(\eta(t_i)) = \sigma_\eta^2(-\infty < t_i < \infty) \quad (7.15)$$

一个平稳随机过程的协方差核 $\text{Cov}[\eta(\tau),\eta(t)]$ 是关于绝对值 $|t-\tau|$ 的函数：

$$\text{Cov}[\eta(\tau),\eta(t)] = R_\eta(\tau) \quad (7.16)$$

式中：$R_\eta(\tau)$ 为协方差函数。

随机过程 $\eta(t)$ 是两个自变量的函数。可以看出，对于一类包含平稳过程

(更详细的推导可以参考相关文献，如文献［3］）的随机过程（也称为遍历过程），根据随机过程的样本计算得到的均值，与对应的总体均值是一致的。

对于一个均值为零的平稳随机过程，给定随机过程的一个有限样本 $\{\eta(t), 0 \leqslant t \leqslant T\}$，定义其样本方差为

$$R_{\eta T}(\tau) = \frac{1}{T}\int_{t_0}^{t_0+T} \eta(t)\eta(t+\tau)\mathrm{d}t \tag{7.17}$$

基于遍历特性，有

$$\lim_{T\to\infty} R_{\eta T}(\tau) = R_{\eta}(\tau) \tag{7.18}$$

式中：$R(\tau)$ 为自相关函数。

基于傅里叶变换（Fourier Transform）的频域方法广泛用于确定性信号的分析，而自相关函数的傅里叶变换在平稳随机信号的分析中同样起到重要作用。

平稳随机信号 $\eta(t)$ 的函数 $\frac{1}{2\pi}R_{\eta}(\tau)$ 的傅里叶变换

$$\Phi_{\eta}(\omega) = \frac{1}{2\pi}\int_{-\infty}^{\infty} R_{\eta}(\tau)\mathrm{e}^{-i\omega\tau}\mathrm{d}\tau \tag{7.19}$$

称为 $\eta(t)$ 的功率谱密度，或简称谱密度。

利用傅里叶反变换及式（7.13）、式（7.17）、式（7.18）可得

$$\sigma_{\eta}^2 = \int_{-\infty}^{\infty} |\eta(t)|^2\mathrm{d}t = R_{\eta}(0) = \int_{-\infty}^{\infty} \Phi_{\eta}(\omega)\mathrm{d}\omega \tag{7.20}$$

式（7.20）广泛用于计算一个平稳随机函数均方值。

当且仅当随机信号为广义平稳信号时，信号的谱密度才存在[3]。如果随机信号不是平稳的，用于计算谱密度的方法同样适用，但计算得到的结果不能称为谱密度。基于上述内容，可以看出信号的功率谱密度 $\Phi_{\eta}(\omega)$ 为随机信号傅里叶变换 $\Pi(\omega)$ 幅值的平方（帕塞瓦尔（Parseval）定理），即

$$\Phi_{\eta}(\omega) = \frac{\Pi(\omega)\Pi^*(\omega)}{2\pi} = \left|\frac{1}{2\pi}\int_{-\infty}^{\infty} \eta(t)\mathrm{e}^{-i\omega t}\mathrm{d}t\right|^2 \tag{7.21}$$

式中：符号“ * ”表示复共轭运算。

如果随机过程具有一个常值功率谱密度 Φ_{η}，则可称其为白噪声过程。白噪声与白光具有相似性，包含所有的频率范围。无限带宽的白噪声信号纯粹是理论上的结构，其在所有频段上都有能量，因而这样一个信号的能量就是无限的。因此白噪声是抽象的，在物理上无法实现，它表示一个自相关函数为 δ 函数（如前所述，它相当于一个常值谱密度）的随机过程。尽管白噪声本质上是抽象的，但当系统真实噪声的带宽远远超出系统的带宽时，白噪声仍广泛用于真实系统的分析，也就是说，在实践中可以通过在定义频段上叠加平谱信号

实现一个信号的“白色化”。

以上白噪声的定义仅说明其在各频段上具有相同的能量，其表示幅值分布独立的噪声在不同时间点之间的相关性。因而不同噪声频率分布也许是相同的，但幅值分布可能不同。当噪声的幅值分布服从高斯分布（正态分布）时，就称其为高斯噪声，这并不能说明噪声在时间或谱密度上具有相关性。人们通常容易错误地认为高斯噪声一定是白噪声，“高斯性”指的是信号的分布方式，而术语“白”指的是幅值分布独立的噪声在不同时间点之间的相关性。高斯白噪声（幅值服从高斯分布的白噪声，也称为伪白噪声）能够比较好地反映真实情况，且可提供易于处理的数学模型。期望的白噪声谱密度 $\boldsymbol{\Phi}_\eta$ 与伪白噪声（白噪声具有无限标准差）标准差 σ 之间的关系（即每个时间间隔 Δ 内产生的高斯噪声）如下[11]：

$$\boldsymbol{\Phi}_\eta = \sigma^2\Delta \tag{7.22}$$

设一个线性系统的脉冲响应为 $P(t,\tau)$，当该系统的输入信号 $\eta(t)$ 是谱密度为 $\boldsymbol{\Phi}_\eta$ 的白噪声信号，则其输出 $y(t)$ 为

$$y(t) = \int_{-\infty}^{t} P(t,\tau)\eta(\tau)\,\mathrm{d}\tau \tag{7.23}$$

$y(t)$ 的均方值可表示为

$$E[y^2(t)] = E\left[\int_{-\infty}^{t}\int_{-\infty}^{t} P(t,\tau_1)P(t,\tau_2)E[\eta(\tau_1)\eta(\tau_2)]\,\mathrm{d}\tau_1\mathrm{d}\tau_2\right] \tag{7.24}$$

考虑到白噪声的自相关函数（式（7.17））等于：

$$E[\eta(\tau_1)\eta(\tau_2)] = \boldsymbol{\Phi}_\eta\delta(\tau_1-\tau_2) \tag{7.25}$$

则式（7.24）可简化为

$$E[y^2(t)] = \boldsymbol{\Phi}_\eta\int_{-\infty}^{t} P^2(t,\tau)\,\mathrm{d}\tau \tag{7.26}$$

由式（7.26）可以看出，当谱密度为 $\boldsymbol{\Phi}_\eta$ 的白噪声信号作用于一个线性系统时，其输出响应的均方值与其脉冲响应的平方值的积分成正比。

7.3 目标随机机动

第3章给出了目标以恒定加速度 a_{T} 机动时脱靶量的解析表达式，这种机动形式便于分析，但与实际情况相差甚远。第4章分析了目标做正弦机动的情况，并给出了不同飞行时间 t_{F} 下的脱靶量峰值，这种机动策略的形状是确定的，且真实可行。它对应于所谓的“桶式翻滚策略”，但与正弦确定性机动不同，它是随机的。根据脱靶量峰值，可以在一定程度上估计拦截最差的情况。对于正弦机动形式，一种更符合实际的作战场景是开始机动的时间是随机的，

即相位是随机的。

文献［2］给出了如何利用整形滤波器将形式已知但开始时间随机的信号表示成统计学表达形式，在这里用这种方法来得到随机的阶跃信号及正弦信号的表达式，它们的起始作用时间在飞行时间内服从均匀分布。

随机过程具有相同的均值及自相关函数时，在数学上就等同于处理随机信号的均方值，基于此，即可根据式（7.23）~式（7.26）及式（7.21），利用白噪声激励整形滤波器生成随机信号。

一个形式为 $a(t)$ 、随机起始时间为 T 的信号 $x(t)$ 可表示为

$$x(t) = a(t-T)s(t-T) \tag{7.27}$$

式中：$s(t)$ 为单位阶跃函数，即 $t<0$ 时，$s(t)=0$ ，$t\geqslant 0$ 时，$s(t)=1$ 。

当起始时间在飞行时间 t_{F} 内均匀分布时，起始时间 T 的概率密度函数 $p_{\mathrm{T}}(t)$ 为

$$p_{\mathrm{T}}(t) = \begin{cases} 1/t_{\mathrm{F}}, & 0 \leqslant t \leqslant t_{\mathrm{F}} \\ 0, & t > t_{\mathrm{F}} \end{cases} \tag{7.28}$$

因此，具有随机起始时间的信号（式（7.27））的自相关函数为

$$R_x(t_1,t_2) = E[x(t_1)x(t_2)] = \int_{-\infty}^{\infty} x(t_1)x(t_2)p_{\mathrm{T}}(T)\mathrm{d}T \tag{7.29}$$

对随机阶跃信号 a_{T} ，有

$$R_x(t_1,t_2) = \int_0^{t_{\mathrm{F}}} a_{\mathrm{T}}^2 s(t_1-T)s(t_2-T)\mathrm{d}T/t_{\mathrm{F}} \tag{7.30}$$

假设 $0\leqslant t_1\leqslant t_2\leqslant t_{\mathrm{F}}$ ，则式（7.30）可简化为

$$R_x(t_1,t_2) = \frac{a_{\mathrm{T}}^2}{t_{\mathrm{F}}}\int_0^{t_1} s(t_1-T)s(t_2-T)\mathrm{d}T \tag{7.31}$$

设一线性时不变系统的脉冲响应为 $P(t)$ ，当该系统的输入信号 $\eta(t)$（ $t\leqslant t\leqslant t_{\mathrm{F}}$ ）为谱密度为 Φ_η 的白噪声信号时，其输出 $y(t)$ 的自相关函数为（式（7.17）、式（7.18）、式（7.23）及式（7.25））

$$R_y(t_1,t_2) = \int_0^{t_1}\int_0^{t_2} P(t_1-\tau_1)P(t_2-\tau_2)\Phi_\eta\delta(\tau_1-\tau_2)\mathrm{d}\tau_1\mathrm{d}\tau_2 \tag{7.32}$$

假设 $0\leqslant t_1\leqslant t_2\leqslant t_{\mathrm{F}}$ ，式（7.32）变为

$$R_y(t_1,t_2) = \Phi_\eta\int_0^{t_1} P(t_1-\tau_1)P(t_2-\tau_1)\mathrm{d}\tau_1 \tag{7.33}$$

当满足以下条件时，式（7.31）与式（7.33）是等价的：

$$\Phi_\eta = a_{\mathrm{T}}^2/t_{\mathrm{F}}, P(t) = 1 \tag{7.34}$$

对于起始时间为 T 的正弦机动目标，有

$$x(t) = a_{\mathrm{T}}\sin(\omega_{\mathrm{T}}t - T)s(t-T) \tag{7.35}$$

因此，不同于式（7.30），对应于随机起始时间的该信号的自相关函数为

$$R_x(t_1,t_2) = \int_0^{t_F} a_T^2 \sin(\omega_T t_1 - T)\sin(\omega_T t_2 - T)s(t_1 - T)s(t_2 - T)\mathrm{d}T/t_F \tag{7.36}$$

或假设 $0 \leqslant t_1 \leqslant t_2 \leqslant t_F$ 时，

$$R_x(t_1,t_2) = \frac{a_T^2}{t_F}\int_0^{t_1} \sin(\omega_T t_1 - T)\sin(\omega_T t_2 - T)\mathrm{d}T \tag{7.37}$$

当满足以下条件时，式（7.33）与式（7.37）是等价的：

$$\Phi_\eta = a_T^2/t_F, P(t) = \sin\omega_T t \tag{7.38}$$

上述内容表明，幅值为 a_T 的阶跃机动和正弦机动，当起始时间在飞行时间 t_F 内均匀分布，即概率密度函数如式（7.28）所示时，它们具有相同的自相关函数，作为两个由谱密度为 $\Phi_\eta = a_T^2/t_F$ 的白噪声激励的线性网络，其传递函数分别为

$$W_{\text{filter}}(s) = \frac{1}{s} \tag{7.39}$$

$$W_{\text{filter}}(s) = \frac{1/\omega_T}{s^2/\omega_T^2 + 1} \tag{7.40}$$

7.4 噪声对脱靶量影响分析

如前所述，利用伴随系统获得的脱靶量解析表达式（式（4.13））取决于所考虑的导弹制导系统的具体形式，其状态矩阵（式（3.8））为 $t_F - t$ 的函数，其脉冲响应为 t_F 的函数，可以通过 $t_F - \sigma$ 将其转化为 σ（$0 \leqslant \sigma \leqslant t_F$）的函数进行分析，其中 σ 表示脉冲作用时间。根据伴随系统（更准确地说，修正伴随系统）与原系统的脉冲响应之间的关系 $P_{ma}(t_F - \sigma, t_F - t_0) = P(t_0, \sigma)$（$t_0$ 为脉冲观测时间），从而可以通过分析 σ（$0 \leqslant \sigma \leqslant t_F$）的函数 $P_{ma}(t_F - \sigma, t_F - t_F) = P_{ma}(t_F - \sigma, 0)$，实现对 t_F 的函数 $P(t_F, \sigma)$ 的分析。

在本节，将利用伴随系统的脉冲响应来进行原系统在随机输入条件下的统计分析。

设一线性时变系统的脉冲响应函数为 $P_0(t,\sigma)$，当其输入为谱密度为 Φ_n 的白噪声时，其在 t_F 时刻的响应 $y(t_F)$ 的 rms 为（式（7.26））

$$\text{rms} = \{E[y^2(t_F)]\}^{1/2} = \sqrt{\Phi_n \int_0^{t_F} P_0^2(t_F,\sigma)\mathrm{d}\sigma} \tag{7.41}$$

下面将利用伴随方法来得到 $P_0(t_F,\sigma)$ 的解析表达式。在前面的章节中，我们在目标加速度为时间确定函数的假设条件下，利用伴随方法得到了脱靶量的解析表达式。在本节，选择 rms 脱靶量为准则，对随机干扰（测量噪声及目

标随机机动）对导弹系统性能的影响进行评估。考虑采用比例导引的线性平面交会模型，线性制导系统的动力学模型如图 4.3 所示，下面将利用式（4.10）和式（4.34）分析随机干扰对脱靶量的影响。

导弹制导模型如图 7.1 所示，它与图 4.6 是类似的，仅考虑了附加的随机输入，下面对其进行详细讨论。

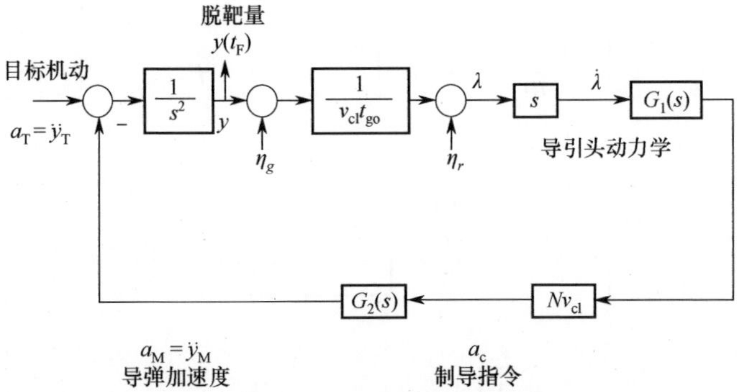

图 7.1　导弹制导模型

对目标进行跟踪就是对目标的位置、速度、加速度等信息进行估计，且估计过程能够应对各种扰动的影响。

闪烁噪声就是其中的一种扰动。当用雷达对目标进行跟踪时，由于雷达回波信号的干涉影响，就产生了闪烁噪声。在实际的雷达跟踪系统中，目标相对雷达波的任何变化都会造成雷达回波中心（即雷达天线“看”的方向）明显漂移，雷达反射中心的随机漂移会产生噪声或角度抖动。这种形式的测量噪声称为角度波动或目标闪烁。闪烁噪声主要影响雷达制导导弹的性能，对光电制导导弹性能的影响较小，这主要是由于红外辐射波动小于雷达回波波动。

目标闪烁主要通过非高斯形式的扰动影响测量器件的测量量（大多情况是角度），从而严重影响跟踪精度。闪烁噪声是非高斯的，由于其影响使得对目标信息的估计变得更加困难。目前，对目标进行跟踪采用的最常用的方法之一就是卡尔曼滤波器，但这种方法适用于高斯扰动的情况，因此并不适用于闪烁噪声。在目标跟踪中，测量噪声一般是高斯的。然而，如前面所述，闪烁噪声是非高斯的，且存在高度相关性，因此，严格来说它不能建模为白噪声。然而，为了能够得到输出的解析表达式，从而对闪烁噪声 η_g 造成的 rms 脱靶量进行近似地评估（图 7.1），假设 η_g 为白噪声，其功率密度为 Φ_{gn}。

图 7.1 所示制导系统的伴随系统模型如图 7.2 所示，输出 $P_g(t_F,t)$ 对应于比例导引制导系统在白噪声 $\eta_g(t)$ 输入下的脉冲响应。基于上面得到的表达式 $P_T(t_F,s)=\exp(\int_{\infty}^{s}NH(\sigma)\mathrm{d}\sigma)$（式（4.10））可给出 $P_g(t_F,s)$ 的解析表达式。

对于图7.2所示的系统结构，输入为$\delta(t)$时输出为$P_g(t_F,t)$，则有

$$P_g(t_F,t) = \delta(t) - P_T(t_F,t)$$

或

$$P_g(t_F,s) = 1 - P_T(t_F,s) \tag{7.42}$$

因此，在式（7.41）的基础上，可由下式得到闪烁噪声造成的 rms 脱靶量：

$$\frac{\text{rms}^2}{\boldsymbol{\Phi}_{gn}} = \frac{E[y^2(t_F)]_{\text{glint}}}{\boldsymbol{\Phi}_{gn}} = \int_0^{t_F} \{L^{-1}[1 - P_T(t_F,s)]\}^2 \mathrm{d}t \tag{7.43}$$

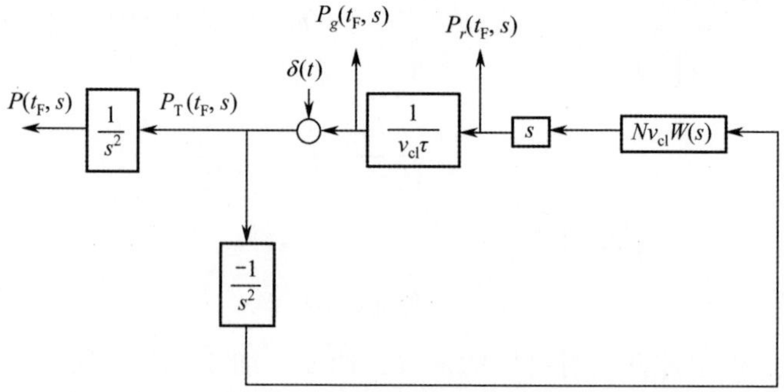

图7.2　伴随系统的修正框图

距离测量过程中产生的噪声一般可分为距离独立噪声和距离相关噪声。利用图7.1所示的结构，将通过视线测量把距离独立噪声和距离相关噪声联系起来。在中制导段，当导弹采用雷达指令制导时，有关视线的信息通过距离各分量的测量信息进行传播（式（1.8））。在末制导段，当采用半主动制导系统时，即利用导弹外的发射机（照射器）对目标进行照射，距离相关的噪声（有时也称为衰减噪声（Fading Noise））则是在导弹的接收机上产生的终端噪声，它也是由多种因素的影响产生的，如信号处理效果、与雷达无关的干扰源（如干扰机）等。当采用主动制导系统时，即雷达照射器安装在导弹上，距离相关噪声同样是由接收机产生的终端噪声，因此也称为接收机噪声。在这两种制导系统中，噪声对距离的影响可以由雷达距离方程得到，信噪比（Signal - to - noise Ration，SNR $=\sigma^2_{\text{signal}}/\sigma^2_{\text{noise}}$）与距离$r$的4次方成反比[4]。雷达方程中的因子$r^{-4}$描述了电磁辐射相对距离$r$的散射特性（外向和反向）。与主动制导系统相比，半主动制导系统只有反射辐射，在这种情况下，接收到的信号的功率与距离的二次方成反比。这正是为何主动制导系统的主动接收机的噪声与弹目距离的平方成正比，而半主动制导系统的被动接收机的噪声与弹目距离成正比。

图7.1中的输出$P_r(t_F,t)$对应于比例导引导弹制导系统在白噪声$\eta_r(t)$输入作用下的脉冲响应，$\eta_r(t)$描述了距离独立的视线角噪声。基于前面得到的

表达式 $P_T(t_F,s)$，利用控制理论中传递函数的运算规则[1,5]，可得到 $P_r(t_F,s)$ 的解析表达式：

$$P_r(t_F,s) = P_T(t_F,s)\left(-\frac{1}{s^2}\right)Nv_{cl}W(s)s \tag{7.44}$$

易于验证，式（7.44）的绝对值等于 $P_T(t_F,s)$ 的导数与接近速度的乘积的绝对值（参见描述 $H(s)$ 与 $W(s)$ 之间关系的式（4.14））：

$$\frac{dP_T(t_F,s)}{ds} = \exp\left(\int_\infty^s NH(\sigma)d\sigma\right)NH(s) = \exp\left(\int_\infty^s NH(\sigma)d\sigma\right)N\frac{W(s)}{s} = P_T(t_F,s)N\frac{W(s)}{s} \tag{7.45}$$

对比式（7.44）和式（7.45），可得到由距离无关噪声造成的 rms 脱靶量：

$$\frac{\text{rms}^2}{\Phi_{fn}} = \frac{E[y^2(t_F)]_{\text{independent noise}}}{\Phi_{fn}} = \int_0^{t_F}\left\{L^{-1}\left[v_{cl}\frac{dP_T(t_F,s)}{ds}\right]\right\}^2 dt \tag{7.46}$$

式中：Φ_{fn} 为距离独立噪声的功率谱密度。由式（7.46）可以看出，rms 脱靶量的值与接近速度成正比，即接近速度越大，由距离独立噪声造成的脱靶量越大。

受距离相关噪声影响的导弹制导系统的框图如图 7.3 所示。通常距离相关噪声的谱密度是由相对某一参考距离 r_0 给出，因此噪声的水平也是相对选定的参考水平来进行估计。白噪声信号 $\eta_r(t)$ 通过增益单元 $(r/r_0)^i$ 输入到系统中，其中对半主动系统 $i = 1$，对于主动系统 $i = 2$。

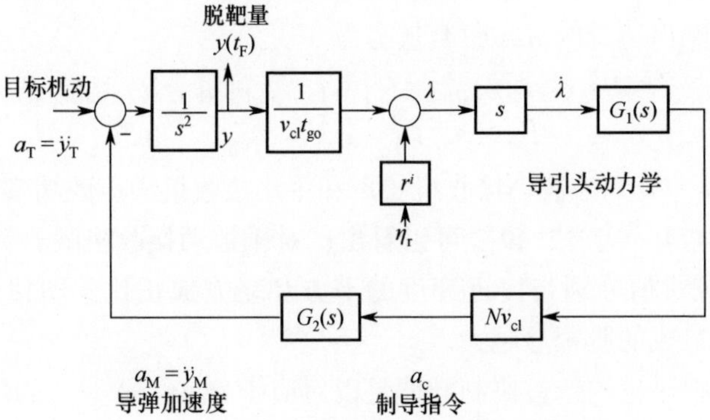

图 7.3　受距离相关噪声影响的导弹制导模型

利用表达式 $r = v_{cl}(t_F - t)$，可给出图 7.3 所示系统的伴随系统，如图 7.4 所示，其中系统输出为 $P_{ri}(t_F,s)$。

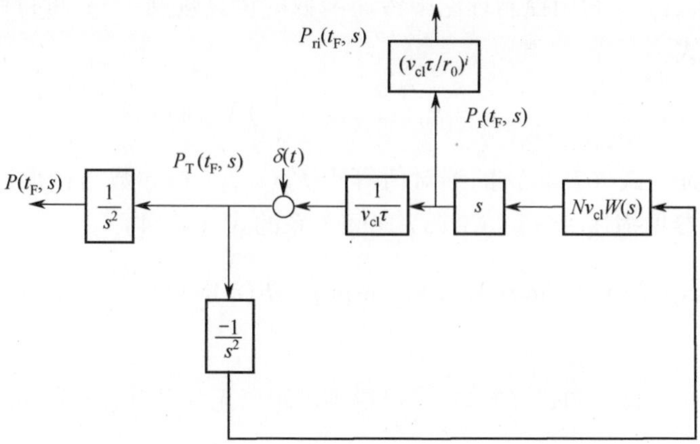

图 7.4　受距离相关噪声影响的伴随系统修正框图

考虑：

$$P_r(t_F,s) = -v_{cl}\frac{dP_T(t_F,s)}{ds} \tag{7.47}$$

及函数 $f(t)$ 的拉普拉斯变换 $L\{t^i f(t)\} = (-1)^i \frac{d^i L\{f(t)\}}{ds^i}$，且利用式（7.46），可将由被动接收机噪声造成的 rms 脱靶量写为

$$\frac{\text{rms}^2}{\Phi_{pn}} = \frac{E[y^2(t_F)]_{\text{passive}}}{\Phi_{pn}} = \int_0^{t_F}\left\{L^{-1}\left[\frac{v_{cl}^2}{r_0}\frac{d^2P_T(t_F,s)}{ds^2}\right]\right\}^2 dt \tag{7.48}$$

将主动接收机噪声造成的 rms 脱靶量写为

$$\frac{\text{rms}^2}{\Phi_{an}} = \frac{E[y^2(t_F)]_{\text{active}}}{\Phi_{an}} = \int_0^{t_F}\left\{L^{-1}\left[\frac{v_{cl}^3}{r_0^2}\frac{d^3P_T(t_F,s)}{ds^3}\right]\right\}^2 dt \tag{7.49}$$

式中：Φ_{pn} 和 Φ_{an} 分别为被动接收机噪声和主动接收机噪声的功率谱密度。

从式（7.47）~式（7.49）可以看出，对于被动接收机噪声和主动接收机噪声，rms 脱靶量值分别与接近速度的平方和立方成正比，即接近速度越快，距离相关噪声造成的脱靶量越大。

在第 6 章中讨论的新古典制导律是以对应于 $P_T(t_F,s)=0$ 的导弹制导系统结构为基础的（式（4.10）、式（6.1）、式（6.4）及式（6.5））。根据式（7.46）、式（7.48）和式（7.49），新古典制导律能够抑制距离独立噪声和距离相关噪声，即能够消除它们对脱靶量的影响。但闪烁噪声的情况是不同的。对于飞行时间较长的情况，式（7.43）等号右边部分接近于 1（当 $t_F\to\infty$ 时，则它趋向于 1），因此新古典制导律不能减小闪烁噪声对脱靶量的影响。然而，即使新古典制导律在理论上能够消除距离独立噪声和距离相关噪声的影响，在实践中也是很难实现的，尤其是对鸭舵控制的导弹。如前所述，新古典制导律结构需要比例－微分控制器，其对噪声的影响十分敏感，即：它们会产生附加的噪声，对脱靶量产生严重的影响。

7.5　目标随机机动对脱靶量的影响分析

如前所述，当幅值为 a_T 的阶跃机动的起始时间在飞行时间 t_F 内均匀分布时，或当正弦机动 $a_T(t) = a_T\sin(\omega_T t + \varphi_T)$ 的相位 φ_T 为均匀分布的随机变量时，它们可以表示为分别经过传递函数为 $W_{filter}(s) = 1/s$ 和 $W_{filter}(s) = (s^2/\omega_T + \omega_T)^{-1}$ 的整形滤波器（式（7.39）和式（7.40））且功率谱密度为 $\Phi_\varphi = a_T^2/t_F$ 的白噪声过程。目标随机机动情况下的导弹制导模型如图7.5所示，其伴随模型如图7.6所示。

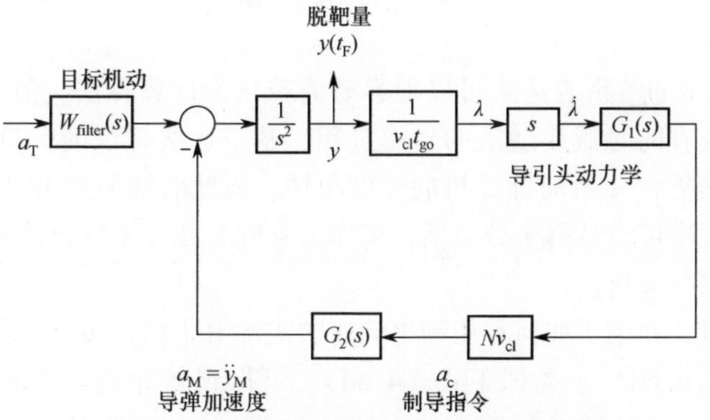

图7.5　目标随机机动情况下的导弹制导模型

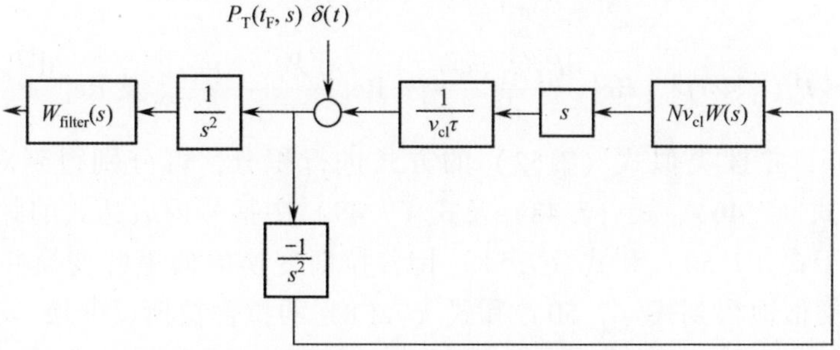

图7.6　目标随机机动情况下伴随系统框图

由图7.6及式（7.34）、式（7.38）～式（7.40）可知，当目标进行起始时间在飞行时间 t_F 内均匀分布的阶跃机动时，rms 脱靶量为

$$\frac{\mathrm{rms}^2}{\Phi_\varphi} = \frac{E[y^2(t_F)]_\varphi}{\Phi_\varphi} = \int_0^{t_F}\left\{L^{-1}\left[\frac{P_T(t_F,s)}{s^3}\right]\right\}^2 \mathrm{d}t \tag{7.50}$$

当目标作随机相位的正弦机动时，rms 脱靶量为

$$\frac{\text{rms}^2}{\Phi_\varphi} = \frac{E[y^2(t_F)]_\varphi}{\Phi_\varphi} = \int_0^{t_F}\left\{L^{-1}\left[(s^2/\omega_T+\omega_T)^{-1}\frac{P_T(t_F,s)}{s^2}\right]\right\}^2 \mathrm{d}t \quad (7.51)$$

对于新古典制导律 $P_T(t_F,s)=0$，根据式（7.50）和式（7.51）可得出结论：这种制导律是应对机动目标的最佳策略。然而，如第6章及7.4节所述，新古典制导律看似简单，其实不然。

式（7.50）和式（7.51）中的 rms 脱靶量对应于稳态脱靶量，即当导弹制导系统瞬态响应已经消失时的脱靶量。利用式（7.43）、式（7.46）及式（7.48）~式（7.51）就可以分析随机扰动对脱靶量的影响，并设计能够减弱这种影响的滤波器。

7.6 计算方面

rms 脱靶量的解析表达式可以很容易地转化为计算算法。值得一提的是，相比于采用现有的时域伴随法的建模过程，基于这些算法的计算程序更为简洁，计算时间更少（当前计算机的速度很快，因此时间因素并非关键因素）。此外，计算程序可设计得十分灵活，可作为分析工具对导弹制导系统参数对其性能的影响进行分析。

在第4章，介绍了如何利用频率响应的实部 $\mathrm{Re}[P(t_F,i\omega)]$ 计算脉冲响应 $P(t_F,t)$（式（4.60））。类似于式（4.60），可得到脉冲响应 $P_T(t_F,t)$ 的表达式如下：

$$P_T(t_F,t) = \frac{2}{\pi}\int_0^{\infty}\mathrm{Re}[P_T(t_F,i\omega)]\cos\omega t\mathrm{d}\omega \quad (7.52)$$

将 $\mathrm{Re}[P_T(t_F,i\omega)]$、$\mathrm{Re}[\frac{\mathrm{d}P_T(t_F,i\omega)}{\mathrm{d}s}]$、$\mathrm{Re}[\frac{\mathrm{d}^2P_T(t_F,i\omega)}{\mathrm{d}s^2}]$ 及 $\mathrm{Re}[\frac{\mathrm{d}^3P_T(t_F,i\omega)}{\mathrm{d}s^3}]$ 乘以 $\cos\omega t$，并按类似式（7.52）的方式进行积分，可分别得到对应于式（7.43）、式（7.46）、式（7.48）及式（7.49）中括号内表达式的脉冲响应。由于对应于式（7.50）和式（7.51）拉普拉斯变换的傅里叶变换并不存在，因此不能类似地得到式（7.50）和式（7.51）的拉普拉斯反变换。不过，考虑到（式（4.10）和式（4.11））：

$$\frac{P_T(t_F,s)}{s^3} = \frac{P(t_F,s)}{s} \quad (7.53)$$

按照由式（4.62）得到阶跃脱靶量的类似方式，可得到 $\frac{P_T(t_F,s)}{s^3}$ 的拉普拉斯反变换。式（7.51）的近似问题将在后面讨论。对式（7.43）、式（7.46）及

式（7.48）~式（7.51）进行数值积分不存在任何困难。

如果在所有运算中都可以按 $P_T(t_F,i\omega)$ 的实部和虚部计算，则上述计算过程可以简化。考虑到：

$$\left.\frac{\mathrm{d}P_T(t_F,s)}{\mathrm{d}s}\right|_{s=i\omega} = -i\frac{\mathrm{d}P_T(t_F,i\omega)}{\mathrm{d}\omega}$$

$$\left.\frac{\mathrm{d}^2P_T(t_F,s)}{\mathrm{d}s^2}\right|_{s=i\omega} = (-i)^2\frac{\mathrm{d}^2P_T(t_F,i\omega)}{\mathrm{d}\omega^2}$$

$$\left.\frac{\mathrm{d}^3P_T(t_F,s)}{\mathrm{d}s^3}\right|_{s=i\omega} = (-i)^3\frac{\mathrm{d}^3P_T(t_F,i\omega)}{\mathrm{d}\omega^3}$$

及 $P_T(t_F,i\omega) = \mathrm{Re}[P_T(t_F,i\omega)] + i\mathrm{Im}[P_T(t_F,i\omega)]$，通过一些简化运算，可得

$$\begin{cases}\mathrm{Re}\left(\dfrac{\mathrm{d}^kP_T(t_F,i\omega)}{\mathrm{d}s^k}\right) = (-i)^{k-1}\dfrac{\mathrm{d}^k\mathrm{Im}[P_T(t_F,i\omega)]}{\mathrm{d}\omega^k}, k = 1,3\\ \mathrm{Re}\left(\dfrac{\mathrm{d}^2P_T(t_F,i\omega)}{\mathrm{d}s^2}\right) = -i\dfrac{\mathrm{d}^2\mathrm{Re}[P_T(t_F,i\omega)]}{\mathrm{d}\omega^2}, k = 2\end{cases} \tag{7.54}$$

由于式（7.43）、式（7.46）及式（7.48）~式（7.51）包含拉普拉斯反变换的平方项，因此可以忽略以上各式中的符号。

式（7.43）、式（7.46）、式（7.48）及式（7.49）可进行如下的简化。

闪烁噪声造成的 rms 脱靶量：

$$\frac{E[y^2(t_F)]_{\mathrm{glint}}}{\Phi_{\mathrm{gn}}} = \int_0^{t_F}\left\{\frac{2}{\pi}\int_0^{\infty}\mathrm{Re}[1-P_T(t_F,i\omega)]\cos\omega t\mathrm{d}\omega\right\}^2\mathrm{d}t \tag{7.55}$$

距离独立噪声造成的 rms 脱靶量：

$$\frac{E[y^2(t_F)]_{\mathrm{independent\ noise}}}{\Phi_{\mathrm{fn}}} = \int_0^{t_F}\left\{\frac{2}{\pi}v_{\mathrm{cl}}\int_0^{\infty}\frac{\mathrm{d}\,\mathrm{Im}[P_T(t_F,i\omega)]}{\mathrm{d}\omega}\cos\omega t\mathrm{d}\omega\right\}^2\mathrm{d}t \tag{7.56}$$

被动接收机噪声造成的 rms 脱靶量：

$$\frac{E[y^2(t_F)]_{\mathrm{passive}}}{\Phi_{\mathrm{pn}}} = \int_0^{t_F}\left\{\frac{2}{\pi}\frac{v_{\mathrm{cl}}^2}{r_0}\int_0^{\infty}\frac{\mathrm{d}^2\mathrm{Re}[P_T(t_F,\mathrm{i}\omega)]}{\mathrm{d}\omega^2}\cos\omega t\mathrm{d}\omega\right\}^2\mathrm{d}t \tag{7.57}$$

主动接收机噪声造成的 rms 脱靶量：

$$\frac{E[y^2(t_F)]_{\mathrm{active}}}{\Phi_{\mathrm{pn}}} = \int_0^{t_F}\left\{\frac{2}{\pi}\frac{v_{\mathrm{cl}}^3}{r_0^2}\int_0^{\infty}\frac{\mathrm{d}^3\mathrm{Im}[P_T(t_F,\mathrm{i}\omega)]}{\mathrm{d}\omega^3}\cos\omega t\mathrm{d}\omega\right\}^2\mathrm{d}t \tag{7.58}$$

需要指出的是，上述表达式在傅里叶变换存在的前提下才成立（见第4章及附录B）。而如前所述，由拉普拉斯变换 $\dfrac{P_T(t_F,s)}{s^3}$ 和 $\left(\dfrac{s^2}{\omega_T}+\omega_T\right)^{-1}\dfrac{P_T(t_F,s)}{s^2}$ 的傅里叶变换不存在，因此不能得到目标随机机动造成的 rms 脱靶量

式（7.50）和式（7.51）的类似表达式。对于阶跃脱靶量，基于式（7.53），可以类似式（4.62）的形式来表示式（7.50），也就是对于起始时间在飞行时间 t_F 内均匀分布的阶跃机动，rms 脱靶量为

$$\frac{E[y^2(t_F)]_\varphi}{\Phi_\varphi} = \int_0^{t_F}\left\{\frac{2}{\pi}\int_0^\infty \frac{\mathrm{Re}[P(t_F,\mathrm{i}\omega)]}{\omega}\sin\omega t\mathrm{d}\omega\right\}^2 \mathrm{d}t \tag{7.59}$$

对于相位随机的正弦机动，只有在忽略 $P(t_F,s)$ 动态特性的假设下，才能得到式（7.51）的简化形式，因此只考虑拉普拉斯反变换的稳态项，rms 脱靶量的近似值为（在某些情况下，误差可能比较显著）

$$\frac{E[y^2(t_F)]_\varphi}{\Phi_\varphi} = \int_0^{t_F}\{|P(t_F,i\omega_T)|\sin(\omega_T t+\varphi(t_F,i\omega_T))\}^2\mathrm{d}t \tag{7.60}$$

式中：幅值 $|P(t_F,i\omega_T)|$ 和相位 $\varphi(t_F,i\omega_T)$ 分别由式（4.26）和式（4.28）确定。

下面将采用上述方法，分析带参数的导弹制导系统（类似于前面章节中考虑的系统）的 rms 脱靶量。

7.7 示例

对于导弹制导系统的一阶模型，可以得出式（7.43）、式（7.46）、式（7.48）~式（7.51）的解析形式。按照下面的算法过程写出各式，并比较得到的结果。再将该过程应用于更为实际的导弹制导系统模型，从而验证利用简单一阶模型进行分析所得的结果具有较大的不准确性。对于这个模型有（见式（3.19）和式（4.21））

$$P_T(t_F,s) = \left(\frac{s}{s+1/\tau}\right)^N$$

则

$$1-P_T(t_F,s) = 1-\left(\frac{s}{s+1/\tau}\right)^N \tag{7.61}$$

$$\frac{\mathrm{d}P_T(t_F,s)}{\mathrm{d}s} = \frac{N}{\tau}\frac{s^{N-1}}{(s+1/\tau)^{N+1}} \tag{7.62}$$

$$\frac{\mathrm{d}^2P_T(t_F,s)}{\mathrm{d}s^2} = \frac{N}{\tau}\frac{s^{N-2}(-2s+(N-1)/\tau)}{(s+1/\tau)^{N+2}} \tag{7.63}$$

$$\frac{\mathrm{d}^3P_T(t_F,s)}{\mathrm{d}s^3} = \frac{N}{\tau}\frac{s^{N-3}(4s^2-6s(N-1)/\tau+(N-1)(N-2)/\tau^2)}{(s+1/\tau)^{N+3}} \tag{7.64}$$

$$\frac{P_T(t_F,s)}{s^3} = \frac{s^{N-3}}{(s+1/\tau)^N} \tag{7.65}$$

$$(s^2/\omega_T + \omega_T)^{-1}\frac{P_T(t_F,s)}{s^2} = (s^2/\omega_T + \omega_T)^{-1}\frac{s^{N-2}}{(s+1/\tau)^N} \tag{7.66}$$

在下面的计算中，有效导航比 $N=3$，制导时间常数 $\tau=0.5\mathrm{s}$。假设随机变量均值为零。

式（7.61）的拉普拉斯反变换为

$$L_{\mathrm{glint}}^{-1} = (4t^2 - 12t + 6)\mathrm{e}^{-2t}$$

对上式的平方进行积分，利用式（7.43）即可得到由谱密度为 $0.4\mathrm{m}^2/\mathrm{Hz}$ 的闪烁噪声造成的 rms 脱靶量，如图 7.7 中实线所示。

式（7.62）的拉普拉斯反变换为

$$L_{\mathrm{independent}}^{-1} = (6t - 12t^2 + 4t^3)\mathrm{e}^{-2t}$$

对上式的平方进行积分，假设接近速度为 1500m/s，利用式（7.46）可得到由谱密度为 $6.5\times10^{-8}\ \mathrm{rad}^2/\mathrm{Hz}$ 的距离独立噪声造成的 rms 脱靶量，如图 7.8中实线所示。

式（7.63）的拉普拉斯反变换为

$$L_{\mathrm{passive}}^{-1} = (-4t^4 + 12t^3 - 6t^2)\mathrm{e}^{-2t}$$

对上式的平方进行积分，假设接近速度为 1500m/s，利用式（7.48）可得到在谱密度为 $6.5\times10^{-4}\ \mathrm{rad}^2/\mathrm{Hz}$ 的被动接收机噪声影响下，参考距离为 10000m 时的 rms 脱靶量，如图 7.9 中实线所示。

式（7.64）的拉普拉斯反变换为

$$L_{\mathrm{active}}^{-1} = (6t^3 - 12t^4 + 4t^5)\mathrm{e}^{-2t}$$

对上式的平方进行积分，假设接近速度为 1500m/s，利用式（7.49）可得到在谱密度为 $6.5\times10^{-4}\ \mathrm{rad}^2/\mathrm{Hz}$ 的主动接收机噪声影响下，参考距离为 10000m 时的 rms 脱靶量，如图 7.10 中实线所示。

式（7.65）的拉普拉斯反变换为

$$L_{\varphi1}^{-1} = 0.5t^2\mathrm{e}^{-2t}$$

对上式的平方进行积分，假设目标进行起始时间均匀分布且幅值为 3g 的阶跃机动，利用式（7.50）即可得到 rms 脱靶量，如图 7.11 中实线所示。

在 $\omega_T = 1.4\mathrm{rad/s}$ 时，式（7.66）的拉普拉斯反变换为

$$L_{\varphi2}^{-1} = -0.025\cos1.4t + 0.093\sin1.4t + (-0.235t^2 - 0.08t + 0.025)\mathrm{e}^{-2t}$$

对上式的平方进行积分，假设目标进行幅值为 3g、随机相位均匀分布、$\omega_T = 1.4\mathrm{rad/s}$ 的正弦机动，利用式（7.51）可得到 rms 脱靶量，如图 7.12中实线所示。

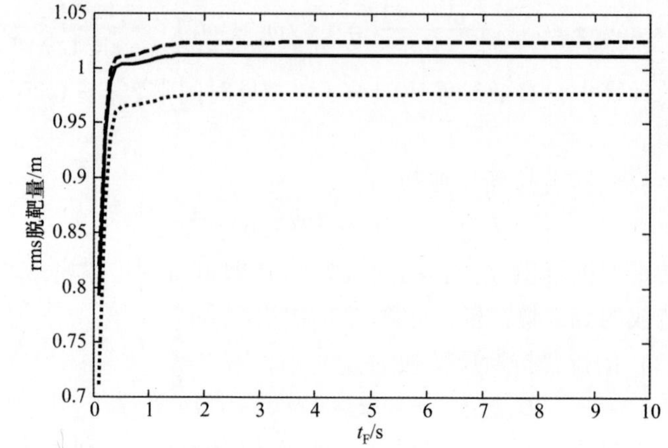

图 7.7　闪烁噪声造成的 rms 脱靶量

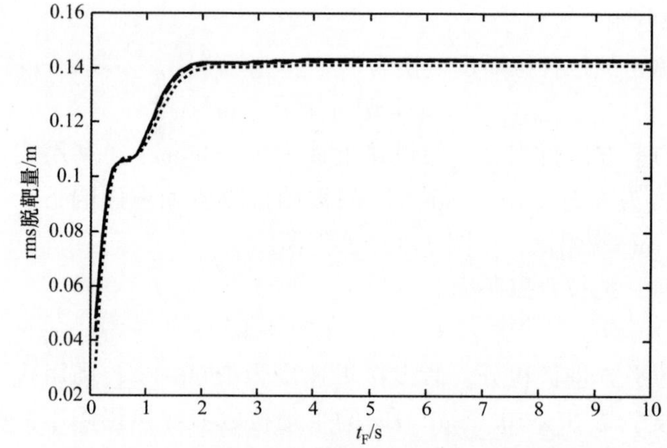

图 7.8　距离独立角度噪声造成的 rms 脱靶量

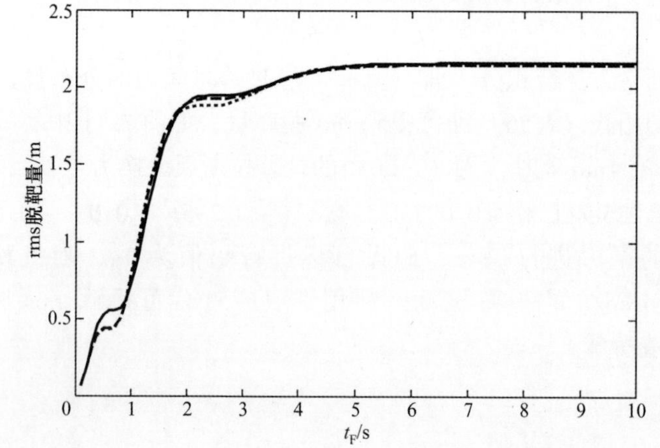

图 7.9　被动接收机噪声造成的 rms 脱靶量

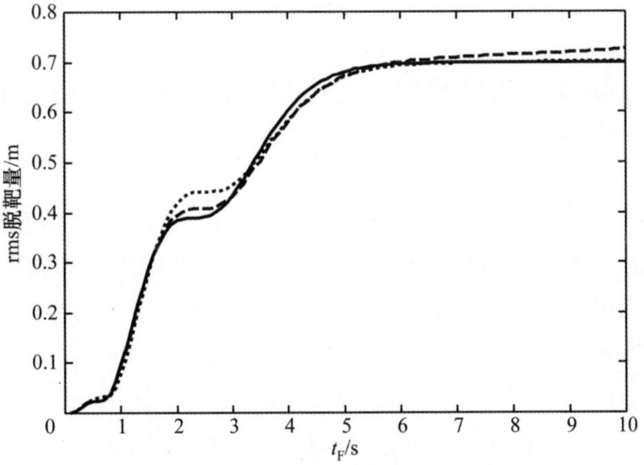

图 7.10　主动接收机噪声造成的 rms 脱靶量

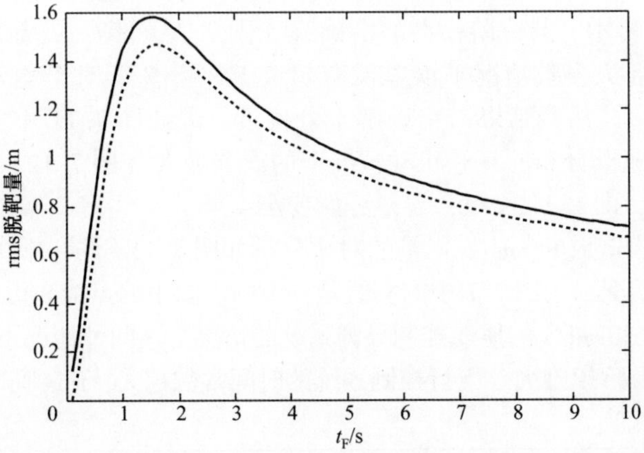

图 7.11　起始时间均匀分布且幅值为 3g 的阶跃机动造成的 rms 脱靶量

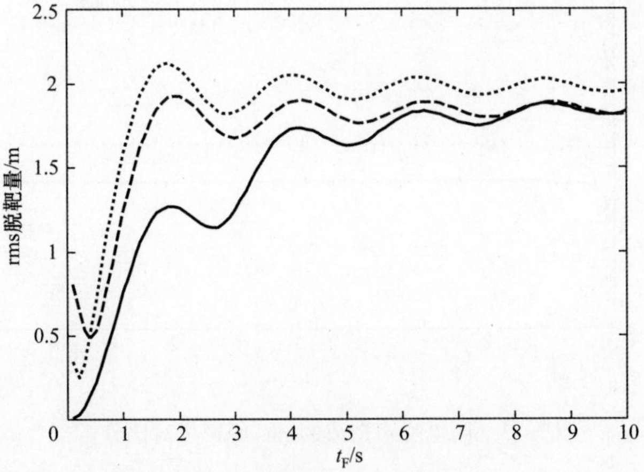

图 7.12　幅值为 3g 的随机相位正弦机动造成的 rms 脱靶量

上述解析表达式以及相对应的 rms 脱靶量与飞行时间 t_F 之间的关系式可以由拉普拉斯变换表或 Maple 软件得到。不过，在考虑更实际的导弹制导系统模型时，由于包含了飞行控制系统阻尼及自然频率所确定的复共轭极点（式（4.21）），即使上述先进的软件也难以发挥有效作用。

下面，将基于式（4.35）、式（4.37）、式（4.42）、式（4.43）及式（7.55）~式（7.60），利用 MATLAB 给出 rms 脱靶量的仿真结果。在考虑上述时间常数为0.5s 的简单模型的同时，还将考虑如下更为实际的模型：

(1) $\omega_z = 30\text{rad/s}, \zeta = 0.7, \omega_M = 20\text{rad/s}, \tau = 0.5\text{s}$；

(2) $\omega_z = 5\text{rad/s}, \zeta = 0.7, \omega_M = 20\text{rad/s}, \tau = 0.5\text{s}$；

(3) $\omega_z = 30\text{rad/s}, \zeta = 0.7, \omega_M = 20\text{rad/s}, \tau = 0.1\text{s}$；

(4) $\omega_z = 5\text{rad/s}, \zeta = 0.7, \omega_M = 20\text{rad/s}, \tau = 0.5\text{s}$。

基于式（7.55）~式（7.60）及与 $P_T(t_F, i\omega)$ 和 $P(t_F, i\omega)$ 相关的式（4.35）、式（4.37）、式（4.42）、式（4.43）的仿真结果如图 7.7 ~ 图7.12中虚线所示，与一阶模型的准确解（图7.7 ~ 图7.12 中实线）进行对比，可以看出：大多数情况下误差没有超过1% ~3%。对于均匀分布的阶跃机动（图7.11），仿真结果与精确解十分接近，因此图7.11 中实线与虚线基本一致。相位随机分布的正弦机动情况下的误差最大（图7.12），且误差在瞬态响应结束后，即 $t_f > 3\text{s}$ 时，误差开始变小。

由闪烁噪声造成的 rms 脱靶量的对比分析如图7.13 所示，图中的实线对应于一阶系统的情况，与图7.7 中的实线是一致的。图中的点线和虚线对应于弹体零点频率 $\omega_z = 30\text{rad/s}$ 的尾舵控制导弹系统的情况。这两种情况下，rms 脱靶量都要比简单的一阶模型大。飞行控制系统的时间常数越大，rms 脱靶量越小。

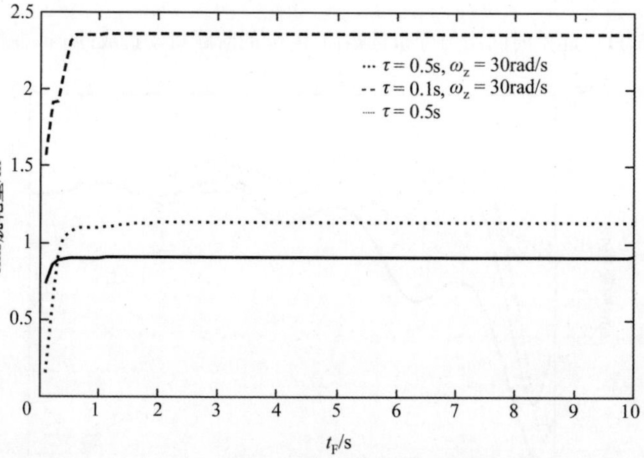

图7.13 闪烁噪声造成的 rms 脱靶量对比分析

弹体零点频率为 $\omega_z = 5\text{rad/s}$ 时的 rms 脱靶量如图 7.14 所示，rms 脱靶量明显增大，这对应于大气层内拦截弹高空飞行的情况，主要是由“错误方向尾端效应”造成的。

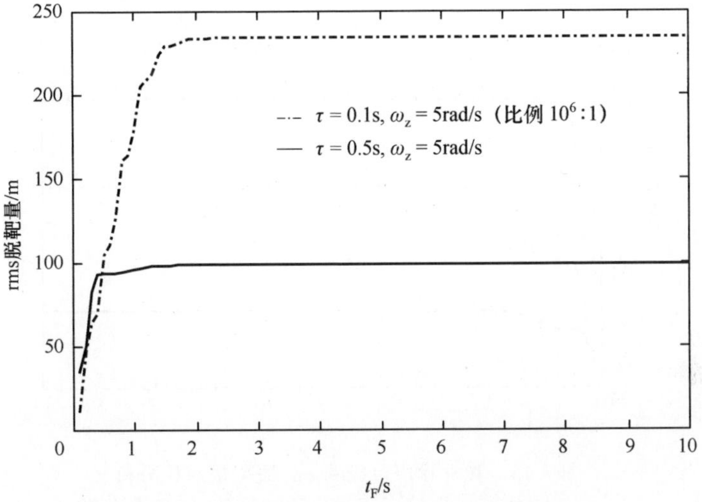

图 7.14　闪烁噪声造成的 rms 脱靶量对比分析

如前所述，由于“尾端效应”，尾控导弹在高空飞行时的动力学特性明显比低频率条件下差。不过，在确定条件下，如果飞行控制系统时间常数减小，能够减小低空飞行（ω_z 值较大）的脱靶量，增大高空飞行（ω_z 值较小）的脱靶量。而无论在哪种情况下，随着飞行控制系统时间常数的减小，由闪烁噪声造成的 rms 脱靶量都会变大。

上述闪烁噪声的效应看上去可能比较“奇怪”，特别是对于一阶模型而言，随着时间常数的减小，系统更接近于理想的无惯性系统。然而，这种效应通过分析式（7.55）及上述一阶系统 $P(t_F,s)$ 作为 τ 的函数表达式（式（3.19））就可以预测得到。

由于闪烁噪声可能是高度相关的，不应建模为白噪声，图 7.14 所示的结果与实际情况相差较远，尽管如此，仍可以从中获取大量信息。从图 7.13 和图 7.14 可以看出，高空飞行时 rms 脱靶量会显著增加（两位数的倍数），而飞行控制系统时间常数的减小会使 rms 脱靶量产生额外的剧烈增加。由式（4.13）和式（7.43）可以看出，随着有效导航比的增大，闪烁噪声产生的 rms 脱靶量也会增大。

图 7.15 和图 7.16 分析了距离独立噪声的影响。图 7.15 中的实线与图 7.8 中根据一阶制导系统模型解析表达式所绘的实线是一致的。图中的点线和虚线对应于弹体零点频率为 $\omega_z = 30\text{rad/s}$ 的尾控导弹系统的情况。与闪烁噪声的情

况相比，飞行控制系统时间常数减小时，对于距离独立噪声造成的 rms 脱靶量，在低空飞行（ω_z 值较大）时会减小，而在高空飞行（ω_z 值较小）时则变大。这与前面的确定情况类似。

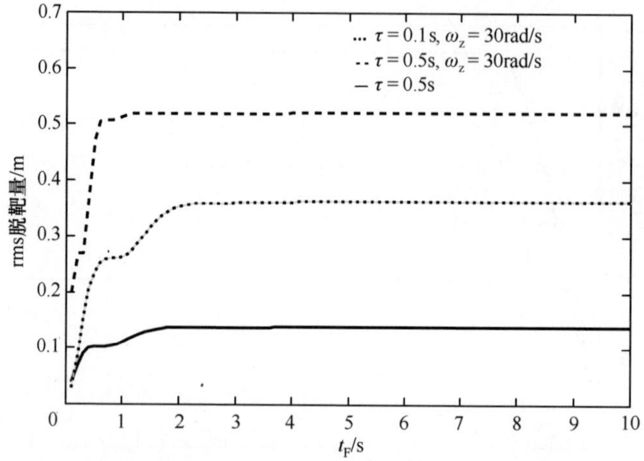

图 7.15　独立噪声造成的 rms 脱靶量对比分析

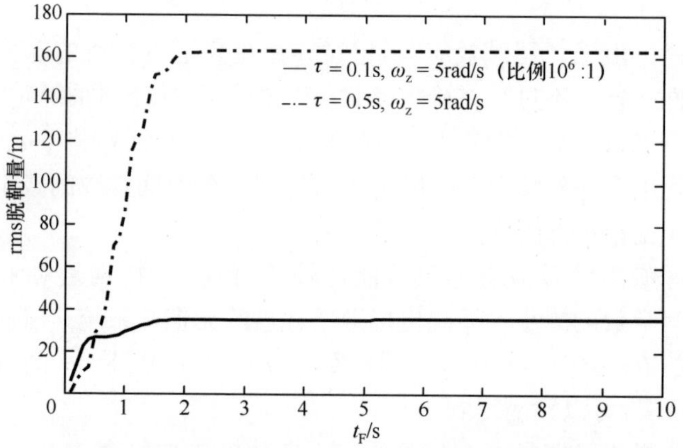

图 7.16　独立噪声造成的 rms 脱靶量对比分析

上面对于距离独立噪声所考虑的情况之间相关性，对于被动及主动距离相关噪声并不会发生质的变化。如图 7.17 和图 7.18 所示，主动接收器噪声造成的 rms 脱靶量要小于半主动噪声脱靶量。在考虑距离相关噪声的情况下，高空飞行时飞行控制系统时间常数减小所造成的 rms 脱靶量的增加，要明显小于距离独立噪声的情况。

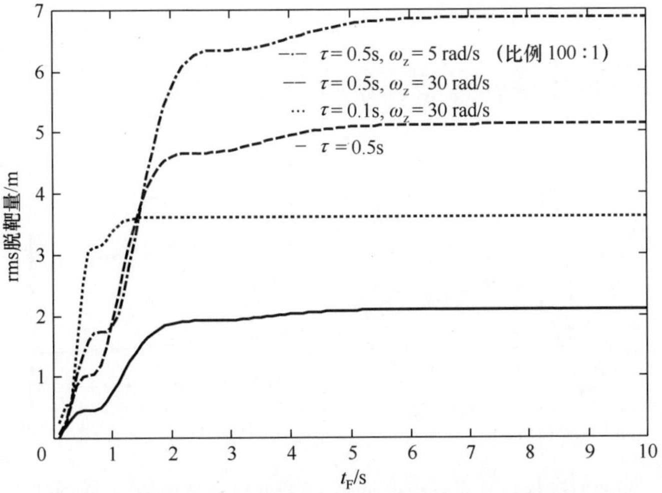

图 7.17　被动接收机噪声造成的 rms 脱靶量对比分析

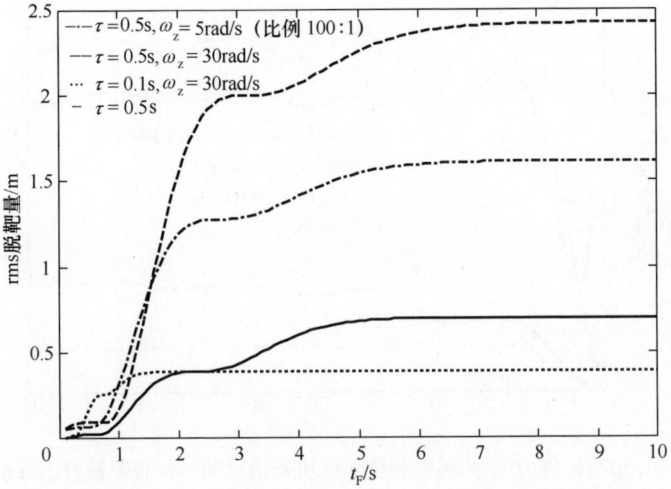

图 7.18　主动接收机噪声造成的 rms 脱靶量对比分析

由于距离独立噪声和距离相关噪声造成的脱靶量都取决于接收速度，因此对于弹道导弹，这两类噪声造成的脱靶量可能会很显著。

根据式（7.59），可以得到起始时间在飞行时间内均匀分布的阶跃机动造成的 rms 脱靶量，根据式（7.60）可以得到随机相位正弦机动造成的 rms 脱靶量，在图 7.19 和图 7.20 中对这两种 rms 脱靶量进行了比较。

从图 7.19 和图 7.20 可以看出，rms 脱靶量对飞行控制系统时间常数十分敏感。图 7.19 和图 7.20 中的实线对应于一阶模型的精确解。

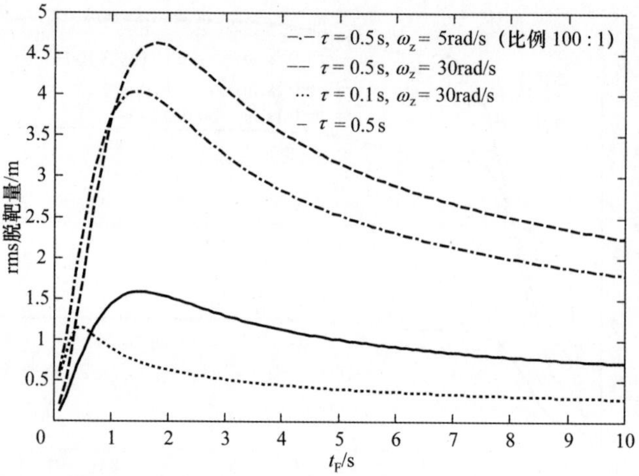

图 7.19　起始时间均匀分布且幅值为 $3g$ 的阶跃机动造成的 rms 脱靶量对比分析

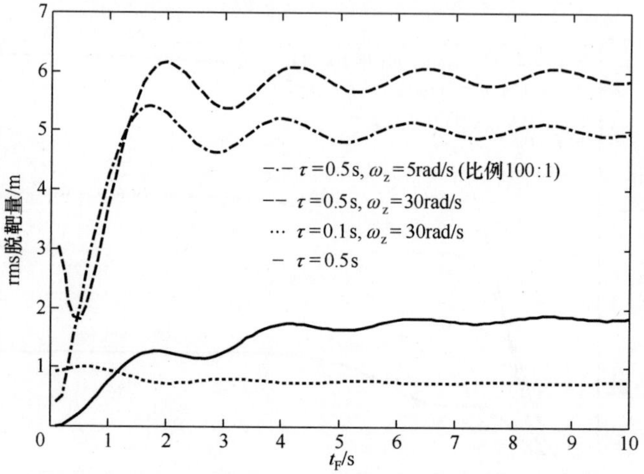

图 7.20　幅值为 $3g$ 的随机相位正弦机动造成的 rms 脱靶量对比分析

通过分别在时域和频域内选取合适的量化值 h 和 h_0，就可以通过求和和差分运算分别对积分和微分运算进行近似。在实际应用中，将式（7.55）~式（7.60）中积分的无穷上限变为 ω_{c0}，频率的选取原则：在 $\omega \geqslant \omega_{c0}$ 时，式（7.55）~式（7.60）中被积函数的值应仅比它们各自的最大值小 5%~10%。在上面的示例中，$\omega_c = 19\mathrm{rad/s}$，$h_0 = 0.1\mathrm{rad/s}$，$h = 0.1\mathrm{s}$。

利用计算数学方法可以进一步提高积分和微分运算的精度。我们都知道，一个连续函数 $y(t)$ 在 t_0 处的一、二、三阶导数可以按以下方式逼近：

$$h\dot{y}(t_0) = \mathrm{Diff}(y_0,1) - \frac{1}{2}\mathrm{Diff}(y_0,2) + \frac{1}{3}\mathrm{Diff}(y_0,3) - \cdots$$

$$h^2\ddot{y}(t_0)=\mathrm{Diff}(y_0,2)-\mathrm{Diff}(y_0,3)+\frac{11}{12}\mathrm{Diff}(y_0,4)-\cdots$$

$$h^3\dddot{y}(t_0)=\mathrm{Diff}(y_0,3)-\frac{3}{2}\mathrm{Diff}(y_0,4)+\frac{7}{4}\mathrm{Diff}(y_0,5)-\cdots$$

式中：h 为量化步长；$\mathrm{Diff}(y_0,i)$ 为 $y(t)$ 在 t_0 处的 i 阶差分。

利用三阶差分来近似三阶导数（即仅利用 $h^3\dddot{y}(t_0)$ 的第一项）时，会产生误差。不采用高阶差分时，式（7.58）可以转化为

$$\frac{E[y^2(t_F)]_{\text{active}}}{\Phi_{\text{pn}}}=\int_0^{t_F}\left\{\frac{2}{\pi}\frac{v_{\text{cl}}^3}{r_0^2}t^2\int_0^{\infty}\frac{\mathrm{dIm}[P_T(t_F,\mathrm{i}\omega)]}{\mathrm{d}\omega}\cos\omega t\mathrm{d}\omega\right\}^2\mathrm{d}t \tag{7.67}$$

通过对式（7.58）各部分进行积分，并考虑到 $\mathrm{Im}^{(i)}[P_T(t_F,0)]=\mathrm{Im}^{(i)}[P_T(t_F,\infty)]=0$（$i=1,2$ 表示导数的阶次），可以很容易得到这个表达式。考虑到 $\mathrm{Re}^{(1)}[P_T(t_F,0)]=0$，式（7.56）、式（7.57）还可以类似地进行简化。

因此可用式（7.68）代替式（7.56）：

$$\frac{E[y^2(t_F)]_{\text{independent noise}}}{\Phi_{\text{fn}}}=\int_0^{t_F}\left\{\frac{2}{\pi}v_{\text{cl}}t\int_0^{\infty}\mathrm{Im}[P_T(t_F,i\omega)]\sin\omega t\mathrm{d}\omega\right\}^2\mathrm{d}t \tag{7.68}$$

用式（7.69）代替式（7.57）：

$$\frac{E[y^2(t_F)]_{\text{passive}}}{\Phi_{\text{pn}}}=\int_0^{t_F}\left\{\frac{2}{\pi}\frac{v_{\text{cl}}^2}{r_0}t\int_0^{\infty}\frac{\mathrm{dRe}[P_T(t_F,\mathrm{i}\omega)]}{\mathrm{d}\omega}\sin\omega t\mathrm{d}\omega\right\}^2\mathrm{d}t \tag{7.69}$$

然而，基于式（7.67）~式（7.69）的计算过程的精度对 ω_{c0} 的取值非常敏感，特别是在 t_F 值比较大时（因为式（7.67）~式（7.69）中包含因子 t）。

$\mathrm{Re}[P_T(t_F,i\omega)]$ 和 $\mathrm{Im}[P_T(t_F,i\omega)]$ 的表达式可直接由式（4.42）、式（4.43）或式（4.10）得到（也可见式（6.10）~式（6.13）），则

$$\begin{aligned}P_T(t_F,i\omega)&=\exp\left(-N\int_{\omega}^{\infty}\frac{W(i\omega)}{\omega}\mathrm{d}\omega\right)\\&=\exp\left(-N\int_{\omega}^{\infty}\frac{\mathrm{Re}[W(i\omega)]}{\omega}\mathrm{d}\omega\right)\exp\left(-iN\int_{\omega}^{\infty}\frac{\mathrm{Im}[W(i\omega)]}{\omega}\mathrm{d}\omega\right)\end{aligned}$$

则 $P_T(t_F,i\omega)$ 的幅值 $|P_T(t_F,i\omega)|$ 和相位 $\varphi_T(t_F,i\omega)$ 为

$$|P_T(t_F,i\omega)|=\exp\left(-N\int_{\omega}^{\infty}\frac{\mathrm{Re}[W(i\omega)]}{\omega}\mathrm{d}\omega\right) \tag{7.70}$$

$$\varphi_T(t_F,i\omega)=-N\int_{\omega}^{\infty}\frac{\mathrm{Im}[W(i\omega)]}{\omega}\mathrm{d}\omega \tag{7.71}$$

基于式（7.70）和式（7.71）的计算过程要比上述利用频率响应（式（4.35）、式（4.37）、式（4.42）、式（4.43））的计算过程简单，它只需要知道导弹制导系统的频率响应 $W(i\omega)$。此外，$W(i\omega)$ 还可以近似地用实

验数据来表示。不采用式（4.42）和式（4.43），而采用式（7.70）和式（7.71）对一阶模型进行仿真，从仿真结果（图 7.7 ~ 图 7.12）可以看出，该计算过程的精度略低于上述利用 $P(t_F, i\omega)$ 和 $P_T(t_F, i\omega)$ 解析表达式的计算过程，这个精度可以通过增大式（7.70）和式（7.71）中被积函数的上限 ω_{c0} 来提高。

在以上考虑的所有情况下，根据一阶系统分析得到的脱靶量估计值都要明显小于具有高弹体零点频率 ω_z 的实际模型。在弹体频率较小的情况下，根据一阶系统得到的结果是绝对不可接受的。

7.8 滤波

前述噪声会影响导引头的测量。为了得到视线角速度的可靠信息，以满足前面章节中的比例导引律及其修正形式的需求，有必要采用滤波器来减小各类噪声源造成的 rms 脱靶量。假设闪烁噪声、独立噪声、相关噪声等随机变量都是独立的，总的 rms 脱靶量可通过各噪声造成的脱靶量的方差之和的均方根来确定。

设滤波器的传递函数为 $G_1(s)$（图 7.1 ~图 7.3），则滤波问题可阐述为如何寻找合适的 $G_1(s)$，从而减小总的 rms 脱靶量的问题。这样描述存在一定的缺陷，因为它没有考虑目标机动造成的脱靶量，而滤波器的动力学特性同样会影响总的脱靶量中的这一分量。

对于高机动目标，假设在一组交会过程中目标摆动式机动的相位角（与导弹末制导段的初始条件有关）为一个在 0 ~ 2π 之间均匀分布的随机变量，这样假设是很符合实际情况的，其对应的 rms 脱靶量问题可视为分析导弹攻击摆动式机动目标性能时的测量有效性问题。这意味着滤波器传递函数 $G_1(s)$ 的选取，应能够尽可能地减小包括随机相位正弦机动造成的 rms 脱靶量在内的总 rms 脱靶量。

下面介绍一个如何选取滤波器的传递函数 $G_1(s)$，以提高尾控导弹性能的工程方法，设导弹的参数为：$\omega_z = 30\text{rad/s}, \zeta = 0.7, \omega_M = 20\text{rad/s}, \tau = 0.5s$。针对给定的导弹制导系统及参数为 $\omega_z = 30\text{rad/s}, \zeta = 0.7, \omega_M = 20\text{rad/s}, \tau = 0.1s$ 的系统，通过对距离独立/距离相关噪声造成的 rms 脱靶量、随机相位正弦机动造成的 rms 脱靶量（图 7.15、图 7.17、图 7.18 及图 7.20）进行对比分析，可以得到结论：除因闪烁噪声造成的 rms 脱靶量分量外的所有 rms 脱靶量分量都随着 τ 的减小而显著减小；$\tau = 0.1\text{s}$ 的导弹制导系统的总 rms 脱靶量明显较小。基于上述分析，容易得到结论：滤波器的传递函数选取为 $G_1(s) = \dfrac{0.5s+1}{0.1s+1}$ 时，能够显著提高给定导弹制导系统在低空飞行时的性能。如前所述，在高空飞行时，导弹的动力学参数会发生变化，因此滤波器的参数也应相应改变。

在本章，不考虑最优滤波问题，在实践中广泛采用的简单常值增益滤波器及最优数学滤波器将在第 8 章讨论。

参 考 文 献

1. Chen, C. Linear System Theory and Design, CBS College Publishing, New York, 1984.
2. Fitzgerald, R. J. Shaping flters for disturbances with random starting times, Journal of Guidance and Control, 2, 152 - 154, 1979.
3. Gihman, I. I. and Skorohod, A. V. The Theory of Stochastic Processes I, Springer, New York, 1974.
4. Skolnik, M. I. Radar Handbook, McGraw – Hill, New York, 1990.
5. Smith, O. Feedback Control Systems, McGraw – Hill, New York, 1958.
6. Shneydor, N. A. Missile Guidance and Pursuit, Horwood Publishing, Chichester, 1998.
7. Yanushevsky, R. Analysis of optimal weaving frequency of maneuvering targets, Journal of Spacecraft and Rockets, 41, 3, 477 - 479, 2004.
8. Yanushevsky, R. Analysis and design of missile guidance systems in frequency domain, 44th AIAA Space Sciences Meeting, paper AIAA 2006 – 825, Reno, Nevada, 2006.
9. Yanushevsky, R. Frequency domain approach to guidance system design, IEEE Transactions on Aerospace and Electronic Systems, 43, 1544 - 1552, 2007.
10. Yanushevsky, R. Theory of Linear Optimal Multivariable Control Systems, Nauka, Moscow, Russia, 1973.
11. Zachran, P. Complete statistical analysis of nonlinear missile guidance systems, Journal of Guidance and Control, 2, 1, 71 - 78, 1979.

第8章 固定翼无人机制导

8.1 引言

无人机（Unmanned Aerial Vehicles，UAV）是目前航空航天工业中发展最为迅猛的分支。UAV 编队的迅速发展和广泛应用，为其设计者不断提出新的问题。虽然目前 UAV 主要应用在军事领域（情报、监视及侦察任务，作战任务——打击、压制和/或摧毁敌军及设施），但其未来潜在的应用领域十分广泛（例如，边境巡逻，森林防火监控及灭火，非军事安全工作（如工业设施监视、道路/铁路基础设施建设、矿产勘探、海岸监视、输油管道监视）、喷洒肥料/杀虫剂、航空摄影、土地测绘、环境监测、交通、科学数据采集）。

由于自动导引 UAV 的飞行在很多特征上与导弹的飞行十分相似，因此 UAV 制导系统可以按现有导弹类似的方式进行设计。应当指出的是，导弹也是一种无人飞行器。不过，UAV 的制导（根据当前的术语定义，无人机是一种依靠远程控制器或机上计算机控制的航空器）比导弹更为复杂。在本章，考虑所谓的固定翼 UAV，它的配置及气动特性与导弹类似。导弹的制导律一般通过计算算法来实现，引导导弹去攻击目标，UAV 与导弹不同，它的飞行路径是远程控制或提前规划好的，因此 UAV 的制导功能主要是生成期望的飞行航迹。UAV 一般工作在高危环境下，它应具备敏感并规避（天然的及人为制造的）障碍、重建飞行航迹的能力，这是它所具备的重要特性之一，相应的算法应嵌入其制导控制系统中。

美国目前拥有 5 种主要的无人机：空军的“捕食者（Predator）”和“全球鹰（Global Hawk）”、海军和海军陆战队的“先锋（Pioneer）”、陆军的“狩猎者（Hunter）”及“影子（Shadow）”。

“捕食者”是一种长 8.23m 的中空（7.6km）长航时（24h）无人机，虽然它的最大飞行高度达 7.6km，但它典型的飞行高度为 3 ~ 4.5km，以保证其摄像机获得最佳的图像效果。这款无人机的起降方式与普通飞机一样，但它是由飞行员在地面利用操纵杆控制，它的作战半径为 740km，最大飞行速度达

400km/h。“捕食者”无人机的主要作战任务是空中侦察和目标获取，为了完成这个任务，“捕食者”装备了200kg的监视设备载荷，主要包括两台光电（Electro-optical，E-O）摄像机和一台供夜间使用的红外（Infrared，IR）摄像机，此外还包括一台合成孔径雷达（Synthetic Aperture Radar，SAR），以满足恶劣气象条件下的任务需求。“捕食者”的卫星通信功能提供了对其进行超视距操控的能力，它的卫星通信链路主要由6.1m的卫星天线和相关支持设备组成。在进行超视距操控时，该卫星通信链路保证地面站与无人机之间的通信，它也提供了与传送二级情报信息的网络之间的连接链路。在2002年，由于增加了激光指示和导弹发射的能力，“捕食者”的军事代号由RQ-1B（侦察无人机）更改为MQ-1（多任务无人机）。新型“捕食者”装备了多光谱瞄准系统，可以为机上的光电/红外载荷提供激光指示功能。改进型“捕食者-B”也被称为“猎人－杀手”，代号MQ-9，它是“捕食者”的增长版，长度达到10.97m，在飞行高空、配备载荷、飞行速度、飞行距离等方面均有改进，它能够在13.5～16km的高度飞行，可以携带8枚“地狱火（Hellfire）”导弹，而MQ-1只能携带两枚该型导弹。

“全球鹰”是世界上最大的（长13.54m）高空（20km）、长航时（35h）、远程操控无人机，它的作战半径达24985km，飞行速度达650km/h，可提供大范围地理区域的近实时图像。“全球鹰”与“捕食者”除了在尺寸上存在明显差异外，二者之间另外一个显著区别在于“全球鹰”从起飞到降落都是自主完成的。相较于“捕食者”，“全球鹰”的高品质图像是由更先进的传感器组件完成的，因此也使它的载荷大幅增加（880kg）。“全球鹰”需要地面站完成其飞行控制、状态监测、作战任务调整等功能。地面站主要由两部分组成：任务控制单元（Mission Control Element，MCE）和发射与回收单元（Launch and Recovery Element，LRE），MCE主要完成任务规划与执行、指挥与控制、图像处理与分发，LRE及其相关地面支持设备主要完成发射与回收控制。LRE单元还为提高无人机飞行过程中的导航精度提供精密差分GPS（Global Positioning System）修正，与惯性导航系统（Inertial Navigation System，INS）共同完成导航任务。地面这两部分都装置外部天线，以完成与无人机的视距通信及卫星通信。

“先锋”无人机长4.25m，大约为“捕食者”的一半，它的飞行高度最高可达4.5km，最佳飞行高度为目标上空1～1.5km，飞行速度200km/h。“先锋”无人机白天可在空中停留5h，航程185km，它的作战任务主要是进行空中侦察，为地面指挥官提供实时情报。“先锋”无人机有效载荷为30～45kg，主要为一台光电/红外摄像机，还可装备一台气象传感器、一台探雷传感器以及一台化学传感器。该无人机采用火箭助推（舰载）或弹射器发射，或从跑道上发射，采用回收网（舰载）或制动装置回收。

“狩猎者”无人机能够完成标准的侦察和监视任务，它是一种长度为7m的中空无人机，其航程为265km，飞行速度为111～148km/h，航时约为10h。它装备有一台光电/红外传感器，载荷质量约90kg，可昼夜全天候使用。该无人机由两名操作人员控制：一人控制无人机的飞行，另一人控制所携带载荷的功能。“狩猎者”可以从铺设完好或铺设一半程度的道路上发射，也可以利用火箭辅助起飞（Rocket - assited Takeoff，RATO）系统发射。利用RATO系统发射时，它主要采用火箭助推器实现从零长度的发射器上发射。RATO系统主要用于小型舰船或空间有限的区域。“狩猎者”无人机可以在常规跑道、草地或高速公路上利用阻拦索降落回收。

“影子”无人机长度为3.4m，平均航时为6h，飞行速度为111～148km/h，航程780km[①]，最大飞行高度可达4.5km，最佳飞行高度2.5km，能够提供实时侦察、监视及目标获取信息。该无人机质量为127.3kg，具备自动起降能力，从发射器导轨上发射，在跑道上利用尾钩回收。“影子”无人机的有效载荷为12.25kg，包含一台光电/红外传感器转台，能够昼夜全天候摄像，并通过视距范围内的链路将数据实时地传送回地面站。

随着UAV数量的迅速增加及应用范围的不断扩展，不断有新的问题出现在其设计者面前。无人机制导问题越复杂，需要的制导律越先进。为了满足越来越广泛应用的新需求，阐明未来无人的概念和相关关键技术，发展先进的制导算法是十分必要的。

无人机具备的自主能力越强，其制导控制系统越复杂，进而导致无人机的重量、尺寸及成本都会上升，而航时、作战半径及/或速度则会下降。想要减少无人机操控人员任务负荷，就需要增加无人机的有效载荷，这就使得无人机更加难以充分发挥它的潜在性能特性。如何实现在操控人员与无人机自主功能之间的合理权衡仍是最重要的问题，它是实现未来无人机尺寸和成本最小化的主要途径。

许多新型的UAV将在未来5～10年内进行飞行试验，其中小型、微小型无人机是未来无人机的一个主要发展趋势，它们可以携带小型化武器，在城市战场以集群的形式近距离地快速打击目标。不过，以色列最近研制的新型无人机“艾坦（Eitan）”是一质量为4.5t的巨型无人机，它的续航能力达24～36h，飞行高度可达12km。美国也正在发展一型与“艾坦”性能相近的无人

① 原著数字有误。

机，构成助推段拦截系统的一部分，这将在第 11 章中进一步讨论。

8.2　基本制导律和视觉导航

无人机路径规划（Path Planning）可分为全局（任务）规划和局部（航迹）规划。全局规划确定最重要的指标需求，如无人机飞行路径、长度、飞行时间等，并评估作战环境中的不确定性；局部规划则主要根据可获取的信息开发飞行航迹算法。无人机的航迹可以分为 3 个部分：发射后的初始无控段、与预定飞行路径相对应的飞行控制段、与降落相对应的末段（该段是完全或部分受控的）。根据任务要求，特别是监视和侦察飞行中，飞行航迹中可能包含低速飞行阶段。此外，在特殊情况下，悬停 UAV 应能在特定的位置/区域停留一定时间。

由于 UAV 应用越来越广泛，UAV 的任务也越来越多样化，这也使得飞行路径规划难以采用标准设计程序，且成为决定任务成败的最重要因素。通常情况下，无人机的飞行路径规划器会尽量考虑目标区域有关的所有细节信息。对于沿某一特定形状简单的地面区域执行巡逻或侦察任务的 UAV，设计详细的飞行路径、实现在不同部分按需要的速度飞行并不困难。然而，复杂环境下的航迹规划却是一个难题，实际的任务场景可能包含障碍及其他的禁飞区。此外，UAV 还必须能够克服环境中的不确定因素，如建模误差、外部扰动及不完整的态势感知信息。在机器人领域，路径规划问题已经被大量研究[14]，这个问题的本质可以描述为：在存在静态或动态障碍的环境下，寻求一条没有碰撞风险的路径。与机器人类似，UAV 的路径规划的目标是：在敌我对抗环境（将敌方视为障碍）下，有效完成给定任务的同时，最大程度地保证自身的安全。无人机航迹规划器的目标是：在满足任务目标的同时，在适当的时间窗口内，计算一条最优或次优的穿越路径。规划器需要综合考虑地形数据、威胁信息、燃料使用约束、时间约束以及基于可获取信息的其他约束条件。通常情况下，航迹规划器返回的数据包括航路点位置、预计到达时间、航向、资源使用情况（如燃料消耗、传感器约束）以及描述航迹特征（如风险、效率等）指标信息。航迹规划可视为下一步制导律的雏形。最优化方法可用于航迹规划，例如，可以提高能源效率，以增大无人机的续航能力，或实现最短时间航迹等[1,2,15]，运筹学方法可以阐述并解决这类问题。如果能够获得潜在威胁的完整信息，可以通过求解最优问题构建一条安全的航线；如果信息存在不确定性，通常需要考虑多种作战想定，确定一种折衷方案。在任何情况下，飞行路径都可以表示为一系列的航路点，并在不同部分施加额外要求

(约束条件)。

图8.1所示为某UVA的理想航迹，规划航迹由一系列航路点及其之间的连线组成（简单起见，图中只标示了4个航路点），从起飞后的爬升段开始，至降落段结束。工业机器人的路径规划与UAV路径规划之间的主要区别在于，UAV必须能够保持其飞行速度大于最小飞行速度，这就意味着它的航迹不能包含急转弯或顶点。给定航路点后，即可生成可能的飞行路径。但这有必要吗？通常情况下，不可能预测所有可能的飞行情形，这种情况下最好的解决方案就是像训练飞行员那样，对无人机进行强化学习训练，使其形成“常识”。

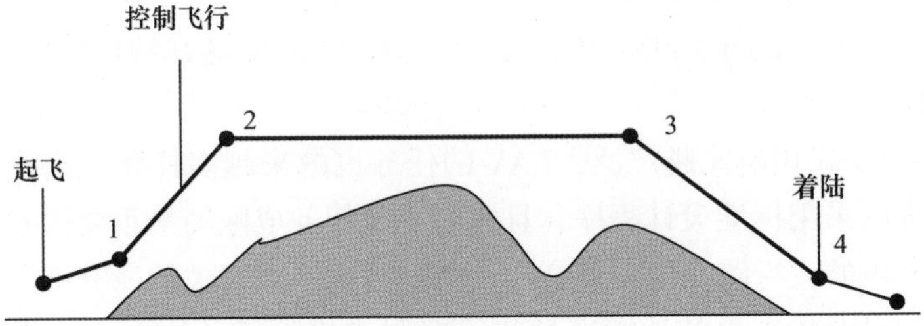

图8.1 标准飞行剖面

前面考虑的制导算法（例如，式（5.16）、式（5.74）和式（5.91））可用于UAV的导航，使其从最初的航路点依次飞向下一个航路点。在这种情况下，每一个航路点都可以看作一个虚拟目标，并根据式（1.11）计算视线角速率。由于航路点之间的距离相对较小，因此UAV的航迹一般接近于直线，视线角速度只在航路点附近才发生明显的变化（出现预期之外障碍的情况除外）。航迹规划器应将航路点序列以及各段航路上的速度约束和加速度约束（通常只在航路点附近）传送给UAV机载计算机。（障碍规避及其算法将在8.5节讨论）执行所考虑制导律的制导系统将实现无人机在航路点之间飞行的稳定与控制。式（3.16）中的立方项增强了PN项的效果，提高应对机动目标的有效性。但很多的UAV任务并不需要此项，比例导引算法即足够完成UAV在航路点之间的导航。若将前面章节讨论的制导律及其算法应用于UAV，则需要对其在整个飞行过程或某些飞行阶段的速度加以限制。在自主飞行阶段，机载计算机系统收集GPS/IMU等传感单元的实时数据，生成驱动伺服系统的指令，控制UAV飞行。IMU即惯性测量单元（Inertial Measurement Unit），是一种利用加速度计和陀螺组合测量速度、方向及加速度的电子设备。

通常情况下，末段降落是UAV航迹中最难的部分，前面章节中的制导律都不能用在这一段，因为它们都没有考虑降落过程中的诸多具体细节。最有应用前景的方法是开发一套控制系统，能够模拟人类飞行员操纵飞机降落的功能，基于视觉的导航方法及相关的计算算法应为这套控制系统的组成部分。首先，UAV 利用视频图像确定一个安全的着陆点，在向选定的着陆点降落过程中始终跟踪该着陆点。基于视觉的导航方法能够探测并规避障碍，这也是无人机在降落过程中利用的一个重要特征。然而，在降落段采用视觉导航的主要优势在于能够解决如下问题：在特定的降落环境下，根据 GPS 或其他相似定位设备获取的定位信息不再可靠。导致这个问题的原因包括信号干扰、阻隔定位信号传播的障碍物等。许多研究人员提出了计算机视觉系统，为 UAV 提供更为精确的位置信息估计。但采用视觉技术也存在一定的困难，即它并不能将人的经验和直觉充分转化为计算程序。为了弥补计算机的这种“迟钝（Slow - wittedness）”需要为其提供附加信息，例如第二台摄像机的图像，从而能够用具体的计算来代替人的直觉。立体视觉分析的主要目标是通过环境的 2D 图像确定其 3D 形式。单张图像不足以完成这种推演，但是如果能够从一个略微不同的位置或角度对同一场景再拍摄一张图像，则可以对两张图像进行对比，从而能够估计摄像机与图像中物体之间的距离。

基于视觉导航方法的分析及其在着陆点选取、位置估计等任务中应用可见参考文献［4，16，19 - 23］。

下面以一个沿半径为 50km 的圆形路径执行监视任务的无人机为例，来验证前面章节中讨论的制导律用于导引 UAV 飞行的可能性。将圆形路径近似为一个八边形，可得到 9 个航路点 PIPi（j）（i = 1 ~ 3；j = 1 ~ 9），其坐标如下(距离的单位为 m)。

PIP1（1）= 500；　PIP2（1）= 0；　PIP3（1）= 1000；
PIP1（2）= 15150；　PIP2（2）= 35550；　PIP3（2）= 1000；
PIP1（3）= 50500；　PIP2（3）= 50000；　PIP3（3）= 1000；
PIP1（4）= 85850；　PIP2（4）= 35550；　PIP3（4）= 1000；
PIP1（5）= 100500；　PIP2（5）= 0；　PIP3（5）= 1000；
PIP1（6）= 85850；　PIP2（6）= - 35550；　PIP3（6）= 1000；
PIP1（7）= 50500；　PIP2（7）= - 50000；　PIP3（7）= 1000；
PIP1（8）= 15150；　PIP2（8）= - 35350；　PIP3（8）= 1000；
PIP1（9）= 500；　PIP2（9）= 0；　PIP3（9）= 1000。

假设 UAV 航迹（R_{M1}, R_{M2}, R_{M3}）受控部分从 $R_{M1} = 250$m 、$R_{M2} = 0$ 、$R_{M3} = 500$m 处开始，其速度分量为 $V_{M1} = 20$m/s 、$V_{M2} = 40$m/s 、$V_{M3} = 0$ 。选定加速度上限为 2g。飞行控制系统的动力学特性由一个阻尼为 $\zeta = 0.7$ 、自然频率为

ω_M = 100rad/s 、时间常数为 τ = 0.1s 的三阶传递函数来表示。

有效导航比 $N=3$ 的 PN 制导律生成的水平面内航迹及对应的速度和加速度曲线如图 8.2～图 8.4 所示。

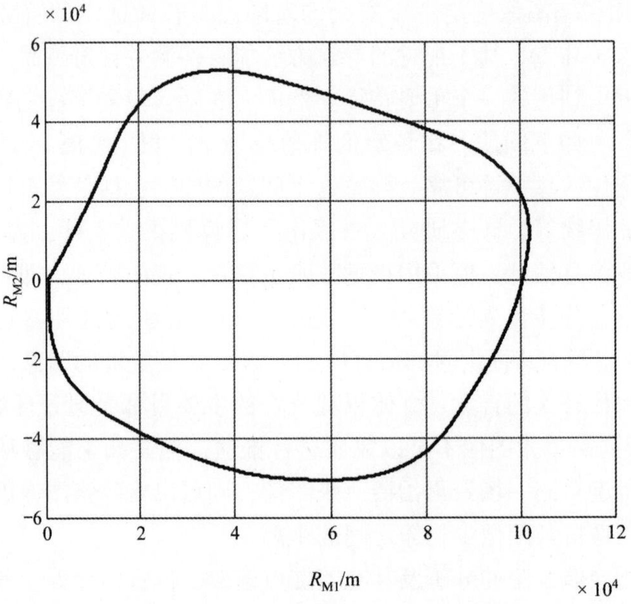

图 8.2 采用 PN 制导律的 UAV 航迹

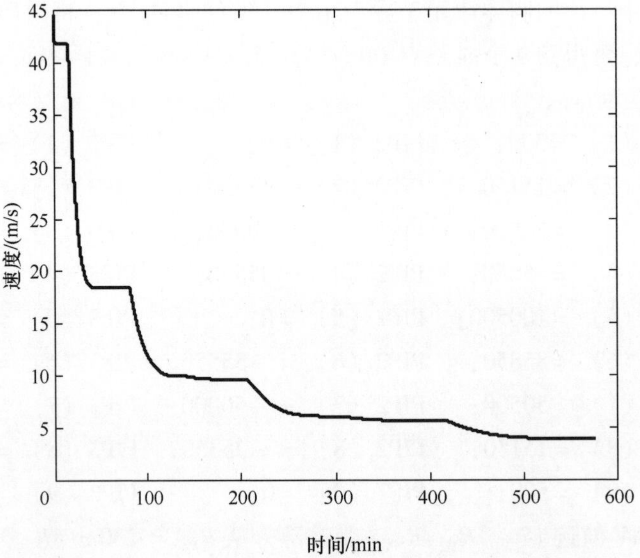

图 8.3 采用 PN 制导律的 UAV 速度

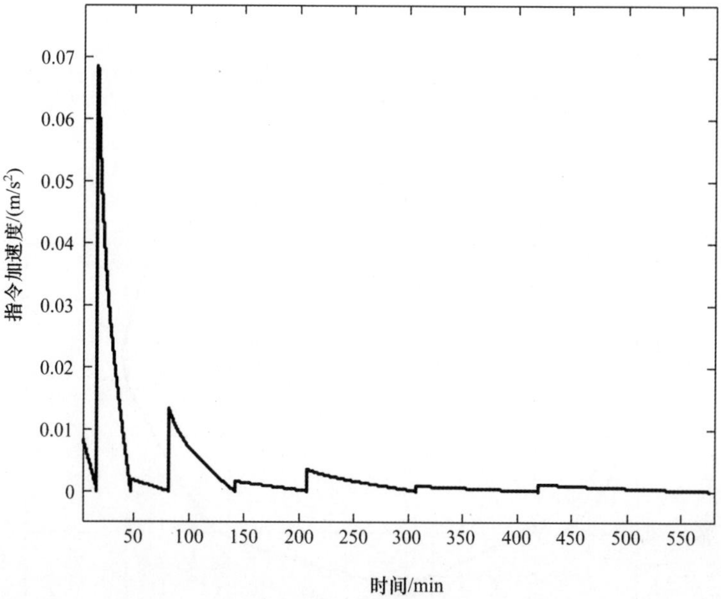

图 8.4　采用 PN 制导律的 UAV 指令加速度

一般来说，由于我们处理的是一个非连续函数，因此在航路点处 $\dot{\lambda}(t)$ 并不存在。不过，采用离散模型可以解决这个问题。飞行一圈大约需要 10h。由于 PN 产生侧向运动，初始能源在航路点上不断消耗，UAV 的速度也在不断减小，因此指令加速度的尖峰值也在不断变小。上述结果是可以很容易预测到的，因为仿真飞行不存在永久作用的推力。这正是为何在更真实的初始条件（$V_{M1}=20\text{m/s}$、$V_{M2}=0$、$V_{M3}=40\text{m/s}$）下无法完成环形飞行的原因，通过仿真可以看出，在第 3 个航路点之后飞行就失败了。与很多推力不可控的导弹不同，UAV 可以控制其推力，而推力是改变其纵向运动主要因素。此外，如前所述，UAV 在其航迹的不同部分需要不同的飞行速度，而许多导弹轴向加速度的变化主要取决于时间（由火箭发动机的具体情况所决定），对于某些类型的导弹，轴向加速度的变化还取决于目标的运动。而 UAV 的纵向运动及其速度都是预先计划好的，在每一个飞行段具有特定的飞行速度。这就决定了无人机所需的纵向加速度及其对应的推力。

这样的要求应在无人机的制导律中得以体现，修正制导律如下：

$$a_{Ms}(t) = 3v_{cl}\dot{\boldsymbol{\lambda}}_s(t) + k[v_{M0}(t)\boldsymbol{\lambda}_s(t) - v_{Ms}(t)](s=1,2,3) \quad (8.1)$$

式中：$v_{M0}(t)\boldsymbol{\lambda}_s(t)$（$s=1,2,3$）为期望的 UAV 速度分量；$v_{M0}(t)$ 为最优飞行速度；k 为常值系数。图 8.5 ~ 图 8.7 所示为修正制导律对应的仿真结果。

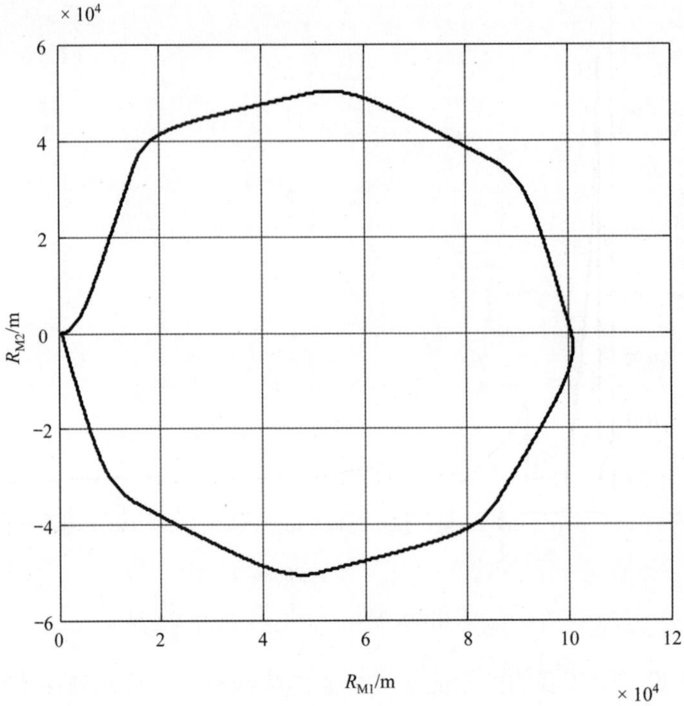

图 8.5　采用修正制导律的 UAV 航迹

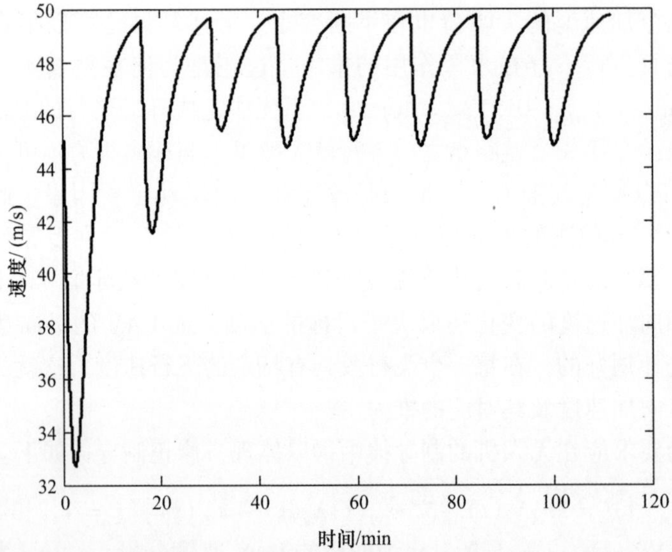

图 8.6　采用修正制导律的 UAV 速度

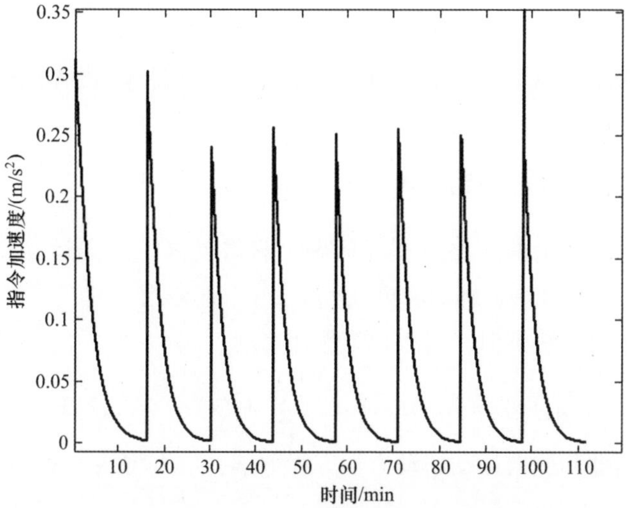

图 8.7　采用修正制导律的 UAV 加速度

仿真结果对应于 $v_{M0}(t)=50\text{m/s}$ 和 $k=0.005$ 的情况，飞行时间小于 2h，且在飞行大部分过程中 UAV 飞行速度接近于期望值。显然，选取更优的初始条件（主要取决于发射的质量）、更多的航路点、调试适当的增益 k，即可获得更为精确的飞行航迹。

在所考虑的制导模型中，基于航路点序列的 PN 制导律在航路点附近起到了校正作用。在修正制导律中，按照与第 5 章相同的方式，综合考虑了侧向运动和纵向运动。

一般来说，这些运动是由不同的系统控制的，因此，第 3 ~ 7 章讨论的导弹 PN 制导系统的分析与设计方法同样适用于 UAV。

在第 5 章中，制导律是基于严格的数学方法得到的，而在本章，修正制导律是根据物理学方法而非严格数学方法得出的，该制导律的数学推导将在 8.3 节给出。

8.3　固定翼无人机的广义制导律

在第 5 章中，将无人飞行器的运动表示为两部分分量：侧向和纵向。侧向运动和纵向运动分别由如下的方程描述（式（5.87）和式（5.89））：

$$\ddot{\lambda}_s(t)r(t)+2\dot{r}(t)\dot{\lambda}_s(t)+r(t)\sum_{s=1}^{3}\dot{\lambda}_s^2(t)\lambda_s(t)=a_{\text{Ts}}(t)-a_{\text{Ms}}(t)\quad(s=1,2,3) \tag{8.2}$$

$$\ddot{r}(t) - r(t)\sum_{s=1}^{3}\dot{\lambda}_s^2(t) = a_{\mathrm{Tr}}(t) - a_{\mathrm{Mr}}(t)(s = 1,2,3) \tag{8.3}$$

式中：当应用于UAV时，$a_{\mathrm{Tr}}(t)$ 和 $a_{\mathrm{Mr}}(t)$ 分别表示目标和UAV的径向加速度；目标可能是航路点，或是其他无人机。

8.3.1 航路点制导问题

回到8.2节讨论的航路点制导问题，只需要修正纵向运动加速度 $a_{\mathrm{Mr}}(t)$（式（5.89）），使其满足轴向速度 $v_{\mathrm{M}}(t) = v_{\mathrm{M0}}$ 的要求。

与第5章的方法类似，引入一个伪加速度：

$$a_{\mathrm{Mr1}}(t) = a_{\mathrm{Mr}}(t) - r(t)\sum_{s=1}^{3}\dot{\lambda}_s^2(t)(s = 1,2,3)$$

将纵向运动和侧向运动的动力学方程解耦，可以将式（8.2）和式（8.3）简化为

$$\ddot{\lambda}_s(t)r(t) + 2\dot{r}(t)\dot{\lambda}_s(t) = a_{\mathrm{Ts}}(t) - a_{\mathrm{Mts}}(t) - r(t)\sum_{s=1}^{3}\dot{\lambda}_s^2(t)\lambda_s(t)(s = 1,2,3) \tag{8.4}$$

$$\ddot{r}(t) = a_{\mathrm{Tr}}(t) - a_{\mathrm{Mr1}}(t) \tag{8.5}$$

针对无人机航路点制导，式（8.4）和式（8.5）可表示为

$$\ddot{\lambda}_s(t)r(t) + 2\dot{r}(t)\dot{\lambda}_s(t) = -a_{\mathrm{Mts}}(t) - r(t)\sum_{s=1}^{3}\dot{\lambda}_s^2(t)\lambda_s(t)(s = 1,2,3) \tag{8.6}$$

$$\ddot{r}(t) = -a_{\mathrm{Mr1}}(t)$$

且其纵向运动应满足规定的速度条件：对于两个连续航路点之间的直线航迹 i，$v_{\mathrm{Mi}}(t) = v_{\mathrm{M0i}}$（$v_{\mathrm{M0i}}$ 和 $v_{\mathrm{Mi}}(t)$ 分别表示UAV的期望轴向速度和真实轴向速度）。

如果在每段航迹 i 满足以下条件，即可实现上述条件：

$$a_{\mathrm{Mr1}}(t) = k_{2i}(t)(v_{\mathrm{M0i}} - v_{\mathrm{Mi}}(t)) = k_{2i}(t)(v_{\mathrm{M0i}} - \dot{r}(t)) \tag{8.7}$$

式中：$k_{2i}(t)$ 在每一段航迹中为正的常值。

在导弹制导问题中，式（5.90）可保证 $\lim\limits_{t\to t_{\mathrm{F}}} r(t) \to 0$。在这里，类似于式（8.6）相对 $\dot{\lambda}_s(t)$ 的局部渐近稳定性，式（8.6）和式（8.7）仅相对 $\dot{r}(t)$ 存在局部渐近稳定性（式（2.36）和式（2.37）相关的讨论）。式（8.6）的分析表明：若满足 $\dot{r}(t) < 0$，前面考虑的制导律即可实现平行导引，即存在 t_{F}，使 $r(t_{\mathrm{F}}) = 0$。求解式（8.6）和式（8.7）即可得到满足 $r(t) = 0$ 的 t 值。这意味着存在 $k_{2i}(t)$，使制导律（式（5.95））：

$$a_{\mathrm{Ms}}(t) = Nv_{\mathrm{cl}}\dot{\boldsymbol{\lambda}}_s(t) + N_1\dot{\boldsymbol{\lambda}}_s^3(t) + (1 - N_{2s})r(t)\sum_{s=1}^{3}\dot{\boldsymbol{\lambda}}_s^2(t)\boldsymbol{\lambda}_s(t) + k_{2i}(t)(v_{\mathrm{M0i}} - v_{\mathrm{Mi}}(t))\boldsymbol{\lambda}_s(t) \quad (s = 1,2,3) \tag{8.8}$$

生成的航迹至少近似满足对无人机航迹的要求。如果 $N_1 = 0$ 且 $N_{2s} = 1$ ，即可由式（8.8）得到前面所考虑的制导律。

8.3.2　交会问题

交会问题作为制导问题，除了飞行器的位置要与目标的位置一致外，飞行器的速度也应等于目标的速度。若 $\dot{r}(t) < 0$ ，根据式（8.4），飞行器即可到达目标的位置。为了满足速度的相等性，制导律中的切向分量应包含与切向加速度 $u_{s3}(t) = a_{\mathrm{Tts}}(t)$ ($s = 1,2,3$ ）相等的项，即在式（5.91）和式（5.93）中，$N_{3s} = 1$ 。则交会问题可以简化为纵向加速度（式（8.5））的选择问题，以保证满足上述附加条件及 $\dot{r}(t) < 0$ 。

制导律的纵向分量可表示为

$$a_{\mathrm{Mr1}}(t) = k_2(v_{\mathrm{Tr}}(t) - v_{\mathrm{Mr}}(t)) + a_{\mathrm{Tr}}(t) + k_3 r(t) = k_2\dot{r}(t) + a_{\mathrm{Tr}}(t) + k_3 r(t) \tag{8.9}$$

式中：$v_{\mathrm{Mr}}(t)$ 和 $v_{\mathrm{Tr}}(t)$ 分别为无人机和目标的速度矢量的轴向分量；k_2 和 k_3 为正系数。

将 $a_{\mathrm{Mr1}}(t)$ 代入式（8.5），可得

$$\ddot{r}(t) = -k_2\dot{r}(t) - k_3 r(t) \tag{8.10}$$

该方程是渐近稳定的，即 UAV 与目标间的距离趋于零，且 $\dot{r}(t) \to 0$ 。此外，对于 $\dot{r}(t) < 0$ 的情况，可以通过选取 k_2 和 k_3 ，使得 $\dot{r}(t) < 0$ 。显然，由式（1.12）可知当 $V_{\mathrm{Ms}}(t) = V_{\mathrm{Ts}}(t)$ ($s = 1,2,3$ ）时，$\dot{r}(t) = 0$ 。

基于式（5.91）、式（5.95）及式（8.9），交会问题的制导律可表示为

$$a_{\mathrm{Ms}}(t) = Nv_{\mathrm{cl}}\dot{\boldsymbol{\lambda}}_s(t) + N_1\dot{\boldsymbol{\lambda}}_s^3(t) + (1 - N_{2s})r(t)\sum_{s=1}^{3}\dot{\boldsymbol{\lambda}}_s^2(t)\boldsymbol{\lambda}_s(t) + (k_2\dot{r}(t) + k_3 r(t)) + a_{\mathrm{Ts}}(t) \quad (s = 1,2,3) \tag{8.11}$$

式中：N 、N_1 和 N_{2s} 的选择问题及其表达式已经在前面讨论。

所研究的交会问题的应用之一就是“空中加油”问题，即在飞行过程中将油料从一架飞机（一般称为“加油机”）传输给另一架飞机（受油机）的过程。空中加油能力是美军空中作战能力的关键组成部分，使美军能够实现在战场运用战机（轰炸机、歼击机、侦察机等）高效作战、远距离战场快速部署、战场长时间滞空等。

通常情况下，为了完成空中加油，受油机的飞行员应首先将飞机驾驶到加

油管嘴后下方大约15m的位置，加油机从机身中心线所在水平面向下30°的方向放下输油管，喷嘴伸出长度约为1m。

固定翼UAV即可作为加油机，也可作为受油机。无人受油机在加油过程中应遵循上述过程，即它应在加油机的下方，而UAV加油机应飞到受油机前上方约15m的位置。由于无人机之间的上述距离已经足够小，可将其作为交会问题来考虑，利用式（8.11）即可求解加油问题。若假设运动体之间的距离可不为零，则可以得到一个更为精确的解，这个问题将在8.3.3节讨论。

图8.8和图8.9给出了交会问题的仿真结果。为简单起见，考虑平面交会的情况，即假设无人机和目标飞行器均在垂直平面内运动，采用如下制导律：

$$a_{Ms}(t) = 3v_{cl}\dot{\lambda}_s(t) - k_2 v_{cl}(t)\lambda_s(t) + k_3 r(t)\lambda_s(t) + a_{Ts}(t) \quad (s = 1,2)$$

去实现与目标的交会，其为式（8.11）的特殊情况，初始位置和速度向量分别为：$R_M = (110,700)$，$R_T = (2000,0)$，$V_M = (15,45)$，$V_T = (0,150)$。假设目标加速度（其加速度分量分别为$0.1g$和0）和UAV加速度上限为$3g$。与8.2节中的例子一样，UAV飞行控制系统的动力学特性由一个阻尼为$\zeta = 0.7$、自然频率为$\omega_M = 100\text{rad/s}$、时间常数为$\tau = 0.1\text{s}$的三阶传递函数来表示。当$k_2 = 10$、$k_3 = 1$时（在这里不考虑它们的寻优问题），交会过程的时间略大于1min。图8.9中的实线和虚线分别表示平面分量$V_{T1} - V_{M1}$和$V_{T2} - V_{M2}$。

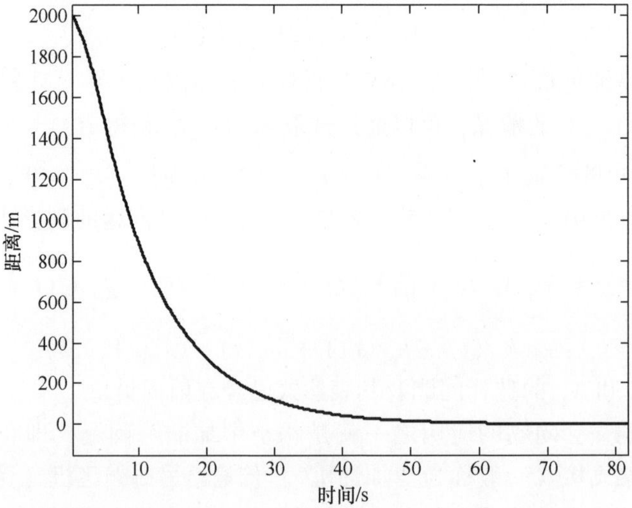

图8.8 无人机与目标的距离

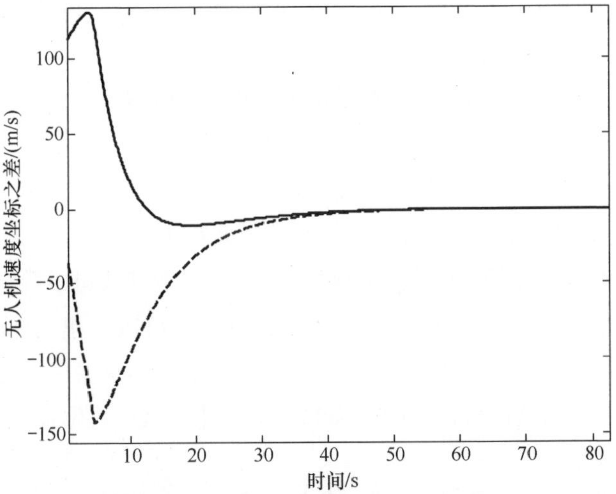

图 8.9　无人机与目标的速度分量之差

8.3.3　条件交会问题

与 8.3.2 节考虑的交会问题不同，条件交会问题假定飞行器与目标间的距离是确定的，即经过一段时间之后，飞行器与目标同步移动，也就是速度相同，且它们之间的相对位置保持不变。

两个物体之间的相对位置可以用它们之间的相对距离 r_0 和视线向量 $\lambda_{0s}(t)$ $(s=1,2,3)$ 描述。通过确定视线向量，即可将条件交会问题简化为上述交会问题。这意味着，无人机与目标 $\boldsymbol{r}_{\mathrm{T}}(t)=(R_{\mathrm{T1}},R_{\mathrm{T2}},R_{\mathrm{T3}})$ 的条件交会问题可以看作一个移动的物体与虚拟目标的交会问题，虚拟目标的坐标为

$$R_{\mathrm{Ts}}^{f}=R_{\mathrm{Ts}}(t)-r_0\lambda_{0s}(t)(s=1,2,3) \tag{8.12}$$

对于侧向运动，式（8.11）可写为

$$a_{\mathrm{Mts}}(t)=Nv_{\mathrm{cl}}^{f}\dot{\lambda}_{s}^{f}(t)+N_1\dot{\lambda}_{s}^{f3}(t)+(1-N_{2s})r^{f}(t)\sum_{s=1}^{3}\dot{\lambda}_{s}^{f2}(t)\lambda_{s}^{f}(t)+a_{\mathrm{Tts}}(t) \tag{8.13}$$

式中：视线 $\lambda_{s}^{f}(t)$ 和接近速度 $v_{\mathrm{cl}}^{f}(t)$ 相对虚拟目标确定，即

$$\begin{cases}r^{f}(t)=\sqrt{\sum\limits_{s=1}^{3}\left[R_{\mathrm{Ts}}^{f}(t)-R_{\mathrm{Ms}}(t)\right]^2}\\ \lambda_{s}^{f}(t)=(R_{\mathrm{Ts}}^{f}(t)-R_{\mathrm{Ms}}(t))/r^{f}(t)\\ \dot{\lambda}_{s}^{f}(t)=(V_{\mathrm{Ts}}(t)-V_{\mathrm{Ms}}(t)+\lambda_{s}^{f}(t)v_{\mathrm{cl}}^{f}(t))/r^{f}(t)\\ v_{\mathrm{cl}}^{f}(t)=-\dfrac{\sum\limits_{s=1}^{3}(R_{\mathrm{Ts}}^{f}(t)-R_{\mathrm{Ms}}(t))(V_{\mathrm{Ts}}(t)-V_{\mathrm{Ms}}(t))}{r^{f}(t)}\end{cases} \tag{8.14}$$

（式（8.14）中符号标注的含义是十分明显的，可参考式（1.8）~式（1.12），上标“f”表示虚拟目标。）

与式（8.9）类似，制导律中的纵向分量可表示为

$$a_{\mathrm{Mr1}}(t) = k_2\dot{r}^f(t) + a_{\mathrm{Tr}}(t) + k_3 r^f(t) \tag{8.15}$$

将 $a_{\mathrm{Mr1}}(t)$ 代入式（8.5），可得

$$\ddot{r}^f(t) = -k_2\dot{r}^f(t) - k_3 r^f(t) \tag{8.16}$$

该方程是渐近稳定的。由式（8.14）中 $v_{\mathrm{cl}}^f(t)$ 的表达式可以看出，当 $\dot{r}(t)=0$ 时，$V_{\mathrm{Ms}}(t) = V_{\mathrm{Ts}}(t)\ (s=1,2,3)$。从式（8.14）还可以看出，$r^f(t)=0$ 时，对应于 $R_{\mathrm{Ts}}^f(t) = R_{\mathrm{Ms}}(t)$ 或 $R_{\mathrm{Ts}}(t) - R_{\mathrm{Ms}}(t) = r_0\lambda_{0s}(t)\ (s=1,2,3)$ 的情况（式（8.12）），即UAV与目标的距离趋于 r_0，且UAV的位置与期望的视线向量 $\boldsymbol{\lambda}_0(t)$ 一致。

根据式（8.13）和式（8.15），条件交会问题的制导律可表示为

$$\begin{aligned} a_{\mathrm{Ms}}(t) = {} & Nv_{\mathrm{cl}}^f\dot{\lambda}_s^f(t) + N_1\dot{\lambda}_s^{f3}(t) + (1-N_{2s})r^f(t)\sum_{s=1}^{3}\dot{\lambda}_s^{f2}(t)\lambda_s^f(t) \\ & + (k_2\dot{r}^f(t) + k_3 r^f(t))\lambda_s^f(t) + a_{\mathrm{Ts}}(t) \quad (s=1,2,3) \end{aligned} \tag{8.17}$$

式中：N、N_1 和 N_{2s} 的选择及相应的表达式已经在前面讨论。

通常在实践中，由于目标在加速或减速时，期望的视线向量 $\boldsymbol{\lambda}_0(t)$ 会发生变化，因此，考虑目标速度向量与视线向量（而非期望视线向量 $\boldsymbol{\lambda}_0(t)$）之间的夹角更为方便。然而，如果目标速度向量是已知的，$\boldsymbol{\lambda}_0(t)$ 很容易确定，可以开发多种不同的计算过程。根据第5章中修正广义制导律的内容，可对式（8.17）进行微调。

8.4 无人机集群制导

小型、低成本的UAV集群可以实现大范围区域的覆盖，能够协同完成任务目标，如地图测绘、巡逻、搜索与救援、侦察及通信中继等，因此在军用和民用领域中UAV集群的协同控制备受关注。目前已经表明，多UAV飞行编队可用于干涉成像等工作，而这靠单架UAV是无法完成的[11]。且上述任务可能具有重复性或危险性，自主飞行器是完成这些任务的理想选择。

当UAV以集群形式完成协同任务时，可将其视为飞行编队。编队可以通过相对位置向量精确定义，也可以利用人工势场法进行更为广义的定义[3,5,7-12,17,18,20]。飞行编队必须能够在任务或环境变化时，安全地进行重新编队。无人机编队飞行制导律通过明确无人机相对位置要求（固定编队）或确定无人机交互的一般原则，即可保证无人机安全飞行[9,10,18]。在队形变换过程

中，必须对无人机在新编队中的位置重新分配，并给出无人机由初始编队中位置变换到新编队中位置的航迹，这些航迹必须能够保证 UAV 的安全，且符合它们的动力学特性。

受昆虫群体动力学特性及鱼群、鸟群运动特性的启发，研究人员已经发表了大量的论文和仿真结果，对如何将所研究的群体行为应用于无人机控制的问题进行了研究。文献［6，21］在自然行为的启发下，引入了行为控制架构的概念，文献［7］将这一概念用于 UAV 集群的控制，制定了一组规则，并将其应用于编队中的每一架无人机上。如文献［5］所述，采用这种形式的控制时，系统通过相对简单的规律就可以获得期望的行为，并具有扩展性好、鲁棒且灵活的优势。人工势场是行为控制架构的一个典型例子[10,11,13,18]，文献［13］将其引入到机械臂的避障问题中。最近，研究人员将人工势场成功地应用于自主机器人运动规划问题[9]和空间问题[3,12]中。人工势场的基本思想是创建一个工作空间，其中的每一架无人机都被引向各自的目标状态，且都具有排斥势能来避免碰撞[9]。文献［17］以图论为基础，对大规模协同智能体群组、局部交互且空间分布的无人机集群进行了分析和控制。文献［11］提出了虚拟结构的方法，将每架 UAV 视为一个粒子，每个粒子都试图保持固定的几何关系。

为符合实际情况，考虑一种更为实际的 UAV 集群制导方法。UAV 集群除了上述优势外，还有一个更为重要的因素：UAV 集群的自主性更强，一个人即可同时监控多架 UAV。随着 UVA 集群协同和协作能力的增强，单个用户可以同时操纵无人机的数量越来越多。

遗憾的是，目前“捕食者”无人机的地面控制站（Ground Control Station，GCS）同时只能控制一架“捕食者”无人机，且只能控制和处理“捕食者”无人机传回的信息。RQ－4“全球鹰”GCS 也只用控制和处理“全球鹰”无人机传回的信息。其他无人机也都只能使用它们专用的 GCS 系统。而战场指挥官却需要使用执行任务的各类无人机收集到的信息。目前的趋势是开发一种通用化、开放式的 GCS 架构，可以控制多种类型的 UAV，从而破除它们之间的壁垒。

UAV 需要人在不同程度上进行导引，且一般需要多名操控人员，这是无人机系统的本质特征。比如，“捕食者”和“影子”无人机都需要两名机组成员负责全面操作。目前，研究人员持续投入大量精力进行系统设计，来减小操控人员的工作负荷，降低工作量的“人机比（Operator－to－vehicle Ratio）”。UAV 的监督控制主要完成 2 个功能：①保持 UAV 稳定飞行；②满足任务的限制条件，如飞向航路点的航线、到达目标的时间、规避威胁区和禁飞区。

UAV 的自主能力越强，其制导控制系统越复杂，因而无人机的质量、尺寸都会变大，而航时、作战半径及/或速度则会下降。无人机的负载能力与续航能力（燃油容量）之间呈反比关系。要减小操控人员的工作负荷，就需要增加 UAV 的有效载荷，而这就会使 UAV 的动力学特性变差，因此也就更难以发挥 UAV 潜在的最佳性能特性。

对于 UAV 编队的协调控制问题，分级控制系统是最佳的解决方案。在分级控制系统中，局部操作员负责控制 UAV 集群，操作员、管理员负责控制局部操作员的操作。此外，用有人机上的操作员代替地面操作员来操控无人机集群，可以显著减少 UAV 上的有效载荷，提高其性能品质。

基于以上分析，对于 UAV 集群的制导问题，可以看作由操作员管理员负责协调、由局部操作员来实施导引，确定长机的飞行航迹，以及集群中其他各无人机与长机的相对位置。在这样的情况下，操作员的工作主要集中在长机上，长机与集群中的其他无人机进行通信（交换的数据量不应太大），只有在特殊情况下，操作员才对其他无人机直接发送指令。

通过设定编队成员中其他各无人机相对长机的期望相对位置，可将 UAV 编队的制导问题简化为 8.3 节所讨论的条件交会问题。

下面将通过两个无人机编队的示例，来验证式（8.17）的有效性，编队有 3 架无人机，将长机视为目标，其他两架无人机以一定的队形跟随长机飞行。为简单起见，考虑平面运动的情况，这在很多应用中是符合实际情况的。

无人机的初始数据为（下面距离的单位为 m，速度的单位为 m/s，加速度的单位为 m/s^2）：

$$R_{T1} = 1000, R_{T2} = 0; R_{M11} = 110, R_{M12} = 700; R_{M21} = 110, R_{M22} = -700;$$

$$V_{T1} = 0, V_{T2} = 60; V_{M11} = 15, V_{M12} = 45; V_{M21} = 15, V_{M22} = 45;$$

$$a_{T1} = 0.1g, a_{T2} = 0$$

假设 UAV 加速度上限为 $4g$，动力学特性与本章其他示例类似。制导律参数与前面的示例一样，即 $N = 3, N_1 = 0, N_{2s} = 1, k_2 = 10, k_3 = 1$。

在第一个编队（图 8.10）中，三架无人机在水平面内始终保持在同一条垂直线上同步移动，它们之间的距离为 $r_0 = 500\text{m}$。在该情况中，$\lambda_{01} = 0$，$\lambda_{02} = \pm 1$。在图 8.10 中，UAV 的位置每 10s 标注一次，大约在 60s 时三架无人机实现了同步运动。

在第二个编队中，两架无人机在长机后面 500m，在水平面内与长机的飞行路径呈 45°（0.707rad）角。在该情况下，λ_{01} 和 λ_{02} 为时间的函数，由长机的速度矢量和期望的 45°角来确定。图 8.11 所示为 UAV 的每 10s 的位置，未到 40s 时即实现了编队的同步运动。

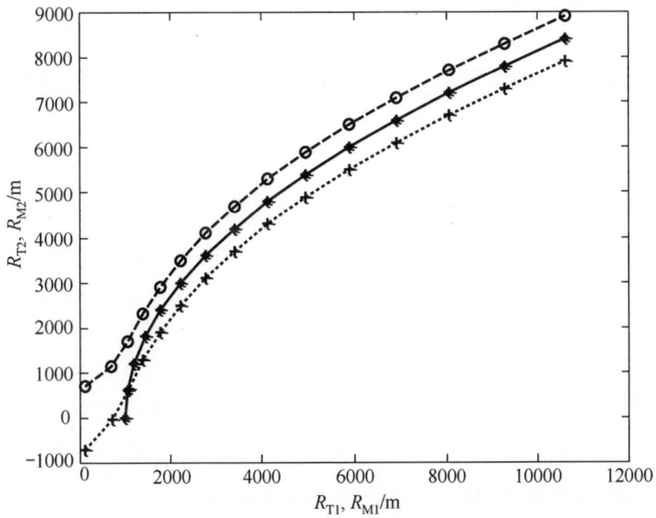

图8.10 三架无人机条件交会（r_0 = 500m;λ_{01} = 0,λ_{02} = ±1）

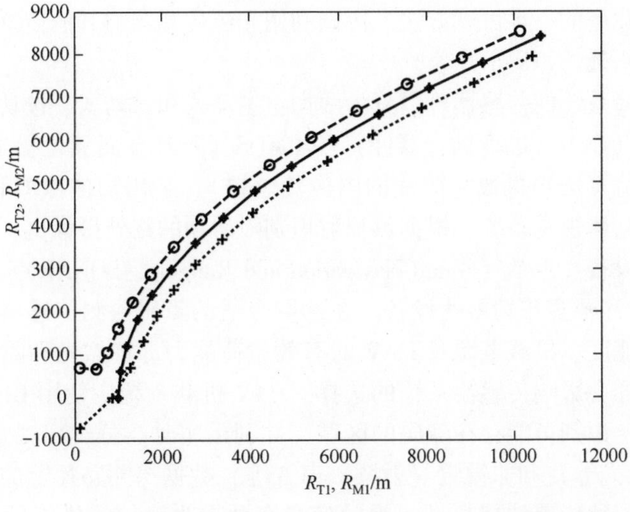

图8.11 三架无人机条件交会（r_0 = 500m，与长机路径呈45°角）

8.5 避障算法

由于允许避障的区域一般远远大于制导精度要求的区域，因此与制导问题相比，避障问题至少在理论层面上看上去简单得多。但如果对避障允许区域施加更多的限制（如要使避障路径最小、避障的能量消耗等），避障问题就会变得复杂。

障碍的形式多种多样，可能是静止不动的，也可能是敌方故意设置的(包括以撞击为目的的障碍)。移动障碍比静止障碍更难规避，避障操作成功与否取决于移动障碍未来位置的预测精度。规避难度最大的移动障碍就是为打击 UAV 而发射的导弹。在这种情况中，UAV 必须具有高机动性，以避免被拦截。

发现和规避障碍物是在民用空域飞行的必要条件，有效的路径规划应保证 UAV 的飞行符合美国联邦航空条件（Federal Aviation Regulations，FAR）的规定，美国国家空域系统（National Airspace System，NAS）就是依据该条例管理飞行活动的。

一旦探测到障碍，就必须改变飞行路径，以确保 UAV 的安全，在保证成功避障的前提下最大程度地减小与预定路径的偏离。静止障碍周围的路径规划相对简单，如前所述，可以采用运筹学方法规划静止障碍周围的最优路径。然而，运动障碍周围的路径规划不是一个简单的任务。

UAV 的避障能力很大程度上取决于提供障碍必要信息的传感器。路径规划器可以根据静止障碍的信息正确地设计飞行路径。先前讨论的视觉导航可作为规避近距障碍的一种可靠方法。协调利用光流传感器与其他传感器的信息可以获得更为精确的障碍信息。

现有避障系统的传感器可以分为两类：主动式和被动式。被动传感器包括光流传感器（CCD（电荷耦合器件）和 CMOS（互补金属氧化物半导体），利用嵌入式光流算法拍摄数字照片的图像传感器）、采用物体探测和/或提取技术的单目或立体视觉系统、根据热辐射识别障碍物的红外摄像机。主动传感器包括超声波设备、声纳（Sound Navigation and Ranging，SONAR）、主动红外设备、雷达/激光及多普勒雷达设备。在选取合适的障碍探测传感器时，必须考虑其尺寸、速度、机载电源及 UAV 的有效载荷能力。自然光和障碍物密度等环境因素同样会影响传感器系统的选择。UAV 机载系统应使用 GPS/IMU 数据和地形数据，识别可能存在障碍的区域，并利用实时高分辨率视觉（光电/红外、雷达/激光等）和非视觉（射频、声音等）数据探测路径上的静止和移动障碍。作为一种传感器信息源，视觉信息有助于改善（或修正）其他传感器所测量的运动信息。

避障问题可能的解决方案包括：确定障碍物相对 UAV 路径的方向以及它的尺寸和速度；如果障碍物在向 UAV 运动，应能将 UAV 导引到不会与障碍物发生相交的区域。

第5章讨论的制导律可以用于导引到这一区域。在 UAV 继续向预设的航路点前进过程中，合理安装并调试的避障传感器应能够进行障碍物指示。

根据本书讨论的制导律，可以通过分析与侧向运动相关的制导律（式(5.91)~式（5.94)）得到最简单的避障方法。如前所述，在式（2.5）的条件下，侧向运动能够实现平行导引，即飞行器能够有效地朝目标运动。显然，如下反向作用的加速度（作用力）$a_{\mathrm{MOs}}(t)$

$$a_{\mathrm{MOs}}(t) = -Nv_{\mathrm{cl}}\dot{\lambda}_s(t) - N_{1s}\dot{\lambda}_s^3(t) + N_2 r(t)\sum_{s=1}^{3}\dot{\lambda}_s^2(t)\lambda_s(t) - N_{3s}a_{\mathrm{Tts}} \quad (s = 1,2,3) \tag{8.18}$$

即能够导引 UAV 飞离目标障碍。一般地，在式（8.18）中不需要使用目标加速度项，即仅使用线性项即可实现预期目标。若使用立方项可以加快响应速度。

当 $\dot{\lambda}_s(t) = 0(s = 1,2,3)$ 时（即 UAV 与障碍物处于同一条视线上时），上述避障制导律不起作用。UAV 应能通过合适的传感器及时确定这种情况，并能立即飞离该视线。当 UAV 离开这个“死区”时，式（8.18）再发挥作用，UAV 朝着远离障碍物的方向运动，直到传感器发出的信号表明 UAV 当前的位置至航路点之间的路径是安全的。

所考虑的制导和避障问题的计算算法可以表示为如下的形式：

$$a_{\mathrm{Ms}}(t) = K_1\dot{\lambda}_s(t) + K_2\dot{\lambda}_s^3(t) + K_3 r(t)\sum_{s=1}^{3}\dot{\lambda}_s^2(t)\lambda_s(t) + (K_4 v_{\mathrm{M0}} + K_5\dot{r}(t) + K_6 r(t))\lambda_s + K_7 a_{\mathrm{Trs}} + K_8 a_{\mathrm{Tts}} \quad (s = 1,2,3) \tag{8.19}$$

式中：系数 $K_i(i = 1 \sim 8)$ 的表达式采用前面给出的形式。

由于上面所考虑的问题能够使用一类一般形式的算法（式（8.19）），这也使得我们所讨论的方法非常具有吸引力。各类 UAV 的起降操作也都是比较独特的，本书对此不再讨论。

参考文献

1. Anderson, E., Beard, R. and McLain, T. Real – time dynamic trajectory smoothing for unmanned air vehicles, IEEE Transactions on Control Systems Technology, 13, 3, 471 – 477, 2005.
2. Babaei, A. and Mortazavi, M. Fast trajectory planning based on in – flight waypoints for unmanned aerial vehicles, Aircraft Engineering and Aerospace Technology, 82, 2, 107 – 115, 2010.
3. Badawy, A. and McInnes, C. On – orbit assembly using super quadric potential felds, Journal of Guidance, Control, and Dynamics, 31, 1, 30 – 43, 2008.
4. Bahnu, B., Das, S., Roberts, B. and Duncan, D. A system for obstacle detection during rotorcraft low altitude flight, IEEE Transactions on Aerospace and Electronic Systems, 32, 3, 875 – 897, 1996.

5. Balch, T. and Arkin, R. Behavior - based formation control for multi robot teams, IEEE Transactions on Robotics and Automation, 14, 6, 926 - 939, 1998.

6. Brooks, R. A robust layered control system for a mobile robot, IEEE Journal of Robotics and Automation, 2, 1, 14 - 23, 1986.

7. Crowther, W. Rule - based guidance for flight vehicle flocking, Proceedings of the Institution of Mechanical Engineers—Part G: Journal of Aerospace Engineering, 218, 2, 111 - 124, 2004.

8. D'Orsogna, M., Chuang, Y., Bertozzi, A. and Chayes, S. The road to catastrophe: stability, and collapse in 2D driven particle systems, Physical Review Letters, 96, 10,1,4302 - 1, 2006.

9. Ge, S. and Cui, Y., Dynamic motion planning for mobile robots using potential feld method, Autonomous Robots, 13, 207 - 222, 2002.

10. Han, K., Lee, J. and Kim, Y. Unmanned aerial vehicle swarming control using potential functions and sliding mode control, Proceedings of the Institution of Mechanical Engineers - Part G: Journal of Aerospace Engineering, 222, 721 - 730, 2008.

11. Ilaya, O., Bil, C. and Evans, M. Control design for unmanned aerial vehicle swarming, Proceedings of the Institution of Mechanical Engineers—Part G: Journal of Aerospace Engineering, 222, 4, 549 - 567, 2008.

12. Izzo, D. and Pettazi, L. Autonomous and distributed motion planning for satellite swarm, Journal of Guidance, Control, and Dynamics, 30, 2, 449 - 459, 2007.

13. Khatib, O. Real - time obstacle avoidance for manipulators and mobile robots. The International Journal of Robotics Research, 5, 1, 90 - 98, 1986.

14. Liu, C., Li, W. and Wang, H. Path planning for UAVs based on ant colony, Journal of the Air Force Engineering University, 2, 5, 9 - 12, 2004.

15. Merino, L., Wiklund, J., Caballero, T., et al. Vision - based multi - UAV position estimation, IEEE Robotics & Automation Magazine, 13, 3, 53 - 62, 2006.

16. Mettler, B., Tischler, M. and Kanade, K. System identifcation modeling of a small - scale unmanned rotorcraft for fght control design, American Helicopter Society Journal, 47, 1, 50 - 63, 2002.

17. Olfati - Saber R. Flocking of multi - agent dynamic systems: Algorithms and the-

ory. IEEE Transactions on Automation Control, 51, 3, 401 - 420, 2006.

18. Reif, J. and Wang, H. Social potential felds: A distributed behavioral control for autonomous robots, Robots and Autonomous Systems, 27, 3, 171 - 194, 1999.
19. Reissell, L. and Pai, D. Multi resolution rough terrain motion planning, IEEE Transactions on Robotics and Automation, 14, 1, 19 - 33, 1998.
20. Reynolds, C. Flocks, herds and schools: A distributed behavioral model, Computer Graphics, 21, 4, 25 - 34, 1987.
21. Strelow, D. and Singh, S. Motion estimation from image and inertial measurements, International Journal of Robotics Research, 23, 12, 1157 - 1195, 2004.
22. Trucco, E. and Verri, A. Introductory Techniques for 3 – D Computer Vision, Prentice Hall, 1998.
23. Yakimovsky, Y. and Cunningham, R. A system for extracting three dimensional measurements from a stereo pair of TV cameras, Computer Graphics and Image Processing, 7, 195 - 210, 1978.

第 9 章　制导律性能测试

9.1　引言

任何仿真都为了达到特定的目标，如验证一些想法的有效性、初步评估设计的效率等。每一个仿真模型都对应一些特定的场景。对导弹而言，目标的形式以及它的参数和轨迹是模型的必要组成部分，拦截精度是仿真确定的重要参数之一。对 UAV 而言，仿真模型用于测试无人机沿由航路点序列构成的预定路径飞行的精度。

一般而言，目标拦截作战的过程可分为 3 个阶段。第一阶段是发射阶段，该阶段通常是无控的。在发射阶段，火箭发动机点火，导弹朝着目标的方向加速到预定飞行速度。发射阶段之后，若导弹未锁定目标，则进入中段。在该阶段，导弹一般由雷达导引到依靠自身传感器即可锁定目标的区域。随后进入末（寻的）制导段，导弹根据自身传感器测量信息导向目标。根据拦截弹和任务的不同，末制导段可能在任意时间点开始，一般在拦截前几十秒到几秒不等的时间范围。末制导段的目的是消除前一阶段积累的残差，将拦截弹与目标之间的最终距离减小到规定范围。对于采用引信和破片式杀伤战斗部的拦截弹系统，最终的脱靶量必须小于战斗部的杀伤半径。而对于直接命中式的拦截弹，相对于选定的瞄准点，只允许有很小的脱靶量。无论采用哪一种杀伤方式，在末制导段的飞行过程中，拦截弹必须具有很高的精度和快速反应能力。此外，在末制导段的最末端（通常称为“结束阶段（Endgame）”），为了保证弹道收敛并击中快速移动的逃逸目标，要求拦截弹具有足够的机动能力。

进攻型导弹系统随着所采用先进技术的不断进步，能力不断提高，能够执行的任务范围越来越广泛。例如，具有高速飞行能力的战术弹道导弹，在再入大气层阶段，可以做出复杂的锥形运动，而在穿越大气层的飞行阶段，又可以减缓飞行速度。类似地，高性能巡航导弹能够超声速飞行具有很高的侧向加速能力，能够进行难以预测的机动飞行。这些多种多样的进攻型导弹系统及其可执行任务给导弹拦截器的设计带来了严峻的挑战。

现代导弹执行任务的飞行条件很广泛，随着飞行高度、飞行速度及发动机推力不断变化。飞航导弹利用空气动力保持其所需的飞行弹道。弹道导弹的一部分飞行弹道是不受推力或控制力影响的。这些导弹都可以根据射程（沿地球表面从发射点到最终撞击点测量出的最大距离）进行分类。

美国将导弹按射程分为 5 类[15]：战场短程弹道导弹，其射程可达 150km；短程弹道导弹，其射程最大为 1000km；中程弹道导弹，射程为 1000～2400km；中远程弹道导弹（Intermediate-range Ballistic Missile，IRBM），其射程为 2400～5500km；洲际弹道导弹（Intercontinental Ballistic Missle，ICBM），射程为 5500km 以上。巡航导弹是一种特殊类型的导弹，其打击目标大多为地面目标，且打击精度很高。在发射前，巡航导弹的制导计算机根据发射点到目标点之间地面地形信息进行编程，利用弹上传感器测量得到的各类地形参考信息搜寻目标。巡航导弹装备有先进的跟踪设备，包括各类传感器，如摄像机、卫星数据接收机等，以能够进行定位。因此，巡航导弹能够感知所处的环境信息，并进行信息处理，从而对下一步的行动进行决策并付诸实施。

各类导弹都有其具体的特征，在仿真模型中应对其有所体现。通常利用六自由度（6 - DOF）仿真模型来模拟作战场景，并对制导律的有效性进行测试。当考虑非线性制导律以及导弹制导系统中的非线性（如加速度饱和）时，就需要利用蒙特卡罗技术（重复仿真试验）得到 rms 脱靶量。

众所周知，在接近速度恒定、自动驾驶仪无延时、目标无机动的条件下，对于代价函数为导弹加速度线性二次形式的最优化问题，比例导引律是可以作为最优解，使代价函数最小。更先进的制导律则需要目标和导弹的更详细模型，以及有关拦截场景的假设。目前已经对更实际的优化问题进行了研究，并给出了最优制导律。然而，最优制导律的性能与剩余飞行时间的估计值有关，而在研究中假设剩余估计时间是已知的，一般可以通过弹目距离与接近速度的比值进行近似。一般地，弹目距离和接近速度估计值可以利用雷达或其他测距设备得到。而在实际中，这个数据会受到雷达干扰设备或电子处理设备噪声的影响，从而影响剩余飞行时间的估计精度，进而导致末端脱靶量产生误差。

当拦截过程的运动学特性呈现高度非线性时，基于偏离理想拦截弹道很小的假设的线性方法将失效。当制导系统需求（如：侧向指令加速度为 40g）超出导弹的机动能力（如导弹只能提供 30g 的侧向加速度）时，制导系统就出现了饱和现象。在短程作战过程中，当目标具有机动性，导弹严重偏离理想拦截弹道时，就会出现上述情况。

在前面讨论了二自由度（2 - DOF）正弦机动的情况，也称为摆动式机动。虽然弹道导弹目标在再入大气层时的动态特性可能是一个三维的任意周期运动，但这种 2 - DOF 正弦机动对于拦截场景分析依然是一个有用的起点。而且在很多情况下，并不考虑3－DOF的PN问题，而是通过滚转控制将侧向运动和纵向运动解耦，这样考虑2－DOF问题也是合理的。在考虑这个问题时还假设忽略总的侧向加速度中的重力分量。但仅在分析设计的初始阶段可以做出这些假设。此外，在助推器燃烧完后，轴向加速度、重心及转动惯量都发生了变化，这些变化都应反映在气动模型中。

固定翼UAV的能力千差万别，可以根据有效载荷和任务剖面（高度、航程、航时）进行分类。由于固定翼飞行器结构简单、高效、易于建造和维护，因此在选择UAV平台时受到人们的青睐。由于固定翼飞行器的动力学特性比较简单，其自动驾仪设计相比旋翼飞行器也更为简单。在很多情况下，固定翼UAV特殊飞行模态的仿真并不需要使用复杂的6－DOF模型，简化的3－DOF或2－DOF模型就能够得到令人满意的结果，因此在设计的初始阶段可采用3－DOF或2－DOF模型。

虽然下面的内容是与导弹相关的，但其中大部分可用于测试固定翼UAV制导律的性能。

9.2 导弹和固定翼UAV上的作用力

推力是作用于导弹上的主要推进力，由推进系统产生，由反应物质喷射出发动机来产生，例如化学反应产生的高温气体。推力T等于动量推力和压力推力两项之和：

$$T = m_p v_e + (p_e - p_a) A_e \tag{9.1}$$

式中：m_p为单位时间内喷出气体质量（喷出质量流率）；v_e为燃流速度（燃气喷出喷管的平均有效速度）；p_e为喷出燃气流压强；p_a为导弹所处高度大气压；A_e为发动机喷管出口处的横截面积。

当喷出质量流率和喷流速度恒定时，推力也量恒定的。即便如此，由于导弹的整体质量随着燃料的消耗在不断减小，导弹也以不断增大的加速度在加速。速度的变化取决于导弹初始总质量、滑翔质量（燃料消耗完后的最终质量）、推力大小和燃料燃烧速率。

如果导弹在空中发射，发射时已经具有一个很大的初始速度。与这类导弹相比，地面发射的导弹（陆基导弹）初始速度为零，需要更多的燃料才能达到同样的速度。陆基战略导弹的作战范围很大，一般包括一级或两级助推段助推器。

图9.1所示为单级助推段导弹的推力加速度曲线。该导弹的助推段大约7.5s，接下来的维持段持续到25s，最后的滑翔段推力$T=0$。

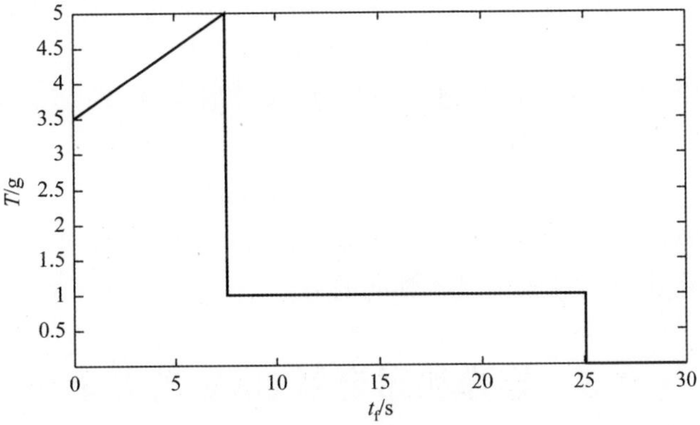

图 9.1　推力加速度

现有的许多类型导弹未装备喷流可调节的发动机，其推力是不可控的，其方向始终沿弹体 x 轴方向（图 9.2）。推力矢量控制（Thrust Vector Control，TVC）导弹则能够改变推力的方向，其自动驾驶仪通过改变执行机构的角度来影响推力矢量的分量，因此推力可用于这类导弹的飞行控制。

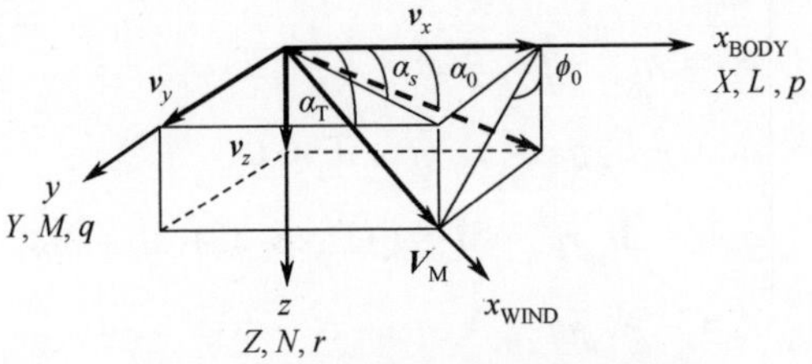

图 9.2　导弹动力学采用的坐标系

在前面章节中忽略的重力会严重影响导弹的射程，在更为严谨的模型中应对其予以考虑。通常重力用 ESF 坐标系的垂直坐标来表示，其大小等于 g。然而，对 IRBM 和 ICBM 导弹而言，重力 $\boldsymbol{G}$ 沿 ESF 坐标系的 3 个坐标轴都有分量：

$$G_E = \text{mag}G\frac{R_E}{\sqrt{R_E^2 + R_N^2 + (R_U + \text{RE})^2}}, G_N = \text{mag}G\frac{R_N}{\sqrt{R_E^2 + R_N^2 + (R_U + \text{RE})^2}}$$

$$G_U = \text{mag}G\frac{R_U + \text{RE}}{\sqrt{R_E^2 + R_N^2 + (R_U + \text{RE})^2}}, \text{mag}G = g\frac{RE^2}{R_E^2 + R_N^2 + (R_U + \text{RE})^2} \tag{9.2}$$

式中：RE 为地球半径，R_E、R_N 和 R_U 为导弹的坐标。导弹飞行高度比较低时，$\text{mag}G = g$，$G_U = g$，$G_E = G_N = 0$。

阻力和升力属于空气动力。阻力沿速度矢量方向起作用（图 9.2 中的风轴），阻碍导弹的运动会降低导弹的飞行速度，因此它降低了导弹的加速能

力。升力垂直于阻力，是控制导弹的飞行的主要作用力。升力和阻力可表示为

$$\text{Lift} = C_L QS, \text{Drag} = C_D QS \tag{9.3}$$

式中：S 为参考面积；C_L 和 C_D 分别为升力系数和阻力系数；S 为动压，取决于大气压力 PRESS 和 Mach 数，即

$$Q = 0.7\text{PRESS}(\text{Mach})^2 \tag{9.4}$$

在弹体坐标系中（见图 9.2，x 轴沿导弹弹体纵轴方向），不使用式(9.3)，而是考虑升力和阻力沿各轴向的力。

9.3 导弹和固定翼 UAV 动力学

假设导弹弹体为刚体，质量和转动惯量恒定，弹体坐标系的原点位于导弹的重心，则大多数导弹（和固定翼 UAV）的标准弹体六自由度运动方程可表示为[3]

$$\begin{cases} \dot{v}_x = rv_y - qv_z + X + G_x + T_x \\ \dot{v}_y = -rv_x + pv_z + Y + G_y + T_y \\ \dot{v}_z = qv_x - pv_y + Z + G_z + T_z \\ \dot{p} = -L_{pq}pg - L_{qr}qr + L + L_T \\ \dot{q} = -M_{rp}rp - M_{r^2p^2}(r^2 - p^2) + M + M_T \\ \dot{r} = -N_{pq}pq - N_{qr}qr + N + N_T \end{cases} \tag{9.5}$$

式中：v_x、v_y 和 v_z 分别为速度沿坐标轴 $\boldsymbol{x}$、$\boldsymbol{y}$ 和 $\boldsymbol{z}$ 轴方向（图 9.2）的分量；p、q、r 分别为滚动、俯仰、偏航角速度；G_x、G_y 和 G_z 为重力分量；X、Y、Z 为空气动力产生的加速度；L、M、N 为气动力矩产生的角加速度；T_x、T_y、T_z 为推力系统产生的加速度；L_T、M_T、N_T 为推力系统产生的力矩。式(9.5)右边的所有变量都以加速度为单位。系数 L_{pq}、L_{qr}、M_{rp}、$M_{r^2p^2}$、N_{pq} 和 N_{qr} 可以通过对如下更一般形式的力矩（m_x、m_y 和 m_z）方程[3]简化得到：

$$\begin{cases} I_{xx}\dot{p} - (I_{yy} - I_{zz})qr + I_{yz}(r^2 - q^2) - I_{xz}(pq + \dot{r}) + I_{xy}(rp - \dot{q}) = m_x \\ I_{yy}\dot{q} - (I_{zz} - I_{xx})rp - I_{xz}(r^2 - p^2) - I_{xy}(qr + \dot{p}) + I_{yz}(pq - \dot{r}) = m_y \\ I_{zz}\dot{r} - (I_{xx} - I_{yy})pq + I_{xy}(q^2 - p^2) - I_{yz}(rp + \dot{q}) + I_{xz}(qr - \dot{p}) = m_z \end{cases} \tag{9.6}$$

式中：I_{xx}、I_{yy} 和 I_{zz} 分别为关于 $\boldsymbol{x}$ 轴、$\boldsymbol{y}$ 轴和 $\boldsymbol{z}$ 轴的转动惯量；I_{xy}、I_{xz}、I_{yz} 分别为关于坐标轴 $\boldsymbol{x}$ 和 $\boldsymbol{y}$、$\boldsymbol{x}$ 和 $\boldsymbol{z}$、$\boldsymbol{y}$ 和 $\boldsymbol{z}$ 的惯性积。

需要假设坐标轴 $\boldsymbol{x}$、$\boldsymbol{y}$、$\boldsymbol{z}$ 和惯性主轴一致，因此方程中的惯性积项不再存

在。由 xz 平面的对称性可知，$I_{yz}=0$，$I_{xy}=0$，因此式（9.6）简化为

$$\begin{cases} I_{xx}\dot{p}-(I_{yy}-I_{zz})qr-I_{xz}(pq+\dot{r})=m_x \\ I_{yy}\dot{q}-(I_{zz}-I_{xx})rp-I_{xz}(r^2-p^2)=m_y \\ I_{zz}\dot{r}-(I_{xx}-I_{yy})pq+I_{xy}(qr-\dot{p})=m_z \end{cases} \tag{9.7}$$

在导弹为“+”字形结构时，关于 **xy** 平面和 **xz** 平面都是对称的，则 $I_{xz}=0$，式（9.7）可进一步简化为

$$\begin{cases} I_{xx}\dot{p}-(I_{yy}-I_{zz})qr=m_x \\ I_{yy}\dot{q}-(I_{zz}-I_{xx})rp=m_y \\ I_{zz}\dot{r}-(I_{xx}-I_{yy})pq=m_z \end{cases} \tag{9.8}$$

根据升力和阻力的式（9.3）和式（9.4），气动系数 C_x、C_y 和 C_z 是无量纲的，其值与单位作用力相对应，因此：

$$\begin{bmatrix} X \\ Y \\ Z \end{bmatrix}=\frac{QS}{m}\begin{bmatrix} C_x \\ C_y \\ C_z \end{bmatrix} \tag{9.9}$$

式中：m 为导弹的质量。

式（9.7）可以表示为式（9.5）的形式，其中作用在弹体上的气动力矩模型为

$$\begin{cases} L=\dfrac{QSl}{I_{xx}I_{zz}-I_{xz}^2}(C_lI_{zz}+C_nI_{xz}) \\ M=\dfrac{QSl}{I_{yy}}C_m \\ N=\dfrac{QSl}{I_{xx}I_{zz}-I_{xz}^2}(C_nI_{xx}+C_lI_{xz}) \end{cases} \tag{9.10}$$

式中：C_l、C_m 和 C_n 为无量纲的滚动、俯仰、偏航气动力矩系数；l 为弹体特征长度。横轴惯性对称项与滚动 - 偏航力矩方程耦合。式（9.5）中的系数 L_{pq}、L_{qr}、M_{rp}、$M_{r^2p^2}$、N_{pq} 和 N_{qr} 为

$$\begin{cases} L_{pq}=\dfrac{I_{xz}(I_{xx}-I_{yy}-I_{zz})}{I_{xx}I_{zz}-I_{xz}^2}, I_{qr}=\dfrac{I_{zz}(I_{zz}-I_{yy})-I_{xz}^2}{I_{xx}I_{zz}-I_{xz}^2}, M_{pr}=\dfrac{I_{xx}-I_{zz}}{I_{yy}} \\ M_{r^2p^2}=\dfrac{I_{xy}}{I_{yy}}, N_{qr}=\dfrac{I_{xz}(I_{zz}-I_{xx}-I_{yy})}{I_{xx}I_{zz}-I_{xz}^2}, N_{pq}=\dfrac{I_{xx}(I_{xx}-I_{yy})I_{xz}^2}{I_{xx}I_{zz}-I_{xz}^2} \end{cases} \tag{9.11}$$

式（9.5）、式（9.10）和式（9.11）是针对关于 xz 平面对称结构的导弹，因此，$I_{yz}=0$，$I_{xy}=0$。在这里对称性假设包含了几何外形和质量上对称

性，尽管在实际导弹配置中在质量上可能并不完全对称。

如果导弹质量分布使 $I_{yy} = I_{zz}$（弹体横截面为圆形的导弹），上述表达式可进行简化。对于“+”字形布局导弹，关于 ***xy*** 平面和 ***xz*** 平面都是对称的，因此 $I_{xz} = 0$，式（9.5）、式（9.10）及式（9.11）可进一步简化。

重力模型为

$$\begin{bmatrix} G_x \\ G_y \\ G_z \end{bmatrix} = g\begin{bmatrix} -\sin\theta \\ \cos\theta\sin\varphi \\ \cos\theta\cos\varphi \end{bmatrix} \tag{9.12}$$

式（9.12）中的角度为欧拉角，原点位于导弹质心的空间坐标系 $\bar{x}$、$\bar{y}$、$\bar{z}$ 按这些欧拉角进行旋转，可与弹体坐标系 ***x***、***y***、***z*** 重合[3]。欧拉角 ψ、θ、φ 对应于如下顺序的旋转[3]：绕 $\bar{z}$ 旋转角 ψ；再绕新位置的 $\bar{y}$ 旋转角 θ，使 $\bar{x}$ 轴与 ***x*** 轴重合；最后再绕 ***x*** 轴旋转角 φ（图9.3）。

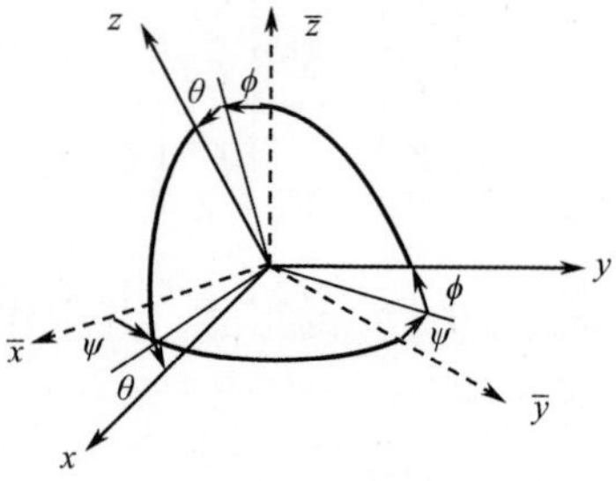

图9.3 欧拉角

角度 α_0、α_s 和 ϕ_0 的定义为（图9.2）

$$\alpha_0 = \arctan\left(\frac{v_z}{v_x}\right), \alpha_s = \arctan\left(\frac{v_y}{v_x}\right), \phi_0 = \arctan\left(\frac{v_y}{v_z}\right) \tag{9.13}$$

总的角度 α_T 由导弹 ***x*** 轴和速度矢量 $\boldsymbol{V}_M = \sqrt{v_x^2 + v_y^2 + v_z^2}$ 决定（图9.2），可表示为

$$\tan^2\alpha_T = \frac{v_y^2 + v_z^2}{v_x^2} = \tan^2\alpha_0 + \tan^2\alpha_s \tag{9.14}$$

当攻角和侧滑角比较小时，$\alpha_0 \approx v_z/v_x$，$\alpha_s \approx v_y/v_x$，$v_x \approx V_M$。假设导弹的速度变化不大，即 $\dot{v}_x \approx 0$，加速度 $\dot{v}_y$ 和 $\dot{v}_z$ 可表示为 $\dot{v}_y \approx v_x\dot{\alpha}_s$，$\dot{v}_z \approx v_x\dot{\alpha}_0$。在上述假设下，式（9.5）可简化，得

$$\begin{cases} V_M(q\alpha_0 - r\alpha_s) = X + G_x + T_x \\ V_M(\dot{\alpha}_s + r - p\alpha_0) = Y + G_y + T_y \\ V_M(\dot{\alpha}_0 - q + p\alpha_s) = Z + G_z + T_z \end{cases} \tag{9.15}$$

这些方程广泛应用于对自动驾驶仪和制导律设计进行测试的初步研究中。

与空气动力相关的导弹气动系数 C_x 、C_y 和 C_z ，以及与气动力矩相关的系数 C_l 、C_m 和 C_n ，一般可以建模为如下变量有关的函数：俯仰平面攻角（Angel of Attack，AOA）α_0 ；偏航平面侧滑角 α_s ；滚动角 ϕ_0（图 9.2）；马赫数；弹体角速度（p、q、r）；$\dot{\alpha}_0$ 、$\dot{\alpha}_s$ ；俯仰、偏航、滚动空气动力控制面的偏转（δP 、δY 、δR ）；重心的变化；主推进系统工作与否。

根据式（9.5），弹体轴加速度 A_x 、A_y 、A_z（即 $\boldsymbol{A}=(A_x,A_y,A_z)$ 的分量）为

$$\begin{bmatrix} A_x \\ A_y \\ A_z \end{bmatrix} = \begin{bmatrix} X + G_x + T_x \\ Y + G_y + T_y \\ Z + G_z + T_z \end{bmatrix} \tag{9.16}$$

根据式（9.9），式（9.16）可转化为

$$\begin{bmatrix} A_x \\ A_y \\ A_z \end{bmatrix} = \frac{QS}{m}\begin{bmatrix} C_x(\alpha_0,\alpha_s,\delta P,\delta Y,\delta R) \\ C_y(\alpha_0,\alpha_s,\delta P,\delta Y,\delta R) \\ C_z(\alpha_0,\alpha_s,\delta P,\delta Y,\delta R) \end{bmatrix} + \begin{bmatrix} G_x \\ G_y \\ G_z \end{bmatrix} + \begin{bmatrix} T_x \\ T_y \\ T_z \end{bmatrix} \tag{9.17}$$

C_x 、C_y 和 C_z 可线性化为

$$\begin{cases} C_x = C_{x0} + C_{x\alpha_0}\alpha_0 + C_{x\alpha_s}\alpha_s + C_{xV}V + C_{x\delta P}\delta P + C_{x\delta Y}\delta Y + C_{x\delta R}\delta R \\ C_y = C_{y0} + C_{y\alpha_0}\alpha_0 + C_{y\alpha_s}\alpha_s + C_{yV}V + C_{y\delta P}\delta P + C_{y\delta Y}\delta Y + C_{y\delta R}\delta R \\ C_z = C_{z0} + C_{z\alpha_0}\alpha_0 + C_{z\alpha_s}\alpha_s + C_{zV}V + C_{z\delta P}\delta P + C_{z\delta Y}\delta Y + C_{z\delta R}\delta R \end{cases} \tag{9.18}$$

式中：泰勒一阶近似的系数的意义是很明显的。

C_l 、C_m 和 C_n 的类似近似表达式为

$$\begin{cases} C_l = C_{l0} + C_{l\alpha_0}\alpha_0 + C_{l\alpha_s}\alpha_s + C_{lV}V + C_{l\delta P}\delta P + C_{l\delta Y}\delta Y + C_{l\delta R}\delta R \\ C_m = C_{m0} + C_{m\alpha_0}\alpha_0 + C_{m\alpha_s}\alpha_s + C_{mV}V + C_{m\delta P}\delta P + C_{m\delta Y}\delta Y + C_{m\delta R}\delta R \\ C_n = C_{n0} + C_{n\alpha_0}\alpha_0 + C_{n\alpha_s}\alpha_s + C_{nV}V + C_{n\delta P}\delta P + C_{n\delta Y}\delta Y + C_{n\delta R}\delta R \end{cases} \tag{9.19}$$

更为精确的近似式还应包括 ϕ_0 、$\dot{\alpha}_0$ 、$\dot{\alpha}_s$ 、p 、q 、r 相关的系数[13]。对导弹而言，空气动力系数是典型空气动力数据库的重要一部分，可返回给定导弹状态（α_0 、α_s 、ϕ_0 、马赫数、高度）、气动控制面偏转角（δP 、δY 、δR ）及主推进系统状态下的空气动力和气动力矩。在这里给出的是气动系数的一般形式，在实际中，根据导弹类型、自动驾驶仪设计阶段、精确要求等具体情况，式（9.18）和式（9.19）中的许多项可以不予考虑。

9.4　参考坐标系及转换

参考坐标系（坐标轴）确定了动力学模型运动状态测量量的原点和方向，

原点是状态测量的起点，参考坐标系确定测量量的方向。在仿真中常用参考坐标系有弹体坐标系、导航坐标系和惯性坐标系。惯性坐标系是非加速参考系，用于计算牛顿运动方程。导航坐标系一般位于空间中便于描述物体运动的位置，对导弹仿真而言，导航坐标系可以选在地球表面一处给定经、纬度的位置。导航坐标系可以是固定的，也可以相对惯性坐标系旋转、加速或移动。实际上，很难定义一个相对惯性空间没有加速度的坐标系。例如，在一些真实度要求不高的情况下，选取地表固连坐标系为惯性参考系是合适的。但在真实度要求很高的情况下，在定义惯性坐标系时需要考虑地球的旋转和运动。弹体固连坐标系的原点和方向与飞行器固连。弹载坐标系的原点位于弹体上，方向与导航坐标系保持一致。不同的仿真试验（或一次仿真的不同阶段）根据真实度要求会选取不同的惯性参考坐标系，参考坐标系的选取直接影响仿真中的数值误差。这表明动力学模型所采用的参考坐标系要合理地选取，以降低仿真中的数值误差。

如第1章所述，飞行动力学问题需要多个参考坐标系来明确其相对位置、速度、加速度。运动方程可以相对任意参考平面给出，通常根据解决问题的便捷性和精度要求进行选择。航空/航天飞行器的运动状态一般利用导航坐标系和弹体/机体坐标系来描述。飞行器的位置一般由弹体坐标系相对导航坐标系的位置来描述，飞行器的速度一般由弹体坐标系相对导航坐标系的速度来表示。弹体坐标系十分便于表示很多作用于弹体上的力和力矩。

在6-DOF仿真模型中所采用的3个正交参考坐标系为：地球固连参考坐标系（ESF）、弹体坐标系、导引头参考坐标系。在第1章中，讨论了NED飞行器载体坐标系。如前所述，在许多实际应用中，ESF的原点与飞行器十分接近，以至于可以忽略地球的曲率，这样NED坐标系的坐标轴与ESF坐标轴是平行的。

任意参考坐标系相对另一个参考坐标系的方向可以用3个角度（欧拉角）来描述，按这3个角度分别绕 $\boldsymbol{z}$、$\boldsymbol{y}$、$\boldsymbol{x}$ 轴连续旋转，即可使一个参考坐标系与另一个坐标系重合（图9.3）。

使NED坐标系与导弹弹体坐标系重合的旋转顺序就称为弹体欧拉角转换，转换矩阵为

$$\boldsymbol{L}_1(\psi)=\begin{bmatrix}\cos\psi & \sin\psi & 0\\ -\sin\psi & \cos\psi & 0\\ 0 & 0 & 1\end{bmatrix},\boldsymbol{L}_2(\theta)=\begin{bmatrix}\cos\theta & 0 & -\sin\theta\\ 0 & 1 & 0\\ \sin\theta & 0 & \cos\theta\end{bmatrix}$$

$$\boldsymbol{L}_3(\phi)=\begin{bmatrix}1 & 0 & 0\\ 0 & \cos\phi & \sin\phi\\ 0 & -\sin\phi & \cos\phi\end{bmatrix}\tag{9.20}$$

因此，由 NED 坐标系到弹体坐标系的转换可表示为

$$\boldsymbol{L}_{EB} = \boldsymbol{L}_3(\phi)\boldsymbol{L}_2(\phi)\boldsymbol{L}_1(\psi)$$

$$= \begin{bmatrix} \cos\theta\cos\psi & \cos\theta\sin\psi & -\sin\theta \\ \sin\phi\sin\theta\cos\psi - \cos\phi\sin\psi & \sin\phi\sin\theta\sin\psi + \cos\phi\cos\psi & \sin\phi\cos\theta \\ \cos\phi\sin\theta\cos\psi + \sin\phi\sin\psi & \cos\phi\sin\theta\sin\psi - \sin\phi\cos\psi & \cos\phi\cos\theta \end{bmatrix} \tag{9.21}$$

容易看出：式（9.12）与向量$(0,0,g)$的转换相对应。

考虑到导弹弹体坐标系相对 NED 坐标系的角速度矢量的坐标 $\dot{\phi}$、$\dot{\theta}$、$\dot{\psi}$ 等于导弹弹体坐标系角速度(p,q,r)与 NED 坐标系角速度之差，假设 NED 坐标系角速度等于零，可以利用坐标转换（式（9.20））将地球系坐标轴与导弹弹体系坐标轴之间的欧拉角变化率表示为弹体旋转角速度 p、q 和 r 的形式[5]：

$$\begin{bmatrix} \dot{\phi} \\ \dot{\theta} \\ \dot{\psi} \end{bmatrix} = \begin{bmatrix} 1 & \sin\phi\tan\theta & \cos\phi\tan\theta \\ 0 & \cos\phi & -\sin\phi \\ 0 & \sin\phi\sec\theta & \cos\phi\sec q \end{bmatrix} \begin{bmatrix} p \\ q \\ r \end{bmatrix} \tag{9.22}$$

如果假设导弹的滚动是稳定的（许多仿真模型都是建立在这个假设下的），即 $p = 0$，则可使用式（9.22）。

在考虑仿真开始时欧拉角初始值的基础上，对上述角速率进行积分就可得到欧拉角：

$$\phi(t) = \int_0^t \dot{\phi}(t)\,\mathrm{d}t + \phi_0, \theta(t) = \int_0^t \dot{\theta}(t)\,\mathrm{d}t + \theta_0, \psi(t) = \int_0^t \dot{\psi}(t)\,\mathrm{d}t + \psi_0 \tag{9.23}$$

上述关系的前提是假设地球为球体且不旋转，即忽略 NED 坐标系相对 ECI 坐标系的旋转。更为精确的模型则应考虑地球的旋转以及椭圆效应[5]。

9.5　自动驾驶仪和执行机构模型

自动驾驶仪的任务是控制导弹的运动。为了最大程度提高导弹性能，需要在飞行的不同阶段选择合适的自动驾驶仪结构。一般地，导弹在飞行中段需要长时间的飞行，在末段需要在寻的过程中进行机动，在这两个阶段都需要自动驾驶仪来控制导弹的加速度。在末段寻的终端，带引信的导弹在制导机动过程中，可以通过控制导弹姿态来提高战斗部的杀伤能力。

根据式（9.5）、式（9.6）~式（9.10）、式（9.12）、式（9.15）~式（9.19）可以确定被控参数的期望值，将其与这些参数的真实测量值进行比

较就得到误差信号，自动驾驶仪利用的就是这些误差信号。一般地，在实际应用中需要设计的自动驾驶仪不是 1 个，而是 3 个，分别是俯仰自动驾驶仪、滚动自动驾驶仪和偏航自动驾驶仪，这 3 个自动驾驶仪是在忽略俯仰、滚动、偏航通道之间耦合的条件下，为 3 个通道分别设计的。在复杂自动驾驶仪的设计中，可以通过建模自动驾驶仪之间的交互作用（即自动驾驶仪耦合通道）对耦合效应予以考虑。

9.5.1 俯仰自动驾驶仪设计模型

在式（9.5）、式（9.10）和式（9.15）中考虑了俯仰角速度的动力学特性。在式（9.18）和式（9.19）中忽略滚动－偏航动态特性，仅考虑 $C_{z\alpha_0}\alpha_0$、$C_{z\delta P}\delta P$、$C_{m\alpha_0}\alpha_0$、$C_{m\delta P}\delta P$ 即可得到描述 A_z 与 δP 之间关系的传递函数。

"+"字形布局尾控导弹的基本方程（式（9.8）、式（9.10）、式（9.15）、式（9.17））为

$$V_M(\dot{\alpha}_0 - q) = A_z = -\frac{QS}{m}(C_{z\alpha_0}\alpha_0 + C_{z\delta P}\delta P) \tag{9.24}$$

$$\dot{q} = \frac{m_y}{I_{yy}} = \frac{QSl}{I_{yy}}(C_{m\alpha_0}\alpha_0 + C_{m\delta P}\delta P) \tag{9.25}$$

对式（9.24）和式（9.25）进行拉普拉斯变换，可得到尾控导弹加速度在俯仰平面内的传递函数，其形式见式（4.12）。对应俯仰角速率与攻角的传递函数表达式为（式（9.24）中的负号反映了 A_z 相对 z 轴的方向）

$$\frac{A_z(s)}{\delta P(s)} = \frac{-Bs^2 + K(AE - BC)}{s^2 + AKs - C} \tag{9.26}$$

$$\frac{q(s)}{\delta P(s)} = \frac{Es + K(AE - BC)}{s^2 + AKs - C}, \frac{\alpha_0(s)}{\delta P(s)} = \frac{-BKs + E}{s^2 + AKs - C} \tag{9.27}$$

式中，

$$A = \frac{QSC_{z\alpha_0}}{m}, B = \frac{QSC_{z\delta P}}{m}, C = \frac{QSlC_{m\alpha_0}}{I_{yy}}, E = \frac{QSlC_{m\delta P}}{I_{yy}}, K = \frac{1}{V_M}$$

式（9.26）和式（9.27）即可用于俯仰自动驾驶仪设计。如前所述，对于尾控导弹，式（9.26）是非最小相位的。当升降舵偏转 δP，舵面上的空气动力使导弹产生反向加速度，但这个力产生俯仰力矩使导弹旋转。导弹旋转后，作用于整个弹体的作用力使导弹朝正确方向产生加速度。图 9.4 所示为一个可采用的自动驾驶仪结构（A_z 为真实的导弹加速度；τ_1 为执行机构的时间常数；k_a 为其增益，执行机构一般建模为一阶滞后环节），加速度 A_{z0} 为制导系统给出的加速度，将其与加速度计测量的加速度 A_z 做比较得到误差信号 e_z，利用误差信号 e_z 和速率陀螺测量得到的俯仰角速度 q_z 得到俯仰控制律：

$$\delta P_c(s) = W_{P1}(s)e_z(s) + W_{P2}(s)q_z(s) \tag{9.28}$$

式中：$W_{P1}(s)$ 和 $W_{P2}(s)$ 分别为关于 e_z（测量加速度与期望加速度之间差值）和 q_z 的传递函数。将俯仰控制信号 δP_c 输入执行机构，产生舵面偏转指令 δP 。

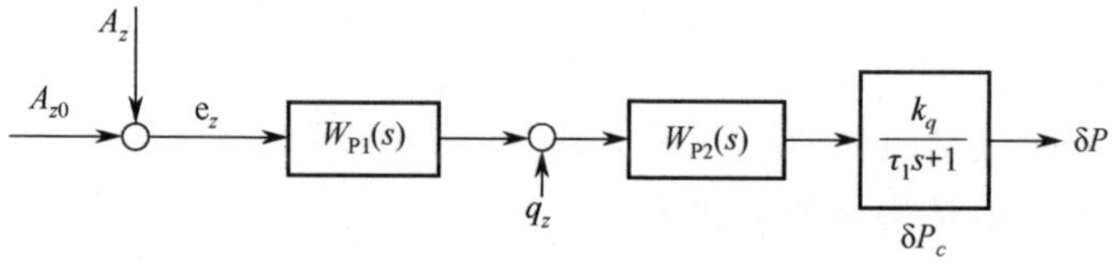

图 9.4　俯仰控制

合理确定式（9.28）中的传递函数，以保证自动驾驶仪的稳定性且具有期望的响应特性，同时还保证自动驾驶仪在较大气动参数范围内的稳定性，即可以在较宽的气动条件下稳定工作。更复杂的自动驾驶仪的参数可以是时变的，能够补偿导弹动力学特性的变化。在前面章节中，考虑了不同 ω_z 值下的制导律，它描述导弹动力学特性在低空和高空条件下的变化。

9.5.2　偏航自动驾驶仪设计模型

偏航控制律的选取与俯仰控制律类似，只是在这种情况中，利用的是分量 $C_{y\alpha_s}\alpha_s$ 、$C_{y\delta Y}\delta Y$ 、$C_{n\alpha_s}\alpha_s$ 、$C_{n\delta Y}\delta Y$ 。不同于式（9.24）和式（9.25），在这里有：

$$V_M(\dot{\alpha}_s + r) = A_y = \frac{QS}{m}(C_{y\alpha_s}\alpha_s + C_{y\delta Y}\delta Y) \tag{9.29}$$

$$\dot{r} = \frac{m_z}{I_{zz}} = \frac{QSl}{I_{zz}}(C_{n\alpha_s}\alpha_s + C_{n\delta Y}\delta Y) \tag{9.30}$$

偏航自动驾驶仪可采用的结构与图 9.4 相似。将制导系统给出的加速度 A_{y0} 与加速度测量得到的真实加速度 A_y 做比较，得到误差信号 e_y ，利用 e_y 和速率陀螺测量的偏航角速度 r_y 生成偏航控制律：

$$\delta Y_c(s) = W_{Y1}(s)e_y(s) + W_{Y2}(s)r_y(s) \tag{9.31}$$

式中：$W_{Y1}(s)$ 和 $W_{Y2}(s)$ 为关于 e_y（测量加速度与期望加速度之间的差值）和 r_y 的传递函数。将偏航控制信号 δY_c 输入执行机构，使导弹产生气动力 δY ，从而产生加速度 A_y 。

9.5.3　滚动自动驾驶仪设计模型

大多数导弹要求滚动角位置稳定。在这种情况下，俯仰通道和偏航通道就可以视为解耦的单输入单输出系统，这样就简化了这两个通道的设计。恒定的滚动位置为导弹的组成部件创造标准工作条件。例如，如果导弹突然发生滚动，导引头的指向可能会改变，从而使导弹丢失要攻击的目标。

非耦合的导弹滚动通道（导弹的滚动是稳定的，即 $p=0$）动力学特性可以由如下的方程描述：

$$\dot{p}=\frac{m_x}{I_{xx}}=\frac{QSl}{I_{xx}}\left(C_{l\delta R}\delta R+C_{lp}\frac{pl}{2V_M}\right) \tag{9.32}$$

式中：$C_{lp}(pl/2V_M)$ 对应于式（9.19）中的 C_{l0}，可看出它是无量纲参数 $pl/2V_M$ 的函数，它表示气动阻尼力矩（见文献［3］）。

$W_R(s)$ 对应的传递函数形式为

$$W_R(s)=\frac{-K_R}{\tau_R s+1} \tag{9.33}$$

式中：增益的表达式为 $K_R=C_{l\delta R}/(C_{lp}l/2V_M)$，$\tau_R$ 为气动时间常数，$\tau_R=-2I_{xx}V_M/C_{lp}QSl^2$。

这里考虑的是导弹关于 **xz** 平面和 **xy** 平面都对称的情况，因此在式（9.10）的 L 项中不存在由不对称性引起的滚动力矩。

为了保持期望的滚动位置 ϕ_0，误差 e_r 应接近于零。在图9.5给出的结构中，利用滚动姿态和滚动速率陀螺得到的滚动角位置 ϕ 和角速度 p，构建滚动通道驾驶仪的控制规律（k_g 和 k_p 为对应单元的增益）。滚动自动驾驶仪可采用比例（Proportional，P）控制器和比例－积分－微分（Proportional－integral－derivative，PID）控制器形式，它们也用于各种不同类型的自动驾驶仪中。

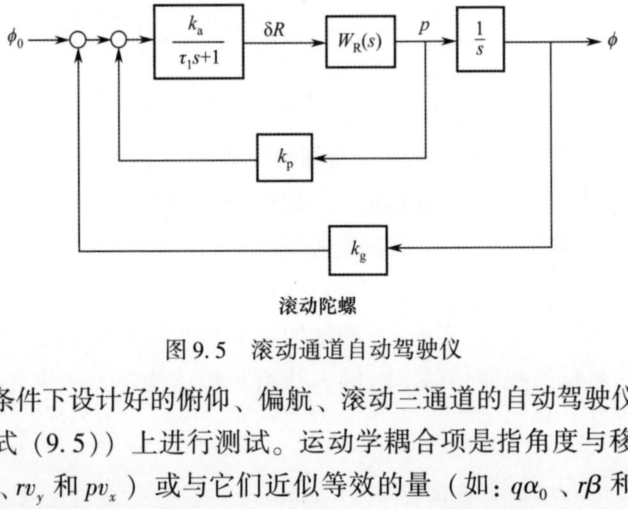

图9.5　滚动通道自动驾驶仪

在解耦条件下设计好的俯仰、偏航、滚动三通道的自动驾驶仪，需要在原基础模型（式（9.5））上进行测试。运动学耦合项是指角度与移动速度的乘积（如：qv_z、rv_y 和 pv_x）或与它们近似等效的量（如：$q\alpha_0$、$r\beta$ 和 $p\beta$）；惯性耦合项是指角速度的乘积（如：pq、pr 和 qr）。仿真结果可以显示出系统性能是否会严重降低，且能够表明应如何去提高它。在自动驾驶仪设计的第一阶段，根据对次要负面影响的评估，可以通过确定合适的自动驾驶仪交互作用来消除或减小其影响。一般可通过对次要负面影响源进行测量/估计构建额外的解耦控制作用。

在自动驾驶仪设计的初始阶段，通常忽略重力项 G_z，它的影响可以通过仿真进行估计。在必要的情况下，可以通过一个额外的控制通道消除它的影响。

上面主要讨论了自动驾驶仪的设计方法。在过去几十年里，已经有许多技术用于自动驾驶仪的设计，包括多变量控制、现代控制、最优控制等方法。经典和现代控制理论提供了各种方法，可用于设计高精度的稳定系统，且使其动态特性满足设计要求。在这里，仅考虑稳定飞行条件（力矩作用下的平衡条件）的小扰动情况，并利用传递函数（线性控制理论的有效工具）表示设计的模型。在实际中，自动驾驶仪设计时需要处理非线性时变系统（控制动作是受限的；气动参数取决于马赫数、攻角、侧滑角、舵面偏转角、姿态角及其他因素）。考虑到飞行条件的变化，设计者应考虑确定结构线性控制模型的各种情形，并选取控制参数，使其满足未来导弹应用的飞行条件。虽然标准的 P 控制器和 PID 控制器能够用于所考虑的自动驾驶仪，但应在考虑被控对象具体特性的基础上，通过设计特殊的控制环节，设计更为有效的系统。提高自动驾驶仪效率的方式之一就是使系统具有自适应能力，即能够根据飞行条件改变控制参数。根据确定的飞行条件获取期望的数据是一个独立的研究主题。目前已经建立了气动数据库。根据飞行测试结果，还能够得到其他额外的信息。

许多导弹专家持有如下观点（见参考文献［19］）：要想最大程度发挥导弹的整体性能，需要在每一个任务阶段选取合适的自动驾驶仪控制结构，例如：为发射中的分离段、大攻角飞行时转弯段、飞行中段（需要长时间飞行）、飞行末段（需要进行末段寻的机动）设计不同的自动驾驶仪。在发射段一般需要弹体角速度指令控制系统，角速度指令自动驾驶仪对模型附近的不确定动态具有很好的鲁棒性。在导弹转弯过程中，需要对导弹速度相对弹体的方向实施控制，即等效于对导弹施加指令攻角和侧滑角，且控制滚动角为零。在飞行中段和末段，一般采用的是加速度指令自动驾驶仪。

本书所设计的制导律都是以平行导引律为基础的，平行导引律是自然界中所遵循的规律。然而，事实上，虽然捕食者利用平行导引律来追逐它们的猎物，但这并不意味着它能捕捉到每一只猎物，这完全取决于捕食者和猎物的动力学特性。本书所给出的制导律在合理选取其参数并合理实现的情况下，是十分有效的。对于推力不受控的导弹而言，在飞行中段，制导律 A_x 的加速度分量不能够完全实现；在寻的阶段，空气动力不足以产生所需要的制导律加速度。此外，对于灵活机动的目标，导弹应能够在大攻角的条件下工作（在许多初步设计研究中，攻角和侧滑角小于 20°）。在这种情况下，就需要其他方式提供附加的加速度，但期望的附加加速度并不能精确确定（使能源效率最高的系数 $N=3$ 并不对应于这种情况，且目标加速度的测量通常带有误差）。这也就是上述导弹速度矢量方向控制是一种期望附加加速度间接实现方式的主要原因，其还可以通过推力矢量控制（Thruster Vector Control，TVC）或反作用控制系统（Reaction Control System，RCS）推进器（见参考文献［19］）实现。

对于 TVC 执行机构，自动驾驶仪控制执行机构的角度为 δ_{T}；对 RCS 推进器，自动驾驶仪控制推力大小为 T_{RCS}。假设执行机构只能在俯仰（δ_{Tl}）平面和偏航（δ_{Tr}）平面内偏转推力矢量，则式（9.5）中的推力可表示为[19]

$$\begin{bmatrix} T_x \\ T_y \\ T_z \end{bmatrix} = \frac{T}{m}\begin{bmatrix} \cos\delta_{\mathrm{Tl}}\cos\delta_{\mathrm{Tr}} \\ -\sin\delta_{\mathrm{Tr}} \\ -\sin\delta_{\mathrm{Tl}}\cos\delta_{\mathrm{Tr}} \end{bmatrix} \tag{9.34}$$

式中：T 为主推进系统沿轴向的推力。

TVC 产生的滚动、俯仰和偏航力矩 L_{T}、M_{T} 和 N_{T} 等于对应的力臂 l_{T} 与前述俯仰和偏航方向上作用力的乘积，其形式为[19]

$$\begin{bmatrix} L_{\mathrm{T}} \\ M_{\mathrm{T}} \\ N_{\mathrm{T}} \end{bmatrix} = \frac{T}{m}\begin{bmatrix} \dfrac{-l_{\mathrm{T}}I_{xz}T\sin\delta_{\mathrm{Tr}}}{I_{xz}I_{zz}-I_{xz}^2} \\ \dfrac{-l_{\mathrm{T}}T\sin\delta_{\mathrm{Tl}}\cos\delta_{\mathrm{Tr}}}{I_{yy}} \\ \dfrac{-l_{\mathrm{T}}I_{xx}T\sin\delta_{\mathrm{Tr}}}{I_{xz}I_{zz}-I_{xz}^2} \end{bmatrix} \tag{9.35}$$

将式（9.34）和式（9.35）代入式（9.5），并考虑关于 α_0、q 的俯仰控制方程和关于 β、p、r 的滚动－偏航控制方程，可得到执行机构动力学模型（关于采用 TVC 和 RCS 方式的自动驾驶仪的具体细节见参考文献［19］）。

大多数战术导弹采用捷联式的惯性测量组件（Inertial Measurement Unit，IMU）用于制导，IMU 包含三个加速度计和三个陀螺仪，分别用于测量沿弹体 x、y、z 轴的加速度和绕这 3 个轴的旋转角速度。出于安装方便的考虑，IMU 一般并不安装在导弹的质心位置。加速度计相对质心的安装位置会大大影响加速度的测量，在飞行控制系统设计时必须予以考虑。如果加速度计没有安装在质心位置，它们测量的就是导弹的移动加速度与导弹旋转所产生加速度的组合加速度，而不单纯是导弹重心处的移动加速度。这就会对包含所设计的自动驾驶仪在内的飞行控制系统的性能产生影响。若 IMU 的安装位置合适，就能够改善系统的稳定性和动态响应。

在自动驾驶仪设计的最后阶段，应根据弹体的气动弹性进行修正。导弹弹体弹性会造成弹体形状的轻微变化，其气动特性也会与通过刚体模型试验得到的有所不同。弹性弹体的动态会对敏感到的加速度和弹体角速度产生影响。通常，自动驾驶仪的修正与其增益有关。

9.5.4 执行机构

由于本书主要考虑的是尾控导弹，因此只考虑广泛应用的舵面执行机构（舵机）动力学模型。舵机动力学模型通常可用一阶或二阶微分方程表示。位置和速率限制相关的非线性及机电舵机的间隙非线性，都应包含在舵机动力学模型中。自动驾驶仪的俯仰、偏航和滚动舵指令（$\delta P,\delta Y,\delta R$）会分配给4个舵机，产生真实的舵偏角 δ_i（$i=1,2,3,4$）。上述非线性特性与 δ_i 相关。舵机指令 δP、δY、δR 与各舵机实际偏转之间的关系取决于导弹尾舵的布局为“+”形还是“×”形，即控制面是与弹翼成一直线还是位于弹翼之间的平面上。

对于“+”形和“×”形尾舵，分别有[3]：

$$\delta P = \frac{\delta_2 - \delta_4}{2}, \delta Y = \frac{\delta_1 - \delta_3}{2}, \delta R = \frac{\delta_1 + \delta_2 + \delta_3 + \delta_4}{4}$$

$$\delta P = \frac{-\delta_1 + \delta_2 + \delta_3 - \delta_4}{4}, \delta Y = \frac{\delta_1 + \delta_2 - \delta_3 - \delta_4}{2}, \delta R = \frac{\delta_1 + \delta_2 + \delta_3 + \delta_4}{4} \tag{9.36}$$

为了由式（9.36）得到关于各个舵面实际偏转角 δ_i（$i=1,2,3,4$）的唯一解，还需要一个附加条件——即SM（Squeeze Mode）条件：

$$\delta \mathrm{SM} = \frac{\delta_1 - \delta_2 + \delta_3 - \delta_4}{4} \tag{9.37}$$

实际舵面偏转的选择应使舵面偏转产生的轴向力尽可能小[3]。

舵面偏转相关限制条件会转化为自动驾驶仪控制指令（$\delta P,\delta Y,\delta R$）的限制，继而对导弹加速度产生了限制。

目前已经验证了推力矢量控制导弹的高效性。推力矢量控制的实现有多种不同的方式，包括摆动喷管、扰流片、燃气舵、侧向喷流等。许多采用液体推进剂导弹的推力矢量通过将其发动机用万向支架连接的方式实现。对于采用固体推进剂的弹道导弹，推力矢量控制通过利用电动伺服机构或液压伺服机构使火箭发动机喷管偏转的方式实现。一些尺寸比较小的大气层内战术导弹则采用机械叶片实现发动机喷流的偏转。所提到的伺服单元，一般利用二阶微分方程来描述，它们也是自动驾驶仪的一部分。

9.6 导弹导引头

在飞行末段，目标跟踪由导引头实现，导引头对其视野内的目标进行探测和跟踪。导引头探测采集来自目标的能量。常用的两类导引头是雷达导引头和光学导引头。导引头通常安装在导弹头部的万向框架上，以保证导引头有很好的视野。大多数导引头都配备了偏航和俯仰方向上两个互相垂直的框架，以允许导引头中心视场方向（视轴）能够相对导弹中心线在方位和高低方向上旋转。有时还增加第3个框架，即所谓的滚动框架。导引头的安装框架一般是稳定的，无论什么扰动作用在弹体上时，都能够保持导引头指向一个固定的方向。视线与导引头视轴之间的角度就是跟踪误差，这个误差应通过使导弹指向目标的控制系统来消除。为了实现导引头的稳定和指向控制，需要利用速率陀螺信号和目标位置的探测信息，通过力矩电机对万向安装框架进行控制。

敏感光学和射频频段信号的方法和设备是不同的。射频导引头利用天线收集目标反射的无线电信号，天线就是雷达导引头的传感器。光学导引头在电磁波谱的紫外线、可见光和红外部分敏感目标辐射的能量。有些导引头使用多个光学波段的信号，以辨别目标与诱饵。光学辐射源可能是发动机的羽流、热金属、气动加热等。在电磁波的可见光部分，反射太阳光的光也是一种辐射源。激光导引头利用的是反射的激光辐射。

根据光学图像处理技术的不同，光学导引头可分为三类。

调制盘导引头是利用一种光学设备（调制盘）对跟踪误差进行编码。调制盘是一种安装在光学系统图像平面上明暗相间的板，当其旋转时就产生输入信号的调制信号。对调制盘调制过的信号解调，并测量调制信号与调制盘参考相位之间的相位差，信号处理器就获得了跟踪误差。伪成像导引头（玫瑰扫描导引头）的跟踪系统由一个或多个探测器构成，以获得目标的空间信息。伪成像导引头具有很小的瞬时视场，重复扫描的视场可转化为一组探测信号。成像导引头不使用调制盘，而是利用探测器阵列来探测一个场景的能量，从而构建该场景的图像。图像可以通过线阵列探测器扫描构建，也可以通过二维阵列（一种图像敏感装置）构建。图像传感器相比于非图像传感器，能够获得更多的信息，它们能够按照各种不同的准则来辨别目标。对每一类导引头，都为其开发了特殊的信号处理算法，以能够获得高精度的跟踪误差。

类似于弹体坐标系相对 NED 坐标系定义的欧拉角，我们也可以定义导弹弹体轴与导引头轴线之间的欧拉角。如前所述：导弹弹体坐标系的 $\boldsymbol{x}$ 轴与导弹的纵轴是一致的；$\boldsymbol{y}$ 轴指向弹体的右侧；$\boldsymbol{z}$ 轴与 $\boldsymbol{x}$ 轴和 $\boldsymbol{y}$ 轴垂直，根据右手法则定义，它的方向为向下为正。拦截弹弹上导引头的 $\boldsymbol{x}_s$ 轴与导引头的视轴一致；$\boldsymbol{y}_s$ 轴和 $\boldsymbol{z}_s$ 轴分别被称为导引头的偏航轴和俯仰轴。当导引头的视轴 $\boldsymbol{x}_s$ 与导弹弹体 $\boldsymbol{x}$ 轴重合时，导引头的框架角为零；$\boldsymbol{y}_s$ 轴和 $\boldsymbol{z}_s$ 轴分别与弹体的 $\boldsymbol{y}$ 轴和 $\boldsymbol{z}$

轴重合。从 $\boldsymbol{x}$、$\boldsymbol{y}$、$\boldsymbol{z}$ 到 $\boldsymbol{x}_s$、$\boldsymbol{y}_s$、$\boldsymbol{z}_s$ 的旋转顺序为偏航、俯仰、滚动（滚动角为零）$(\psi_s,\theta_s,0)$，它对应于导引平台跟踪目标时的方位角和高低角。在这种情况下，有

$$L_{\mathrm{BS}} = L_2(\theta_s)L_1(\psi_s) = \begin{bmatrix} \cos\theta_s\cos\psi_s & \cos\theta_s\sin\psi_s & -\sin\theta_s \\ -\sin\psi_s & \cos\psi_s & 0 \\ \sin\theta_s\cos\psi_s & \sin\theta_s\sin\psi_s & \cos\theta_s \end{bmatrix} \tag{9.38}$$

导引头在 NED 坐标系内的角速度矢量等于导引头相对导弹的角速度矢量与导弹在 NED 坐标系内的角速度矢量之和，这个关系可以通过导引头体（位标器）角速度 (p_s,q_s,r_s)、导引头欧拉角速度 $(\dot{\psi}_s,\dot{\theta}_s,0)$ 和导弹弹体角速度 (p,q,r) 来重新定义：

$$p_s\boldsymbol{x}_s + q_s\boldsymbol{y}_s + r_s\boldsymbol{z}_s = \dot{\psi}_s\boldsymbol{z} + \dot{\theta}_s(-\sin\psi_s\boldsymbol{x} + \cos\psi_s\boldsymbol{y}) + p\boldsymbol{x} + q\boldsymbol{y} + r\boldsymbol{x} \tag{9.39}$$

根据式（9.39）可求解出导引头欧拉角速率（在这里假定为单位坐标向量）。

假设导弹和导引头的滚动角速度为零（$p = p_s = 0$），利用式（9.38），可将式（9.39）表示在导引头坐标系中：

$$\begin{bmatrix} q_s \\ r_s \end{bmatrix} = \begin{bmatrix} -\sin\psi_s & \cos\psi_s & 0 \\ \sin\theta_s\cos\psi_s & \sin\theta_s\sin\psi_s & \cos\theta_s \end{bmatrix} \begin{bmatrix} -\dot{\theta}_s\sin\psi_s \\ q + \dot{\theta}_s\cos\psi_s \\ r + \dot{\psi}_s \end{bmatrix} \tag{9.40}$$

由式（9.40）可直接得到导引头的欧拉角速率方程：

$$\dot{\psi}_s = \frac{r_s - q\sin\theta_s\sin\psi_s}{\cos\theta_s} - r \tag{9.41}$$

$$\dot{\theta}_s = q_s - q\cos\psi_s \tag{9.42}$$

对以上的角速度方程进行积分，即可得到导引头的欧拉角。

通常情况下，会沿着 $\boldsymbol{y}_s$ 轴和 $\boldsymbol{z}_s$ 轴两个方向测量视线误差的两个正交分量。将沿 $\boldsymbol{z}_s$ 轴测量得到的高低角误差 $\theta_{es} = \arctan(-R_{z_s}/R_{x_s})$ 和沿 $\boldsymbol{y}_s$ 轴测量得到的方位角误差 $\alpha_{es} = \arctan(-R_{y_s}/R_{x_s})$ 作为输入信号，送到导引头控制系统，对信号滤波后产生绕垂直于敏感误差轴方向的转矩，使导引头陀螺开始进动，从而减小视线误差（导引头的欧拉角速度趋于零）。图 9.6 所示为导引头动态回路框图。

在这里，电机和滤波器都用一阶传递函数来描述，其时间常数分别为 τ_{m}、τ_{f}，增益分别为 K_{f}、K_{m}。在回路中引入框架角余弦项 $\cos\psi_s\cos\theta_s$ 的目的是在框架角变大时，减小电机的转矩。导引头闭环回路动力学特性与式（9.41）和式（9.42）是相对应的。

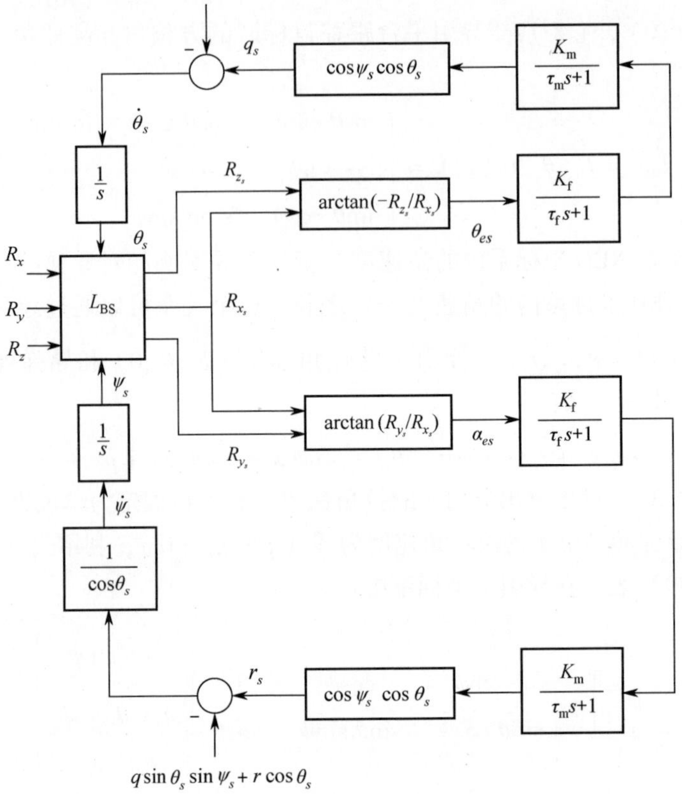

图 9.6　导引头动力学回路

天线罩是会降低雷达制导导弹性能的因素之一，其设计目的是保护导弹免受气流的破坏并减小阻力。非半球形的天线罩会使入射电磁波发生折射，这样会给出错误的目标位置信息。天线罩的反射会造成导弹制导系统失稳，特别是在高空飞行时[18,21]。天线罩对视线角的影响通过框架角耦合进弹体动力学特性中，造成视线角测量的偏差。文献［14，21］介绍了一种对天线罩的影响进行补偿的方法，该方法结合了滤波和对加速度指令信号施加非破坏性的高频振荡。导引头测量得到的视线角不等于真正的视线角，水平框架角 ψ_s 和垂直框架角 θ_s 以非线性的方式分别对视线角测量值产生影响，若对该影响进行一阶近似，则会分别产生附加的误差项 $\rho_\psi\psi_s$ 和 $\rho_\theta\theta_s$ 。根据文献［10］，在仿真模型中，天线罩的斜率系数可以用随机过程来描述：

$$\dot{\rho}_\psi = w_{\rho\psi}, \dot{\rho}_\theta = w_{\rho\theta} \tag{9.43}$$

式中：$w_{\rho\psi}$ 和 $w_{\rho\theta}$ 为均值为零的高斯白噪声随机过程。

由于导引头只能在其视野范围内工作，因而可能出现饱和状态，对 ψ_s 和

θ_s 的这种约束应体现在仿真模型中。利用包含稳定回路的导引头详细模型，可以获取更为精确的视线角及其导数的估计值，且该模型应包含在整个系统的复杂模型中。但这不属于本书的范畴，本书主要关注制导问题。为了对制导律进行测试，可以考虑一个简化的导引头模型[4]，它包括确定视线角和视线角速度的单元以及一个滤波器。

导引头的动力学特性可以用一阶或二阶（适用于部分类型导引头）微分方程表示。由于天线罩影响引起的噪声和误差可直接体现在视线角速度的表达式中。

9.7　滤波和估计

制导律所需要的信息是由各种传感器测量得到的。众所周知，任何的测量都会伴随有噪声，在一种程度上造成测量结果的失真，因此会通过一些特殊的措施来提高精度。到目前为止，大多数测量利用的都是模拟体制设备。但当前我们生活在一个数字时代，数字设备处于主导地位。武器控制系统（Weapon Control Systems，WCS）作为一种计算机程序，主要在导弹的发射阶段和飞行中段发挥作用，而在寻的阶段，则由微处理器（控制器）导引导弹。即使一些传感器和简单的滤波器依然是模拟体制的，但它们的输入信息却是数字的。这也是我们在下面讨论数字滤波器的原因，在制导过程中采用的是数字滤波器，它可以很容易地融入仿真模型中。

α、β 滤波器和 α、β、γ 滤波器广泛用于目标跟踪中[1]。跟踪雷达系统用于测量目标的相对位置、方位角、高低角及速度。α、β 滤波器经过 n 次观测产生位置和速度的平滑估计值，分别为 $x_s(n)=x_s(n,n)$ 和 $\dot{x}_s(n)=\dot{x}_s(n,n)$，并对第 $n+1$ 次的位置观测值 $x_p(n+1,n)$ 进行预测：

$$x_s(n)=x_p(n)+\alpha(x_m(n)-x_p(n)) \tag{9.44}$$

$$\dot{x}_s(n)=\dot{x}_s(n-1)+\frac{\beta}{T}(x_m(n)-x_p(n)) \tag{9.45}$$

$$x_p(n+1)=x_p(n+1,n)=x_s(n)+T\dot{x}_s(n) \tag{9.46}$$

式中：α 和 β 为滤波器增益；T 为采样周期；x_m 为测量的位置样本，初始条件为

$$x_s(1)=x_p(2)=x_m(1),\dot{x}_s(1)=0,\dot{x}_s(2)=\frac{(x_m(2)-x_m(1))}{2}$$

参数 α 和 β 建议如下选取：

$$\beta=\frac{\alpha^2}{2-\alpha} \tag{9.47}$$

这个关系是出于降低测量噪声和最小化跟踪误差的目的而得到的，即滤波

器应能够保证实现机动目标跟踪。

记忆衰减滤波器是 α、β 滤波器的一个子类，其参数取决于平滑因子 $0 \leqslant \xi \leqslant 1$，具体形式为

$$\alpha = 1 - \xi^2, \beta = (1 - \xi)^2 \tag{9.48}$$

式中：平滑因子值越大，平滑效果越好。

前面考虑的大部分制导律都需要用到目标的加速度信息。而仅利用拦截弹上图像传感器的角度测量值，并不能足够精确地估计目标的加速度，通常还需要距离信息。距离信息可由弹外的被动传感器或弹上的主动传感器提供。

α、β、γ 滤波器经过 n 次观测分别产生位置、速度和加速度 $\ddot{x}_s(n) = \ddot{x}_s(n, n)$ 的平滑估计值，并对第 $n+1$ 次的位置观测值 $x_p(n+1, n)$ 进行预测：

$$x_s(n) = x_p(n) + \alpha(x_m(n) - x_p(n)) \tag{9.49}$$

$$\dot{x}_s(n) = \dot{x}_s(n-1) + T\ddot{x}_s(n-1) + \frac{\beta}{T}(x_m(n) - x_p(n)) \tag{9.50}$$

$$\ddot{x}_s(n) = \ddot{x}_s(n-1) + \frac{2\gamma}{T^2}(x_m(n) - x_p(n)) \tag{9.51}$$

$$x_p(n+1) = x_s(n) + T\dot{x}_s(n) + \frac{T^2}{2}\ddot{x}_s(n) \tag{9.52}$$

其中初始条件为

$$x_s(1) = x_p(2) = x_m(1), \dot{x}_s(1) = \ddot{x}_s(1) = \ddot{x}_s(2) = 0,$$

$$\dot{x}_s(2) = \frac{(x_m(2) - x_m(1))}{2}, \dot{x}_s(3) = \frac{x_m(1) + x_m(3) - 2x_m(2)}{T^2}$$

类似于式（9.39），对于 α、β、γ 滤波器，可以给出：

$$2\beta - \alpha(\alpha + \beta + \gamma/2) = 0 \tag{9.53}$$

对于 α、β、γ 滤波器，还可以类似于式（9.48），给出：

$$\alpha = 1 - \xi^3, \beta = 1.5(1 - \xi)^2(1 + \xi), \gamma = (1 - \xi)^3 \tag{9.54}$$

与 α、β 滤波器的情况类似，$\xi = 0$ 意味着没有平滑。

卡尔曼滤波器是一种比上述滤波器更为先进的滤波估计工具，在高斯白噪声环境下是最优的选择。最优滤波问题可以按如下方式描述：对于差分方程描述的系统：

$$\boldsymbol{x}(n+1) = \boldsymbol{A}_n\boldsymbol{x}(n) + \boldsymbol{B}_n\boldsymbol{w}(n), \quad \boldsymbol{x}_m(n) = \boldsymbol{H}_n\boldsymbol{x}(n) + v(n) \tag{9.55}$$

式中：$w(n)$ 和 $v(n)$ 为均值为零、协方差分别为 Q_n 和 R_n 的独立高斯随机过程，分别表示过程噪声和测量噪声。基于测量量 $\boldsymbol{x}_m(k)$（$k = 1, 2, \cdots, n$），确定 $\boldsymbol{x}(n)$ 的估计值 $\boldsymbol{x}(n, n)$，使如下的测量误差的平方和最小：

$$\sum_{i=1}^{n} (\boldsymbol{x}_m(i) - \boldsymbol{H}_i\boldsymbol{x}(i,i))^{\mathrm{T}}\boldsymbol{R}_i(\boldsymbol{x}_m(i) - \boldsymbol{H}_i\boldsymbol{x}(i,i))$$

式中：$\boldsymbol{A}_n$、$\boldsymbol{B}_n$ 和 $\boldsymbol{H}_n$ 为适当维数的矩阵。

滤波问题的解为

$$\boldsymbol{x}(n+1,n+1)=\boldsymbol{A}_n\boldsymbol{x}(n,n)+\boldsymbol{P}(n+1,n)H_{n+1}^{\mathrm{T}}[\boldsymbol{H}_{n+1}\boldsymbol{P}(n+1,n)\boldsymbol{H}_{n+1}^{\mathrm{T}}+\boldsymbol{R}_{n+1}]^{-1}[\boldsymbol{x}_{\mathrm{m}}(n+1)-\boldsymbol{H}_{n+1}A_n(n)x(n,n)] \quad (9.56)$$

式中：矩阵 $P(n,n)$ 为下列矩阵黎卡提方程（Ricatti Equation）的解，即

$$\boldsymbol{P}(n+1,n)=\boldsymbol{A}_n\boldsymbol{P}(n,n)\boldsymbol{A}_n^{\mathrm{T}}+B_nQ_nB_n^{\mathrm{T}} \quad (9.57)$$

$$\boldsymbol{P}(n+1,n+1)=\boldsymbol{P}(n+1,n)-\boldsymbol{P}(n+1,n)\boldsymbol{H}_{n+1}^{\mathrm{T}}[H_{n+1}\boldsymbol{P}(n+1,n)\boldsymbol{H}_{n+1}^{\mathrm{T}}+\boldsymbol{R}_{n+1}]^{-1}\boldsymbol{H}_{n+1}\boldsymbol{P}(n+1,n) \quad (9.58)$$

协方差矩阵 $\boldsymbol{P}(n,n-1)$ 和 $\boldsymbol{P}(n,n)$ 分别表示更新前、后状态估计的误差。

卡尔曼滤波器方程也可以表示为描述 α、β 滤波器的式（9.44）、式（9.45）和描述 α、β、γ 滤波器的式（9.49）~式（9.51）相接近的形式。通过引入满足如下状态预测方程的状态预测向量 $\boldsymbol{x}(n+1,n)$：

$$\boldsymbol{x}(n+1,n)=\boldsymbol{A}_n\boldsymbol{x}(n,n) \quad (9.59)$$

和滤波器增益 $\boldsymbol{K}_n$：

$$\boldsymbol{K}_n=\boldsymbol{P}(n,n-1)\boldsymbol{H}_n^{\mathrm{T}}[\boldsymbol{H}_n\boldsymbol{P}(n,n-1)\boldsymbol{H}_n^{\mathrm{T}}+\boldsymbol{R}_n]^{-1} \quad (9.60)$$

式（9.56）可重写为

$$\boldsymbol{x}(n+1,n+1)=\boldsymbol{x}(n+1,n)+\boldsymbol{K}_{n+1}[\boldsymbol{x}_{\mathrm{m}}(n+1)-\boldsymbol{H}_{n+1}\boldsymbol{x}(n+1,n)] \quad (9.61)$$

式（9.61）与基于直觉方法得到的式（9.44）、式（9.45）和式（9.49）~式（9.51）是相似的。相较于 α、β 滤波器和 α、β、γ 滤波器，卡尔曼滤波器的增益是时变的，它取决于 $\boldsymbol{P}(n,n)$，即式（9.57）和式（9.58）的解，该解与初始条件 $\boldsymbol{P}(0,0)$ 相关。这是滤波问题中相对独立且最困难的一部分。然而，卡尔曼滤波器在实际中十分受欢迎且应用十分广泛。将 $\boldsymbol{P}(n,n-1)$ 和 $\boldsymbol{P}(n,n)$ 作为协方差矩阵有助于 $\boldsymbol{P}(0,0)$ 的选取，下面对此进行证明。

从式（9.55）中减去式（9.59）得到状态预测误差：

$$\boldsymbol{e}(n+1,n)=\boldsymbol{A}_n\boldsymbol{e}(n,n)+\boldsymbol{B}_nw(n) \quad (9.62)$$

因此：状态预测方差 $\boldsymbol{P}(n+1,n)=E[\boldsymbol{e}(n+1,n)\boldsymbol{e}(n+1,n)^{\mathrm{T}}]$ 满足式（9.57）；$\boldsymbol{P}(n,n)=E[\boldsymbol{e}(n,n)\boldsymbol{e}(n,n)^{\mathrm{T}}]$ 称为更新协方差；$\boldsymbol{e}(n,n)$ 为状态估计（式（9.61））更新误差。

从式（9.55）中减去式（9.61），并根据与式（9.62）类似的方式，可得式（9.58），式（9.58）可重写为

$$\boldsymbol{P}(n+1,n+1)=\boldsymbol{P}(n+1,n)-\boldsymbol{K}_{n+1}\boldsymbol{S}(n+1)\boldsymbol{K}_{n+1}^{\mathrm{T}} \quad (9.63)$$

式中，

$$\boldsymbol{S}(n+1)=\boldsymbol{H}_{n+1}\boldsymbol{P}(n+1,n)\boldsymbol{H}_{n+1}^{\mathrm{T}}\boldsymbol{R}_{n+1} \quad (9.64)$$

被称为测量预测协方差；$\boldsymbol{S}(n+1)=E[\boldsymbol{e}_{\mathrm{m}}(n+1,n)\boldsymbol{e}_{\mathrm{m}}(n+1,n)^{\mathrm{T}}]$，其中$\boldsymbol{e}_{\mathrm{m}}(n+1,n)$为测量预测误差：

$$\boldsymbol{e}_{\mathrm{m}}(n+1,n)=\boldsymbol{x}_{\mathrm{m}}(n+1)-\boldsymbol{H}_{n+1}\boldsymbol{x}(n+1,n)=\boldsymbol{H}_{n+1}\boldsymbol{e}(n+1,n)+\boldsymbol{v}(n+1) \tag{9.65}$$

基于式（9.65）可分析一般的跟踪模型（速度近乎为恒定$\ddot{x}(t)=w_0(t)$的模型，或加速度近乎为恒定$\dddot{x}(t)=w_0(t)$的模型[1]，式中$w_0(t)$为均值为零的白噪声过程）。对于这些模型，矩阵$\boldsymbol{A}_n=\boldsymbol{A}$、$\boldsymbol{B}_n=\boldsymbol{B}$及$\boldsymbol{H}_n=\boldsymbol{H}$为

$$\boldsymbol{A}_n=\begin{bmatrix}1 & T\\0 & 1\end{bmatrix},\boldsymbol{B}_n=\begin{bmatrix}0\\1\end{bmatrix},\boldsymbol{H}_n=\begin{bmatrix}0\\1\end{bmatrix}(\text{速度近乎恒定的模型}) \tag{9.66}$$

$$\boldsymbol{A}_n=\begin{bmatrix}1 & T & 0.5T^2\\0 & 1 & T\\0 & 0 & 1\end{bmatrix},\boldsymbol{B}_n=\begin{bmatrix}0\\0\\1\end{bmatrix},\boldsymbol{H}_n=\begin{bmatrix}1\\0\\0\end{bmatrix}(\text{加速度近乎恒定的模型}) \tag{9.67}$$

在所描述的采样周期为T的状态方程中，与谱密度为Q_0的连续时间零均值白噪声过程相关的离散时间噪声过程为

$$w(n)=\int_0^T \mathrm{e}^{A_{\mathrm{c}}(T-\tau)}Bw_0(nT+\tau)\mathrm{d}\tau \tag{9.68}$$

式中：$\boldsymbol{A}_{\mathrm{c}}$为方程$\ddot{\boldsymbol{x}}(t)=\boldsymbol{w}_0(t)$和$\dddot{\boldsymbol{x}}(t)=\boldsymbol{w}_0(t)$的状态矩阵。则$\boldsymbol{Q}=E[\boldsymbol{w}(n)\boldsymbol{w}(n)^{\mathrm{T}}]$，且：

$$\boldsymbol{Q}=\begin{bmatrix}\frac{T^3}{3} & \frac{T^2}{2}\\ \frac{T^2}{2} & T\end{bmatrix}\boldsymbol{Q}_0(\text{速度近乎恒定的模型}) \tag{9.69}$$

$$\boldsymbol{Q}=\begin{bmatrix}\frac{T^5}{20} & \frac{T^4}{8} & \frac{T^3}{6}\\ \frac{T^4}{8} & \frac{T^3}{3} & \frac{T^2}{2}\\ \frac{T^3}{6} & \frac{T^2}{2} & T\end{bmatrix}\boldsymbol{Q}_0(\text{加速度近乎恒定的模型}) \tag{9.70}$$

基于式（9.57）和式（9.58）的稳态解，对于这两个模型可以建立α,β滤波器和α,β,γ滤波器的参数与卡尔曼滤波器对应稳态参数之间的关系[1]。位置增益α、速度增益β和加速度增益γ为如下的所谓目标机动指标的函数：

$$\lambda=\frac{\sigma_{\omega}T^2}{\sigma_{\mathrm{v}}}$$

式中：σ_{ω}和σ_{v}分别为过程噪声和测量噪声的方差，分别描述运动不确定性和

观测不确定性。

在先进的导弹制导系统中，目标状态估计器是很重要的，需要目标状态估计器主要有两方面的原因：一是弹上导引头的测量信息（如视线角和视线角速度，距离和距离变化率）一般会受到噪声的影响，导致制导律无法使用这些测量信息；二是先进的制导律还需要有关目标的附加信息，如加速度，而这是弹上传感器无法提供的。比例导引律广泛用于导弹寻的段，然而，在很多情况下（如高机动目标），比例导引律并不能获得满意的效果，这就导致提出了许多比例导引律的修正形式，其中一部分在前面章节中已经讨论过。增广比例导引律以及前面章节中考虑的其他制导律在实现过程中都需要目标加速度信息。最优制导律则需要目标加速度、预测拦截点或剩余飞行时间的相关信息，因此它的实现就需要这些信息对应参数的估计值。即使在经典比例导引律中，视线角速度和接近速度的测量值会受到噪声干扰，因此需要对其进行估计。在第 5 章的示例中，即利用卡尔曼滤波器产生视线角速度的平滑估计值，用于比例导引律。

一般地，当假定导弹 - 目标交会的动力学特性是线性的，可对卡尔曼滤波器的应用进行严格的证明。此外，我们已经得到了上述卡尔曼滤波器的不同简洁表达式，但在其应用过程中还需要一定的技巧和经验。9 - DOF 和 6 - DOF 滤波器可用于估计目标的位置、速度和加速度，目前存在算法可用于这两个滤波器模型，并能确定何时从一个模型转换到另一个模型。

虽然卡尔曼滤波器是基于线性模型理论的，但它同样适用于非线性模型。目标的运动学模型一般是在 NED 坐标系下的建立的，但目标位置测量量通常是在球面坐标系下的，包括距离、方位角和高低角（式（1.4）和式（1.5））。从球面坐标系到笛卡儿坐标系的转换是非线性的。扩展卡尔曼滤波器（Extended Kalman Filter）可用于提高估计的精度。扩展卡尔曼滤波器所采用的方法是基于非线性函数的线性化，线性化的过程利用的是一阶泰勒级数展开（忽略二阶以上的高阶项）。这样得到的近似测量方程就变为线性的，但测量矩阵应在每一次迭代中都计算。尽管缺少严格的数学证明，但扩展卡尔曼滤波器广泛用于姿态估计中（例如欧拉角）。卡尔曼滤波器（原始的及扩展的）需要有关初始状态、过程噪声和测量噪声的协方差的完整先验知识。

在大量的应用中，有关过程噪声和测量噪声的必要统计信息可能是缺失的，也可能是没有明确定义的。滤波器的使用还会进一步受到建模误差、线性逼近误差的影响，因此造成根据黎卡提方程计算得到的扩展卡尔曼滤波器的协方差矩阵可能会偏离估计状态误差的协方差真实值。

无迹滤波器是扩展卡尔曼滤波器的一种改进形式，同样用于姿态估计中[18]。然而，这种滤波器及其调试需要大量的实验数据。

在用于制导律测试的仿真模型中，滤波器的参数应经过测试。状态估计器的精度和鲁棒性已经成为提高制导律应对机动目标性能的限制因素。上述滤波器必须根据威胁性最大的预期目标进行调试，但如果目标的威胁程度没有那么大，滤波器的性能就要劣于根据这种威胁程度调试的卡尔曼滤波器的最优性能。这就使得我们需要考虑自适应估计技术，以提高滤波器应对不同类型目标的鲁棒性。关于大量估计技术的综述可参考文献［2，9］。

9.8 Kappa 制导

Kappa 算法[7]在大气层内的中制导段发挥主要作用，可理解为使导弹末段速度最大化的方法，即 Kappa 制导是一种最优制导律，使导弹速度满足末制导段开始时最大的要求。这一要求对于远距目标或低空飞行目标是必要的，因为在这样的情况下，导弹速度对于拦截是一个主要影响因素。但 Kappa 制导同样也适用于近距目标，当拦截近距目标时，时间是非常重要的，因为导弹必须在目标到达最小拦截范围前摧毁它。

Kappa 算法是基于预测拦截点信息的，如第 5 章的引言所述，预测或估计的精度会严重影响拦截的精度。由于 Kappa 制导律是通过求解末段最优问题得到的，因此它需要有关导弹和目标的完整信息（包括当前的和未来的）以及拦截过程中的外部条件信息。然而，包含阻力和升力的导弹动力学方程只能近似地实现，且无法估计信息不完整对拦截结果的影响。此外，预测拦截点和剩余飞行时间是主要决定最优解精度的重要参数，对这些参数只能进行估计，难以分析估计误差对拦截最终结果的影响。

当描述最优制导问题时，很难体现所有的参数，因此很多文献中讨论的最优问题没有能在实践中实现。所有的最优问题在实时在线实现时也是非常复杂的。在许多文献中，目标机动要么被忽略掉，要么假设为理想的，大多是常值机动。在明确考虑目标机动的制导律中，对于不能直接测量的变量的估计是十分关键的。在形式上，生成 Kappa 算法的最优问题就忽略了目标的机动，但在估计预测拦截点时对目标机动间接地进行了考虑。最优制导问题一般有很多假设条件，然而 Kappa 中制导算法还是成功地用于美国的标准 2（Standard Missile，SM2）导弹，这是非常重要的，也是我们下面对其进行讨论并用于仿真软件中的原因。

令向量 $\boldsymbol{r}_{\mathrm{PIP}}$ 表示预测拦截点的位置，向量 $\boldsymbol{r}_{\mathrm{M}}$ 表示导弹当前位置。式（2.24）可重写为

$$\boldsymbol{a}_{\mathrm{c}} = \frac{N}{t_{\mathrm{go}}^{2}}(\boldsymbol{r}_{\mathrm{PIP}} - \boldsymbol{r}_{\mathrm{M}} - \boldsymbol{v}_{\mathrm{M}}t_{\mathrm{go}}) - \frac{N}{t_{\mathrm{go}}}(\boldsymbol{v}_{\mathrm{PIP}} - \boldsymbol{v}_{\mathrm{M}})$$

式中：导弹速度项 $\boldsymbol{v}_{\mathrm{M}}$ 为在式（2.24）左侧加上了一个相反的符号；$\boldsymbol{v}_{\mathrm{PIP}}$ 为导弹在拦截点处的终端速度。

式（9.71）还可以表示为更一般的形式：

$$\boldsymbol{a}_{\mathrm{c}} = \frac{K_1}{t_{\mathrm{go}}^2}(\boldsymbol{r}_{\mathrm{PIP}} - r_{\mathrm{M}} - \boldsymbol{v}_{\mathrm{M}} t_{\mathrm{go}}) - \frac{K_2}{t_{\mathrm{go}}}(\boldsymbol{v}_{\mathrm{PIP}} - \boldsymbol{v}_{\mathrm{M}}) \tag{9.71}$$

其中：K_1 和 K_2 为系数。

假设预测拦截点在导弹飞行过程中可以进行估计，$\boldsymbol{v}_{\mathrm{PIP}}$ 为期望的终端导弹速度，最优制导律的确定问题可以阐述为：确定 K_1 和 K_2 的最优值，使 $\boldsymbol{v}_{\mathrm{M}}$ 的末段值最大。如文献［7］所述，系数的最优值为

$$K_1 = \frac{w^2 r^2(\cosh(wr) - 1)}{wr\sinh(wr) - 2(\cosh(wr) - 1)} \tag{9.72}$$

$$K_2 = \frac{w^2 r^2 - wr\sinh(wr)}{wr\sinh(wr) - 2(\cosh(wr) - 1)} \tag{9.73}$$

式中，

$$\begin{cases} w^2 = \dfrac{D_0 L_\alpha (T/L_\alpha + 1)^2}{m^2 v^4 (2C_{L_\alpha} + T/L_\alpha)} \\ D_0 = C_{D_0} QS, \mathrm{Lift} = QSC_{L_\alpha}\alpha = L_\alpha \alpha \end{cases} \tag{9.74}$$

式中：D_0 为阻力的分量，它主要是由 $C_D = C_{D_0} + C_{L_\alpha}\alpha^2$ 的分量 C_{D_0} 决定的，假设阻力曲线为抛物线形[11]；L_α 为升力因子；T 为推力；m 为质量；v 为导弹速度。

式（9.71）的第一项称为比例项，可表示为

$$\boldsymbol{a}_{\mathrm{c1}} = \frac{K_1}{t_{\mathrm{go}}^2}(\boldsymbol{r}_{\mathrm{tgo}} - \boldsymbol{v}_{\mathrm{M}} t_{\mathrm{go}}) \tag{9.75}$$

式中：$\boldsymbol{r}_{\mathrm{tgo}}$ 为剩余飞行距离矢量。

式（9.71）的第二项为成型项其可以表示为

$$\boldsymbol{a}_{\mathrm{c2}} = \frac{\boldsymbol{K}_2}{\boldsymbol{t}_{\mathrm{go}}}(\boldsymbol{v}_{\mathrm{PIP}} - \boldsymbol{v}_{\mathrm{M}}) \tag{9.76}$$

期望的终端速度 $\boldsymbol{v}_{\mathrm{PIP}} = (V_{\mathrm{PIPN}}, V_{\mathrm{PIPE}}, V_{\mathrm{PIPD}})$ 具体为

$$\begin{cases} V_{\mathrm{PIPN}} = V_{\mathrm{M}} \cos\mu_{\mathrm{v}} \cos\mu_{\mathrm{h}} \\ V_{\mathrm{PIPE}} = V_{\mathrm{M}} \cos\mu_{\mathrm{v}} \sin\mu_{\mathrm{h}} \\ V_{\mathrm{PIPD}} = -V_{\mathrm{M}} \sin\mu_{\mathrm{v}} \end{cases} \tag{9.77}$$

式中：μ_{v} 和 μ_{h} 分别为导弹的垂直和水平弹道角。

对于战术弹道导弹，$\mu_{\mathrm{v}} \approx 45°$；对于巡航导弹，$\mu_{\mathrm{v}} \approx -75°$。

比例项和成型项的形式略有不同，具体可见文献［13］。

9.9 Lambert 制导

Lambert 制导是根据求解 Lambert 问题得到的制导律，Lambert 问题根据满足终端（在 t_F 时刻）条件的系统常微分方程确定初始条件。与最优理论中通常考虑的终端问题相比较，Lambert 问题只处理部分初始条件未知的情况，假定其他初始条件是已知的。通过将 δ 函数包含进容许的控制范围内，可将 Lambert 问题阐述为一个控制问题。

Lambert 问题可以描述如下：给定一个物体在重力场内的初始位置 $\boldsymbol{r}_0 = (x_{10}, x_{20}, x_{30})$，重力场由牛顿的万有引力定律来描述（式（9.2）），即

$$\ddot{x}_s(t) = -\frac{gm}{r^{1.5}(t)}x_s(t) \quad (s = 1,2,3) \tag{9.78}$$

式中：g 为重力加速度；m 为弹体质量；$x_s(t)$ 为导弹在地心坐标系内的坐标，则

$$r(t) = \sqrt{\sum_{s=1}^{3} x_s^2(t)} \tag{9.79}$$

确定初始速度矢量 $\boldsymbol{V}_0 = (\dot{x}_{10}, \dot{x}_{20}, \dot{x}_{30})$，使得在 t_F 时刻，导弹位于 $\boldsymbol{r}(t_F) = (x_1(t_F), x_2(t_F), x_3(t_F))$ 处，设期望的坐标为 x_{sF}，即 $x_s(t_F) = x_{sF}$（$s = 1,2,3$）。

由于存在描述 $\boldsymbol{r}(t_F)$、$\boldsymbol{r}_0$ 和 $\boldsymbol{V}_0$ 关系的解析表达式，在模型为线性微分方程情况下，很容易得到上述问题的解。对于式（9.78），则不能得到这样的表达式，但有很多的计算算法来求解这个问题。对于平面轨迹，$\|\boldsymbol{V}_0\|$ 的表达式为初始飞行航迹角度的函数，t_F 的表达式为 $\|\boldsymbol{V}_0\|$ 和初始飞行航迹角度的函数（$\|\ \|$ 表示欧几里得范数）。一般情况下，未知参数的数量保持不变时，计算算法看上去更具吸引力，这主要是因为求解两个非线性代数方程的迭代过程只与一个参数有关——飞行航迹角度值[20]。二维和三维情况的计算程序可参考文献[20]。

根据现有的计算方法，可以得到直接求解 $\dot{x}_{10}$、$\dot{x}_{20}$ 和 $\dot{x}_{30}$ 的算法。例如，可以通过求解下面的最小化问题得到 t_F：

$$\min_{\dot{x}_{s0}} \|\boldsymbol{r}_F - \boldsymbol{r}(t_F)\|^2 \tag{9.80}$$

其中：$\boldsymbol{r}_F$ 为期望的位置矢量；$\boldsymbol{r}(t_F)$ 为式（9.78）在初始条件 $(\boldsymbol{r}_0, \boldsymbol{V}_0^i)$ 下的解；i 为迭代步数；$s = 1,2,3$。

Lambert 问题与物体在重力场内的运动相关，它的解为瞬时脉冲，更适用于航天器的控制，而非导弹。

当把 Lambert 问题应用于导弹制导问题时，运动的物体即为已经发射的导

弹，t_F 为飞行时间，目标的位置满足终端条件 $\boldsymbol{r}_F$ 。通过求解 Lambert 问题可得到导弹的发射方向和使导弹在 t_F 时刻到达目标的速度。

由于现有的一些制导算法需要用到预测拦截点和拦截时间 t_F ，因此 Lambert 问题可以经过修正用于求解运动目标的制导律[20]。在这种情况下，针对预测的 $\boldsymbol{r}(t_F)$（即终端条件是模糊的）可求解 Lambert 终端问题。根据求得的速度矢量 $\boldsymbol{V}(t)$ 可以确定应得速度（Velocity - to - be - gained）矢量 $\Delta\boldsymbol{V}_M$ ，即期望速度 $\boldsymbol{V}(t)$ 与导弹当前速度 $\boldsymbol{V}_M(t)$ 的差值：

$$\Delta\boldsymbol{V}_M = \boldsymbol{V}(t) - \boldsymbol{V}_M(t) \tag{9.81}$$

如果当前的加速度矢量为 $\boldsymbol{a}_M(t_i)$ ，则在 t_{i+1} 时刻的加速度方向应与应得速度 $\boldsymbol{V}_M(t)$ 一致，且

$$a_{Ms}(t_{i+1}) = a_M(t_i)\frac{\Delta V_{Ms}}{\|\Delta\boldsymbol{V}\|} \quad (s = 1,2,3) \tag{9.82}$$

因此，如果导弹的推力加速度矢量与应得速度矢量一致，则可达到期望速度（达到之后，发动机即关闭），且导弹应按弹道飞向目标。然而，这只有在发动机关闭时的导弹位置、未来拦截点和拦截时间都满足 Lambert 方程的情况下才能实现。

严格数学意义上的 Lambert 方程需要已知的起始点、最终点及飞行时间 t_F ，它可以用于按弹道飞行攻击静止目标的导弹。然而，对于移动目标，这种方法缺少严格的证明。

进攻型弹道导弹采用 Lambert 制导看上去是合理的，因为导弹在助推段在重力场中飞行的弹道可以提前计算。然而，式（9.81）需要更复杂的、带有关闭模式的推力矢量控制助推发动机。当导弹为防御型拦截弹时，飞行时间和最终点（与按程序预测的拦截点/拦截时间有关）是相互联系且未知的，因此，如前所述，原本严格的数学问题经过修正后变得不严格了。对于拦截弹，最小拦截时间是最重要的因素。但无重力场的弹道需要的时间要比有重力作用的弹道更长，而 Lambert 制导可以处理这类弹道。正因为如此，即使拦截弹能够成功地按 Lambert 制导律飞行（目前没有关于这种算法收敛性的证明），它的性能（拦截时间）也可以利用其他制导律来改进。

9.10 仿真模型

现代威胁速度更快、隐身性更好、机动性更强，成功拦截这些威胁需要一种能够结合先进传感器处理算法、制导算法、控制处理技术的系统方法。导弹防御拦截弹飞行控制系统的设计需要满足末段寻的所需的高机动能力，且能够

在较大的可能拦截包络里保持稳定性和鲁棒性。

前面各节介绍的仿真模型应包含的主要导弹系统的各组成单元，根据精度要求及所考虑的制导律，其中一些单元可能是不需要的，一些方程也可以简化。

仿真模型应能在相对真实的仿真环境中分析制导律的性能，阐明阻力和飞行控制系统动态特性对导弹性能的影响。导弹的运动学边界条件及其他标准的分析应作为制导有效性衡量的标准和对比分析的基础。拦截包络或运动学边界条件是至关重要的。运动学边界条件指的是当系统中无噪声时，导弹能够击中目标的最大范围，因此它可以作为制导律性能比较的标准。制导系统性能其他重要特性包括脱靶量、拦截时间、最大转弯速率、最大侧向加速度。制导律的比较分析需要更多的约束条件，既包括部分上述特征（拦截包络、脱靶量、拦截时间），还包括一些具体的特征，如导弹的末端速度和攻击角度。

比例导引律、Kappa 制导律和 Lambert 制导律可以作为其他制导律测试的基准，这些需要测试的制导律包括本书所讨论的制导律及它们的组合形式，如混合制导律，还包括一些论文中考虑的制导律。制导律需要针对非机动目标和机动目标进行测试。

固定翼 UAV 性能的分析标准包括其飞行航迹与预设飞行路径的接近程度、规避障碍的效率等。由于现有的 UAV 大多都通过操控员进行制导（即制导律是由操控员基于自身的知识和能力生成的），可以通过对制导律的效果和操控员根据详细飞行信息导引飞行的效果进行比较，从而完成对所考虑制导律的测试。

仿真模型应按模块化的原则建立，这是创建模型最有效的方式，可以在未来根据需要对仿真模型进行改进或简化。单独的模块作为结构单元，在需要的情况下可以去掉，而不会破坏仿真结构，也可以添加新的模块，使结构变得更先进。

通常模型设计可以通过采用面向对象的（Object - oriented）计算机辅助软件工程（Computer - aided Software Engineering，CASE）工具来完成，如统一建模语言（Unified Modeling Language）、基于对象的方法（如 HOOD）、结构化设计方法（如 Yourdon）。这些工具可以生成模型框架，这些模型一般可以利用 C + +、Ada 或 C 语言来实现。Simulink 和 MATLAB 开发了基于六自由度动力学的模型，并简化了空气动力学，可用于航空航天工业中。

仿真模型的构建是一门艺术。尽管已经有设计工具，但若想编出比采用“通用”工具更复杂的程序，就需要对具体的问题有深入的了解。下面介绍一个假设的仿真模型结构，它能够很好地满足研究的需求。这个仿真模型主要分析大气层内的各类拦截问题，模型可以通过利用诸如 Visual Fortran 语言的编程语言实现。

9.10.1　6 - DOF 仿真模型

导弹仿真模型应能够恰当地反映导弹飞行的两个阶段——中制导段和寻的阶段。如前所述，在特定的作战场景中，需要导弹的有效载荷能够从特定的角度攻击目标。这些要求在飞行末端（寻的阶段的最后部分）是很重要的。

仿真过程一般从飞行中段开始，这意味着导弹前面初段（无控助推段）的飞行用导弹在中制导段开始时的位置和速度表示（图 9.7）。决定导弹飞行方向的发射参数由预测拦截点（PIP）确定。初始无导引助推段是严格由程序控制的，取决于发射时的目标位置以及其他的外部测量因素。

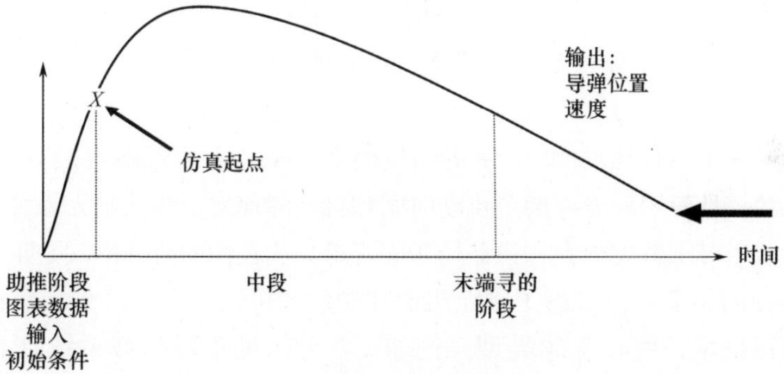

图 9.7　仿真过程的各个阶段

在典型的设计情况中，可以根据预测拦截点，通过查表找到导弹从发射到大约 6s 时（即中段开始时）的位置和速度的数据，这些数据是通过不同的试验和解析分析得到的。对于舰载型导弹，需要计算舰艇运动、风速影响和发射单元视差等因素的修正量，这个数据及相关的方程应包含在模型中。

如前所述，在中段导弹是由武器控制系统来制导。最复杂的仿真模型应能够模拟武器控制系统的主要功能，包括：①确定预测拦截点和剩余飞行时间的算法；②进行滤波，为中制导提供目标位置、速度，在需要时还提供加速度；③产生中制导指令。在末制导段，有些形式的比例导引律还需要预测拦截点和剩余飞行时间。如前所述，由于目标未来运动的不可预测性，导致拦截时间产生不确定性，进而难以预测目标位置。导致拦截点产生不确定性的因素包括：①防御探测与跟踪系统中位置、速度测量量及导弹加速度估计量的随机误差和系统误差；②目标信息的缺失；③有意图的目标迷惑性航迹和逃逸机动。合理的假设是，导弹在远距时，只需要近似地朝着正确的方向飞行。因此，距离较远时，只需要对拦截时间粗略地估计，当距离逐渐靠近时，需要不断提高精度。剩余飞行时间可以通过 $t_{go} = -\dot{r}/r$ 粗略地估计。在实际中，可以通过更加详细的特定作战场景分析来确定预测拦截点和剩余飞行时间，这个问题不在本书讨论范围之内。

在仿真模型中若缺少预测拦截点模块，就需要一定准备工作确定导弹在中制导起始时的位置和速度。如果仿真过程只与末段有关，则应基于考虑的具体场景确定导弹的位置和速度。

滤波模块应包含前面讨论的方程组。在飞行中段，拦截弹不断地收到弹外跟踪传感器发送的位置更新信息，因此通常情况下，不仅需要目标位置和速度（有些制导算法也需要加速度）信息的估计值，也需要拦截弹的这些信息。在没那么复杂的仿真模型中，一般对导弹与目标的相对位置和相对速度进行滤波，这也与末制导段相关。滤波模块实现信息处理算法，提供用于制导律的光滑数据。在红外、地基和空基雷达的跟踪系统中，基于传感器的分析对预期出现误差进行建模是十分重要的，这样得到的滤波结果比高斯白噪声假设下得到的结果更真实。

目标模块由目标运动的3－DOF质点模型构成。目标模型应能够在设定的时间进行机动，且使用者能够调节机动时间和机动的程度。在几乎无限种可能的机动中，选取出对于各类导弹和拦截场景而言最具代表性的机动形式是很重要的。

在前面的章节中，考虑了阶跃机动和摆动式机动，在这两种主要机动类型中，还可以确定一些特殊的类型。例如，在分析助推段拦截系统（在攻击型弹道导弹最初几分钟飞行的助推段，将其摧毁）时，对目标导弹的攻角突然增加或减小及转弯机动（目标从正攻角变换为负攻角）的情况进行建模是合理的。这样的机动（突然机动）可能是为了形成攻击弹道，也可能是为了规避预期的拦截弹。在仿真模型中，突然机动应在预测拦截时间的前几秒内进行。另一种机动的形式是急转机动（Jinking Maneuver），这是一种周期性机动，一般对加速度进行正弦形式的调制，使导弹在预测拦截前的几秒钟内产生类似鱼尾摆动的机动。攻击型导弹可能具有这种机动能力。巡航导弹拥有一个十分“聪明”的制导系统，可以进行各种不同形式的机动，最典型的是就是“俯冲”机动和摆动式机动，“俯冲”机动是导弹明显降低飞行高度，摆动式机动是导弹接近目标过程中在一个高度极低的水平面内进行的。

最优控制和博弈论可以用于准确地阐述和解决最优追踪和最优逃脱问题。遗憾的是，这种方法并不能在现实中发挥作用，因为它很难建立起与实际情况完美匹配，并可以在实践中使用的解析模型。确定性最优问题需要关于目标和导弹飞行参数的理想信息，但这在现实中是无法得到的。然而，最优化方法却可以对目标可能的最优规避场景进行评估，将其用于与实践中能实现的策略进行对比。在有关导弹制导系统的先验信息可以获得的情况下，文献［20］介绍了最优规避机动形式。文献［8］介绍了直觉规避机动，它可以描述为逆比例导引，（尽管有待证明）即目标能够按照与视线角速率成反比的关系改变它的速度矢量，从而规避追踪的导弹。基于不同场景下最优机动的分析，文献［20］考虑了实际的目标周期规避机动。第7章讨论了目标随机机动的情况。

规避机动设计参数包括幅值、机动周期（对摆动式机动）、初始时间、持续时间。能够实现的最大机动幅值－周期组合是初始时间和持续时间的函数，可能在建立的感兴趣的飞行包络内变化。仿真模型中用到的进攻型导弹设计信息包含弹体配置、质量特性参数、气动参数和推力参数，基于这些信息就可以评估飞行性能，并确定最大的可以实现的机动形式以及在飞行剖面内机动最有可能发生的区域。“Missile Dactom”是一种广泛用于导弹气动与性能初步设计的半经验数据参数单元构建方法，可用于建立进攻型导弹的气动模型（式（4.65）），并确定可实现的最大机动幅值。最优机动频率可按第4章中的方法（图4.13）确定。

中制导模块包含了实现所考虑制导律的算法，该模块基于滤波模块提供的光滑数据，计算出NED坐标系内的指令加速度，并发送给导弹模型。考虑到导弹模型的弹道一般是确定的，由制导律生成，它与真实的弹道有所差别，因此在模型中可以根据导弹数据精度要求，将确定的数据加上噪声作为导弹的数据，这是较为合理的。通常在计算指令加速度时，还要计算式（9.2）中的重力加速度。然而，也可以创建单独的导弹重力模块，根据式（9.2）计算NED坐标系下的加速度，或根据式（9.12）计算弹体坐标系下的加速度。武器控制系统工作在确定的频率范围内（一般为4～10Hz），指令加速度按这个频率发送给导弹模型，但导弹模型的工作频率要大大高于这个频率。

典型的导弹模型包括：①推力模块；②空气动力模块；③导弹动力学模块；④自动驾驶仪模块；⑤舵面/执行机构模块；⑥导引头模块；⑦导弹弹道模块；⑧坐标变换模块。

推力模块主要包含特定推力剖面的数据，它的一部分分量是压力数据表格，用于计算式（9.2）的第二项。空气动力模块包含导弹动力学模块需要用到的空气动力和气动力矩的系数表达式（式（9.9）、式（9.10）、式（9.17）～式（9.19））。导弹动力学模块建立的是空气动力（空气动力模块）、推力和重力（推力模块）（式（9.4）、式（9.5）～式（9.10）、式（9.15））确定的导弹动力学模型，它包含了决定导弹动力学（式（9.5）和式（9.11））特性的质量、质心和惯性力矩的数据表。自动驾驶仪模块计算舵面在允许范围内的偏转角。舵面/执行机构模块接收自动驾驶仪模块发送的舵指令，将这些指令由滚动、俯仰、偏航的形式转换为各个舵面所需要的输入信号。舵面配置必须与导弹空气动力模块所使用的空气动力数据相匹配。如前所述，式（9.26）～式（9.28）、式（9.29）～式（9.31）及式（9.32）都只分别对应一个通道的控制和特定类型的自动驾驶仪。这些分析仅作为一种示例，并没有进行详细的说明（具体可参见文献［3，19］）。仿真模型应面向具体导弹使用的具体类型自动驾驶仪。实际的导弹加速度由式（9.17）表示。基于式（9.5），可以确定对应于确定的舵偏转的导弹速度分量。导弹弹道模块包含了运动方程（式（1.1）、式（1.2）、式（1.20））。首先需要将导弹弹体坐标系内的速度或加速度矢量通过算子 $\boldsymbol{L}_{\mathrm{BE}}$ 变换到 NED 坐标系内，其中 $\boldsymbol{L}_{\mathrm{BE}} = \boldsymbol{L}_{\mathrm{EB}}^{-1} = \boldsymbol{L}_{\mathrm{EB}}^{\mathrm{T}}$（见式（9.21）），这个运算过程是在坐标变换模块中完成的。如果使用式（9.5），导弹在 t_{k-1} 时刻的位置 $\boldsymbol{r}_{\mathrm{M},k-1}$ 是已知的，则在 t_k 时刻，有

$$\boldsymbol{v}_{\mathrm{M}} = \boldsymbol{L}_{\mathrm{EB}}^{\mathrm{T}}\boldsymbol{V}_{\mathrm{M}}, \boldsymbol{r}_{\mathrm{M},k} = \int_{t_{k-1}}^{t_k} \boldsymbol{v}_{\mathrm{M}}\mathrm{d}t + \boldsymbol{r}_{\mathrm{M},k-1} \tag{9.83}$$

由式（9.84）可得到精度稍低的表达式：

$$\ddot{\boldsymbol{r}}_{\mathrm{M}} = \boldsymbol{L}_{\mathrm{EB}}^{\mathrm{T}}\boldsymbol{A}, \boldsymbol{v}_{\mathrm{M},k} = \int_{t_{k-1}}^{t_k} \ddot{\boldsymbol{r}}_{\mathrm{M}}\mathrm{d}t + \boldsymbol{v}_{\mathrm{M},k-1} \tag{9.84}$$

式中：$\boldsymbol{v}_{\mathrm{M},k-1}$ 和 $\boldsymbol{v}_{\mathrm{M},k}$ 分别为在 NED 坐标系中导弹在 t_{k-1} 时刻和 t_k 时刻的速度。

时间增量 Δ 比较小时，可利用如下的近似式：

$$\boldsymbol{v}_{\mathrm{M},k} = \ddot{\boldsymbol{r}}_{\mathrm{M}}\boldsymbol{\Delta} + v_{M,k-1}, \boldsymbol{r}_{\mathrm{M}} = \frac{\ddot{\boldsymbol{r}}_{\mathrm{M},k-1}\boldsymbol{\Delta}^2}{2} + \boldsymbol{v}_{\mathrm{M},k-1}\boldsymbol{\Delta} + \boldsymbol{r}_{\mathrm{M},k-1} \tag{9.85}$$

式中各符号的意义是明显的。

在寻的阶段，目标信息是由导引头得到的。然而，由于采用的是 3 - DOF 质点形式的目标运动模型，因此这种运动最初是在 NED 坐标系中表达的，再利用坐标变换模块中的变换关系 $\boldsymbol{L}_{\mathrm{EB}}\boldsymbol{L}_{\mathrm{BS}}$，将目标位置 $\boldsymbol{r}_{\mathrm{T}}$、速度 $\dot{\boldsymbol{r}}_{\mathrm{T}}$ 和加速度 $\ddot{\boldsymbol{r}}_{\mathrm{T}}$ 矢量（在需要情况下）连同 $\boldsymbol{r}_{\mathrm{M}}$、$\dot{\boldsymbol{r}}_{\mathrm{M}}$ 变换到导引头坐标系下，并用于导引头模块。利用目标相对导弹的相对位置计算实际的视线矢量，再将有限带宽白噪声添加到视线分量中，以反映噪声对导弹性能的影响。实际被“污染”的视线矢量是在噪声以及前面讨论的随机天线罩瞄准误差（式（9.43））影响下产生的。视线角速度估计值由滤波器产生。再将导引头坐标系下的视线及视线变化率矢量变换到导弹弹体坐标系下，所有的计算与中制导段类似。

新型制导律的有效性应通过与如下 4 种常用的制导律对比来进行测试：“纯”比例导引律（式（2.23））、“预测”比例导引律（式（2.24），需要剩余飞行时间的信息）、增广比例导引律（式（2.28））、Kappa 制导律。这些制导律应包含在制导参考模块中。此外，还需要创建一个管理模块来控制上述所有模块之间的操作。

与导弹模型的情况类似，固定翼 UAV 一般从发射后几秒钟到达的位置开始，这意味着 UAV 在这之前的飞行过程（无控发射阶段）通过 UAV 在此刻达到的位置和速度来表示（图 8.1）。发射器适用于多种 UAV，微型 UAV 可通过

手抛式发射，因此与导弹弹道的初始段类似，UAV 的发射操作和航迹的初始部分都是无控的。决定 UAV 飞行方向的发射参数是由预设轨迹模型生成的第一个航路点确定的。与导弹仿真模型类似，要根据所考虑的具体场景确定 UAV 的初始位置和速度，也需要一定的准备工作。

在一定程度上，预设航迹模型与导弹仿真结构（图 9.10）中的目标模型是相似的。UAV 的期望航迹是由一系列航路点来表示的，每一个航路点都是 UAV 的虚拟目标。与目标模型相比，除了航路点以外，还需要指定 UAV 在每一部分航迹上的速度。第 8 章已经讨论了 UAV 像导弹一样根据制导律向航路点运动的情况。在无人机到达第一个航路点（在允许的精度范围内）后，预设航迹模型就生成下一个航路点，制导律引导 UAV 飞向这个航路点。

仿真模型应包含确定制导律所有分量的必要运算：①确定视线、视线变化率及接近速度的方程；②滤波运算，为制导律提供 UAV 位置、速度、加速度（需要情况下）等输入信息；③制导指令。

滤波模块应包含前面讨论的方程组，它能实现信号处理算法，提供制导律所使用的光滑数据。此外，对来自 GPS、INS 及其他设备的误差进行建模也十分重要。这样得到的滤波结果比白噪声假设下的结果更真实。

制导模块包含实现所考虑制导律的算法，根据滤波模块提供的光滑数据，计算指令加速度。考虑到无人机航迹模型（一般是确定的，由制导律生成）不同于实际航迹，在模型中可以根据 UAV 数据精度要求，将确定的数据加上噪声作为 UAV 的数据，这是较为合理的。通常在计算指令加速度时，还要计算重力加速度（式（9.2））。

INS 滤波信息的更新频率一般为 10Hz，而 GPS 滤波信息的更新频率为 1Hz，因此制导指令可以以 1 ~ 10Hz 的频率输入到 UAV 模型中，但 UAV 模型的工作频率要大大高于这个范围。

通常情况下，固定翼 UAV 模型（图 9.9）包括：①推力模块；②空气动力模块；③UAV 动力学模块；④自动驾驶仪模块；⑤执行机构模块；⑥障碍模块；⑦UAV 航迹模块；⑧坐标变换模块。

推力模块包含了产生一定剖面的推力数据和推力与速度之间的关系（这个关系对于采用螺旋桨发动机的 UAV 十分重要）。空气动力模块包含 UAV 动力学模块所采用的空气动力和气动力矩的系数（式（9.9）、式（9.10）、式（9.17）~式（9.19））。UAV 动力学模块根据空气动力（空气动力模块）、推力和重力（推力模块）（式（9.1）、式（9.5）~式（9.10））建立 UAV 动力学模型，它包含了决定 UAV 动力学（式（9.5）和式（9.11））特性的质量、质心和惯性力矩的数据表。自动驾驶仪模块计算允许范围内的滚动、俯仰和偏航指令，以实现制导律。执行机构模块接收自动驾驶仪模块发送的舵指令，将这些指令由滚动、俯仰、偏航的形式转换为各个舵面所需要的输入信号。如前所述，作为一种示例，自动驾驶仪方程（式（9.24）~式（9.31））仅对应几个独立通道的控制。实际的UAV加速度由式（9.17）表示。基于式（9.5），可以确定UAV的速度分量，然后通过运动方程（式（1.1）、式（1.2）和式（1.20））确定UAV的航迹。

与导弹仿真模型的情况类似，机体坐标系内的速度或加速度矢量可以通过 $\boldsymbol{L}_{\mathrm{BE}}$ 算子变换到NED坐标系下，其中算子 $\boldsymbol{L}_{\mathrm{BE}}=\boldsymbol{L}_{\mathrm{EB}}^{-1}=\boldsymbol{L}_{\mathrm{EB}}^{\mathrm{T}}$（式（9.21））。航迹参数可以利用式（9.83）~式（9.85）确定。

障碍模型可以由描述特定区域边界的方程表示，这个边界十分接近或属于预定（由航路点表示）UAV航迹。由于这种方法不要求模型包含任何的目标探测设备，因此它简化了避障算法的测试过程。障碍模型确定了UAV与“危险”区的最小距离，当这个距离等于或小于允许的范围时（这也描述了障碍探测器的分辨率），避障算法代替制导算法开始发挥作用；当这个距离超出允许范围时，制导算法继续工作，UAV向航路点飞行。

下一代的UAV应能够成功地在国家航空航天系统管理下与人工驾驶的商用、军用飞机共同飞行，这一点至关重要。固定翼UAV不能干扰有人飞机的飞行操作，且必须严格遵守为有人航空器制定的“优先通行权规则（Right - of - way Rules）”，且应设计特殊的仿真场景来测试这些规则。

当然，所介绍的6 - DOF仿真模型（图9.8和图9.9）只是无人飞行器仿真模型的一种可能的实现形式。上面的简要讨论主要介绍了复杂的6 - DOF仿真模型的主要组成部分。

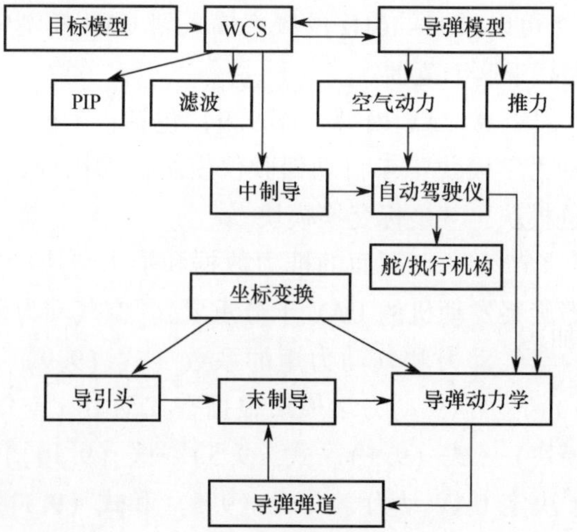

图9.8　6 - DOF导弹仿真模型结构

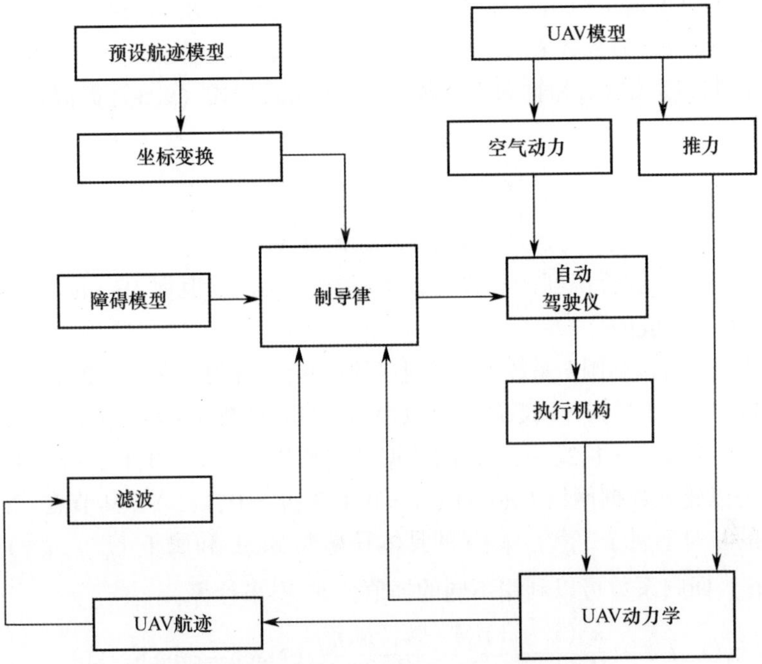

图9.9　6－DOF固定翼UAV仿真模型结构

9.10.2　3－DOF仿真模型

3－DOF仿真模型明显比上述6－DOF仿真模型简单，但它也可以成功地用于测试新型制导律，且所有的操作都可以在NED坐标系下完成（指数1、2、3分别表示N、E、D坐标）。在3－DOF模型中，没有导引头和自动驾驶仪的动力学模型，飞行控制系统可以用类似于前面介绍的平面情况的传递函数（式（4.12）、式（4.15）、式（4.34）、式（5.96））表示。然而，在3－DOF仿真模型中，与上述传递函数对应的微分方程应能够描述指令加速度与真实加速度的坐标之间的关系，即系统微分方程组的维数比平面模型大3倍。

建立3－DOF模型的主要困难在于导弹总的加速度的表示形式。推力沿导弹弹体纵轴方向。对于发动机不具备调节功能的导弹，指令加速度的可控部分垂直于弹体。阻力与导弹速度矢量方向相反。在攻角信息缺失的情况下，不可能正确地将导弹加速度的各分量组合起来。然而，3－DOF导弹模型中不包含足以确定攻角的信息。根据导弹速度矢量可以确定导弹加速度与速度矢量正交的分量。在假设攻角较小的情况下，更准确地，攻角为零时，上述分量可以表示为沿速度矢量方向的分量和垂直于速度矢量方向的分量。这样的模型是存在的，但其精度不够高，特别是在目标高机动的情况下。

攻角的近似值可以由导弹动力学数据得到。空气动力学模块应包含如下的描述攻角 α_T 与升力系数 C_L 、法向力系数 C_N 、轴向力系数 C_A 之间关系的回归模型（法向力系数 C_N 和轴向力系数 C_A 的表达式与式（9.3）类似）：

$$\begin{cases}\alpha_T = k_{00} + k_{01}C_L + k_{02}C_L^2 \\ C_N = k_{10} + k_{11}C_N + k_{12}C_N^2 \\ C_A = k_{20} + k_{21}\alpha_T + k_{22}\alpha_T^2\end{cases} \tag{9.86}$$

这些关系是根据试验得到的导弹气动数据建立的，或根据 Missile Datcom 方法（见附录C）生成的。

接下来，直接利用 k 系数（不作过多的解释），且假设这些系数是已知的或可计算得到的。基于导弹气动数据，可以根据一组马赫数 $Mach(i)$（$i = 1,2,\cdots,n$）和高度 $\mathrm{Alt}(j)$（$j = 1,2,\cdots,n$）的数据确定系数 k_{sl}（$s = 0,1,2$；$l = 0,1,2$），因此，可以建立数据网络 $k_{sl}(i,j)$（$s = 0,1,2$；$l = 0,1,2$），其节点 (i,j) 的值是已知的。对于属于 $[i_0,i_0+1)$ 的具体马赫数 Mach 和属于 $[j_0,j_0+1)$ 的具体高度 Alt，回归系数可以利用不同的插值公式[12]来计算：

$$\begin{cases}k_1 = k_{sl}(i_0,j_0) + \dfrac{k_{sl}(i_0+1,j_0) - k_{sl}(i_0,j_0)}{\mathrm{Mach}(i_0+1) - \mathrm{Mach}(i_0)}(\mathrm{Mach} - \mathrm{Mach}(i_0)) \\ k_2 = k_{sl}(i_0,j_0+1) + \dfrac{k_{sl}(i_0+1,j_0+1) - k_{sl}(i_0,j_0+1)}{\mathrm{Mach}(i_0+1) - \mathrm{Mach}(i_0)}(\mathrm{Mach} - \mathrm{Mach}(i_0)) \\ k_{sl} = k_1 + \dfrac{\mathrm{Alt} - \mathrm{Alt}(j_0)}{\mathrm{Alt}(j_0+1) - \mathrm{Alt}(j_0)}(k_2 - k_1)\end{cases} \tag{9.87}$$

基于式（9.86）和式（9.87），可以计算攻角和产生阻力的轴向力。一般地，在升力是由指令加速度的正交（相对速度）分量产生的假设条件下，可以由式（9.3）和式（9.86）的第一个方程计算攻角。然而，在这种情况下，忽略了施加在自动驾驶仪上的加速度限制。这是在确定攻角的计算过程中，式（9.86）的第一个方程仅用于计算初始条件 $\alpha_T(0)$ 的主要原因。

在3-DOF仿真模型中，自动驾驶仪模块包含与攻角的计算和指令加速度（影响导弹弹道）相关的运算。如果导弹速度矢量为 $\boldsymbol{v}_M = (V_{M1},V_{M2},V_{M3})$，则单位速度矢量 $\boldsymbol{e}_M = (e_{M1},e_{M2},e_{M3})$ 的分量为

$$e_{Mi} = \frac{V_{Mi}}{\sqrt{V_{M1}^2 + V_{M2}^2 + V_{M3}^2}} \quad (i = 1,2,3) \tag{9.88}$$

制导指令加速度 $\boldsymbol{a}_c = (a_{c1},a_{c2},a_{c3})$ 在速度矢量方向上的投影 a_L 为

$$a_L = \boldsymbol{a}_c\boldsymbol{e}_M = \sum_{i=1}^{3} a_{ci}e_{Mi}$$

因此，投影矢量 $\boldsymbol{a}_{\mathrm{L}} = (a_{\mathrm{L1}}, a_{\mathrm{L2}}, a_{\mathrm{L3}})$ 的坐标为

$$\boldsymbol{a}_{\mathrm{L}i} = a_{\mathrm{L}} e_{\mathrm{M}i} \quad (i = 1,2,3) \tag{9.89}$$

与速度矢量垂直的加速度 $\boldsymbol{a}_{\mathrm{cN}} = (a_{\mathrm{cN1}}, a_{\mathrm{cN2}}, a_{\mathrm{cN3}})$ 为

$$a_{\mathrm{cN}i} = a_{\mathrm{c}i} - a_{\mathrm{L}} e_{\mathrm{M}i} \quad (i = 1,2,3) \tag{9.90}$$

与速度矢量正交的单位矢量 $\boldsymbol{e}_{\mathrm{LN}} = (e_{\mathrm{LN1}}, e_{\mathrm{LN2}}, e_{\mathrm{LN3}})$ 可表示为

$$e_{\mathrm{LN}i} = \frac{a_{\mathrm{cN}i}}{\sqrt{a_{\mathrm{cN1}}^2 + a_{\mathrm{cN2}}^2 + a_{\mathrm{cN3}}^2}} \quad (i = 1,2,3) \tag{9.91}$$

对于给定的攻角 $\alpha_{\mathrm{T}} = \alpha_{\mathrm{T}}(0)$，沿弹体轴的单位向量 $\boldsymbol{e}_{\mathrm{B}} = (e_{\mathrm{B1}}, e_{\mathrm{B2}}, e_{\mathrm{B3}})$ 可表示为

$$\boldsymbol{e}_{\mathrm{B}} = \boldsymbol{e}_{\mathrm{M}} \cos\alpha_{\mathrm{T}} + \boldsymbol{e}_{\mathrm{LN}} \sin\alpha_{\mathrm{T}} \tag{9.92}$$

按照与式（9.89）和式（9.90）类似的方式，可以得到垂直于导弹弹体的指令加速度分量 $\boldsymbol{a}_{\mathrm{cBN}} = (a_{\mathrm{cBN1}}, a_{\mathrm{cBN2}}, a_{\mathrm{cBN3}})$：

$$a_{\mathrm{cBN}i} = a_{\mathrm{c}i} - a_{\mathrm{B}} e_{\mathrm{B}i} \quad (i = 1,2,3) \tag{9.93}$$

式中，

$$a_{\mathrm{B}} = \boldsymbol{a}_{\mathrm{c}} \boldsymbol{e}_{\mathrm{B}} = \sum_{i=1}^{3} a_{\mathrm{c}i} e_{\mathrm{B}i}$$

自动驾驶仪加速度限制 a_{lim}（俯仰、滚动、偏航）可由半经验表达式 $a_{\mathrm{lim}} = f(Q)$ 表示，它们反映出在飞行过程中导弹性能受到大气压力的影响，而大气压力取决于飞行高度。由于当导弹飞行在稠密大气中时，需要的舵面偏转相对较小，而在稀疏大气中需要的偏转相对较大，因此这也影响到舵面的偏转。如果 $a_{\mathrm{cBN}} = \sqrt{a_{\mathrm{cBN1}}^2 + a_{\mathrm{cBN2}}^2 + a_{\mathrm{cBN3}}^2} > a_{\mathrm{lim}}$，则

$$a_{\mathrm{cBN}i} = a_{\mathrm{cBN}i} \frac{a_{\mathrm{cBN}}}{a_{\mathrm{lim}}} \quad (i = 1,2,3) \tag{9.94}$$

基于式（9.94）、式（9.3）和式（9.4），可计算得到系数 C_{N}，由式（9.86）的第二个方程可确定攻角 $\alpha_{\mathrm{T}}(1)$ 的更新值。如果 $\alpha_{\mathrm{T}}(0)$ 和 $\alpha_{\mathrm{T}}(1)$ 的差值足够小，则 $\alpha_{\mathrm{T}} = \alpha_{\mathrm{T}}(1)$；否则可利用特定的计算过程 $\alpha_{\mathrm{T}}(j+1) = \alpha_{\mathrm{T}}(j) + \Delta$（$j$ 为迭代步数，Δ 为增量）使 $\alpha_{\mathrm{T}}(j)$ 的两个连续值足够接近，再将攻角的更新值 $\alpha_{\mathrm{T}}(j+1)$ 用在式（9.92）中，再重复上述运算过程。假设攻角的初始值为正，并计算它的一阶差分（相当于离散时间的导数），就可以按正攻角和负攻角进行运算。目前对于计算过程的收敛性没有严格的证明。不过，经过3－DOF仿真模型的测试表明：如果采用十分精确的回归模型（式（9.86））和合适的研究过程（如文献［6］）（可供读者自己选择），仅需迭代几十次即可使计算过程收敛。

导弹动力学模块集合了所有的加速度分量（推力 $\boldsymbol{a}_{\mathrm{thrust}} = T\boldsymbol{e}_{\mathrm{B}}$，制导律法向分量 $\boldsymbol{a}_{\mathrm{cBN}}$，重力、阻力产生的轴向分量 $\boldsymbol{a}_{\mathrm{axial}}$）。对于给定的攻角，利用与

式（9.3）和式（9.9）类似的表达式，即可通过计算式（9.86）中的轴向力系数 C_A 得到阻力产生的轴向加速度分量。总的加速度 $\boldsymbol{a}_{MT} = (a_{MT1}, a_{MT2}, a_{MT3})$（式（9.16）和式（9.17）），且

$$\boldsymbol{a}_{MT} = \boldsymbol{a}_{cBN} + \left(T - \frac{QS}{m}C_A\right)\boldsymbol{e}_B + \boldsymbol{G} \tag{9.95}$$

为如下的飞行控制系统动力学微分方程组的输入：

$$\begin{cases} \dot{x}_{1i} = x_{2i} \\ \dot{x}_{2i} = x_{3i} \\ \dot{x}_{3i} = -\dfrac{\omega_M^2}{\tau}x_{1i} - \dfrac{\omega_M^2 + 2\xi\omega_M}{\tau}x_{2i} - \dfrac{2\xi\omega_M\tau + 1}{\tau}x_{3i} + \dfrac{\omega_M^2}{\tau}a_{MTi} \\ \ddot{r}_j = x_{3j-2,i} - \dfrac{1}{\omega_z^2}(x_{3j,i})\ (i,j = 1,2,3) \end{cases} \tag{9.96}$$

式中：ω_M、ξ、ω_z 和 τ 分别为飞行控制系统的自然频率、阻尼、弹体零点频率和执行机构时间常数。这些参数是时间的函数，取决于动压、导弹气动特性、变化的质量及其他因素（式（9.26））。式（9.96）及之前考虑的微分方程的数值积分可以采用附录D的龙格－库塔（Runge-Kutta）法完成。在仿真中利用数值积分会引入数值误差，且会在仿真过程中传播。为了在长时间仿真运行过程中保证结果的精度，有必要对这些数值误差进行控制。龙格－库塔法等高阶方法将微分方程表示为幂级数的形式，能够得到更精确的增量估计值。如前面章节所述，对于尾控型导弹，最“敏感”的参数是弹体的零点频率，它应随导弹高度的变化而变化。包含在式（9.94）中执行机构的动力学一阶环节可放到自动驾驶仪限制器的前面（导弹动力学模块的一种可能的改进方式）。

3－DOF导弹模型的结构如图9.10所示。除了前面考虑的模块，这个结构还包含了气动特性限制单元。在实际中这个单元并不存在，它仅仅反映了回归模型（9.86）中的攻角是受限的。模型是基于平衡攻角的气动数据得到的，因此式（9.86）仅对这些角度在上限以内的确定值有效，它们取决于马赫数和飞行高度。虽然3－DOF模型不能准确地描述导弹的动力学特性，且攻角只有近似地确定，但相对简单的优点也使它成为制导律性能分析的有效工具。

与6－DOF仿真模型的情况类似，式（9.84）和式（9.85）是通过对真实的导弹加速度（式（9.96））进行积分得到的。这两类模型都需要计算接近速度，它变成负值就表明仿真过程结束。导弹与目标在此刻的距离就代表脱靶量，此刻的飞行时间就是估计的拦截时间。

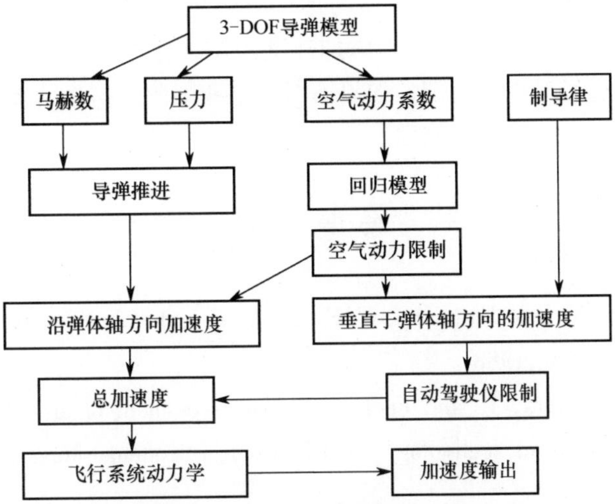

图 9.10　3－DOF 导弹模型结构

有一点前面已经阐明，有必要再次申明一下：脱靶量最重要，但并不是唯一描述导弹性能的参数。脱靶量应连同拦截包络一起考虑。拦截时间及导弹末端速度（速度大小及攻击角度）也是评估导弹性能的重要因素。这意味着制导律的比较分析应基于包含上述分量的向量准则。

由于我们不可能确定未来会面对的威胁的具体形式以及它们来的方向，因此需要制定长期的战略规划，增强并尽可能最大程度地实现导弹防御能力的灵活性。发展新型的制导律（它们是导弹的“大脑”），并利用复杂的仿真模型对其进行测试是这个战略规划的重要部分。

对固定翼 UAV 而言，由于它们的飞行条件与导弹相比具有更高的可预测性，且它们的航迹不会在高度上发生明显的变化，气动条件十分稳定，因此 UAV 的 3－DOF 模型可以更有效地对制导律进行测试。对于预定的航迹，就可以估计攻角和对应的气动参数的近似值，并将其融入模型中（文献［16，17］）。

当许多系统参数不能精确地确定时，简化的模型能够比复杂模型产生更可信的结果。如果导弹模型中的参数误差会导致对机动目标打击能力的错误评估，则在航路点静止的情况下，UAV 加速度的估计误差主要影响航路点之间的飞行时间，而不会影响 UAV 跟踪预定航迹的能力。UAV 指令加速度与真实加速度之间的输入－输出关系可以用 UAV 飞行控制系统的传递函数表示，它是通过分析或试验得到的，一般可提供无人机动态特性的可靠信息。

3－DOF 模型的参数远远少于 6－DOF 模型，且更易于验证 3－DOF 模型参数对 UAV 性能的影响。不过，3－DOF 模型的主要缺点是使用传递函数等效于使用线性模型运算（即等效于假设指令加速度能够“理想地”实现）。实际加速度用式（9.17）表示，对于所考虑的具体的飞行器而言，有必要基于式（9.17）的各部分信息在模型中考虑加速度限制。此外，这些限制条件应针对所有可能的飞行场景具体确定。如果不考虑这些限制，仿真结果就不能作为所测试制导律效率的可靠判断依据。

参考文献

1. Bar – Shalom, Y. and Fortmann, T. E. Tracking and Data Association, Academic Press, Boston, MA, 1988.

2. Cloutier, J., Evers, J. and Feeley, J. An assessment of air – to – air missile guidance and control technology, IEEE Control Systems Magazine, 9, 27 – 34, 1989.

3. Cronvich, L., Aerodynamic Consideration for Autopilot Design, In Tactical Missile Aerodynamics, edited by M. Hemsch and J. Nielsen, Progress in Aeronautics and Astronautics, 124, AIAA, Washington, DC, 1986.

4. Ekstrand, B. Tracking flters and models for seeker applications, IEEE Transactions on Aerospace and Electronic Systems, 37, 3, 965 – 977, 2001.

5. Etkin, B. Dynamics of Atmospheric Flight, Dover Pubns, New York, 2005.

6. Fletcher, R. Methods of Optimization, John Wiley & Sons, New York, 2000.

7. Grey, J. E. and Hecht, N. K. A derivation of kappa guidance, In Naval Surface Warfare Center, Dahlgren, VA, 1 – 14, 1989.

8. Kuo, V. Evasive Maneuver Against a Rogue Aircraft in Air Traffc Management, AIAA Guidance, Navigation, and Control Conference, AAIA 2003 – 5512, Monterey, CA, 2002.

9. Lee, R. Optimal Estimation, Identifcation, and Control, The MIT Press, Cambridge, 1964.

10. Lin, J. M. and Chau. Y. F. Radome slope compensation using multiple – model kalman flters, Journal of Guidance, Control and Dynamics, 18, 637 – 640, 1994.

11. Nielsen, J. N. Missile Aerodynamics, Nielsen Engineering & Research, Inc., Mountain View, CA, 1998.

12. Phillips, G. M. Interpolation and Approximation by Polynomials, Springer – Verlag, New York, 2003.

13. Serakov D. and Lin, C. F. Three – dimensional mid – course guidance state e-

quations. Proceedings of American Control Conference, San Diego, CA, 6, 3738 - 3742, 1999.

14. Shneydor, N. A. Missile Guidance and Pursuit, Horwood Publishing, Chichester, 1998.

15. Spencer, J. The Ballistic Missile Threat Handbook, The Heritage Foundation, Washington, DC, 2002.

16. Tischler, M. System identifcation methods for aircraft flight control development and validation, In Advances in Aircraft Flight Control, Taylor &Francis, New York, 1996.

17. Stevens, B. and Lewis F. Aircraft Control and Simulation, Wiley - Interscience, 1992.

18. Wan, E. and van der Merwe, R. The unscented Kalman flter, In Kalman Filtering and Neural Networks, edited by S. Haykin, Wiley, New York, 2001.

19. Wise, K. and Broy, D. Agile missile dynamics and control, Journal of Guidance, Control and Dynamics, 21, 441 - 449, 1998.

20. Zarchan, P., Tactical and Strategic Missile Guidance, Progress in Aeronautics and Astroronautics, 124, AIAA, Washington, DC, 1999.

21. Zarchan, P. and Gratt, H. Adaptive radome compensation using dither, Journal of Guidance, Control and Dynamics, 22, 51 - 57, 1999.

第 10 章　导弹一体化设计

10.1　引言

新型导弹系统的发展都是从作战需求的制定开始的,作战需求以文件的形式提出,它描述了导弹系统的战术需要及使用范围。随后作战需求被转化为性能说明书,并提供给承包商。对于导弹制导系统,性能说明书将明确使用的制导类型。战术问题是作战需求的基础,是导弹制导系统设计各个阶段最重要的问题。

导弹制导系统设计人员面临的第一个问题就是将战术问题转化为制导系统设计的具体性能指标,然后建立决定导弹运动的数学模型(即数学表达式)。设计过程一般是从简化的导弹运动方程开始的,不考虑导弹的空气动力学特性、运动学特性及惯性耦合。随后考虑各分系统之间的交叉耦合,建立 6 - DOF 仿真需要的三维空气动力模型。作为设计过程的辅助手段,系统仿真始终伴随着设计过程。随着设计的进行,通过将先前应用的一些数学表达式替换为单元组件(实际的"硬件"组成部分),即可由完全仿真实现局部(实物)仿真。当制导系统设计完成后,即可通过飞行试验验证装备的性能。根据测试过程中收集的数据,制导系统设计人员就可能获得附加的信息,从而判断设计的系统是否满足在设计之初所制定的功能要求,是否需要对系统进行修正,或在最坏的情况下是否需要重新设计。

在第 4 章,给出了一种拦截弹主要子系统的框图(图 4.1),并简要介绍了它们的功能及各子系统之间的交互关系。

导弹制导控制系统设计的传统方法是单独设计各个子系统,然后将它们组合到一起,再验证它们的性能。若系统的整体性能不能令人满意,则需要重新设计各分系统,以改进整个系统的性能。

飞行器系统一体化设计是航空航天工业的一个新兴趋势。当前,航空航天工业、国防部及 NASA 的主要研究目的是在保持各个分系统设计人员创新自由的同时,推动跨多学科的整体设计优化。制导、控制、引战系统的一体化设计在导弹技术中呈现出一种并行的发展趋势。最近的文献[3,4,7-11]表明,导弹制导控制系统一体化综合设计引起人们越来越大的兴趣。一体化方法的支持者认为，通过发挥制导分系统与控制分系统(自动驾驶仪)之间协同作用能够提高导弹的性能。一些一体化导弹设计方法的谨慎支持者也认为,为了获得期望的武器系统性能,传统方法在设计完成后还需要进一步的修正,这可能导致过度的重复设计,不能发挥导弹制导、控制、引信/战斗部分系统之间的协同作用。这也是导弹制导、控制及引信/战斗部分系统之间更紧密的一体化设计方法有潜力提高导弹性能,并应在实际设计中发展和验证的原因。

导弹制导与控制系统一体化设计是一体化导弹设计方法的第一步。如文献[9-11] 所指出的，一体化制导控制系统有望显著提高导弹性能，并可以减轻导弹重量、提高杀伤能力，从而得到一个效率更高、成本更低的武器系统。

图 10.1 为图 4.4 和图 5.1 的语言描述形式。在图 4.4 和图 5.1 中，在制导律已知的情况下，分析了系统模型。在传统的飞行控制系统中，制导律利用导弹和目标的相对状态生成加速度指令。更准确地说，在采用比例导引律时，对系统进行了分析检验。根据平行导引的原则，在不考虑与自动驾驶仪设计任何联系的情况下，对比例导引律进行了修正，并验证了制导律在不同弹体参数下的效率，结果表明它取决于导弹的飞行高度。

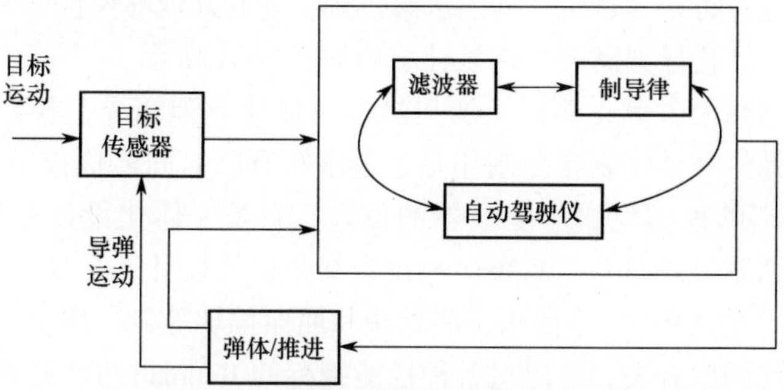

图 10.1 一体化导弹制导控制设计结构

自动驾驶仪设计是导弹设计中最重要的部分之一。自动驾驶仪的功能是使导弹的真实加速度去跟踪制导律生成的指令加速度。自动驾驶仪接收到制导指令，发出相关的空气动力（如舵面)、推力矢量或转弯控制指令，以实现按指令加速度飞行。自动驾驶仪通过舵偏转和/或喷气发动机反作用改变导弹的姿态，产生攻角和侧滑角，从而实现跟踪加速度指令。

通常自动驾驶仪设计人员会耦合考虑 3 个自动驾驶仪：滚动自动驾驶仪提供滚动稳定作用，俯仰和偏航自动驾驶仪控制导弹相对稳定位置进行任意方向的机动。如第 9 章所述，为了最大程度地提高导弹在各种飞行阶段的整体性能，需要选择合适的自动驾驶仪指令结构。这就可能需要对助推段、中段和末段设计不同的自动驾驶仪[12]。

自动驾驶仪设计相关的问题促进了在20世纪40年代控制理论的发展。非线性控制理论的发展就得益于自动驾驶仪设计中的非线性问题（如受限的舵面偏转角位置）。

自动驾驶仪作为控制器实现对非线性时变被控对象——导弹弹体的控制。毫无疑问，拦截弹各个单元（如弹体、执行机构、传感器、推进系统）技术上进步能够提高导弹的整体性能。不过，任何进步都应经过制导律实际使用的检验。自然地，可以认为自动驾驶仪时间常数的减小可以改善导弹的性能。然而，如同我们前面所指出的，采用比例导引律的舵面控制导弹在高空飞行时，自动驾驶仪时间常数的减小会严重降低导弹的性能。

传统结构是将制导功能和飞行控制功能分离开的。制导律单独设计，再针对现有的自动驾驶仪进行测试。自动驾驶仪根据经典或现代控制理论方法独立设计[1,2,5,6,12,14]，再针对现有的制导律进行验证。在自动驾驶仪设计中，与第9章的详细模型相比，第3~7章考虑的弹体模型过于简单。

一体化制导控制律应能够结合制导功能和控制功能。一体化导弹设计应使用详细的导弹模型，并将目标相对导弹的状态看作广义模型的一部分。制导与控制律可通过对特定的最优化问题求解得到，它必须能够保证导弹动力学的内部稳定性。一体化导弹制导控制设计结构如图10.1所示。

下面介绍两个文献［9-11］所提出的一体化导弹制导与控制系统基本模型。寻的导弹的一体化制导控制律是通过求解有限时间最优控制问题得到的。文献［11］中的模型包含了滤波器的设计，它是一体化设计过程的一部分，设计过程包括制导滤波器、制导律和自动驾驶仪的设计。文献［9，10］中的模型看上去“更适中”，只使用了制导律和舵面偏转控制。由于一体化制导与控制律与最优问题有关，可以对各种性能指标的Bellman方程进行检验。当考虑特殊的性能指标时，可以简化Bellman泛函方程，并通过处理Lyapunov方程求解最优问题。基于现代控制理论过程得到的一体化制导控制律一般要与利用经典控制理论方法得到的制导控制律进行比较。在前面的章节中，术语“导弹制导系统”把制导和控制单元组合到一起，与之不同，在本章将它们分开考虑。为了突出这一点，将使用术语“导弹制导与控制系统”。

10.2 一体化导弹制导与控制模型

一体化制导与控制模型通常可表示为

$$\begin{cases} \dot{\boldsymbol{x}}(t) = \boldsymbol{f}(\boldsymbol{x},t) + \boldsymbol{B}(\boldsymbol{x},t)\boldsymbol{u}(t) + \boldsymbol{D}(\boldsymbol{x},t)\boldsymbol{w}(t), \boldsymbol{x}(t_0) = \boldsymbol{x}_0 \\ \boldsymbol{y}(t) = \boldsymbol{c}(\boldsymbol{x},t) + \boldsymbol{D}_1(\boldsymbol{x},t)\boldsymbol{w}(t) \end{cases} \tag{10.1}$$

式中：$\boldsymbol{x}(t)$ 为 $m \times 1$ 维的状态向量；$\boldsymbol{u}(t)$ 为 $n \times 1$ 维的控制向量；$\boldsymbol{w}(t)$ 为 $p \times 1$ 维的干扰向量；$\boldsymbol{y}(t)$ 为 $l \times 1$ 维的输出变量向量；$\boldsymbol{f}(\boldsymbol{x},t)$ 、$\boldsymbol{c}(\boldsymbol{x},t)$ 、$\boldsymbol{B}(\boldsymbol{x},t)$ 、$\boldsymbol{D}(\boldsymbol{x},t)$ 和 $\boldsymbol{D}_1(\boldsymbol{x},t)$ 为适当维数的向量函数和矩阵。

由于考虑的是非线性系统，采用传统方法需要利用线性化技术和线性问题求解。首先，根据大量的飞行条件建立一组线性化模型，然后利用合适的综合技术[5]为每一个线性模型设计控制律。

另一种控制律设计方法基于“扩展线性化”的概念，这种方法要求非线性系统能够进行分解（可能的情况下），使其结构看上去与线性形式相似，即状态独立系数形式[3,4,9-11]。

例如，系统：

$$\begin{bmatrix} \dot{x}_1 \\ \dot{x}_2 \end{bmatrix} = \begin{bmatrix} x_1^2 - x_1 + x_1 x^2 + u_1 \\ x_1^2 x_2 - x_2 + x_2^2 + u_2 \end{bmatrix}$$

可以按如下形式参数化：

$$\begin{bmatrix} \dot{x}_1 \\ \dot{x}_2 \end{bmatrix} = \begin{bmatrix} x_1 - 1 & x_1 x_2 \\ x_1 x_2 & x_2 - 1 \end{bmatrix} \cdot \begin{bmatrix} x_1 \\ x_2 \end{bmatrix} + \begin{bmatrix} u_1 \\ u_2 \end{bmatrix}$$

不过，这种线性化形式并不是唯一的，它有很多种状态相关系数形式的表示方法，遗憾的是，并没有一种准则能够证实我们的选择是最好的。

对式（10.1），其扩展线性化的形式如下：

$$\begin{cases} \dot{\boldsymbol{x}}(t) = \boldsymbol{A}(\boldsymbol{x},t)\boldsymbol{x}(t) + \boldsymbol{B}(\boldsymbol{x},t)\boldsymbol{u}(t) + \boldsymbol{D}(\boldsymbol{x},t)\boldsymbol{w}(t), \boldsymbol{x}(t_0) = \boldsymbol{x}_0 \\ \boldsymbol{y}(t) = \boldsymbol{C}(\boldsymbol{x},t)\boldsymbol{x}(t) + \boldsymbol{D}_1(\boldsymbol{x},t)\boldsymbol{w}(t) \end{cases} \tag{10.2}$$

式中：$\boldsymbol{A}(\boldsymbol{x},t)$ 和 $\boldsymbol{C}(\boldsymbol{x},t)$ 为适当维数的矩阵。

在假设导弹弹体关于 x-z 轴是对称的，质量分布满足 $I_{yy} = I_{zz}$，可将式（9.5）、式（9.8）和式（9.16）重写为

$$\begin{cases} \dot{v}_x = rv_y - qv_z + A_x \\ \dot{v}_y = -rv_x + pv_z + A_y \\ \dot{v}_z = qv_x - pv_y + A_z \\ I_{xx}\dot{p} = m_x \\ I_{yy}\dot{q} - (I_{zz} - I_{xx})rp = m_y \\ I_{zz}\dot{r} - (I_{xx} - I_{yy})pq = m_z \end{cases} \tag{10.3}$$

式中：

$$\begin{bmatrix} A_x \\ A_y \\ A_z \end{bmatrix} = \begin{bmatrix} X + G_x + T_x \\ Y + G_y + T_y \\ Z + G_z + T_z \end{bmatrix} \tag{10.4}$$

v_x 、v_y 、v_z 分别为沿 $\boldsymbol{x}$、$\boldsymbol{y}$、$\boldsymbol{z}$ 轴（图 9.2）的速度分量；p 、q 、r 为滚动、俯仰、偏航角速度；A_x 、A_y 、A_z 为弹体轴方向的加速度分量；G_x 、G_y 、G_z 为重力分量；X 、Y 、Z 为空气动力产生的模型加速度；T_x 、T_y 、T_z 为模型推进系统推力；m_x 、m_y 、m_z 为气动力矩产生的角加速度。

对攻角 α_0 和侧滑角 α_s 的如下表达式（式（9.13））求导：

$$\tan\alpha_0 = \frac{v_z}{v_x}, \tan\alpha_s = \frac{v_y}{v_x}$$

可得

$$\dot{\alpha}_0 = \frac{\dot{v}_z v_x - v_z \dot{v}_x}{v_x^2} \cos^2\alpha_0, \dot{\alpha}_s = \frac{\dot{v}_y v_x - v_y \dot{v}_x}{v_x^2} \cos^2\alpha_s \tag{10.5}$$

代入导弹速度矢量 $\boldsymbol{V}_{\mathrm{M}}$ 导数的各分量，并考虑

$$\boldsymbol{V}_{\mathrm{M}}^2 = v_x^2 + v_y^2 + v_z^2 = v_x^2 + v_x^2 \tan^2\alpha_s + v_x^2 \tan^2\alpha_0 = \Lambda v_x^2 \tag{10.6}$$

$$\Lambda = 1 + \tan^2\alpha_s + \tan^2\alpha_0 \tag{10.7}$$

式（10.5）可表示为

$$\dot{\alpha}_0 = \frac{A_z \Lambda \cos^2\alpha_0}{V_{\mathrm{M}}} - \frac{A_x \Lambda \cos\alpha_0 \sin\alpha_0}{V_{\mathrm{M}}} + q - (p + r\tan\alpha_0)\tan\alpha_s \cos^2\alpha_0 \tag{10.8}$$

$$\dot{\alpha}_s = \frac{A_y \Lambda \cos^2\alpha_s}{V_{\mathrm{M}}} - \frac{A_x \Lambda \cos\alpha_s \sin\alpha_s}{V_{\mathrm{M}}} - r - (p + q\tan\alpha_s)\tan\alpha_0 \cos^2\alpha_s \tag{10.9}$$

式（10.3）的后 3 个方程可解出 $\dot{p}$ 、$\dot{q}$ 和 $\dot{r}$ ：

$$\begin{cases} \dot{p} = \dfrac{m_x}{I_{xx}} \\ \dot{q} = \dfrac{m_y}{I_{yy}} + \dfrac{I_{zz} - I_{xx}}{I_{yy}} rp \\ \dot{r} = \dfrac{m_z}{I_{zz}} + \dfrac{I_{xx} - I_{yy}}{I_{zz}} pq \end{cases} \tag{10.10}$$

为了满足扩展线性化形式的要求，空气动力和气动力矩的表达式表示如下（式（9.17）~式（9.19））：

$$\begin{bmatrix} X \\ Y \\ Z \\ m_x \\ m_y \\ m_z \end{bmatrix} = V_{\mathrm{M}}^2 \begin{bmatrix} c_{X\alpha 0} & c_{X\alpha s} & c_{X\delta P} & c_{X\delta Y} & c_{X\delta R} \\ c_{Y\alpha 0} & c_{Y\alpha s} & c_{Y\delta P} & c_{Y\delta Y} & c_{Y\delta R} \\ c_{Z\alpha 0} & c_{Z\alpha s} & c_{Z\delta P} & c_{Z\delta Y} & c_{Z\delta R} \\ c_{m_x\alpha 0} & c_{m_x\alpha s} & c_{m_x\delta P} & c_{m_x\delta P} & c_{m_x\delta R} \\ c_{m_y\alpha 0} & c_{m_y\alpha s} & c_{m_y\delta P} & c_{m_y\delta P} & c_{m_y\delta R} \\ c_{m_z\alpha 0} & c_{m_z\alpha s} & c_{m_z\delta P} & c_{m_z\delta P} & c_{m_z\delta R} \end{bmatrix} \cdot \begin{bmatrix} \alpha_0 \\ \alpha_s \\ \delta_P \\ \delta_Y \\ \delta_R \end{bmatrix} + V_{\mathrm{M}}^2 \begin{bmatrix} c_X^0 \\ c_Y^0 \\ c_Z^0 \\ c_{mx}^0 \\ c_{my}^0 \\ c_{mz}^0 \end{bmatrix} \tag{10.11}$$

空气动力和力矩系数 c_{kl}^s 可表示为攻角 α_0 、侧滑角 α_s 、俯仰舵偏转 δP 、偏航舵偏转 δY 和滚动舵偏转 δP 的多项式形式。多项式中的常数项用上标“0”表示。多项中最重要的非零项为阻力分量 c_X^0 。为简单起见，在下面，仅用式（9.4）中的因子 V_{M}^2 表示动压对空气动力和气动力矩的影响。假设动压中的其他分量，以及式（9.9）和式（9.10）中的导弹质量 m 、参考参数 S 和 l 都反映在了系数 c_{kl}^s 中。

举例来说，假设 $c_{mx}^0 = 0$ ，式（10.10）的参数化形式如下：

$$\dot{p} = \frac{c_{m_x\alpha 0}\alpha_0 + c_{m_x\alpha s}\alpha_s + c_{m_x\delta P}\delta P + c_{m_x\delta Y}\delta Y + c_{m_x\delta R}\delta R}{I_{xx}} \tag{10.12}$$

导弹气动模型可以表示为多项式形式的要求在有些情况下可能是无法满足的，例如通过风洞试验获得的气动数据并不光滑，而设计又必须以此基础时。

利用式（9.22）的第一个方程：

$$\dot{\phi} = p + q\sin\phi\tan\theta + r\cos\phi\tan\theta \tag{10.13}$$

得到 $\dot{\phi}$ ，并将其与指令滚动角速度 $\dot{\phi}_c$ 比较，则可将滚动角速度误差 $\dot{\varepsilon}_\phi$ 的表达式表示如下[11]：

$$\dot{\varepsilon}_\phi = -\frac{1}{\tau_\phi}\varepsilon_\phi + \frac{1}{\tau_\phi}(\dot{\phi}_c - p - q\sin\phi\tan\theta - r\cos\phi\tan\theta) \tag{10.14}$$

式中：τ_φ 为一个可调节的参数。

将尾舵舵机建模为二阶动力学系统[11]，因此：

$$\begin{cases} \ddot{\delta}_P = -2\xi_a\omega_a\dot{\delta}_P + \omega_a^2(\delta_1 - \delta_P) \\ \ddot{\delta}_Y = -2\xi_a\omega_a\dot{\delta}_Y + \omega_a^2(\delta_2 - \delta_Y) \\ \ddot{\delta}_R = -2\xi_a\omega_a\dot{\delta}_R + \omega_a^2(\delta_3 - \delta_R) \end{cases} \tag{10.15}$$

式中：δ_i（$i = 1,2,3$）为指令俯仰－偏航－滚动角下尾舵位置；ω_a 和 ξ_a 分别为尾舵伺服舵机的自然频率和阻尼比。控制向量 $\boldsymbol{u}(t) = (\delta_1, \delta_2, \delta_3)$ 由三个尾舵角位置指令组成。这对于尾舵控制导弹是很典型的情况。

类似于式（1.20），目标-导弹相对加速度在地固惯性坐标系内的表达式可表示为

$$\ddot{r}_x = a_{\mathrm{T}x} - a_{\mathrm{M}x}, \ddot{r}_y = a_{\mathrm{T}y} - a_{\mathrm{M}y}, \ddot{r}_z = a_{\mathrm{T}z} - a_{\mathrm{M}z} \tag{10.16}$$

式中：r_x、r_y 和 r_z 为距离向量的分量。

在文献［11］中，目标加速度模型表示为一阶滞后过程：

$$\dot{a}_{\mathrm{T}x} = \frac{1}{\tau_{\mathrm{T}}}(-a_{\mathrm{T}x} + w_{\mathrm{T}}), \dot{a}_{\mathrm{T}y} = \frac{1}{\tau_{\mathrm{T}}}(-a_{\mathrm{T}y} + w_{\mathrm{T}}), \dot{a}_{\mathrm{T}z} = \frac{1}{\tau_{\mathrm{T}}}(-a_{\mathrm{T}z} + w_{\mathrm{T}}) \tag{10.17}$$

式中：τ_{T} 为目标机动时间常数；$w_{\mathrm{T}}(t)$ 为扰动输入。

上面考虑的方程可以表示为式（10.2）的形式，其状态向量、输出向量和控制向量为（输出向量中的分量 A_{x0} 和 $g(t)$ 分别定义为轴向推减阻力和重力的伪测量量）

$$\boldsymbol{y}(t) = \begin{bmatrix} r_x(t) \\ r_y(t) \\ r_z(t) \\ a_{Mx}(t) \\ a_{My}(t) \\ a_{Mz}(t) \\ p(t) \\ q(t) \\ r(t) \\ \varepsilon_\phi(t) \\ \delta_P(t) \\ \delta_Y(t) \\ \delta_R(t) \\ a_{Tx}(t) \\ a_{Ty}(t) \\ a_{Tz}(t) \\ A_{x0}(t) \\ g(t) \end{bmatrix}, \boldsymbol{u}(t) = \begin{bmatrix} \delta_1(t) \\ \delta_2(t) \\ \delta_3(t) \end{bmatrix}, \boldsymbol{x}(t) = \begin{bmatrix} r_x(t) \\ \dot{r}_x(t) \\ r_y(t) \\ \dot{r}_y(t) \\ r_z(t) \\ \dot{r}_z(t) \\ \alpha_0(t) \\ \alpha_s(t) \\ p(t) \\ q(t) \\ r(t) \\ \varepsilon_\phi(t) \\ \delta_P(t) \\ \dot{\delta}_P(t) \\ \delta_Y(t) \\ \dot{\delta}_Y(t) \\ \delta_R(t) \\ \dot{\delta}_R(t) \\ a_{Tx}(t) \\ a_{Ty}(t) \\ a_{Tz}(t) \end{bmatrix}$$

在上面的模型中，状态变量 r_x 、$\dot{r}_x$ 、r_y 、$\dot{r}_y$ 、r_z 、$\dot{r}_z$ 、a_{Tx} 、a_{Ty} 、a_{Tz} 不直接由其他状态变量确定，因此，式（10.2）中包含两个单独的分系统，可以用两个单独的动态方程组来分别表示制导与控制分系统，就像将它们独立地考虑一样，然而事实并非如此。式（10.16）中导弹加速度分量是在地固惯性坐标系下的，与式（10.4）所示的弹体坐标系下的加速度分量相对应，因此模型的所有分系统都是相互关联的。

在文献［9］的模型中，导弹－目标位置坐标与式（10.3）中状态变量之间的联系更为清晰：

$$\begin{cases}\dot{x}_b = v_x + y_b r - z_b q \\ \dot{y}_b = v_y - x_b r + z_b p \\ \dot{z}_b = v_z + x_b q - y_b p\end{cases} \tag{10.18}$$

式中：导弹－目标位置坐标 x_b 、y_b 、z_b 是在弹体坐标系下的。

然而，式（10.18）在目标速度向量与导弹速度向量相比可忽略的假设下才有效。在一般情况下，地固惯性坐标系下的导弹－目标位置坐标 r_x 、r_y 、r_z 应变换到导弹弹体坐标系下（式（9.21）），其中需要用到欧拉角之间的关系式（9.22）和弹体旋转角速度 p 、q 、r 。当然，这种模型会更加复杂。

为了提高空气动力模型的精度，式（10.3）中的空气动力和气动力矩可以用高阶多项式来近似，则可以用式（10.19）来代替式（10.11）：

$$V_{\mathrm{M}}^{-2}\begin{bmatrix} X \\ Y \\ Z \\ m_x \\ m_y \\ m_z \end{bmatrix} = \begin{bmatrix} c_{X\alpha0} & c^1_{X\alpha0} & c_{X\alpha s} & c^1_{X\alpha s} & c_{X\delta\mathrm{P}} & c_{X\delta\mathrm{Y}} & c_{X\delta\mathrm{R}} \\ c_{Y\alpha0} & c^1_{Y\alpha0} & c_{Y\alpha s} & c^1_{Y\alpha s} & c_{Y\delta\mathrm{P}} & c_{Y\delta\mathrm{Y}} & c_{Y\delta\mathrm{R}} \\ c_{Z\alpha0} & c^1_{Z\alpha0} & c_{Z\alpha s} & c^1_{Z\alpha s} & c_{Z\delta\mathrm{P}} & c_{Z\delta\mathrm{Y}} & c_{Z\delta\mathrm{R}} \\ c_{m_x\alpha0} & c^1_{m_x\alpha0} & c_{m_x\alpha s} & c^1_{m_x\alpha s} & c_{m_x\delta\mathrm{P}} & c_{m_x\delta\mathrm{P}} & c_{m_x\delta\mathrm{R}} \\ c_{m_y\alpha0} & c^1_{m_y\alpha0} & c_{m_y\alpha s} & c^1_{m_y\alpha s} & c_{m_y\delta\mathrm{P}} & c_{m_y\delta\mathrm{P}} & c_{m_y\delta\mathrm{R}} \\ c_{m_z\alpha0} & c^1_{m_z\alpha0} & c_{m_z\alpha s} & c^1_{m_z\alpha s} & c_{m_z\delta\mathrm{P}} & c_{m_z\delta\mathrm{P}} & c_{m_z\delta\mathrm{R}} \end{bmatrix} \cdot \begin{bmatrix} \alpha_0 \\ \alpha_0^3 \\ \alpha_s \\ \alpha_s^3 \\ \delta_{\mathrm{P}} \\ \delta_{\mathrm{Y}} \\ \delta_{\mathrm{R}} \end{bmatrix} + \begin{bmatrix} c^0_X \\ c^0_Y \\ c^0_Z \\ c^0_{mx} \\ c^0_{my} \\ c^0_{mz} \end{bmatrix} \tag{10.19}$$

式（10.19）中，附加系数符号的意义是明显的。

将式（10.19）中的空气动力和气动力矩代入式（10.3）并考虑状态向量 $\boldsymbol{x}(t) = (p \quad q \quad r \quad v_x \quad v_y \quad v_z \quad x_b \quad y_b \quad z_b)^{\mathrm{T}}$ ，可以得到式（10.2）中矩阵 $\boldsymbol{A}(\boldsymbol{x},t) = [A_{ij}]$ 的各分量：

$$A_{11} = A_{12} = A_{13} = A_{17} = A_{18} = A_{19} = 0$$

$$A_{14} = \frac{1}{I_{xx}}(c^0_{mx} + c_{m_x\alpha0}\alpha_0 + c^1_{m_x\alpha0}\alpha_0^3 + c_{m_x\alpha s}\alpha_s + c^1_{m_x\alpha s}\alpha_s^3)v_x$$

$$A_{15}=\frac{1}{I_{xx}}(c_{mx}^{0}+c_{m_x\alpha0}\alpha_0+c_{m_x\alpha0}^{1}\alpha_0^{3}+c_{m_x\alpha s}\alpha_s+c_{m_x\alpha s}^{1}\alpha_s^{3})v_y$$

$$A_{16}=\frac{1}{I_{xx}}(c_{mx}^{0}+c_{m_x\alpha0}\alpha_0+c_{m_x\alpha0}^{1}\alpha_0^{3}+c_{m_x\alpha s}\alpha_s+c_{m_x\alpha s}^{1}\alpha_s^{3})v_z$$

$$A_{21}=\frac{I_{zz}-I_{xx}}{I_{yy}}r,A_{22}=A_{23}=A_{27}=A_{28}=A_{29}=0$$

$$A_{24}=\frac{1}{I_{yy}}(c_{my}^{0}+c_{m_y\alpha0}\alpha_0+c_{m_y\alpha0}^{1}\alpha_0^{3}+c_{m_y\alpha s}\alpha_s+c_{m_y\alpha s}^{1}\alpha_s^{3})v_x$$

$$A_{25}=\frac{1}{I_{yy}}(c_{my}^{0}+c_{m_y\alpha0}\alpha_0+c_{m_y\alpha0}^{1}\alpha_0^{3}+c_{m_y\alpha s}\alpha_s+c_{m_y\alpha s}^{1}\alpha_s^{3})v_y$$

$$A_{26}=\frac{1}{I_{yy}}(c_{my}^{0}+c_{m_y\alpha0}\alpha_0+c_{m_y\alpha0}^{1}\alpha_0^{3}+c_{m_y\alpha s}\alpha_s+c_{m_y\alpha s}^{1}\alpha_s^{3})v_z$$

$$A_{31}=\frac{I_{xx}-I_{yy}}{I_{zz}}q,A_{32}=A_{33}=A_{37}=A_{38}=A_{39}=0$$

$$A_{34}=\frac{1}{I_{zz}}(c_{mz}^{0}+c_{m_z\alpha0}\alpha_0+c_{m_z\alpha0}^{1}\alpha_0^{3}+c_{m_z\alpha s}\alpha_s+c_{m_z\alpha s}^{1}\alpha_s^{3})v_x$$

$$A_{35}=\frac{1}{I_{zz}}(c_{mz}^{0}+c_{m_z\alpha0}\alpha_0+c_{m_z\alpha0}^{1}\alpha_0^{3}+c_{m_z\alpha s}\alpha_s+c_{m_z\alpha s}^{1}\alpha_s^{3})v_y$$

$$A_{36}=\frac{1}{I_{zz}}(c_{mz}^{0}+c_{m_z\alpha0}\alpha_0+c_{m_z\alpha0}^{1}\alpha_0^{3}+c_{m_z\alpha s}\alpha_s+c_{m_z\alpha s}^{1}\alpha_s^{3})v_z$$

$$A_{41}=A_{47}=A_{48}=A_{49}=0,A_{42}=-v_z,A_{43}=v_y$$

$$A_{44}=-(c_X^{0}+c_{X\alpha0}\alpha_0+c_{X\alpha0}^{1}\alpha_0^{3}+c_{X\alpha s}\alpha_s+c_{X\alpha s}^{1}\alpha_s^{3})v_x$$

$$A_{45}=-(c_X^{0}+c_{X\alpha0}\alpha_0+c_{X\alpha0}^{1}\alpha_0^{3}+c_{X\alpha s}\alpha_s+c_{X\alpha s}^{1}\alpha_s^{3})v_y$$

$$A_{46}=-(c_X^{0}+c_{X\alpha0}\alpha_0+c_{X\alpha0}^{1}\alpha_0^{3}+c_{X\alpha s}\alpha_s+c_{X\alpha s}^{1}\alpha_s^{3})v_z$$

$$A_{51}=v_z,A_{53}=-v_x,A_{52}=A_{57}=A_{58}=A_{59}=0$$

$$A_{54}=(c_Y^{0}+c_{Y\alpha0}\alpha_0+c_{Y\alpha0}^{1}\alpha_0^{3}+c_{Y\alpha s}\alpha_s+c_{Y\alpha s}^{1}\alpha_s^{3})v_x$$

$$A_{55}=(c_Y^{0}+c_{Y\alpha0}\alpha_0+c_{Y\alpha0}^{1}\alpha_0^{3}+c_{Y\alpha s}\alpha_s+c_{Y\alpha s}^{1}\alpha_s^{3})v_y$$

$$A_{56}=(c_Y^{0}+c_{Y\alpha0}\alpha_0+c_{Y\alpha0}^{1}\alpha_0^{3}+c_{Y\alpha s}\alpha_s+c_{Y\alpha s}^{1}\alpha_s^{3})v_z$$

$$A_{61}=-v_y,A_{62}=v_x,A_{63}=A_{67}=A_{68}=A_{69}=0$$

$$A_{64}=-(c_Z^{0}+c_{Z\alpha0}\alpha_0+c_{Z\alpha0}^{1}\alpha_0^{3}+c_{Z\alpha s}\alpha_s+c_{Z\alpha s}^{1}\alpha_s^{3})v_x$$

$$A_{65}=-(c_Z^{0}+c_{Z\alpha0}\alpha_0+c_{Z\alpha0}^{1}\alpha_0^{3}+c_{Z\alpha s}\alpha_s+c_{Z\alpha s}^{1}\alpha_s^{3})v_y$$

$$A_{66}=-(c_Z^{0}+c_{Z\alpha0}\alpha_0+c_{Z\alpha0}^{1}\alpha_0^{3}+c_{Z\alpha s}\alpha_s+c_{Z\alpha s}^{1}\alpha_s^{3})v_z$$

$$A_{72}=-z_b,A_{73}=y_b,A_{74}=1,A_{71}=A_{75}=A_{76}=A_{77}=A_{78}=A_{79}=0$$

$$A_{81}=z_b,A_{83}=-x_b,A_{85}=1,A_{82}=A_{84}=A_{86}=A_{87}=A_{88}=A_{89}=0$$

$$A_{91}=-y_b,A_{92}=x_b,A_{96}=1,A_{93}=A_{94}=A_{95}=A_{97}=A_{98}=A_{99}=0$$

式中：A_{ij}（$i = 4 \sim 6$，$j = 4 \sim 6$）的符号与轴向力和法向力的方向相对应。

对于控制向量 $\boldsymbol{u}(t) = (\delta_P, \delta_Y, \delta_R)^{\mathrm{T}}$，式（10.2）中的矩阵 $\boldsymbol{B}(\boldsymbol{x}, t) = [B_{ij}] = V_{\mathrm{M}}^2[B_{ij}^0]$ 的形式如下（模型可以通过增加与式（10.15）相似的尾舵执行机构动力学模型得以改进）：

$$B_{11}^0 = \frac{1}{I_{xx}} c_{m_x \delta P}, B_{12}^0 = \frac{1}{I_{xx}} c_{m_x \delta Y}, B_{13}^0 = \frac{1}{I_{xx}} c_{m_x \delta R}$$

$$B_{21}^0 = \frac{1}{I_{yy}} c_{m_y \delta P}, B_{22}^0 = \frac{1}{I_{yy}} c_{m_y \delta Y}, B_{23}^0 = \frac{1}{I_{yy}} c_{m_y \delta R}$$

$$B_{31}^0 = \frac{1}{I_{zz}} c_{m_z \delta P}, B_{32}^0 = \frac{1}{I_{zz}} c_{m_z \delta Y}, B_{33}^0 = \frac{1}{I_{zz}} c_{m_z \delta R}$$

$$B_{41}^0 = c_{X\delta P}, B_{42}^0 = c_{X\delta Y}, B_{43}^0 = c_{X\delta R}$$

$$B_{51}^0 = c_{Y\delta P}, B_{52}^0 = c_{Y\delta Y}, B_{53}^0 = c_{Y\delta R}$$

$$B_{61}^0 = -c_{Z\delta P}, B_{62}^0 = -c_{Z\delta Y}, B_{63}^0 = -c_{Z\delta R}$$

$$B_{71}^0 = B_{72}^0 = B_{73}^0 = B_{81}^0 = B_{82}^0 = B_{83}^0 = B_{91}^0 = B_{92}^0 = B_{93}^0 = 0$$

上面描述的一体化制导与控制系统的两个模型的区别在于模型状态变量的选择。文献［11］中的状态变量结合了制导律和自动驾驶仪单独设计中的状态变量。选取攻角和侧滑角为状态和输出变量在物理上是合理的，且已经在当前实际的自动驾驶仪设计中得到应用。不过，式（10.2）中的矩阵 $\boldsymbol{A}(\boldsymbol{x}, t)$ 过于复杂，取决于欧拉角和导弹速度矢量的分量，即式（10.3）的前三个方程并没有直接地体现在模型中。文献［9］中的模型相比文献［11］中的模型具有一定的优势，作为一个一体化模型，它看上去比文献［11］中的模型更有逻辑性，这主要是因为在该模型中制导与控制的耦合作用体现得明显。不过，如前面提到的，它是在目标速度矢量与导弹速度矢量相比可忽略的假设下得到的。

前面的模型是状态空间形式的，现代控制理论研究的就是这类模型，在这里利用它将一体化制导与控制问题阐述为最优控制问题。在文献［9-11］中，作者利用现有的线性最优问题求解方法给出了一体化设计问题的解。首先假设 $\boldsymbol{w}(\boldsymbol{x}) = 0$，考虑式（10.2）和如下的性能指标（式（A7）~式（A17））：

$$I = \frac{1}{2}(\boldsymbol{x}^{\mathrm{T}}(t_{\mathrm{F}})\boldsymbol{C}_0\boldsymbol{x}(t_{\mathrm{F}}) + \int_{t_0}^{t_{\mathrm{F}}} (\boldsymbol{x}^{\mathrm{T}}(t)\boldsymbol{R}\boldsymbol{x}(t) + \|\boldsymbol{u}(t)\|^2)\mathrm{d}t) \quad (10.20)$$

可得到如下形式的最优解：

$$\boldsymbol{u}(t) = -\boldsymbol{B}^{\mathrm{T}}\boldsymbol{W}(t)\boldsymbol{x}(t) \quad (10.21)$$

$$\dot{\boldsymbol{W}} + \boldsymbol{A}^{\mathrm{T}}\boldsymbol{W} + \boldsymbol{W}\boldsymbol{A} - \boldsymbol{W}\boldsymbol{B}\boldsymbol{B}^{\mathrm{T}}\boldsymbol{W} + \boldsymbol{R} = 0, \boldsymbol{W}(t_{\mathrm{F}}) = \boldsymbol{C}_0 \quad (10.22)$$

文献［3，4，9-11］并没有考虑式（10.22），而是考虑状态相关黎卡提方程。状态相关黎卡提方程技术及状态相关二次性能指标用于求解式（10.2）

中的运动方程。在式（10.2）中忽略干扰并假设 $\boldsymbol{A}(\boldsymbol{x},t)=\boldsymbol{A}(\boldsymbol{x})$，$\boldsymbol{B}(\boldsymbol{x},t)=\boldsymbol{B}(\boldsymbol{x})$，在性能指标中引入状态相关权值矩阵 $\boldsymbol{R}(\boldsymbol{x})$ 即可得到状态相关代数黎卡提方程。如文献［3，4］所述，对于性能指标：

$$I=\int_{t_0}^{\infty}(\boldsymbol{x}^{\mathrm{T}}(t)\boldsymbol{R}(\boldsymbol{x})\boldsymbol{x}(t)+\|\boldsymbol{u}(t)\|^2)\mathrm{d}t \tag{10.23}$$

状态相关代数黎卡提方程可写为

$$\boldsymbol{A}^{\mathrm{T}}(\boldsymbol{x})\boldsymbol{W}(\boldsymbol{x})+\boldsymbol{W}(\boldsymbol{x})\boldsymbol{A}(\boldsymbol{x})-\boldsymbol{W}(\boldsymbol{x})\boldsymbol{B}(x)\boldsymbol{B}^{\mathrm{T}}(x)\boldsymbol{W}(\boldsymbol{x})+\boldsymbol{R}(\boldsymbol{x})=0 \tag{10.24}$$

当性能指标为如下形式时：

$$I=\frac{1}{2}(\boldsymbol{x}^{\mathrm{T}}(t_{\mathrm{F}})\boldsymbol{C}_0(\boldsymbol{x})\boldsymbol{x}(t_{\mathrm{F}})+\int_{t_0}^{t_{\mathrm{F}}}(\boldsymbol{x}^{\mathrm{T}}(t)\boldsymbol{R}(\boldsymbol{x})\boldsymbol{x}(t)+\|\boldsymbol{u}(t)\|^2)\mathrm{d}t) \tag{10.25}$$

可按照对式（10.22）类似的方式，对式（10.24）进行修正。

利用线性二次动态博弈法对式（10.2）进行求解，可以得到能够抵消干扰 $\boldsymbol{w}(t)$ 作用的控制量 $\boldsymbol{u}(t)$，也就是如下泛函指标的最优解：

$$\min_{u(t)}\max_{w(t)}I=\frac{1}{2}(\boldsymbol{x}^{\mathrm{T}}(t_{\mathrm{F}})\boldsymbol{C}_0(\boldsymbol{x})\boldsymbol{x}(t_{\mathrm{F}})+\int_{t_0}^{t_{\mathrm{F}}}(\boldsymbol{x}^{\mathrm{T}}(t)\boldsymbol{R}(\boldsymbol{x})\boldsymbol{x}(t)$$
$$+\|\boldsymbol{u}(t)\|^2+\gamma\|\boldsymbol{w}(t)\|^2)\mathrm{d}t)$$

式中：γ 为常系数，最优解的形式与式（10.25）的最优解类似，它也是根据黎卡提方程得到的[11]。在上面考虑的所有情况中，控制结构都是相同的，即

$$\boldsymbol{u}(t)=-\boldsymbol{B}^{\mathrm{T}}(x)\boldsymbol{W}(\boldsymbol{x})\boldsymbol{x}(t) \tag{10.26}$$

在每一个瞬时，舵面的偏转取决于设计过程中模型状态向量的当前值。如果并非所有的系统状态都能测量得到，可以综合利用状态相关的估计器，对设计过程进行修正。

上面所讨论的一体化制导与控制系统设计方法是利用非线性系统的扩展线性化形式，对线性最优问题的最优解进行改进得到的，它需要更严格的数学证明。尽管文献［9-11］中的实验结果能够对该方法的有效性形成支撑，但这种方法看上去还是过于复杂，难以在实践中应用。

由于文献［9-11］中的控制律是基于动态规划过程得到的，下面介绍更通用的最优控制律，它们不需要将制导控制模型表示为扩展线性化的形式。

10.3 控制律综合设计

10.3.1 标准泛函最小化

首先，考虑如下比式（10.1）更一般形式系统的最优化问题：

$$\dot{\boldsymbol{x}}(t)=\boldsymbol{f}(\boldsymbol{x},\boldsymbol{u},t),\boldsymbol{x}(t_0)=\boldsymbol{x}_0 \tag{10.27}$$

选取广义性能指标为

$$I = V_0(\boldsymbol{x}(t_F)) + \int_0^{t_F} L(\boldsymbol{x}(t), \boldsymbol{u}(t), t)\,dt \tag{10.28}$$

式中：函数 $L(\boldsymbol{x}(t),\boldsymbol{u}(t),t)$ 同时取决于状态向量 $\boldsymbol{x}(t)$ 和输入向量 $\boldsymbol{u}(t)$；$V_0(\boldsymbol{x}(t_F))$ 为末端状态 $\boldsymbol{x}(t_F)$ 的函数。

闭环最优控制系统的综合问题主要是寻找控制器方程 $\boldsymbol{u}(t) = \Gamma[\boldsymbol{x}(t), t]$，使其与式（10.27）共同构成稳定系统，并能够使式（10.28）最小。附录 A 给出了确定 Bellman 泛函方程的过程，对于式（10.27）和式（10.28），Bellman 泛函方程可表示为

$$\frac{\partial V}{\partial t} + \min_{u(t)}\left\{L(\boldsymbol{x},\boldsymbol{u},t) + \frac{\partial V^{\mathrm{T}}}{\partial \boldsymbol{x}}\boldsymbol{f}(\boldsymbol{x},\boldsymbol{u},t)\right\} = 0 \tag{10.29}$$

式中：函数 $V(\boldsymbol{x}(t))$ 应满足条件 $V(t_F) = V_0(\boldsymbol{x}(t_F))$；$\partial V^{\mathrm{T}}/\partial \boldsymbol{x} = (\partial V/\partial x_1, \partial V/\partial x_2, \cdots, \partial V/\partial x_m)$。

虽然式（10.29）形式简单，但在很多实际情况中很难对其求解。假设 $\boldsymbol{u}_0(t)$ 能够使式（10.29）括号中的表达式取最小，将 $\boldsymbol{u}_0(t)$ 代入式（10.29）可得

$$\frac{\partial V}{\partial t} + \frac{\partial V^{\mathrm{T}}}{\partial x}\boldsymbol{f}(\boldsymbol{x},\boldsymbol{u}_0,t) = -L(\boldsymbol{x},\boldsymbol{u}_0,t) \tag{10.30}$$

或

$$\frac{\partial}{\partial u_0}L(\boldsymbol{x},\boldsymbol{u}_0,t) + \frac{\partial}{\partial u_0}\left\{\frac{\partial V^{\mathrm{T}}}{\partial \boldsymbol{x}}\boldsymbol{f}(\boldsymbol{x},\boldsymbol{u}_0,t)\right\} = 0 \tag{10.31}$$

式中：偏导数是相对 $\boldsymbol{u}_0 = (u_{01}, u_{02}, \cdots, u_{0n})^{\mathrm{T}}$ 各分量的。

仅当我们能够得到式（10.31）的解并将 $\boldsymbol{u}_0$ 表示为 $\boldsymbol{x}$ 和 t 的函数的情况下，才能对最优综合问题进行求解。下面将对求解这个问题的难点进行说明。

考虑与式（10.1）类似的模型：

$$\dot{\boldsymbol{x}}(t) = \boldsymbol{f}(\boldsymbol{x},t) + \boldsymbol{B}(\boldsymbol{x},t)\boldsymbol{u}(t), \boldsymbol{x}(t_0) = \boldsymbol{x}_0 \tag{10.32}$$

对于这个模型及如下的性能指标泛函：

$$I = V(\boldsymbol{x}(t_F)) + \int_{t_0}^{t_F}(R(\boldsymbol{x}(t),t) + Q(\boldsymbol{u}(t),t))\,dt \tag{10.33}$$

式（10.30）和式（10.31）的形式如下：

$$\frac{\partial V}{\partial t} + \frac{\partial V^{\mathrm{T}}}{\partial \boldsymbol{x}}(\boldsymbol{f}(\boldsymbol{x},t) + \boldsymbol{B}(\boldsymbol{x},t)\boldsymbol{u}_0) + Q(\boldsymbol{u}_0,t) = -R(\boldsymbol{x},t) \tag{10.34}$$

$$\frac{\partial Q^{\mathrm{T}}(\boldsymbol{u}_0,t)}{\partial \boldsymbol{u}_0} + \frac{\partial V^{\mathrm{T}}}{\partial \boldsymbol{x}}\boldsymbol{B}(\boldsymbol{x},t) = 0 \tag{10.35}$$

假设由式（10.35）可以求解得到 $\boldsymbol{u}_0 = (u_{01}, u_{02}, \cdots, u_{0n})^{\mathrm{T}}$：

$$\boldsymbol{u}_0(t) = \Gamma\left[\boldsymbol{B}^{\mathrm{T}}(\boldsymbol{x})\frac{\partial V}{\partial \boldsymbol{x}}, t\right] \tag{10.36}$$

将式（10.36）代入式（10.34），可得

$$\begin{aligned}&\frac{\partial V}{\partial t}+\frac{\partial V^{\mathrm{T}}}{\partial \boldsymbol{x}}\boldsymbol{f}(\boldsymbol{x},t)+\frac{\partial V^{\mathrm{T}}}{\partial \boldsymbol{x}}\boldsymbol{B}(\boldsymbol{x},t)\Gamma\left[\boldsymbol{B}^{\mathrm{T}}(\boldsymbol{x},t)\frac{\partial V}{\partial \boldsymbol{x}},t\right]\\&+Q\left(\Gamma\left[\boldsymbol{B}^{\mathrm{T}}(\boldsymbol{x},t)\frac{\partial V}{\partial \boldsymbol{x}},t\right],t\right)=-R(\boldsymbol{x},t)\end{aligned}\tag{10.37}$$

根据满足边界条件 $V(t_{\mathrm{F}})=V_0(x(t_{\mathrm{F}}))$ 的方程解，可以根据式（10.35）确定最优控制律。可以证明，如果：

$$Q(\boldsymbol{u},t)-Q(\boldsymbol{u}_0,t)-\frac{\partial Q^{\mathrm{T}}(\boldsymbol{u}_0,t)}{\partial \boldsymbol{u}_0}(\boldsymbol{u}-\boldsymbol{u}_0)$$

为 $\boldsymbol{u}$ 的正定函数，且仅当 $\boldsymbol{u}=\boldsymbol{u}_0$ 时该函数为零，则式（10.36）为最优控制律[6,13]。

令式（10.33）的形式为

$$I=V_0(\boldsymbol{x}(t_{\mathrm{F}}))+\int_{t_0}^{t_{\mathrm{F}}}\left(R(\boldsymbol{x}(t),t)+\frac{1}{2}\boldsymbol{u}^{\mathrm{T}}(t)\boldsymbol{K}^{-1}\boldsymbol{u}(t)\right)\mathrm{d}t\tag{10.38}$$

式中：$\boldsymbol{K}=[k_{ii}]$ 为对角阵，且 $k_{ii}>0$。

在这种情况下，函数 $Q(\boldsymbol{u},t)-Q(\boldsymbol{u}_0,t)-\frac{\partial Q^{\mathrm{T}}(\boldsymbol{u}_0,t)}{\partial \boldsymbol{u}_0}(\boldsymbol{u}-\boldsymbol{u}_0)$ 满足上述唯一最优解式（10.36）的存在条件。最优控制律和 Bellman 泛函方程的表达式可写为如下形式（式（10.30）和式（10.31））：

$$\boldsymbol{u}=\boldsymbol{u}_0=-K\boldsymbol{B}^{\mathrm{T}}(\boldsymbol{x},t)\frac{\partial V}{\partial \boldsymbol{x}}\tag{10.39}$$

$$\begin{aligned}&\frac{\partial V}{\partial t}+\frac{\partial V^{T}}{\partial \boldsymbol{x}}\boldsymbol{f}(\boldsymbol{x},t)-\frac{1}{2}\frac{\partial V^{\mathrm{T}}}{\partial \boldsymbol{x}}\boldsymbol{B}(\boldsymbol{x},t)K\boldsymbol{B}^{\mathrm{T}}(\boldsymbol{x},t)\frac{\partial V}{\partial \boldsymbol{x}}=-R(\boldsymbol{x},t)\\&V(t_{\mathrm{F}})=V_0(x(t_{\mathrm{F}}))\end{aligned}\tag{10.40}$$

虽然可以求取 Bellman 泛函方程的近似解，但对式（10.40）求解仍然是一个难以解决的困难。且只有线性二次问题时才存在解析解。文献［1］给出了一种利用幂级数求解式（10.40）的方法，该方法是通过对如下方程进行求解：

$$V=\frac{1}{2}\sum_{i=1}^{m}\sum_{j=1}^{m}\gamma_{ij}x_ix_j+\frac{1}{3}\sum_{i=1}^{m}\sum_{j=1}^{m}\sum_{r=1}^{m}\gamma_{ijr}x_ix_jx_r+\cdots\tag{10.41}$$

式中：未知系数应通过常微分方程系统确定。这种方法也适用于如式（10.2）的模型。

10.3.2 特殊泛函最小化

对于式（10.32）描述的模型，考虑如下的指标泛函：

$$I=V_0(\boldsymbol{x}(t_{\mathrm{F}}))+\int_{t_0}^{t_{\mathrm{F}}}\left(R(\boldsymbol{x}(t),t)+Q(\boldsymbol{u}(t),t)+Q_0(\boldsymbol{u}_0(t),t)\right)\mathrm{d}t\tag{10.42}$$

式中：$Q(\boldsymbol{u}(t),t)$ 和 $Q_0(\boldsymbol{u}_0(t),t)$ 的形式可使

$$Q(\boldsymbol{u},t)+Q(\boldsymbol{u}_0,t)-\frac{\partial Q^{\mathrm{T}}(\boldsymbol{u}_0,t)}{\partial \boldsymbol{u}_0}\boldsymbol{u}$$

相对 $\boldsymbol{u}$ 是正定的，且当 $\boldsymbol{u}=\boldsymbol{u}_0$ 时，其为零。函数 $\boldsymbol{u}_0$ 是未知的最优控制律。文献［6］通过引入包含未知最优控制的函数解决控制系统的综合问题。

根据文献［6］，对于式（10.42）的最近控制律，可由如下的表达式确定：

$$\frac{\partial Q^{\mathrm{T}}(\boldsymbol{u}_0,t)}{\partial \boldsymbol{u}_0}=-\frac{\partial V^{\mathrm{T}}}{\partial \boldsymbol{x}}\boldsymbol{B}(\boldsymbol{x},t) \tag{10.43}$$

式中：$V(\boldsymbol{x},t)$ 为式（10.32）的 Lyapunov 函数的解，当 $\boldsymbol{u}\equiv 0$ 时，

$$\frac{\partial V}{\partial t}+\frac{\partial V^{\mathrm{T}}}{\partial \boldsymbol{x}}\boldsymbol{f}(\boldsymbol{x},t)=-R(\boldsymbol{x},t),V(t_{\mathrm{F}})=V_0(\boldsymbol{x}(t_{\mathrm{F}})) \tag{10.44}$$

式（10.32）和式（10.42）最优控制问题的 Bellman 方程的形式为

$$\frac{\partial V}{\partial t}+\min_{u(t)}\left\{R(\boldsymbol{x}(t),t)+Q(\boldsymbol{u}(t),t)+Q_0(\boldsymbol{u}_0(t),t)+\frac{\partial V^{\mathrm{T}}}{\partial \boldsymbol{x}}(\boldsymbol{f}(\boldsymbol{x},t)+\boldsymbol{B}(\boldsymbol{x},t)\boldsymbol{u})\right\}=0 \tag{10.45}$$

大括号中表达式取最小时即可得到式（10.43）。将式（10.43）代入式(10.45)：

$$\frac{\partial V}{\partial t}+R(\boldsymbol{x}(t),t)+Q(\boldsymbol{u}_0(t),t)+Q_0(\boldsymbol{u}_0(t),t)+\frac{\partial V^{\mathrm{T}}}{\partial \boldsymbol{x}}(\boldsymbol{f}(\boldsymbol{x},t)+\boldsymbol{B}(\boldsymbol{x},t)\boldsymbol{u}_0)=0$$

并考虑到 $Q(\boldsymbol{u}_0,t)+Q(\boldsymbol{u}_0,t)-\dfrac{\partial Q^{\mathrm{T}}(\boldsymbol{u}_0,t)}{\partial \boldsymbol{u}_0}\boldsymbol{u}_0$ 等于零，即可得到式（10.44）。

对于式（10.38）：

$$I=V_0(\boldsymbol{x}(t_{\mathrm{F}}))+\int_{t_0}^{t_{\mathrm{F}}}\left(R(\boldsymbol{x}(t),t)+\frac{1}{2}[\boldsymbol{u}^{\mathrm{T}}(t)\boldsymbol{K}^{-1}\boldsymbol{u}(t)+\boldsymbol{u}_0^{\mathrm{T}}(t)\boldsymbol{K}^{-1}\boldsymbol{u}_0(t)]\right)\mathrm{d}t \tag{10.46}$$

最优解为

$$\boldsymbol{u}=\boldsymbol{u}_0=-K\boldsymbol{B}^{\mathrm{T}}(\boldsymbol{x},t)\frac{\partial V}{\partial x} \tag{10.47}$$

它与式（10.39）看上去是一致的。

然而，如果 $V=V(\boldsymbol{x},t)$ 是式（10.44）的解，那么对于式（10.38）和式（10.39），$V(\boldsymbol{x},t)$ 就是式（10.40）的解，即我们在这里利用的并非 Bellman 方程，而是式（10.44）和 Lyapunov 函数 $V(\boldsymbol{x},t)$。满足式（10.44）的 Lyapunov 函数的存在需假定式（10.32）描述的无控（$\boldsymbol{u}\equiv 0$）过程是稳定的。如果是不稳定的，应先使其稳定，然后再利用上述方法得到包含稳定反馈的控制器结构。

类似于式（10.41），利用幂级数方法求解式（10.44）。假设式（10.32）中$f(\boldsymbol{x}(k)) = [f_i]$的各分量可以表示为特定域$\boldsymbol{X}$上收敛幂级数：

$$f_i = \sum_{j=1}^{m} a_{ij}x_j + \sum_{j=1}^{m}\sum_{k=1}^{m} a_{ijk}x_jx_k + \sum_{j=1}^{m}\sum_{k=1}^{m}\sum_{r=1}^{m}\gamma_{ijkr}x_jx_kx_r + \cdots \tag{10.48}$$

将式（10.46）中的正定函数V_0和R表示为

$$V_0 = \frac{1}{2}\sum_{i=1}^{m}\sum_{j=1}^{m}\rho_{ij}x_ix_j + \frac{1}{3}\sum_{i=1}^{m}\sum_{j=1}^{m}\sum_{r=1}^{m}\rho_{ijr}x_ix_jx_r + \cdots \tag{10.49}$$

$$R = \frac{1}{2}\sum_{i=1}^{m}\sum_{j=1}^{m}\mu_{ij}x_ix_j + \frac{1}{3}\sum_{i=1}^{m}\sum_{j=1}^{m}\sum_{r=1}^{m}\mu_{ijr}x_ix_jx_r + \cdots \tag{10.50}$$

式中：a_*和μ_*为常值或时间相关的系数；ρ_*为常系数。下面对式（10.41）中的 Lyapunov 函数进行求解。假设幂级数：

$$\frac{\partial V}{\partial x_i} = \sum_{j=1}^{m}\gamma_{ij}x_j + \sum_{j=1}^{m}\sum_{k=1}^{m}\gamma_{ij}x_jx_k + \sum_{j=1}^{m}\sum_{k=1}^{m}\sum_{r=1}^{m}\gamma_{ijkr}x_jx_kx_r + \cdots \tag{10.51}$$

在$\boldsymbol{X}$上是收敛的。

对于式（10.46）和对角阵$\boldsymbol{K}(t) = [k_i(t)]$，式（10.47）可写为

$$u_i = -k_i(t)\sum_{j=1}^{m}B_{ij}\frac{\partial V}{\partial x_j} \tag{10.52}$$

式（10.51）的系数满足如下的微分方程[6]：

$$\dot{\gamma}_{\underbrace{i,\cdots,q}_{S}}\sum_{S_1=1}^{S-1}\frac{S_1!(S-S_1)!}{(S-1)!}\sum_{s=1}^{m}\{\gamma_{\underbrace{si,\cdots,h}_{S_1}}a_{\underbrace{kj,\cdots,q}_{S-S_1}}\} = -\mu_{\underbrace{i,\cdots,q}_{S}} \tag{10.53}$$

式中：符号$\{*\}$为括号中的γ和a对应的所有变化情况的乘积之和，且边界条件为

$$\gamma_{i,\cdots,q}(t_{\mathrm{F}}) = \rho_{i,\cdots,q} \quad i,\cdots,q = 1,2,\cdots,m \tag{10.54}$$

对于式（10.32），使式（10.47）最小化的问题还有一种更有效的解决方法。考虑到式（10.44）对应于V沿式（10.32）无控系统（$\boldsymbol{u}\equiv 0$）轨迹的导数：

$$\dot{\boldsymbol{x}}_u(t) = \boldsymbol{f}(\boldsymbol{x}_u, t) \tag{10.55}$$

可将式（10.44）重写为

$$\frac{\mathrm{d}V}{\mathrm{d}t} = -R(\boldsymbol{x}, t) \tag{10.56}$$

根据这个方程，有

$$V(\boldsymbol{x}_u(t_{\mathrm{F}}), t_{\mathrm{F}}) - V(\boldsymbol{x}_u(t), t) = -\int_t^{t_{\mathrm{F}}} R(\boldsymbol{x}_u, t)\,\mathrm{d}t \tag{10.57}$$

或考虑到末端条件$V(t_{\mathrm{F}}) = V_0(\boldsymbol{x}(t_{\mathrm{F}}))$，有

$$V(\boldsymbol{x}_u(t), t) = V_0(\boldsymbol{x}_u(t_{\mathrm{F}})) + \int_t^{t_{\mathrm{F}}} R(\boldsymbol{x}_u(t), t)\,\mathrm{d}t \tag{10.58}$$

令 $X(\boldsymbol{x},t,\sigma)$ 为式（10.55）在初始条件 $\boldsymbol{x}_t=\boldsymbol{x}(t)$ 下的解，其中 $\boldsymbol{x}(t)$ 为式（10.32）的当前状态。则可将最优控制律的解析表达式写为与式（10.43）不同的形式：

$$\frac{\partial Q^{\mathrm{T}}(\boldsymbol{u}_0,t)}{\partial \boldsymbol{u}_0}=-\frac{\partial}{\partial \boldsymbol{x}}\left[V_0(X(\boldsymbol{x},t,t_{\mathrm{F}}))+\int_t^{t_{\mathrm{F}}}R(X(\boldsymbol{x},t,\sigma))\mathrm{d}\sigma\right]^{\mathrm{T}}\boldsymbol{B}(\boldsymbol{x},t) \tag{10.59}$$

对于泛函（10.46），有

$$\boldsymbol{u}=\boldsymbol{u}_0=-K\boldsymbol{B}^{\mathrm{T}}(\boldsymbol{x},t)\frac{\partial}{\partial \boldsymbol{x}}\left[V_0(X(\boldsymbol{x},t,t_{\mathrm{F}}))+\int_t^{t_F}R(X(\boldsymbol{x},t,\sigma))\mathrm{d}\sigma\right] \tag{10.60}$$

相比于 10.3.1 节的性能指标，根据本节的性能指标得到最优控制律需要的计算量要少得多。反过来，式（10.60）相比于本节考虑的其他控制律具有一定的优势。基于式（10.60）的计算算法在离散时间上包括如下过程：

（1）在每一个离散时间的起始时刻 $k=k_0,k_0+1,2,\cdots,k_{\mathrm{F}}$，当控制值确定时，即可确定（或估计）式（10.32）状态向量的当前值。

（2）式（10.55）的初始条件与式（10.32）当前状态一致（或接近），基于此确定式（10.55）的解 $X(\boldsymbol{x},t,\sigma)$ 在时间间隔 $[k,k_{\mathrm{F}}]$ 的值。

（3）计算 $V(\boldsymbol{x},t)$ 在当前时刻 k 的梯度值（式（10.58）和式（10.59））。

（4）根据式（10.60）计算控制量。

由于计算过程是由计算机实现的，因此式（10.59）中的积分运算变换为求和计算。式（10.59）的离散形式是显而易见的。

下面考虑与式（10.32）和式（10.42）对应的离散问题：

$$\dot{\boldsymbol{x}}(k+1)=\boldsymbol{f}(\boldsymbol{x}(k))+\boldsymbol{B}(\boldsymbol{x}(k+1))\boldsymbol{u}(k),\boldsymbol{x}(k_0)=\boldsymbol{x}_0 \tag{10.61}$$

$$I=V_0(\boldsymbol{x}(t_{\mathrm{F}}))+\sum_{k_0}^{k_{\mathrm{F}}}(R(\boldsymbol{x}(k))+Q(\boldsymbol{u}(k))+Q_0(\boldsymbol{u}_0(k))) \tag{10.62}$$

假设函数 $Q(\boldsymbol{u})+Q_0(\boldsymbol{u}_0)-\dfrac{\partial Q^{\mathrm{T}}(\boldsymbol{u}_0)}{\partial \boldsymbol{u}_0}\boldsymbol{u}$ 相对于 $\boldsymbol{u}$ 是正定的，且在 $\boldsymbol{u}=\boldsymbol{u}_0$ 时等于零。

Bellman 方程可表示为

$$V_i[x(i)]=\min_{u(i)}\{R(\boldsymbol{x}(i))+Q(\boldsymbol{u}(i))+Q_0(\boldsymbol{u}_0(i))+\boldsymbol{V}_{i+1}^{\mathrm{T}}[\boldsymbol{f}(\boldsymbol{x}(i))+\boldsymbol{B}(\boldsymbol{x}(i))\boldsymbol{u}(i)]\}$$

$$V(\boldsymbol{x}(k_{\mathrm{F}}))=V_0(\boldsymbol{x}(k_{\mathrm{F}})),i=k_{\mathrm{F}}-1,k_{\mathrm{F}}-2,\cdots \tag{10.63}$$

按照与连续情况类似的方式，用以下两式来代替式（10.43）和式（10.44）：

$$\frac{\partial \boldsymbol{Q}^{\mathrm{T}}(\boldsymbol{u}_0(i))}{\partial u_0}=-\frac{\partial \boldsymbol{V}_{i+1}^{\mathrm{T}}}{\partial \boldsymbol{x}(i+1)}\boldsymbol{B}(\boldsymbol{x}(i)) \tag{10.64}$$

$$\boldsymbol{V}_{i+1}[\boldsymbol{f}(\boldsymbol{x}(i))+\boldsymbol{B}(\boldsymbol{x}(i))\boldsymbol{u}_0(i)]-V_i(\boldsymbol{x}(i))-\frac{\partial \boldsymbol{V}_{i+1}^{\mathrm{T}}}{\partial \boldsymbol{x}(i+1)}\boldsymbol{B}(\boldsymbol{x}(i))\boldsymbol{u}_0(i)=-R(\boldsymbol{x}(i)) \tag{10.65}$$

$\boldsymbol{V}_{i+1}[\boldsymbol{f}(\boldsymbol{x}(i))+\boldsymbol{B}(\boldsymbol{x}(i))\boldsymbol{u}_0(i)]$ 的一阶近似为

$$\boldsymbol{V}_{i+1}[\boldsymbol{f}(\boldsymbol{x}(i))+\boldsymbol{B}(\boldsymbol{x}(i))\boldsymbol{u}_0(i)]\approx V_{i+1}[\boldsymbol{f}(\boldsymbol{x}(i))]+\frac{\partial \boldsymbol{V}_{i+1}^{\mathrm{T}}}{\partial \boldsymbol{x}(i+1)}\boldsymbol{B}(\boldsymbol{x}(i))\boldsymbol{u}_0(i) \tag{10.66}$$

利用它可对式（10.65）进行简化，因此，可以利用如下与式（10.44）类似的表达式来代替式（10.65）：

$$V_{i+1}[\boldsymbol{f}(\boldsymbol{x}(i))]-V_i[\boldsymbol{x}(i)]=-R(\boldsymbol{x}(i)),V(\boldsymbol{x}(k_{\mathrm{F}}))=V_0(\boldsymbol{x}(k_{\mathrm{F}})) \tag{10.67}$$

如前所述，与前节中考虑的最优化问题相比，本节所讨论的最优问题具有一定的计算优势，在一体化制导与控制系统设计的应用中也更具竞争力。

10.4 合成与分解

分解（Decomposition）是指将整个系统划分为绝对独立或关联性较弱，但在特定阶段可以分开处理的分系统，这些分系统的解可用于整个系统的求解。多年来，这种方法一直被认为是一种自然合理的方式，且在很多情况下是解决复杂问题的唯一途径。分解方法形成了计算数学的一个独特分支，特别是在计算机时代的初期，计算时间是计算机应用的主要限制因素，分解方法得到了广泛的发展和应用。

合成（Integration）是指集成为一个整体行为。如今，功能强大的计算机允许我们解决几十年前梦寐以求解决的问题。这是否意味着可以在计算机中加载包含许多“模糊”参数的复杂模型，并依赖得到的解决方案呢？是否意味着我们不再相信自己的直觉，完全依赖于计算机的精确计算呢？计算机的功能无论多么强大，都需要时间进行计算。寻的导弹采用的是弹载计算机，取决于其计算能力的计算时间以及计算机的重量，都是十分重要的影响因素。

如图 10.2 所示，制导律和控制单元是按顺序连接在一起的，这意味着每一个单元至少在初始阶段是可以单独设计的。不过，在现有的反馈回路中它们还是相互关联的，这也是导弹制导与控制的一体化方法具有优势的原因。

在设计的所有阶段，系统概念都是最重要的，因为在设计某一领域的一个具体部分时的一个决定也许会对导弹系统设计的其他部分产生根本性的影响。不过，这与详细设计系统每一个单元的必要性并不矛盾。

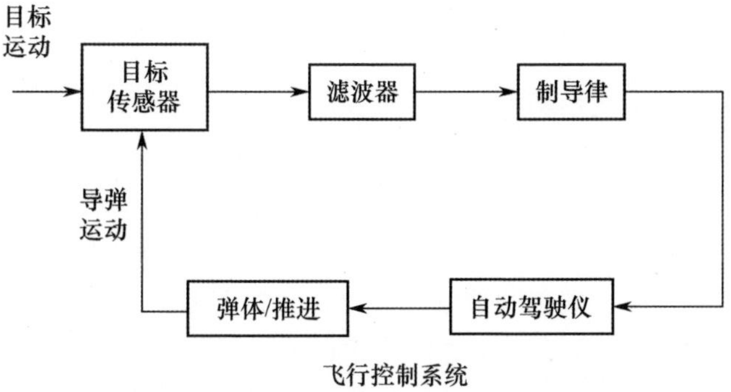

图 10.2　传统导弹制导与控制设计结构

如前所述，解决一个复杂问题的方法自然是首先考虑并解决问题的各个简化部分，然后再逐步考虑整个问题的复杂因素，不断接近问题的实际。通过这种方法就可以使设计者深切地体会问题的各个方面和细节。

这种方法也用于自动驾驶仪的设计中[5]。在设计的最早阶段，伺服系统和弹体的特性用常系数线性微分方程来近似，因此可以用解析方法大致地评估一些设计参数。尽管得到的这些解析解只是近似的，但也可以定性地评估导弹系统参数对系统精度的重要影响。如前所述，在自动驾驶仪的初步设计阶段，三个旋转通道（滚动、俯仰、偏航）是单独研究的。飞行控制系统必须稳定和控制导弹关于弹体三轴的姿态：滚动、俯仰、偏航。如图 9.2 所示，滚动是相对弹体纵轴定义的，偏航轴垂直滚动轴且在弹道平面内，俯仰轴与上述两轴相垂直，且符合右手法则。飞行控制系统的三个通道是相似的，且俯仰通道与偏航通道通常基本是一致的。三个通道之间的气动耦合在后续设计中予以考虑，并对控制系统进行修正以满足一些附加的要求。

对设计者而言，应考虑的最重要指标就是导弹系统的精度。然而，精度要求与整个导弹系统的其他特性相互联系的。此外，自动驾驶仪应能够保证导弹在作战范围内的稳定性。期望的自动驾驶仪响应要求响应快、超调小，满足导弹结构限制，且能够提供较高的衰减频率，以确保导弹不会对影响传感器信息的高频气动弹性特性和伴随加速度指令的噪声做出反应[5]。

弹体参数和结构会严重影响导弹的性能，制导系统设计者应充分了解弹体对制导系统指令的响应特性（如它的频率响应特性）。反过来，弹体的气动特性也取决于所选取的控制类型（如喷气式、尾控式、鸭舵、全动弹翼）和控制装置的位置。

制导设计者对制导设备的容许质量、尺寸、空间安装位置极其关注。制导系统一些组件（如陀螺仪）的安装位置十分关键，设计者在弹体设计和空间分配时应合理安装运动敏感组件。在初步设计中，一般假设导弹弹体是刚性的。然而，在考虑结构的弹性及其对空气动力学的影响时，需要对设计进行修正。举例来说，加速度计应安装在结构平移振动最小的位置，俯仰和偏航角速度传感器应安装在旋转振动最小的位置。

在这里只介绍了一些应在导弹制导与控制系统设计过程中解决的问题，在假设制导律已经选取好的条件下，它们大多只与自动驾驶仪的设计相关。

一体化设计方法[3,4,7-11]的支持者提出应根据特定的准则来设计自动驾驶仪并确定制导律。然而，准则的选取（式（10.25）和式（10.30））与广义黎卡提方程（式（10.22）和式（10.24））密切相关。如文献［9-11］所述，将导弹模型转换为状态相关系数形式后，设计者接下来的主要任务是针对所有 $\boldsymbol{x}$ 的期望值选取半正定的状态权重矩阵 $\boldsymbol{C}_0(\boldsymbol{x})$ 和 $\boldsymbol{R}(\boldsymbol{x})$ 。如文献［9］所指出的，要使所选择的矩阵函数对于所有状态向量都满足这些要求是不现实的，很难证明上述矩阵中系数的选择对于各种不同的作战场景是否合理。此外，也没有严格的证据能够证明基于文献［9-11］所描述过程的闭环非线性系统是稳定的。这也是前面讨论的最优方法看起来更具吸引力的原因。相比于求解式（10.20）、式（10.24）或式（10.40），求解与式（10.44）类似的 Lyapunov 方程要更严谨，也更为容易。

本章介绍的最优方法属于一类解析控制器设计方法，因此具有这类控制器的缺点：性能指标系数的选择是一个独立的问题，且由于最优解需要整个状态向量的测量值，因此它的实现有一定的困难。

现有文献已经对基于状态空间模型的控制器解析设计方法和最优控制理论进行了深入的研究，在过去50年里，大量的论文和著作对这个问题进行了讨论。然而，它们并没有在实际工程中得到广泛应用。工程师处理的是实际物理系统，更倾向于利用系统的输入-输出关系以及系统各个单元的频率特性，他们在了解诸如系统带宽等信息时，能够更好地发挥系统的潜力。频域方法很多年前就已经在美国发展起来，现在仍然很受欢迎，并广泛应用于工程实践中，这主要因为频域方法具有真实的物理含义。根据传统自动驾驶仪设计过程，一旦制导方法已经确定并明确自动驾驶仪的主要单元的通用带宽要求，就通过解析方法、建模和仿真等手段进行系统设计。

相比于忽视现代数学工具而依赖基于对物理过程深入理解的直觉，过度热衷于数学机理而忽略所考虑过程的物理本质更为危险。

值得一提的是，根据传统的方法和以往的经验，制导的目的一般从视线的角度进行阐述。广泛应用的比例导引和纯追踪法都是基于特定的原则，即所谓的几何规则。根据纯追踪规则，追踪者应始终朝向目标。根据平行导引规则，视线的方向应与初始视线保持平行。人类通过观察捕食动物的行为，从自然界得到这些规则。最优制导律对应于比例导引律，是平行导引规则最简单的实现形式，它是通过对极其简化的导弹制导模型式（2.54）和式（2.44）的特别结构最优化问题进行求解得到的。最优解需要有关目标未来运动的信息，它可以间接地由剩余飞行时间和/或预测拦截点的指示信息来表示，它可用于中制导段，在中制导段导弹有足够的时间来改善指示信息。然而，在寻的制导段，剩余飞行时间和/或预测拦截点的错误信息可能是致命的。

经典控制理论是基于反馈原理的。根据最优控制理论可得到最优控制律，它是时间的函数。作为一类特殊的最优问题，最优解可以表示为系统状态向量的函数，即它给出的控制器方程形式与经典控制理论研究的闭环系统方程类似。

这是否意味现代控制理论中的最优化方法就是无用的呢？答案是否定的。式（10.26）、式（10.47）、式（10.52）和式（10.60）给出的最优解形式有助于工程师选择合理的控制系统结构，并通过与最优方案进行对比来评估他们选择的方案。虽然导弹弹上设备能够得到的测量量是有限的，但在文献［9－11］中仍然假设实现一体化制导与控制律所需要的测量信息都是能够得到的。通过分析图 10.2 的结构和式（10.26），可以轻易得出结论：图 10.2 的自动驾驶仪输入缺少式（10.2）的状态向量中的许多分量，这些分量中的大部分会影响导弹的真实加速度 a_{Mx} 、a_{My} 和 a_{Mz} ，因此可以很自然地得出结论：具有导弹加速度反馈的结构要优于图 10.2 的结构。在第 6 章得到了同样的结论，这个结论佐证了加速度反馈的必要性，它是使导弹真实加速度接近指令加速度的手段（与反馈原理完全一致）。

在这里图 10.3 以更一般的形式来表示图 6.1。从图 10.3 可以看出，自动驾驶仪的输入为指令加速度，即真实的制导律包含两部分：第一个部分直接取决于最初选定制导律；第二部分表示选定制导律与其实际实现之间差值的修正项。我们还可以用一个不同的方式来解释这个结构，可将其看作由制导律表示的制导部分和包含加速度反馈的自动驾驶仪组成。这些术语上的差异并不会改变以提高导弹系统精度为目标的问题实质。

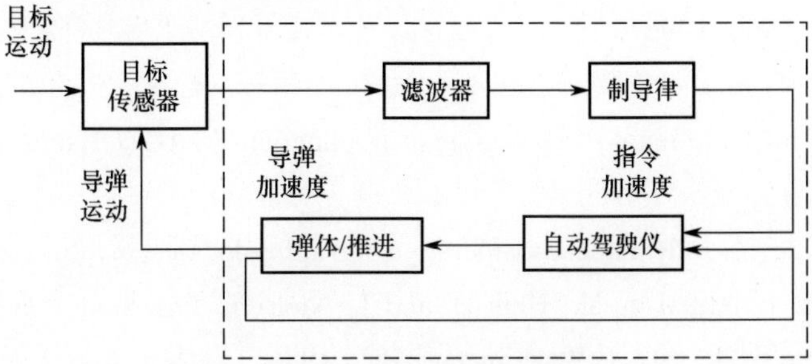

图 10.3　一体化制导与控制系统

在第9章中，综合分析过程用于飞行控制系统动力学线性模型。飞行控制系统阻尼 ζ 、自然频率 ω_m 和弹体零点 ω_z 在导弹飞行过程中会不断变化。一般地，导弹的飞行高度能够很好地指示这些变化。基于特定飞行高度的线性模型可以利用上述过程得到与这些值对应的制导律和自动驾驶仪的参数。综合化的制导与控制系统的参数是时变的，取决于导弹的飞行条件。

通常一型产品的设计并非是从零开始的，而是有其“前身”产品，可以采用以前的部分设计并进行改进。我们应该忽视这种方法吗？

图10.3中的结构以及其各个单元的确定过程可以看作现有系统的改进。根据脱靶量与导弹参数之间关系的分析（见第4、7章），设计人员可以确定“关键”参数，并找到提高导弹精度的途径（重新设计某些能够改变这些参数的部分）。

根据对现有导弹制导与控制系统进行改进的设计过程，设计人员可以对现有的设计过程进行修正，通过分析导弹主要气动参数对导弹脱靶量的影响，设计新的制导律和新的制导－控制结构，提高导弹的性能。

如第9章所述，设计过程是一门艺术，我们希望上面的内容能给读者提供有益的参考。

参考文献

1. Albrekht, E. On optimal stability of nonlinear systems, Journal of Applied Mathematics and Mechanics, 25, 5, 836 - 844, 1961.

2. Blakelock, J. Automatic Control of Aircraft and Missiles, 2nd ed. ,Wiley – Interscience, New York, 1991.

3. Cloutier, J. , D'Souza, C. and Mracek, C. Nonlinear regulation and nonlinear H · Control via the state – dependent Riccati equation technique, Proceedings of the International Conference on Nonlinear Problems in Aviation and Aerospace, Daytona Beach, FL, May 1996.

4. Cloutier, J. , Mracek, C. , Ridgely, D. and Hammett, K. State dependent Riccati equation techniques: Theory and applications, ACC Workshop Tutorial, 6, 1998.

5. Cronvich, L. Aerodynamic consideration for autopilot design, In Tactical Missile Aerodynamics, edited by M. Hemsch and J. Nielsen, Progress in Aeronautics and Astronautics, 124, AIAA,Washington, DC, 1986.

6. Krasovskii, A. Systems of Automatic Control of Flight and Their Analytical De-

sign, Nauka,Moscow, 1973.

7. Lin, C. , Wang, Q. , Speyer, J. , Evers, J. and Cloutier, J. Integrated estimation, guidance, and control system design using game theoretic approach, in Proceedings of the American Control Conference, 3220 - 3224, 1992.
8. Lin, C. , Ohlmeyer, E. , Bibel, J. and Malyevac, S. Optimal design of integrated missile guidance and control, World Aviation Conference, AIAA - 985519, 1998.
9. Menon, P. and Ohlmeyer, E. Integrated design of Agile missile guidance and control systems, Proceedings of the 7th Mediterranean Conference on Control and Automation (MED99),Haifa, Israel, 1999.
10. Menon, P. , Sweriduk. G. and Ohlmeyer, E. Optimal Fix - Interval Integrated Guidance - Control Laws for Hit - to - Kill Missiles, AIAA Guidance, Navigation, and Control Conference, AIAA, 2003 - 5579, Austin, TX, 2003.
11. Palumbo, N. , Reardon, B. and Blauwkamp, R. Integrated guidance and control for homing missiles, Johns Hopkins APL Technical Digest, 25, 2, 121 - 130, 2004.
12. Wise, K. and Broy, D. , Agile missile dynamics and control, Journal of Guidance, Control and Dynamics, 21, 441 - 449, 1998.
13. Yanushevsky, R. A controller design for a class of nonlinear systems using the Lyapunov - Bellman approach, Transaction of the ASME, Journal of Dynamic Systems, Measurement, and Control, 114, 390 - 393, 1992.
14. Yanushevsky, R. Theory of Optimal Linear Multivariable Control Systems, Nauka,Moscow, 1973.

第 11 章　新一代国家导弹防御拦截系统

11.1　引言

前面所考虑的制导律在设计过程中没有考虑真实导弹加速能力。指令加速度是导弹制导与控制系统实现预定加速度的指令信号。然而，如果导弹无法执行这些指令，则表明所选择的制导律在实际中是无效的。这也是制导律执行时需要仿真的主要原因，仿真能够帮助我们选择合适的制导律参数。加速度限制取决于拦截弹的类型以及在其生产中投入的技术。在导弹设计的所有阶段，都应考虑到这些限制。

在本章，我们将考虑新一代拦截弹制导律的选择和测试过程，并介绍它们的潜在应用之一——洲际弹道导弹（Intercontinental Ballistic Missile，ICBM）的助推段防御系统。当前美国的国家导弹防御计划主要关注于陆基拦截导弹，它能够在 ICBM 的弹头再入大气层前将其摧毁。虽然 ICBM 的飞行中段大约持续几十分钟，且其弹头沿着可预测的弹道飞行，将其摧毁的可能性很高，但很多专家认为，利用对抗措施和突防手段，包括大量的在大气层外难以与真实弹头区分的轻型诱饵，ICBM 的弹头能够突破防御系统。

助推段拦截系统，意在最开始飞行的几分钟内，即 ICBM 的助推火箭仍在燃烧时，成功将其拦截，它是现有防御策略的一种可行替代方案。ICBM 的助推段一般只持续几分钟，因此拦截弹应能够以现有导弹无法实现的超高速飞行。

美国物理协会（American Physical Society，APS）的研究组已经验证了助推段拦截系统的技术可行性和性能需求[2]。APS 的研究报告称，拦截弹的发动机在 40 ~ 50s 的时间燃烧完毕，能够达到至少 6.5 ~ 10km/s 的飞行速度，需要具备防御朝鲜和伊朗发射的 ICBM 的能力。与现有的拦截弹相比，这样的拦截弹尺寸更大、性能更优。飞行速度为 5km/s 的拦截弹能够对抗采用低速燃烧（5min 或更长时间）液体推进剂的 ICBM。如果要防御固体推进的 ICBM，拦截弹的速度需要达到 10km/s[2]。

2012 年，美国国家科学院（National Academy of Sciences，NAS）的一个助推段导弹防御系统概念与系统评估委员会声明称：在可预见的现实条件下，助推段导弹防御并不实用，不具备较好的成本效益。这看起来主要出于经济和政治的原因考虑，因为 2017 年的美国国家授权法案开始包含高超声速防御能力发展，即美国的对抗高超声速助推 – 滑翔飞行器和传统快速打击的能力。在本章，我们将研究高超声速导弹先进制导律的效率。

助推段拦截系统包含探测与跟踪系统、助推器、拦截器、惯性参考系统。探测与跟踪系统可以是天基、陆基、海基或空基的，能够探测弹道导弹的发射，并从目标发射后或突破云层后开始跟踪，直到拦截成功。目标跟踪的数据率应足够高，以产生精确的拦截弹制导指令，直到其导引头能够捕获目标。拦截弹包括助推飞行器，其作用是使拦截器（Kill Vehicle，KV）加速到燃烧完毕时速度，以保证拦截弹发射点距目标发射点很远时可以成功拦截目标。拦截器通过利用侧向转弯发动机导引到目标位置，并能够以高速碰撞的方式摧毁目标。一般 KV 由终端红外（Infrared，IR）导引头（也可能带激光测距装置）、侧向转弯发动机、接收机及惯性参考单元组成。当红外导引头捕获到助推段目标时，它必须能够提供足够精度的角速率信息，以保证 KV 能够击中目标。KV 的激光测距装置可能与红外导引头同时使用，用来提供距离信息，用于获得更高的制导精度。KV 侧向转弯发动机产生制导律所需要的加速度。接收机主要用于 KV 的飞行中段，也就是在 KV 捕获到目标前的飞行段，主要用来接收弹外跟踪系统发出的制导指令，也可以用于在寻的飞行段接收距离信息。惯性参考系统及可能装备的 GPS 设备用于确定拦截器的位置、速度、加速度以及足够精度的角度指向等信息。

由于拦截弹的速度受限，可用的导弹拦截时间很短，因此拦截弹的作用距离有限。拦截弹的作用距离受技术上允许的最高速度和完成拦截的可用时间的限制，因此，只有在拦截弹配置位置与期望拦截位置的距离足够近时，才有可能完成助推段防御，这个距离一般为 400 ~ 1000km。

文献［4］介绍了一种助推段拦截的创新方法：利用 UAV 发射拦截弹。由于 UAV 搭载能力的限制，空中发射的拦截弹在推进剂燃烧完毕时的速度低于面基（陆基或海基）拦截弹。但空基拦截弹的这个缺点可以通过无人机的优势来弥补，无人机的渗透能力能够使空基拦截弹比面基拦截弹更接近 ICBM 的发射点，因此空中发射的拦截弹所需要的耗尽速度可以明显小于面基拦截弹。此外，装备有红外搜索与跟踪系统的隐身无人机可以使拦截 ICBM 的时间不那么紧张。（在文献［2］中，确定了面基导弹拦截从朝鲜发射、攻击阿拉斯加的 ICBM 所需要的时间：液体推进的 ICBM 的燃烧时间为 240s，火箭探测时间为 45s，在探测到火箭 30s 后发射拦截弹，实现拦截的最大可用时间为 92s；固体推进的 ICBM 的燃烧时间为 170s，火箭探测时间为 30s，在探测到火箭 30s 后发射拦截弹，实现拦截的最大可用时间为 62s。）

在本章，我们将本书考虑的制导律应用于空中发射的拦截弹，以验证这些制导律相比于目前广泛使用的制导律的优越性（拦截时间更短、精度更高、实现更简单）。为满足应对未来先进的机动威胁、定义未来拦截弹概念及其相关关键性技术的需求，有必要开发先进的制导算法。助推段拦截弹区别于其他类型拦截弹的具体特征主要是拦截机动目标和加速、机动助推器的鲁棒能力。这一需求可以转化为对强大的转弯能力和相对高的加速能力的需求。助推段拦截系统是发展下一代拦截器这个更广泛问题的一部分，是在助推段和飞行末段拦截各类威胁的作战概念。

由于 KV 是助推段拦截弹最重要的一部分，为其选择制导律十分重要，是保证其发挥最佳性能的关键因素。

11.2 助推段防御拦截器

拦截器的飞行可分为三个阶段：转弯、寻的和末段[2]。文献［2］将不同的比例导引律增益用于不同的阶段，并采用了“混合”PN/APN 制导策略。在文献［2］中考虑了两种机动形式（跃进和急转），对拦截器最重要的要求是脱靶量达到0.5m 以下。拦截器的动力学建模为五阶的二项式模型，5 个时间常数均为 $\tau = 0.1\mathrm{s}$（图4.6），即

$$G_2(s) = (\tau s + 1)^{-5} \tag{11.1}$$

假设该模型是保守的，因此实际模型的性能会优于该模型[2]。图11.1 所示为线性二项式模型在不同有效导航比 N 下的阶跃脱靶量（实线、虚线、点划线分别对应 $N = 3$、$N = 4$、$N = 5$ 的情况）。

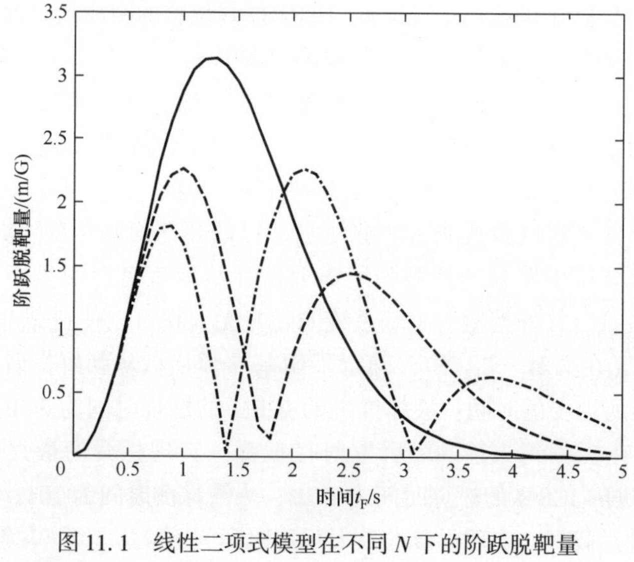

图11.1 线性二项式模型在不同 N 下的阶跃脱靶量

根据图 11.1 可以看出，剩余飞行时间大约为 5s 时，无法拦截以 8g 的加速度跃进机动的目标，只有在 $N = 3$ 且剩余飞行时间大于 4s 时脱靶量才小于 5m。然而，如果考虑 KV 的加速度上限为 15g，则在有效导航比取 $N = 3$ 和 $N = 4$ 时，描述导弹制导模型的非线性系统（图 4.6 中所示的 $a_c(t)$ 受限的系统）相对 t_F 就变得 BIBO 不稳定。

为了测试制导律对机动目标的有效性，利用式（4.42）确定逃逸机动的最优摆动频率（图 4.7）。基于第 4 章的表达式分析拦截摆动式机动目标时在不同有效导航比下的峰值脱靶量，结果如图 11.2 所示（实线、虚线、点画线分别对应 $N = 3$、$N = 4$、$N = 5$ 的情况）。对于二项式模型：$N = 3$ 时，最优目标机动频率为 8rad/s，$N = 4$ 时，最优目标机动频率为 10rad/s，$N = 5$ 时，最优目标机动频率为 11rad/s，即它的范围为 1.25Hz～1.75Hz。

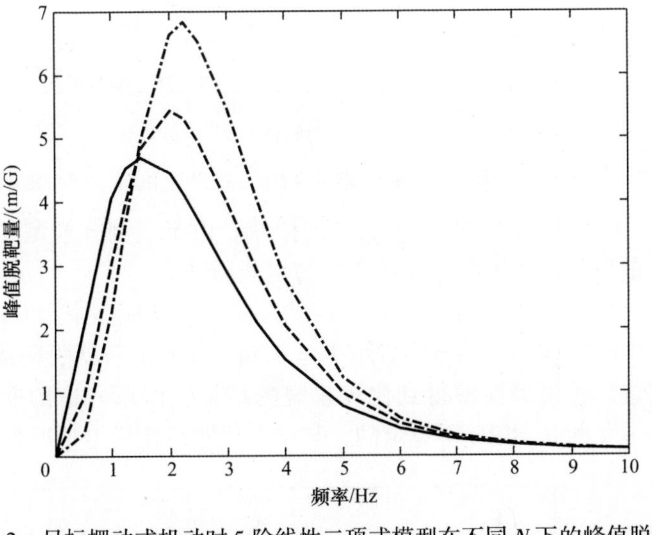

图 11.2　目标摆动式机动时 5 阶线性二项式模型在不同 N 下的峰值脱靶量

根据图 11.2，可以得出结论：对于五阶模型，在目标作 2g 急转机动情况下的峰值脱靶量会超过 0.5m，因此，这个二项式模型和较小的比例导引律增益不能保证满足文献［2］中的性能要求。

对于一阶模型：$N = 3$ 时，最优目标机动频率为 7.2rad/s，峰值脱靶量为 0.038m/G；$N = 4$ 时，最优目标机动频率为 10rad/s，峰值脱靶量为 0.025m/G；$N = 5$ 时，最优目标机动频率为 11rad/s，峰值脱靶量为 0.018m/G。

拦截器的最大加速度是由推进系统提供的，可通过对指令加速度 $a_c(t)$ 施加一个固定的上限来建模。在文献［2］中一系列的仿真表明：15g 的加速度足够保证在接近速度小于 14km/s 时脱靶量不超过 0.5m。在目标作 8g 跃进机动情况下，拦截器的加速度限制为 15g，在文献［2］的末段仿真中有效导航比取 $N = 6$。在文献［2］中，作者认为：虽然在末段 $N = 6$ 的高增益使传感器噪声的影响有增大的趋势，但噪声的影响与其他因素相比足够小，是可以接受的。图11.3所示为$N=5$、$N=6$、$N=7$的仿真结果（分别为实线、虚线、点画线）。

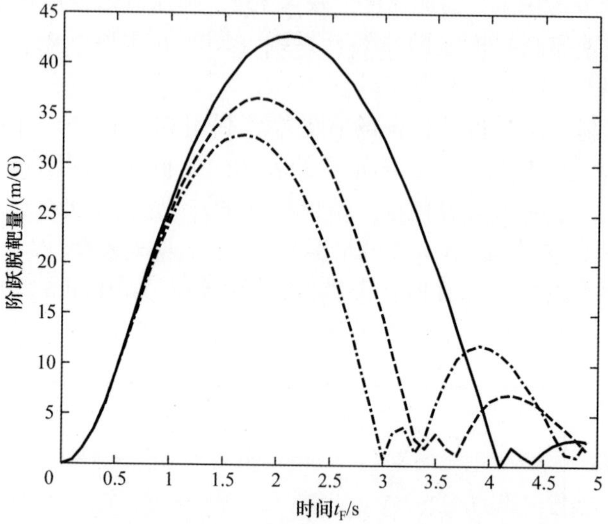

图11.3　五阶二项式模型的阶跃脱靶量（PN，8g跃进机动，15g加速度限制）

从图11.3可以看出，5s内无法实现拦截。由于二项式模型并不真实，即使在设计的最初阶段也不能作为最严峻的拦截场景。

图11.4给出了时间常数为$\tau=0.1$s的一阶拦截器模型采用PN制导律的仿真结果，图中的实线和虚线分别表示$N=5$和$N=6$的阶跃脱靶量。虽然通常情况下根据这样的模型能够得到比较乐观的结果，但所考虑的非线性模型在$N=3$和$N=4$时是BIBO不稳定的，与二项式非线性模型情况是类似的。

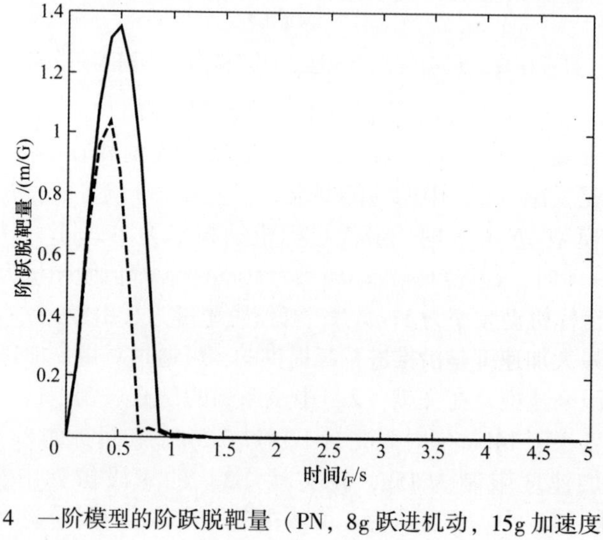

图11.4　一阶模型的阶跃脱靶量（PN，8g跃进机动，15g加速度限制）

下面将考虑一个比文献［2］更真实的模型，并将其结果与一阶模型进行比较。

11.3　导弹模型开发和制导律参数选择

在文献［2］中，作者采用的允许脱靶量范围为 0～0.5m，他们认为直径为 0.2m 的拦截器能够瞄准直径为 1m 的助推器的中心线时，在脱靶量不超过 0.5m 的概率很高的情况下，拦截器几乎肯定能够击中来袭导弹。在他们的仿真中，采用了一个简单的 KV 模型，其时间常数为 0.1s，固定的加速度上限为 15g，末段仿真针对的目标机动形式为 8g 的跃进机动和 2g、1Hz 的急转机动。

如前所述，如果 KV 加速度限制在 15g 以内，导弹制导系统在 $N=3$ 和 $N=4$ 时是 BIBO 不稳定的，这就解释了为什么在文献［2］中选择高增益 $N=6$。图 11.5 给出了 $\tau=0.1$s 的一阶模型针对 8g 的跃进机动和 2g、1Hz 的急转机动的脱靶量（跃进机动对应于 $N=6$，急转机动对应于 $N=3$），应用于该模型的比例导引律满足前面提出的需求。不过，假设拦截器具有这样的动态特性是不现实的，所考虑的一阶和五阶模型忽略了一些拦截器的重要动态特性，如自然频率和阻尼。这就是为什么比例导引律用于考虑这些特性的模型时会产生不同的结果。

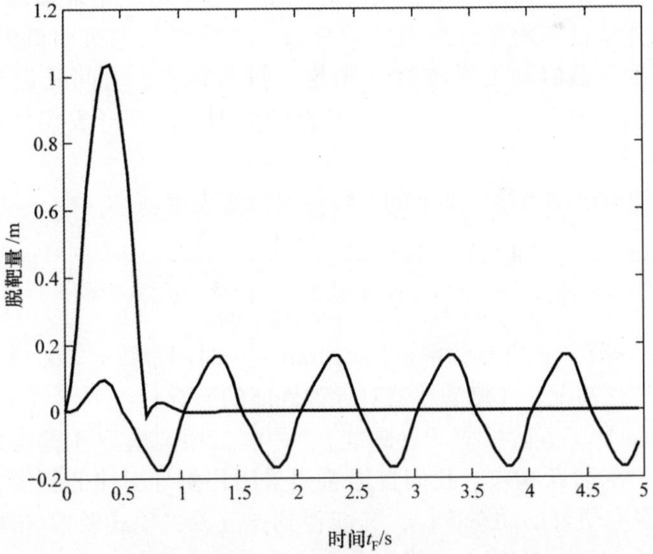

图 11.5　一阶模型的脱靶量（8g 跃进机动和 2g、1Hz 急转机动）

KV 飞行控制系统的参数取决于 KV 的质量、配置等，这些参数是时变的。

不过，即使是常参数模型，也能够适当地反映 KV 的动力学特性，利用它也能使设计获得比一阶和/或五阶模型更真实的估计。

导弹系统的性能主要由其末端效应来评估，虽然末端效应的产生和控制是对导弹系统的关键要求之一，但末端效应主要取决于子系统的参数。各子系统的性能决定了交连系统的要求，例如，KV 弹体参数决定了弹体的自然频率 ω_{M} ，它显著地影响 KV 的动力学特性，从而会影响到对自动驾驶仪系统的要求。更高精度的制导与控制系统允许我们使用更小的战斗部。导引头的动力学参数会影响到制导系统的精度。如第 10 章所述，导弹制导与控制系统的传统设计方法一般会忽略这两个子系统之间的相互影响，单独处理各个导弹子系统。各子系统单独设计完后，对其性能进行验证，再将它们组合到一起。一体化导弹制导与控制系统设计第一个重要步骤就是对导弹参数对脱靶量的影响进行量化。如第 4 章所述，影响寻的导弹脱靶量的主要因素包括导引头误差、弹体特性、自动驾驶仪延迟 τ 及目标机动。若估计系统参数选取合适，能够降低对导引头精度和制导律有效导航比 N 的要求。根据式（4.42）和式（4.43）所示的比例导引律的频率响应，可以分析目标阶跃机动和摆动式机动情况下基本制导参数对脱靶量的影响。

在设计的初始阶段，考虑与真实情况接近的飞行控制系统的动态特性是十分重要的，此时不能忽略弹体的自然频率。且应考虑有效载荷对 KV 结构自然频率影响，即当载荷增加时，系统的基础频率会减小。自然频率取决于拦截器的配置、推进器的数量和喷流等。虽然这些信息是未知的，但可以根据小尺寸导弹的已知模型选取模型的参数，并分析逃逸机动最优摆动频率、峰值脱靶量及拦截器动力学参数（阻尼、自然频率、时间延迟）之间的关系。通过对比新模型与文献［2］所考虑的模型，为新开发模型确定制导律的参数。

飞行控制系统动力学用如下的三阶传递函数表示：

$$W(s) = \frac{1}{(\tau s + 1)\left(\frac{s^2}{\omega_{\mathrm{M}}^2} + \frac{2\zeta}{\omega_{\mathrm{M}}}s + 1\right)} \tag{11.2}$$

式中：阻尼 $\zeta = 0.7$ ；自然频率 $\omega_{\mathrm{M}} = 20\mathrm{rad/s}$ ；时间常数 $\tau = 0.1\mathrm{s}$（在本阶段，考虑的是确定性情况，忽略滤波器对导弹性能的影响）。

图 11.6 对比了五阶模型（点画线）、一阶二项式模型（虚线）和新开发模型（实线）的阶跃响应。我们自然希望采用比例导引律的新模型既比五阶二项式模型具有更好的动态特性，又能得到比五阶二项式模型（图 11.1 和图 11.7；在图 11.7 中，实线、虚线、点画线分别对应于 $N = 3$ 、$N = 4$ 、$N = 5$ ）小、比一阶模型（图 11.4）大的阶跃脱靶量。

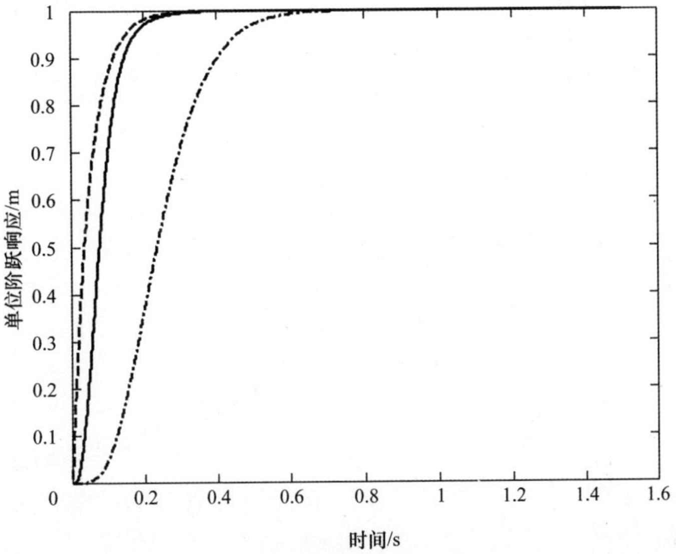

图 11.6　阶跃响应对比

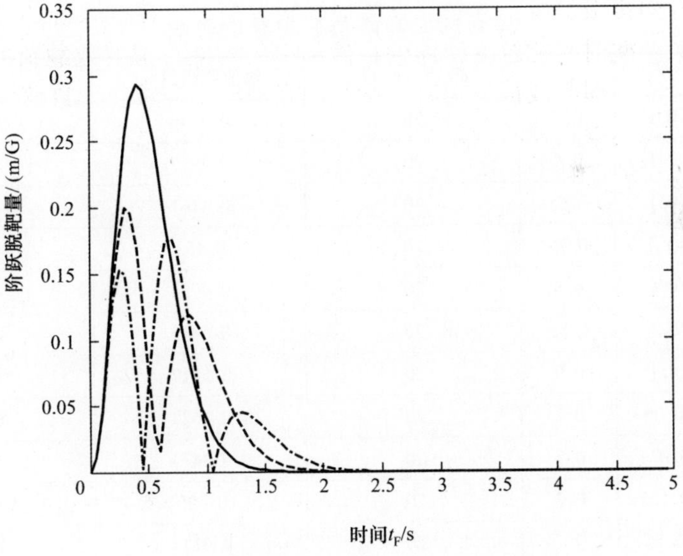

图 11.7　新模型在不同 N 下的阶跃脱靶量

根据式（4.42）可得到目标摆动频率、峰值脱靶量、KV 主要功能参数之间的关系，结果如图 11.8（虚线、实线、点画线分别对应于 $N=3$、$N=4$、$N=5$）和表 11.1 所列。

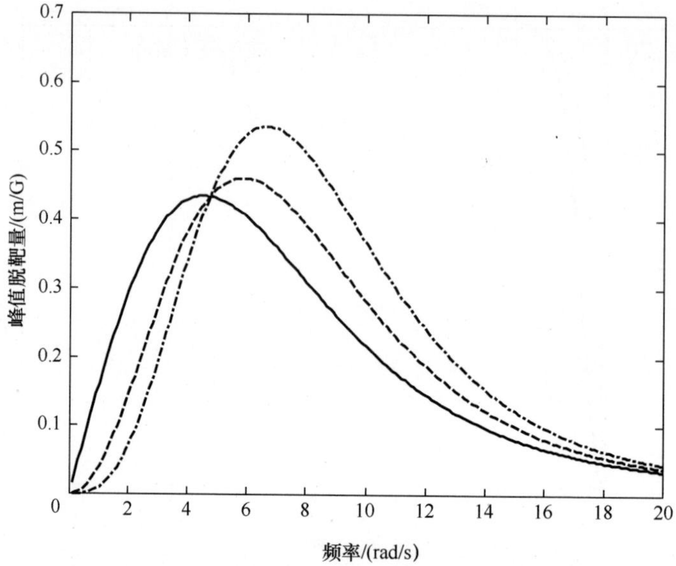

图 11.8　新模型针对摆动式机动在不同 N 下的峰值脱靶量

表 11.1　采用比例导引律时飞行控制系统参数对最优摆动频率和峰值脱靶量的影响

序号	τ/s	ξ	ω_M/(rad/s)	峰值脱靶量/m	ω_{opt}/(rad/s)
1	0.1	0.7	20	0.4346	4.5
2	0.1	0.6	20	0.3977	4.9
3	0.1	0.65	20	0.4161	4.7
4	0.1	0.75	20	0.453	4.4
5	0.1	0.8	20	0.4724	4.3
6	0.1	0.85	20	0.4916	4.1
7	0.1	0.9	20	0.5117	4.0
8	0.05	0.7	20	0.2629	6.5
9	0.075	0.7	20	0.3473	5.4
10	0.125	0.7	20	0.526	3.9
11	0.15	0.7	20	0.6224	3.5
12	0.1	0.7	25	0.3368	4.9
13	0.1	0.7	30	0.2765	5.2
14	0.1	0.7	35	0.2364	5.4
15	0.1	0.7	40	0.2076	5.6
16	0.075	0.7	25	0.2639	5.9

（续）

序号	τ/s	ξ	ω_M/(rad/s)	峰值脱靶量/m	ω_{opt}/(rad/s)
17	0.075	0.7	30	0.2133	6.3
18	0.075	0.7	35	0.1795	6.6
19	0.075	0.7	40	0.1557	6.9
注：1g 摆动式机动，$N=3$，控制不受限					

从表 11.1 中可以看出，KV 飞行控制系统时间常数越小，峰值脱靶量越小，目标最优摆动频率 ω_{opt} 越高，但这种情况利用助推导弹是很难有效实现的。随着阻尼的增加，峰值脱靶量增大，目标最优摆动频率 ω_{opt} 则减小。导弹飞行控制系统自然频率的增大会使峰值脱靶量变小，但使目标最优摆动频率变大。飞控系统设计师应尽力减小时间常数，并在自然频率和阻尼的选择上找到一个折中方案。要实现高速导弹响应，必须对有效载荷加以限制。

比较所考虑模型的峰值脱靶量，可以看出：新模型的峰值脱靶量为一阶模型的 10 倍，为五阶二项式模型的峰值脱靶量的 1/10。

为了验证前面章节中所考虑的制导律要优于 PN 和 APN，考虑如下的制导律：

$$a_{Mc1}(t) = 3v_{cl}\dot{\lambda}(t) + N_1\dot{\lambda}^3(t) \tag{11.3}$$

根据式（2.55）和式（3.17），有效导航比取 $N = 3$ 为实现平行导引的最优值，在这里选择这个最优值。立方项的增益 N_1 应根据允许噪声水平和加速度约束的信息进行选择。

如前所述，对于目标作 8g 跃进机动的情况，$N = 3$ 和 $N = 4$ 的比例导引律是可以实现的，因为 15g 的导弹加速能力是足够的。当 $N = 5$ 时，比例导引律也是可实现的，但得到的结果要劣于 $N = 6$ 的情况。在加速度限制为 15g、接近速度为 14km/s 的情况下，采用 $N = 5$ 的比例导引律容易计算得到视线角速度 $\dot{\lambda}_0 = (15 \times 9.81)/(5 \times 14000) = 0.0021$。如文献［2］所述，由于 $N = 6$ 时噪声水平是不可接受的，根据式（11.3）不应超过 15g 的限制条件，可以确定 N_1 的上限值为 $N_1 = 3/\dot{\lambda}_0^2 = 6.8 \times 10^5$。

由于五阶二项式模型的脱靶量远超性能指标的要求，我们将通过一阶模型的示例来验证式（11.3）的效率。

11.4　末段需求和制导律效率对比分析

11.4.1　平面模型

图 11.9 所示为采用式（11.3）（在这里及前面的叙述中，导弹加速度类

型（指令或真实）的含义已经十分清晰）的一阶模型的阶跃脱靶量（实线），它要比 $N = 6$ 的比例导引律的结果（图 11.5）稍差，但会消耗更少的能量（如前所述，$N = 3$ 的比例导引律是无法实现的）。

文献［2］指出：APN 可能在某种程度上减小 15g 加速度结果，但它对“Z”字形机动和急转机动的响应与我们所期望的结果相反，因此需要对此进行研究（见文献［2］，第237页）。图 11.9 中的虚线给出了如下制导律的阶跃脱靶量：

$$a_{\mathrm{M}}(t) = Nv_{\mathrm{cl}}\dot{\lambda}(t) + N_1\dot{\lambda}^3(t) + N_3a_{\mathrm{T}}(t) \tag{11.4}$$

式中：$a_{\mathrm{T}}(t) = 8g$；$N = 3$；$N_1 = 2.26 \times 10^5$；$N_3 = \begin{cases} 1, \mathrm{sign}\ (a_{\mathrm{T}}(t)\dot{\lambda}(t)) \leqslant 0 \\ 1.1, \mathrm{sign}\ (a_{\mathrm{T}}(t)\dot{\lambda}(t)) \geqslant 0 \end{cases}$。

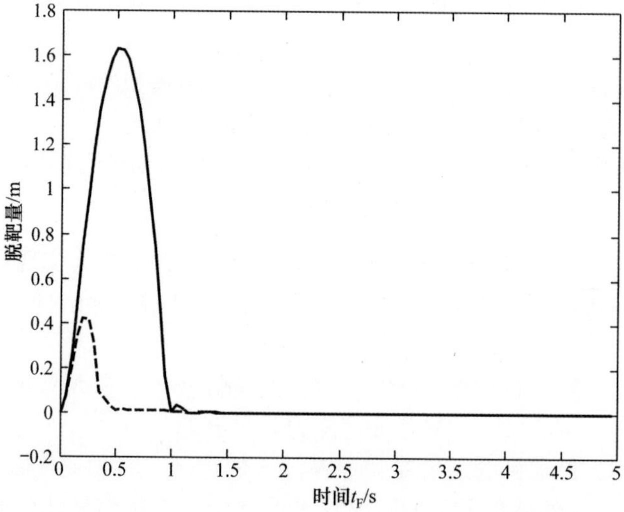

图 11.9 加速度约束为 15g 的一阶模型的脱靶量（8g 跃进机动，式（11.3））

可以看出，阶跃脱靶量明显好于没有目标加速度项时。

图 11.10 所示为新开发的模型在目标 8g 跃进机动情况下制导律为式（11.3）时的脱靶量（实线），其中：$N = 3$，$N_1 = 6.8 \times 10^5$。为了对比分析，图 11.10 中还给出了比例导引律在 $N = 5$（虚线）时和 $N = 6$（点画线）时的脱靶量。如前所述，在 $N = 3$ 和 $N = 4$ 时，在目标做8g 跃进机动情况下的比例导引系统是 BIBO 不稳定的。

图 11.10 中的点画线描述了制导律为式（11.4）的脱靶量，其中：$N = 3$，$N_1 = 2.26 \times 10^5$。可以看出：附加的目标加速度项能够显著提高导弹性能，且在剩余飞行时间大于 2s 时，上面所考虑的所有制导律都能击中目标。

注：为了在接近目标时具有足够的资源，在需要的情况下，内部资源有限

的追击者应根据最优策略（最小资源）合理分配这些资源。这也是我们始终保持 $N=3$ 的比例导引项发挥基本作用，附加项仅在目标突然机动时才有效发挥作用的主要原因。

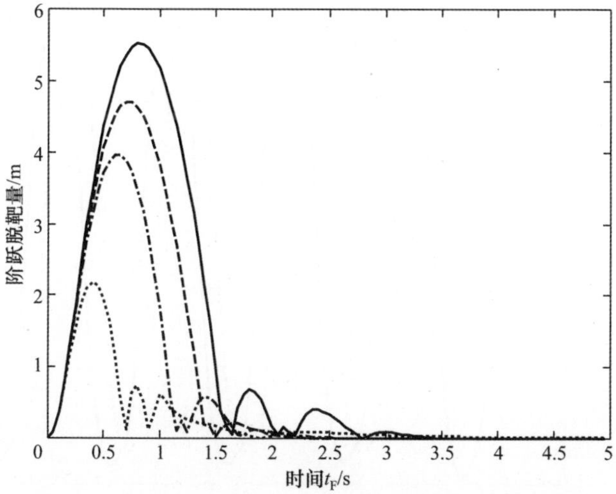

图 11.10　目标 8g 跃进机动情况下的脱靶量（新模型）

对于2g 的急转机动，采用与目标 8g 跃进机动情况相同的制导律（见式（11.3）和式（11.4）），这种情况下一阶模型的仿真结果如图 11.11 所示。

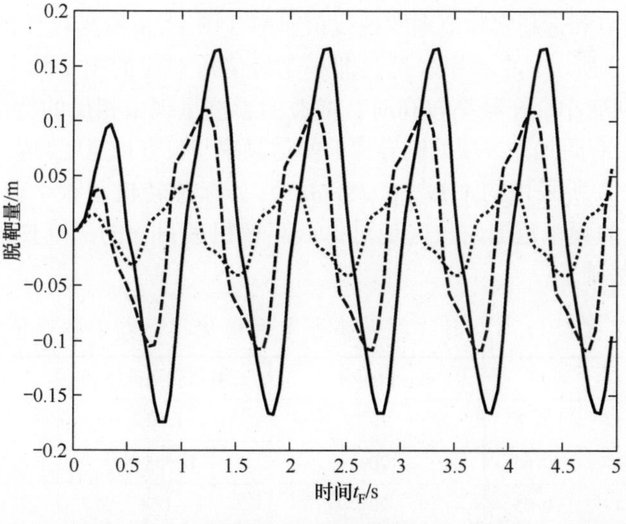

图 11.11　目标 2g、1Hz 急转机动时的脱靶量（一阶模型，新制导律）

从仿真结果可以看出，虽然 PN 制导律（实线）能够保证峰值脱靶量小于 0.5m，但含立方项的制导律（式（11.4））（虚线）及此外同时含目标加速度项的制导律（点画线）能够显著减小峰值脱靶量。

图11.12所示为针对1Hz摆动（蛇形）机动的式（11.2）的脱靶量。相比于立方项（实线），附加目标加速度项（点划线）能够略微减小峰值脱靶量，使其满足不超过0.5m的要求。

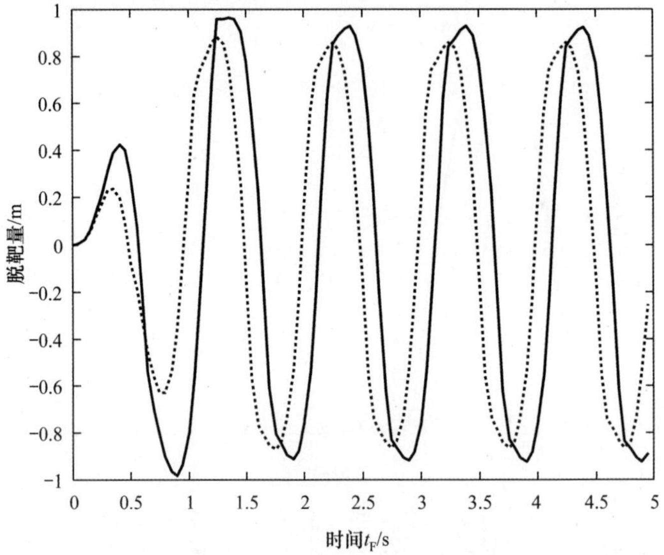

图11.12　目标2g急转机动时的脱靶量（新模型，新制导律）

在这种情况下，立方项之所以失效，是因为在所选定的平面模型中，存在15g加速度约束和远超实际范围的视线角速率（图11.8和表11.1的线性情况）。

如图11.8所示，在频率较低，即小于峰值所对应的频率时，增益N变大，峰值脱靶量则变小。在频率较高时，增益的影响呈现出相反的特性。从表11.2可以看出，带有附加立方项的制导律的峰值频率与没有加速度约束的线性情况接近。文献［2］所采用的1Hz（6.28rad/s）目标急转机动频率位于表11.1和表11.2给出的频率范围内。这是对拦截正弦机动目标的三维拦截器模型进行性能测试的基础。

表11.2　采用式（11.3）时飞控系统参数对最优摆动频率和峰值脱靶量的影响

序号	τ/s	ξ	ω_M/(rad/s)	峰值脱靶量/m	ω_{opt}/(rad/s)
1	0.1	0.7	20	1.02	4.5
2	0.1	0.65	20	0.9859	4.6
3	0.1	0.75	20	1.064	4.5
4	0.1	0.8	20	1.1043	4.4
5	0.1	0.85	20	1.1462	4.3
6	0.1	0.9	20	1.1940	4.2

（续）

序号	τ/s	ξ	ω_M/(rad/s)	峰值脱靶量/m	ω_{opt}/(rad/s)
7	0.05	0.7	20	0.6418	5.8
8	0.075	0.7	20	0.8365	5.3
9	0.125	0.7	20	1.2135	4.3
10	0.15	0.7	20	1.4104	3.8
11	0.1	0.7	25	0.7705	4.6
12	0.1	0.7	30	0.6184	5.1
13	0.1	0.7	35	0.5331	5.8
14	0.1	0.7	40	0.4658	6.3
注：2*g* 摆动式机动，15*g* 加速度约束					

如前所述，根据文献［2］，在接近速度不超过 14km/s 时，15g 的加速度足够确保脱靶量在 0.5m 以内。这个结论只有在拦截器参数已知的情况下才是可靠的。然而，在设计的初始阶段，这些信息都是未知的。文献［2］所考虑的模型（一阶和五阶二项式模型）忽略了弹体自然频率这个重要的参数。根据 $\omega_M = 20\text{rad/s}$ 的更精确模型，可以用 1Hz 的目标摆动频率测试制导律的性能。

如第 4 章所述，根据考虑助推导弹动力学特性的广义平面模型（图 4.12 和式（4.65）），可以更精确地评估阶跃脱靶量和峰值脱靶量。仿真结果表明，在目标 8g 跃进和 2g 急转机动 $a_T(t)$ 条件下，传递函数：

$$W_T(s) = \frac{1 - \dfrac{s^2}{15^2}}{(0.15s + 1)\left(\dfrac{s^2}{5^2} + \dfrac{2 \times 0.8}{5}s + 1\right)} \tag{11.5}$$

的脱靶量远远小于（至少 20%）一般 KV 制导模型的脱靶量。不过，当有关 KV 模型的信息不充分时，采用保守方法和图 4.6 中的模型是合理的。

文献［2］采用的有效导航比之所以取值很大，主要因为目标加速度与导弹加速度上限的比值比较小（小于 2），这就给制导与控制系统的设计带来了困难。此外，即使在文献［2］中 $\tau = 0.1\text{s}$ 的一阶系统也需要取 $N = 6$ 才能满足精度要求，要使采用比例导引律的更精确模型满足这些要求则更加困难。文献［2］在拦截器轨迹的不同部分采用了不同 N 值。我们期望的是在拦截器飞行的所有阶段都采用一个常参数的制导律，或者制定严格的规则，对 N 变化的时间和方式做出规定。

如第 6 章所述（图 6.3），附加项（实际导弹加速度）的使用能够明显改善导弹的性能，并减小导弹性能对导弹参数的依赖。新的指令加速度 a_A（新的制导律）是由前馈信号 $G_4(D)a_c$ 和反馈信号 $G_3(D)(a_c - a_M)$ 的和构成的（式（6.8））。

图11.13所示为目标8g跃进机动（实线）和2g急转机动（点画线）情况下，新模型采用如下形式制导律的脱靶量：

$$a_{Mc} = a_{Mc1}(t) + 4(a_{Mc1}(t) - a_M(t)), a_{Mc1} = 3v_{cl}\dot{\lambda} + N_1\dot{\lambda}^3, N_1 = 6.8 \times 10^5 \tag{11.6}$$

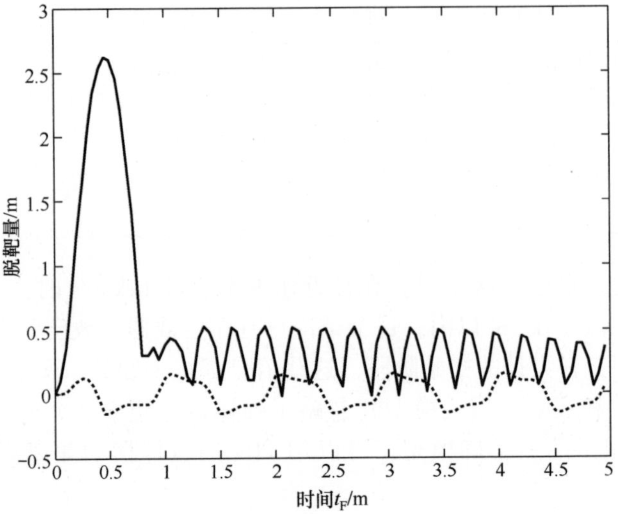

图11.13　目标8g跃进和2g急转机动情况下的脱靶量（新模型，式（11.6））

该制导律满足性能要求，且比前面讨论的只包含 a_{Mc1} 分量的制导律效率更高。

当拦截过程运动学特性是高度非线性的，根据偏离理想拦截弹道很小的假设条件得到的线性方法不再适用。当系统需求（如：指令侧向加速度40g）超过拦截器的能力（如，拦截器只能提供15g加速度）时，就会产生制导系统饱和。在拦截器远离理想拦截弹道及目标高度机动的情况下，这种情况就会出现。

在分析弹道导弹拦截场景时，本书所考虑的2－DOF阶跃和正弦机动是一个有益的起点，尽管弹道导弹目标的动力学可能涉及三维的任意周期运动。在很多情况下，并不考虑3－DOF问题，而是假定通过滚动控制侧向和纵向机动是解耦的，因此考虑2－DOF问题也是合理的。此外，我们还假设忽略导弹侧向加速度中的重力分量。这些简化只在分析和设计的初始阶段才适用。

11.4.2　3－DOF模型：名义弹道

利用基于3－DOF和6－DOF模型的仿真可以对导弹性能进行更精确的评

估。助推器燃烧完毕后，轴向加速度、重力和质量惯性矩都发生变化，这些变化应体现在气动模型中。仿真模型应在一个真实的仿真环境中分析制导律的性能，从而说明作用力对导弹弹道的影响和飞控系统动力学特性对导弹性能的影响。导弹运动学边界和其他准则的分析应作为有效性衡量标准和比较分析的基准。作战包络或运动学边界是至关重要的，它表示系统中没有噪声时，导弹能够击中目标的最大范围。因此，它可以作为制导律性能比较的基准。制导系统性能的其他重要特征包括脱靶量、拦截时间、最大转弯角速率、最大侧向加速度。制导律的比较分析具有更大的局限性，它包括上述部分特征（飞行包络、脱靶量、拦截时间)，也包括一些具体的特征，如导弹末端速度、攻击角度。

为了验证所讨论制导律的有效性，在开发的仿真模型中选定拦截器的初始条件时，应保证利用文献［2］中的 APN 制导律能够实现拦截。

以一个三级固体推进导弹模型为例给出典型的目标轨迹（图 11.14)，其推进剂燃烧时间为 188s，燃烧结束时高度约为 250km。所创建的目标模块包含一个 3 - DOF 的目标质点运动。目标模型能够在给定的时间执行机动，机动的时间和程度可以进行调整。考虑前述类型目标的最典型机动形式和拦截想定。如第 9 章所述，逃逸机动设计参数包括幅值、摆动周期、起始时间、持续时间，可实现的最大机动幅值 - 周期组合是起始时间和持续时间的函数。利用现有弹道导弹的弹体配置、空气动力特性、推进系统参数的相关信息反映目标导弹的动力学特性（式（11.5))。

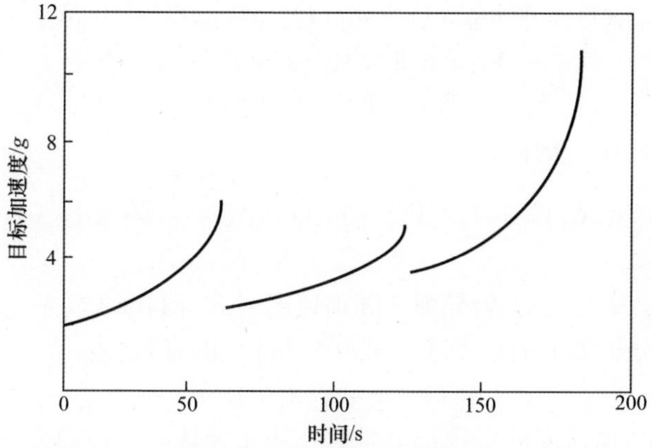

图 11.14　目标加速度剖面

最开始时，根据图 11.14 的加速度剖面，生成十分光滑的名义目标轨迹。在模型中，根据位置分量的测量值（式（9.44）~式（9.54))，利用滤波器估计目标的速度和加速度，其中用到了表格中有关目标加速度分量的数据，通过对数据进行插值和积分运算，得到速度和位置分量。

根据式（1.8)、式（1.11）和式（1.12)，利用目标相对拦截器的位置计

算真实的视线分量 $\lambda_s(t)$ 及其导数 $\dot{\lambda}_s(t)$（$s=1,2,3$）。

将零均值的高斯白噪声加到目标位置或视线分量上，即视线可能会直接或间接地被噪声污染。

拦截器的飞行控制系统用与前面平面情况类似的传递函数表示（式（11.2））。在3-DOF仿真模型中，与上述传递函数对应的微分方程应描述指令加速度与实际加速度各坐标分量之间的关系，即微分方程系统的维数是平面模型的3倍。

比较如下4类制导律。

1）比例导引律（PN）

$$a_{cs}(t)=3v_{cl}\dot{\lambda}_s(t)(s=1,2,3) \tag{11.7}$$

即有效导航比 $N=3$。

2）增广比例导引律（APN）

$$a_{cs}(t)=3v_{cl}\dot{\lambda}_s(t)+2a_{TNs}(t)(s=1,2,3) \tag{11.8}$$

式中：a_{TNs} 为目标加速度 $a_{Ts}(t)$（$s=1,2,3$）的正交分量，其为

$$a_{TNs}(t)=a_{Ts}(t)-\lambda_s(t)\sum_{i=1}^{3}a_{Ti}(t)\lambda_i(t)(s=1,2,3) \tag{11.9}$$

在第3、6章考虑的制导律如下。

3）式（11.6）的三维形式

$$a_{Mcs}(t)=a_{Mc1s}(t)+4(a_{Mc1s}(t)-a_{Ms}(t)),a_{Mc1s}(t)=3v_{cl}\dot{\lambda}_s(t)+N_1\dot{\lambda}_s^3(t)$$
$$N_1=6.8\times10^5(s=1,2,3) \tag{11.10}$$

式中：$a_{Ms}(t)$（$s=1,2,3$）为实际的导弹加速度（式（11.6））。

4）式（11.10）的修正形式

$$a_{Mc1s}(t)=3v_{cl}\dot{\lambda}_s(t)+N_1\dot{\lambda}_s^3(t)+a_{Ts}(t),N_1=2.26\times10^5(s=1,2,3) \tag{11.11}$$

$a_{Mc1s}(t)(s=1,2,3)$ 为导弹实际加速度（式（11.6））。

此外，还分析如下的成型项（式（5.76））的有效性：

$$u_{s2}(t)=-N_{2s}\lambda_s(t)\ddot{r}(t) \tag{11.12}$$

当导弹指令加速度的受控部分垂直作用于弹体时，在攻角未知的情况下，不能精确地产生导弹加速度的对应分量。然而，对于高空飞行的拦截器，可以认为攻角为零。根据导弹速度矢量的信息，可以确定垂直于速度矢量的拦截器加速度分量（式（9.88）~式（9.93））。

指令加速度 $a_{cNs}(t)$（$s=1,2,3$）的正交部分是作为描述飞行控制系统动力学特性的微分方程组（式（9.96））的输入。

总的拦截器加速度 $\boldsymbol{a}_{\mathbf{M}}(t)=(a_{M1},a_{M2},a_{M3})$ 为

$$a_{Ms}(t) = a_{cNs}(t) + \text{grav}_s(s = 1,2,3) \tag{11.13}$$

式中：grav_s（$s = 1,2,3$）为重力分量（式（9.2））。

由于 PN、APN 和式（11.10）~式（11.12）的解析式是在不考虑重力对导弹弹道的影响情况下得到的，因此仿真考虑有重力补偿和无重力补偿两种情况。重力补偿广泛用于比例导引律的应用中，在这种情况下，所开发的 3-DOF 模型的指令加速度包含一个附加项，用于补偿重力对导弹真实加速度的影响，即：将重力分量（式（9.2））加一个相反的符号后增加到所考虑的制导律分量中。如前所述（式（9.85）），通过对式（11.13）进行积分，并利用目标位置和速度的测量值，即可得到计算指令加速度（式（1.8）、式（1.11）、式（1.12））所需的所有参数。目标信息的采样周期将根据拦截器与目标之间的距离变化，其按如下方式选取：当距离超过 250km 时，取 0.2s；距离为 50~250km 时，取 10^{-2}s；距离大于 100m、小于 50km 时，取 10^{-3}s；距离在 100m 以内时，取 10^{-4}s；距离小于 1m 时，取 10^{-5}s。利用四阶龙格-库塔积分技术求解系统微分方程组。在距离小于 250km 时积分步长与采样周期保持一致，其他情况时积分步长取 0.01s。

由于要对拦截器的制导律进行测试，考虑到拦截弹的燃料燃烧时间约为 20s，燃烧完毕时速度约为 5km/s，选取 $t = 100$s 为拦截器初始时刻（假设拦截弹在目标发射约 80s 后发射），初始条件为

$$R_{M1} = -520\text{km}; R_{M2} = 550\text{km}; R_{M3} = 90\text{km};$$

$$V_{M1} = 2.8\text{km/s}; V_{M2} = -2.7\text{km/s}; V_{M3} = 2.9\text{km/s}$$

滤波器在 $t = 94$s 时开始工作，在 $t = 100$s 时，滤波器产生的目标位置和速度为

$$R_{T1} = -65.8\text{km}; R_{T2} = 68.4\text{km}; R_{T3} = 68.3\text{km};$$

$$V_{T1} = -1.58\text{km/s}; V_{T2} = 1.64\text{km/s}; V_{T3} = 1.19\text{km/s}$$

这些数据以及拦截弹与目标发射点的初始距离 760km 与文献［2］一致。

类似于文献［2］，由于起始时考虑的是飞行控制系统的平面一阶模型，因此利用所开发的 3-DOF 模型对飞控系统的三维形式进行测试。表 11.3 给出如下制导律的脱靶量和拦截时间（接近速度 $v_{cl} < 0$ 的时间）：有效导航比 $N = 3$ 的 PN 制导律（式（11.7））、有效导航比 $N = 3$ 且增益 $N_0 = 2$ 的 APN 制导律（式（11.8）和式（11.9））（与文献［5］的平面模型一样）、式（11.10）。

表 11.3　时延 $\tau = 0.1$s 的拦截器模型的性能

	带重力补偿的 PN 制导律	不带重力补偿的 PN 制导律	带重力补偿的 APN 制导律	不带重力补偿的 APN 制导律	带重力补偿的制导律（式（11.10））	不带重力补偿的制导律（式（11.10））
T_{int}/s	179.585	179.381	179.8058	179.5921	179.9623	178.928
Miss/m	0.037	0.05104	0.0455	0.087	0.015	0.0043

表 11.4 所列为拦截器飞行控制系统更真实的动态模型（式（11.2））的仿真结果。虽然 PN 制导律的精度比式（11.2）低，但所有情况下的脱靶量都满足精度要求，因此拦截器动力学特性并不会显著影响拦截器针对光滑目标轨迹的性能。制导律中的重力补偿项并不会对导弹精度产生有意义的影响。式（11.10）和 APN 制导律的性能最优，式（11.10）的拦截时间最小。

表 11.4 更真实拦截器动力学模型的性能

	带重力补偿的PN制导律	不带重力补偿的PN制导律	带重力补偿的APN制导律	不带重力补偿的APN制导律	带重力补偿的制导律（式（11.10））	不带重力补偿的制导律（式（11.10））
T_{int}/s	179.5849	179.3891	179.85478	179.5999	178.9838	178.937
Miss/m	0.0715	0.1225	0.05621	0.08819	0.00242	0.01972

图 11.15～图 11.17 所列为式（11.2）、表 11.4 采用 PN 制导律、APN 制导律和式（11.10）时的指令加速度分量（实线、虚线、点划线分别对应 a_{Mc1}、a_{Mc2}、a_{Mc3}；标记1、2、3 分别对应坐标轴 E、N、U）。在 APN 制导律中（图 11.16），考虑了一个“几乎理想”的滤波器，它不会使目标加速度信号发生任何变形，仅使其值减小约 10%。

由于 APN 制导律通常需要目标加速度的精确信息，研究人员投入大量的精力来开发能够再现目标加速度的高精度滤波器。然而，图 11.15 显示如此高的精度可能导致导弹能源不必要的消耗。目标加速度阶跃造成拦截器加速度在 T = 130s 时发生剧烈变化。当采用 APN 制导律时，这种加速度减小可看作一种误导信号，滤波器性能越好，这种误导反应越明显。

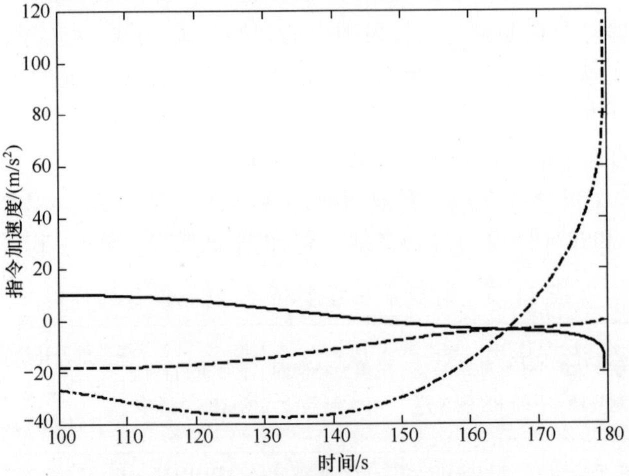

图 11.15 PN 制导律的指令加速度分量

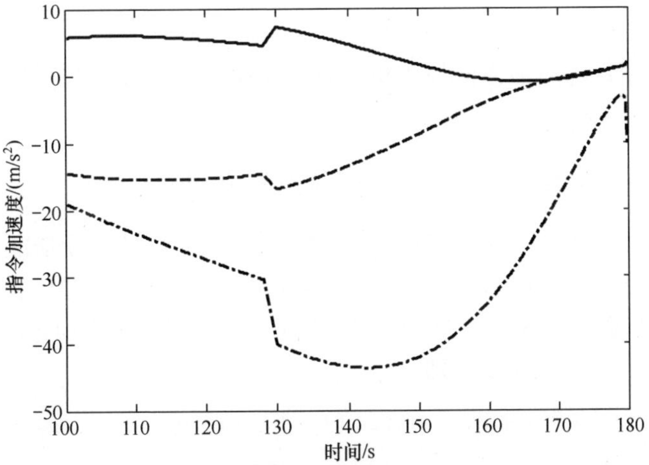

图 11.16　APN 制导律的指令加速度分量

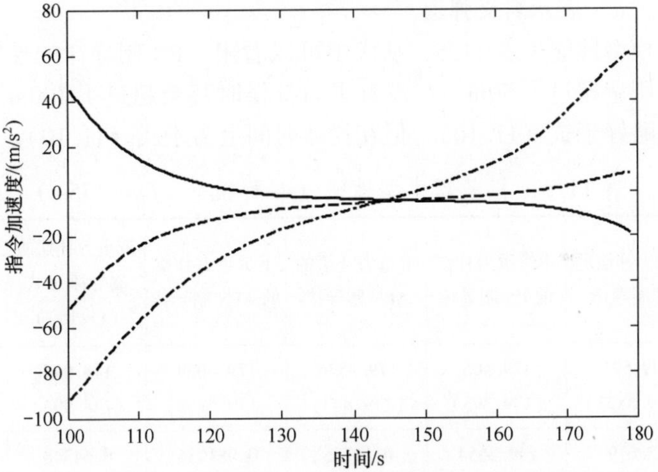

图 11.17　式（11.10）的指令加速度分量

与 APN 制导律相比，PN 制导律和式（11.10）的指令加速度的变化没那么显著。

注：虽然在文献中广泛讨论了 APN 制导律，但并没有严格的证明。它可以在目标常值机动的假设下，通过重新推导平面零滞后寻的闭环模型 PN 制导律的脱靶量表达式得出。在上述情况下，目标位置的二阶导数在 $T = 130$s 时发生剧烈变化（理论上来说，如果忽略目标动力学特性，它就是 δ 函数），因此 APN 制导律应谨慎使用。从纯理论的角度考虑，有关目标加速度的信息是有用的，通过增加拦截弹的加速度使其速度超过目标的速度，如果拦截弹的加速度保持与目标的加速度相等，就能够实现拦截（它们的相对运动与拦截三

角形相对应）。这就是取增益 $N_0 = 1$ 比取 $N/2$ 或 2 更精确的原因，这与文献［2，6］所述是一致的。第 5 章中 APN 制导律的证明（式（5.41）~式（5.47））表明目标的加速度项取决于目标未来的机动策略，因此目标加速度瞬间快速减小时拦截器不应做出类似反应。

11.4.3 3-DOF 模型：目标阶跃和摆动式机动

在 11.4.1 节中，分析了目标 $8g$ 跃进机动和 $2g$ 急转机动情况下多种平面模型的脱靶量。不同于前面所考虑的十分光滑的目标名义弹道，在这里分析扰动弹道的脱靶量。考虑 $t = 175$s 时产生的机动：$8g$ 目标垂直加速度和水平面内的 $2g$ 目标正弦波动加速度，即

$$a_{T1}(t) = a_{T1n}(t) + 2 \times 9.81 \times \sin(2\pi(t-175)) \cdot a_{T1n}(t) / \sqrt{a_{T1n}^2(t) + a_{T2n}^2(t)}$$

$$a_{T2}(t) = a_{T2n}(t) + 2 \times 9.81 \times \sin(2\pi(t-175)) \cdot a_{T2n}(t) / \sqrt{a_{T1n}^2(t) + a_{T2n}^2(t)}$$

$$a_{T3}(t) = 8 \times 9.81; t \geqslant 175$$

式中：下标“n”表示名义弹道。

拦截器模型性能见表 11.5，从表中可以看出，PN 制导律的性能是令人不满意的，脱靶量超过了 50m，在没有重力补偿时甚至超过了 100m。APN 制导律的精度要略好于式（11.10），但在拦截时间上劣于式（11.10）。

表 11.5 拦截器模型性能（目标机动，$T = 175$s）

	带重力补偿的PN制导律	不带重力补偿的PN制导律	带重力补偿的APN制导律	不带重力补偿的APN制导律	带重力补偿的制导律（式（11.10））	不带重力补偿的制导律（式（11.10））
T_{int}/s	179.591 （179.5823）	179.405 （179.393）	179.8536 （179.847）	179.6038 （179.5956）	178.995 （178.992）	178.9521 （178.9486）
Miss/m	63.619 （52.1016）	149.2654 （121.4533）	0.16735 （0.09775）	0.081236 （0.1748）	0.64348 （0.1446）	0.4115 （0.07315）

采用式（11.10）时目标与拦截器的飞行轨迹如图 11.18 所示。

在前面根据平面模型的初步分析，确定了式（11.10）的参数，它们还可以根据 3-DOF 模型进行调整，以满足更高的精度要求（Miss<0.5m）。不过，我们并没有那么做，因为考虑到所选择的扰动弹道的总加速度超过了图 11.14 对应的最大加速度水平，Miss=0.41m 也仅是一个满意值。此外，假定加速度滤波器近乎是理想的，且忽略目标的动力学特性。在表 11.5 中括号中的数据对应于 a_{T3} 跳变情况下的目标动力学方程（式（11.5）），APN 制导律中反映 $T = 175$s 时 a_{T3} 跳变情况的加速度项表示为 $0.9(25.31 + (a_{T3F} - 25.31)(1 - e^{-0.5(t-175)}))$，其中 a_{T3F} 为实际的目标加速度，25.31m/s^2 为 $T = 174.99$s 时 a_{T3}

的值。可以假定在现有滤波器条件下 APN 制导律的性能较差。

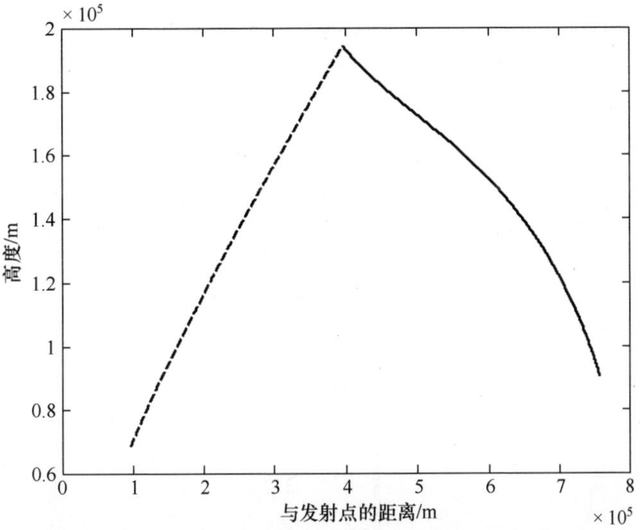

图 11.18　目标（虚线）与拦截器（实线）飞行轨迹
（制导律（11.10），t_F = 178.95s，Miss = 0.41m）

为了检验式（11.11）表示的制导律中加速度项的效率，取参数为：$N = 3$，$N_{1s} = 2.26 \times 10^5$，$N_{3s} = 1$（$s = 1,2,3$）（式（5.77），再次重复上述仿真）。

与 APN 制导律不同，在这里采用的是 a_{Ts} 而非 a_{TNs}（$s = 1,2,3$）。在所有情况下脱靶量都小于 0.5m。不过，增益 $N_{3s} = 1$ 的附加加速度项并没有对拦截器的性能起到有意义的改进作用，但我们并没有考虑更复杂的时变增益 N_{3s}（$s = 1,2,3$）的情况。如前所述，在制导律中采用目标加速度信息需要额外的设备，例如先进的滤波器，因此仅在能够产生重要且积极结果的条件下才应使用目标加速度信息。

通过试验结果可以看出，重力补偿不会对式（11.10）的性能产生显著影响。此外，在大多数情况下，没有重力补偿的拦截器性能要更好，这可以用反映重力效应的反馈项的作用来解释（式（6.8）、式（6.20）、式（11.6）、式（11.10））。

相比于所考虑的短周期目标机动情况，我们还将分析目标长周期扰动弹道情况下的拦截器性能，并考虑自 $t = 150$s 时开始的所谓广义能量转向机动。在第三阶段加速度分量的选择与文献［2］接近。

图 11.19 中的实线和虚线分别显示了目标指令加速度分量和实际的目标加速度分量。由于在目标机动情况下 PN 制导律不能得到令人满意的结果，因此在这里只比较 APN 制导律和式（11.10）。与前面许多试验类似，在这里假设

拦截器能够无延迟地获得目标加速度的准确信息。在确定目标加速度的值时，假设它存在 10% 的误差（比实际值小），这等效于 N_0 减小 10%。在这种方式下，目标加速度信息仅存在较小的失真，且忽略了一些影响更大的因素，如延迟、噪声，因此 APN 制导律的仿真结果（表 11.6）可视为乐观的结果。表 11.6 中括号中的数据对应目标实际的加速度（图 11.19 中的虚线）。目标动力学特性由式（11.5）表示。由表 11.16 可以看出，相比于式（11.10），式（11.10）可以使拦截器更快地拦截目标，且脱靶量更小。此外，可以在没有目标加速度信息的情况下实现拦截。

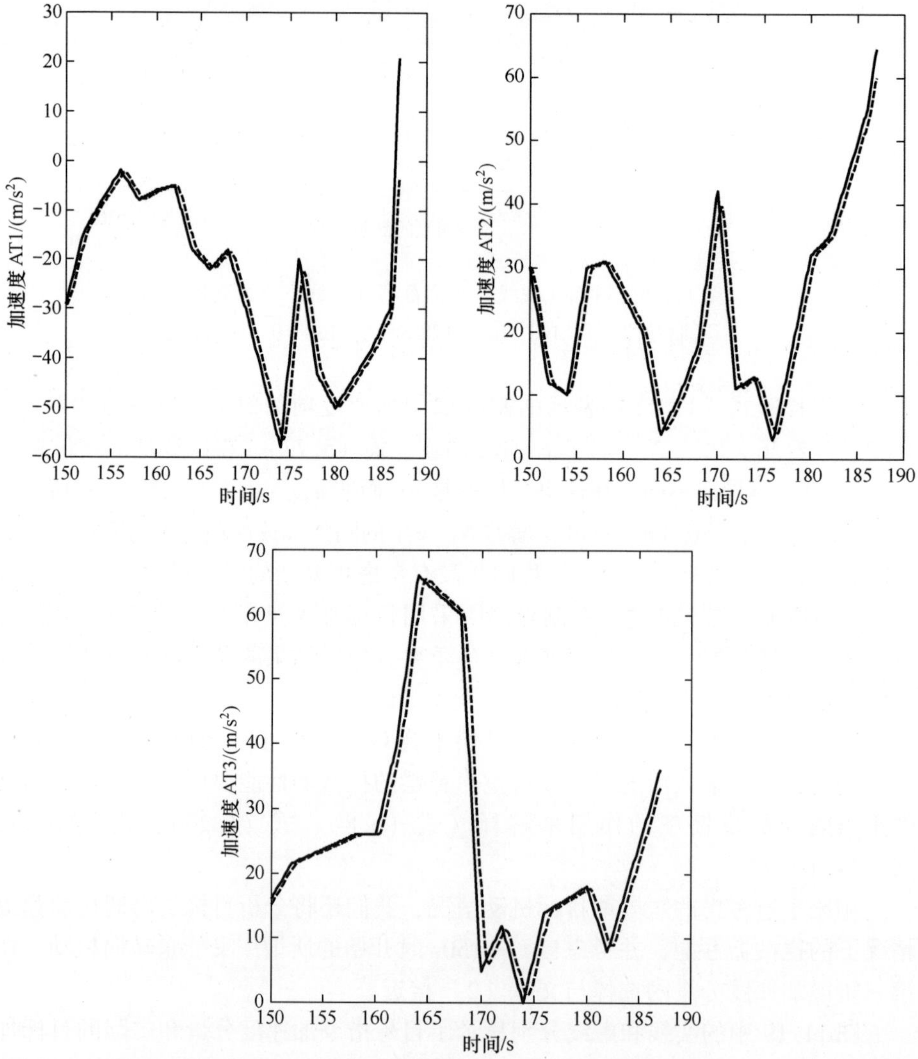

图 11.19　目标广义能量转向机动时的加速度分量

表 11.6　拦截器模型性能

	带重力补偿的 APN 制导律	不带重力补偿的 APN 制导律	带重力补偿的制导律（式（11.10））	不带重力补偿的制导律（式（11.10））
T_{int}/s	181.136 (181.24)	180.90 (181.01)	180.37	180.358
Miss/m	0.101 (0.131)	0.0796 (0.1)	0.041	0.01335

从图 11.18 可以看出，在目标自 $t = 175$s 开始机动的情况下，目标轨迹在初始阶段的曲率要大于后面的阶段。这就使我们可以在距离的二阶导数不太小的情况下，在制导律中将其作为附加信息来使用。仿真结果表明，当 $N = 3$、$N_1 = 6.8 \times 10^5$ 时，由于 15g 加速度约束，该项的影响是不显著的。

在目标跟踪问题相关的传感器状态估计存在不确定性的假设下，重复前面的试验过程。假设：距离大于 50km 时目标位置不确定性等于 200m；距离小于等于 50km 时目标位置不确定性等于 30m；在距离的最后 100m 则假定目标位置的测量是理想的。目标加速度的不确定性在距离超过 50km 和小于等于 50km 时分别 16m/s^2 和 12m/s^2；在距离的最后 100m 目标加速度的测量是理想的。在软件程序中，将采样样本独立的零均值的高斯分布噪声序列数和均匀分布噪声序列数，按距离超过 50km 时每 1s 一次、距离小于 50km 时每 0.01s 一次的频率的方式分别施加到目标位置和加速度分量上，在最后的 100m，测量值不受噪声的影响。

在均匀分布和高斯分布的条件下，进行 100 次的拦截器性能蒙特卡罗仿真，仿真结果表明，在所有的仿真中，标准差的阶次为 $O(10^{-3})$。仿真模型没有考虑滤波器的动态误差、红外传感器的信息延迟，以及其他应反映在高级设计阶段中的因素。不过，脱靶量很小时，也可以验证不复杂仿真模型的合理性。

11.5　用于助推段的先进制导律

11.5.1　拦截弹模型

文献［2］已经对未来面基助推段拦截弹进行了深入的研究，我们将对文献［2］的结果与利用本书中讨论制导律的拦截器性能进行比较分析。

拦截器设计是助推段拦截弹设计的一部分，因此不能单独考虑。拦截器与助推器的质量和速度是相互联系的。拦截器制导与控制系统参数会影响拦截器的质量，反过来，拦截器的质量也会影响助推发动机和拦截弹制导控制系统的设计要求。我们希望助推段拦截弹在整个飞行段都采用一种制导律。在这种情况下，整个制导与控制系统都会更简单、更可靠。

在面基助推段拦截弹燃料燃烧完毕时的典型高度上，大气仍然过于稠密，以至于拦截器无法开始有效工作，拦截器开始自动工作的高度一般为80～100km。空中发射拦截弹与面基拦截弹相比，具有较短的耗尽时间和较小的速度，但它们一般通过UAV在15km的高度发射。在本节，建立一个空中发射拦截弹的模型，其燃料耗尽时间约为20s，燃烧完毕时的速度可达3.6km/s。

根据动能武器的助推段拦截过程分析，拦截器的性能需要能够保证拦截具有较高的成功率，我们所提出有关拦截器性能的建议，仅在所考虑的拦截弹和拦截器的动力学模型接近真实情况的条件下才是可靠的。

与前面各节不同，本节所考虑的制导算法将用于拦截弹飞行的所有受控阶段。所提出的方法和算法构成了一套设计工具，进攻型或防御型导弹的设计人员可以利用其在初始阶段评估弹道导弹威胁的机动能力，并设计先进的制导与控制系统。

不同于PN制导律和APN制导律，所考虑的这类制导律产生的加速度不垂直于视线。如前所述，很多导弹的轴向分量是不能实现的。由于推力矢量控制发动机具备这种能力，因此我们将在具备和不具备轴向控制能力的两种情况下，测试所讨论的制导律在助推段对拦截弹运动的控制，并对比两类拦截弹的性能：装备推力矢量控制助推发动机的拦截弹和装备仅能控制侧向加速度的简单助推发动机的拦截弹。

假设拦截弹具有两级助推阶段，总的燃烧时间为20s。每一个阶段的加速度剖面（推力）可以用二次多项式表示：

$$\text{thrust} = (5 + 0.45t^2)g \tag{11.14}$$

及

$$\text{thrust} = (5 + 0.45(t-10)^2)g \tag{11.15}$$

式中：t为拦截弹发射后的时间。

助推段的平均轴向加速度约为$20g$，垂直燃烧完速度约为3.6km/s。轴向加速度沿E、N、U轴方向分量为

$$\text{thrust}_s = \text{thrust} \cdot e_{Ms} (s = 1,2,3) \tag{11.16}$$

式中：e_{Ms}为单位速度矢量的分量。

在没有攻角信息的情况下，就不能精确地表示导弹加速度对应的各分量。虽然拦截器的攻角在高空飞行时可以看作零，但在助推段攻角则不等于零。但由于考虑的是燃烧时间为20s的加速度曲线（式（11.14）和式（11.15）），因此在分析测试的制导律的效率时，攻角为零的假设并不太受限制。在助推段主要设计参数确定后，应考虑更精确的6－DOF模型。

假设助推段包括无控段（可达3s）和有控段。

首先，假设助推发动机的喷管不能移动，即发动机不能产生可控轴向加速度，再假定有控段侧向加速度可根据式（11.10）~式（11.12）变化，且加速度约束为 $12g$。

设计能够实现附加 $12g$ 侧向加速度的助推发动机比采用 Lambert 制导的情况更简单，因为 Lambert 制导需要推力矢量控制（TVC）以及拦截弹发动机的关机能力。具有轴向控制能力的更先进的助推发动机，即装有万向节的 TVC 助推发动机，将在下一步考虑。

拦截器的指令侧向加速度 a_{cNs}（其加速度约束取决于飞行时间，约为 12 ~ $20g$）和正的轴向加速度 a_{Ls}（其加速度约束取决于飞行时间，约为 3 ~ $5g$）（$s = 1,2,3$），是作为描述飞行控制系统动力学特性的微分方程组的系统输入。

类似地，助推发动机的指令侧向加速度 a_{cNs}（$s = 1,2,3$）（加速度约束为 $12g$）或 TVC 助推发动机加速度 a_{cMs} 是作为式（9.96）的输入。

在拦截弹的前两个助推阶段，对式（9.96），$\tau = 0.5\text{s}$，$\zeta = 0.7$，$\omega_M = 10\text{rad/s}$。对拦截器：$\tau = 0.1\text{s}$，$\zeta = 0.7$，$\omega_M = 20\text{rad/s}$。

拦截弹总的加速度输入 $\boldsymbol{a}_M = (a_{M1}, a_{M2}, a_{M3})$ 为

$$a_{Ms}(t) = a_{cMs}(t) + \text{grav}_s + \text{thrust}_s (s = 1,2,3) \tag{11.17}$$

由于助推段加速度剖面近似由式（11.14）和式（11.15）表示，为简单起见，在轴向加速度不受控的情况下，可以直接在式（11.17）中包含轴向分量。

与助推段相关的加速度分量在拦截弹飞行的前 20s 起作用，20s 之后则等于零。与拦截器运行相关的分量助推段结束后的 14s 开始起作用。

虽然拦截器的导引头在高度达到 50km 以上时才能开始工作（在高度低于 40 ~ 50km、速度大于 2.5 ~ 3km/s 时，会出现导引头窗口加热的问题），假定发射拦截器的时间约为 3s，并要为相关的准备操作预留时间，并考虑到飞行高度越高越好，选取助推段结束到拦截器开始工作的间隔时间为 14s。

由于前面的分析表明，所讨论的不带重力补偿（广泛应用于 PN 制导律中）的制导律是有效的，因此这里不考虑重力补偿项。

拦截弹模型中包含了拦截器模型，拦截器模型中飞行控制系统参数是时变的，加速度约束也是时变的，这样的模型能够更真实地反映拦截弹的动力学特性。

额外的轴向制导分量是提高拦截器性能的可行措施，在这里将对其效率进行讨论，即考虑具备轴向推进能力的拦截器。广义新型制导律（式（5.95））将用于这个问题。根据上述分析，就可以对是否值得采用额外的轴向推进器给出建议。

对于助推段和寻的段的控制，采用恒定的制导律参数。有效导航比取 $N = 3$ 对应于最优能源效率的状态。与前面类似，立方项的系数选取为 $N_{1s} = 6.8 \times 10^5$

（$s = 1,2,3$），成型项系数为 $N_{21} = N_{22} = 0$、$N_{23} = 1$。这反映出在助推段，距离的二阶导数主要受目标高度变化的影响。成型项在整个受控助推段发挥作用。在拦截器飞行过程中，在目标轨迹的曲率较大时，成型项则仅适用于距离较远时。

拦截弹飞行的 3s 无控部分对拦截器的初始发射参数提出了更严格的要求。在形式上，这种情况类似于捕食者在开始追踪前的决策过程，运动的初始方向取决于捕食者的内部资源、位置与目标资源估计、位置的对比。与标准导弹的情况类似，拦截弹的初始高低角、方位角以及在初始无控飞行过程中相关的位置、速度应根据建立的表格和/或经验/半经验表达式来确定，这些表格、表达式是根据针对不同类型目标的多次仿真以及拦截弹原型机试验结果近似计算得到的，且是在拦截弹的加速度剖面确定之后确定的。在拦截弹受控飞行段开始时，需要根据 UAV 的速度及气象条件（如风）对拦截弹的位置和速度做必要的修正。

由于具有固定轴向加速度的助推发动机的结构比 TVC 助推发动机的结构简单，因此大多仿真都与这类发动机相关。在仿真中，初始高低角 El 和方位角 Az 的选择应使拦截发生的时间不会超过目标的耗尽时间。根据选定的轴向推力加速度曲线（式（11.14）和式（11.15）），在受控助推段的起始时刻，拦截弹的垂直速度等于 $V_{\mathrm{M}}(3) = (5 \times 3 + 0.45 \times 3^2)g = 186.93\mathrm{s/m}$。

在受控飞行起始时，拦截弹的速度矢量对应于坐标轴 E、N、U 的坐标为

$$\begin{cases} V_{\mathrm{M1}} = \cos\mathrm{El} \times \sin\mathrm{Az} \times 186.93 \\ V_{\mathrm{M2}} = \cos\mathrm{El} \times \cos\mathrm{Az} \times 186.93 \\ V_{\mathrm{M3}} = \sin\mathrm{El} \times 186.93 \end{cases} \tag{11.18}$$

助推发动机由以下的制导律控制：

$$a_{\mathrm{Mc1}s}(t) = 3v_{\mathrm{cl}}\dot{\lambda}_{\mathrm{s}}(t) + 6.8 \cdot 10^5 \dot{\lambda}_{\mathrm{s}}^3(t) + N_{2s}v_{\mathrm{cl}}\lambda_s(t)(s = 1,2,3) \tag{11.19}$$

拦截器的飞行由相同的制导律控制，且只有在这种情况下，成型项只能在距离大于等于 250km 时才起作用。成型项的效率及其对拦截时间和累积速度的影响将在后面讨论。

11.5.2 仿真结果：非机动目标

假设拦截弹在 $t = 75\mathrm{s}$ 时发射，其可控助推段在 $t = 78\mathrm{s}$ 时开始，在 $t = 95\mathrm{s}$ 时结束。拦截器在 109s 时开始工作。

在 $t = 78\mathrm{s}$ 时目标的位置和速度为

$$R_{\mathrm{T1}} = -35.845\mathrm{km}; R_{\mathrm{T2}} = 37.234\mathrm{km}; R_{\mathrm{T3}} = 43.666\mathrm{km}$$
$$V_{\mathrm{T1}} = -1.16\mathrm{km/s}; V_{\mathrm{T2}} = 1.2\mathrm{km/s}; V_{\mathrm{T3}} = 1.06\mathrm{km/s}$$

拦截弹在 $t = 75\mathrm{s}$ 时在坐标轴 U 上的坐标 R_{M3} 为 15km。可控助推段起始时的位置和速度根据发射时的高低角和方位角确定（式（11.18））。

仿真结果见表 11.7，其包含的参数有：目标与导弹发射点之间的地面距离，拦截弹在 $t=78$s 时的位置，拦截弹在 $t=75$s 高低角和方位角，拦截弹在可控飞行段开始时（$t=78$s）的速度分量，拦截器在 $t=109$s 时的 KV 初始位置，拦截时间 T_{int}，脱靶量，拦截位置。

表 11.7　近似平面交会的仿真结果

目标与导弹发射点之间的地面距离 RTM_{gr}/km	拦截弹在 $t=78$s 时的位置/km	拦截弹在 $t=75$s 时的高低角和方位角/(°/rad)	拦截弹在可控飞行段开始时（$t=78$s）的速度分量/(m/s)	拦截时间 T_{int}/s（脱靶量/m）	KV 初始位置（$t=109$s）/m	拦截位置/m
730.5	$R_{M1}=-510$ $R_{M2}=523$ $R_{M3}=15.2$	46/0.8 135/2.356	$V_{M1}=92.12$ $V_{M2}=-92.05$ $V_{M3}=134.1$	186.88 (0.165)	$R_1=-469476$ $R_2=482532$ $R_3=71833$	$R_1=-307977$ $R_2=319611$ $R_3=213394$
660	$R_{M1}=-460$ $R_{M2}=473$ $R_{M3}=15.2$	46/0.8 135/2.356	$V_{M1}=92.12$ $V_{M2}=-92.05$ $V_{M3}=134.1$	178.56 (0.037)	$R_1=-419768$ $R_2=432763$ $R_3=72104$	$R_1=-272898$ $R_2=283237$ $R_3=193944$
449	$R_{M1}=-310$ $R_{M2}=325$ $R_{M3}=15.2$	46/0.8 136/2.37	$V_{M1}=90.73$ $V_{M2}=-93.42$ $V_{M3}=134.1$	151.61 (0.052)	$R_1=-273080$ $R_2=286531$ $R_3=74964$	$R_1=-181249$ $R_2=188193$ $R_3=142459$
378.4	$R_{M1}=-260$ $R_{M2}=275$ $R_{M3}=15.2$	46/0.8 136/2.37	$V_{M1}=90.73$ $V_{M2}=-93.42$ $V_{M3}=134.1$	142.21 (0.025)	$R_1=-225865$ $R_2=238907$ $R_3=78593$	$R_1=-155020$ $R_2=160982$ $R_3=127083$
307.8	$R_{M1}=-210$ $R_{M2}=225$ $R_{M3}=15.1$	16/0.28 137/2.39	$V_{M1}=122.7$ $V_{M2}=-131.2$ $V_{M3}=51.66$	130.32 (0.063)	$R_1=-171493$ $R_2=182291$ $R_3=74644$	$R_1=-121117$ $R_2=129948$ $R_3=108830$
279.5	$R_{M1}=-190$ $R_{M2}=205$ $R_{M3}=15$	5.7/0.1 137/2.39	$V_{M1}=112$ $V_{M2}=-136$ $V_{M3}=18.66$	126.09 (0.042)	$R_1=-152236$ $R_2=162361$ $R_3=76091$	$R_1=-115330$ $R_2=119789$ $R_3=102631$
222.8	$R_{M1}=-154$ $R_{M2}=161$ $R_{M3}=15$	−20/−0.35 140/2.45	$V_{M1}=121.1$ $V_{M2}=-135.2$ $V_{M3}=-64.1$	116.77 (0.232)	$R_1=-113066$ $R_2=115367$ $R_3=72797$	$R_1=-95645$ $R_2=99351$ $R_3=89733$
		… 86/1.5 48.3/0.76	… $V_{M1}=9.117$ $V_{M2}=9.577$ $V_{M3}=186.5$	… 186.49 (0.05)	… $R_1=-157598$ $R_2=165118$ $R_3=96805$	… $R_1=-306137$ $R_2=317702$ $R_3=212382$

表11.7表明，拦截弹发射点靠近目标轨迹平面时，就是接近于平面交会的情况。当目标与拦截弹轨迹在同一个平面内时，具有最大的发射距离。730km的发射距离对应于大约187s的拦截时间，这接近于最后的“安全”拦截时间。当发射点距目标发射点较近时，拦截时间就短，对应于220km发射距离的拦截时间大约为117s。（假设拦截器在 $t = 109$s 时发射，即在这里不考虑较短发射距离的情况。）

拦截弹在发射时的初始方向是决定成功拦截的主要因素。图11.20所示为发射时不同高低角和方位角所对应的目标弹道（实线）和拦截弹弹道（虚线和点线）。

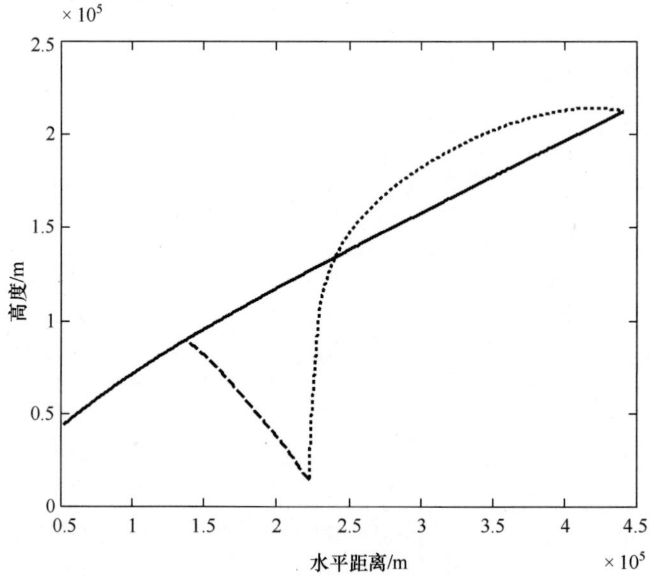

图11.20 不同发射方向对应的目标弹道和拦截弹弹道（$T_{int} = 186.49$s 和 $T_{int} = 116.77$s）

任何与视线方向垂直的目标纵向加速度都可视为目标相对拦截弹的机动。这种情况下拦截弹的位置可能不符合平面交会条件，这样发射距离对应的最后“安全”拦截时间要小于平面交会的情况。建立与表11.7类似的非平面交会的表格，以确定可实现拦截的发射作战区域，即能够保证拦截成功的拦截弹发射位置在 $E-N$ 平面内的投影区域。

根据表格的数据不仅可以建立上述发射作战区域，还可以得到拦截弹主要发射操作参数（高低角和方位角）相关的准备信息，这些参数的值取决于拦截弹的初始位置。

这里不考虑预发射功能，即确定发射时的高低角和方位角的功能。根据仿真试验及运动学考虑可建立发射表格，确定哪个发射方向在运动学上是可行的。当拦截弹的所有部分都已知时，即可生成飞行与发射表，要得到可靠的飞行表格，还需要发射测试。

根据上述表格中数据，可以确定可能实现目标拦截的发射作战区域（图 11.21，为简单起见，只考虑 1/4 的区域），该区域的边界相对输入参数（高低角和方位角）不是鲁棒的，这是因为它与可实现拦截的最佳参数组合相对应。在边界以内的区域，存在一个这些参数容许域，容许域越靠近区域的中心，容许高低角和方位角的选择具有更大的自由度。当然，它们的选择会影响拦截时间。不过，重要的还是要能够实现拦截。

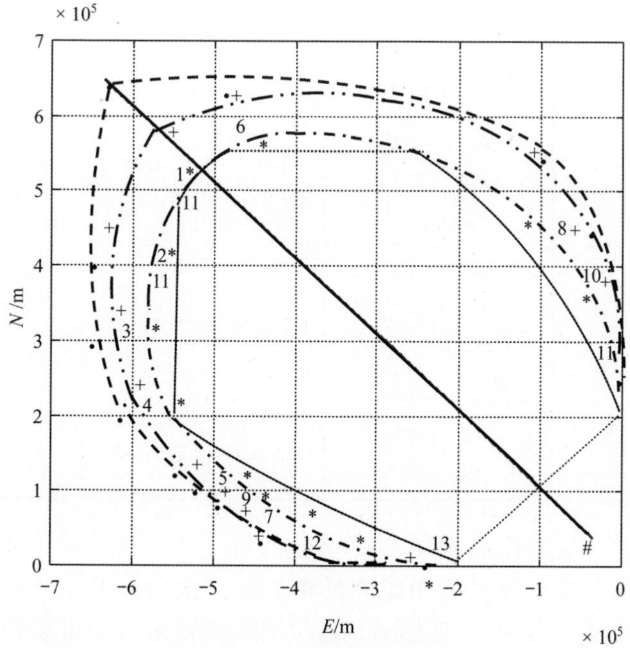

图 11.21　发射作战区域

实线—目标轨迹投影；#—$t=75$s 时的目标位置；（＊、＋、·）—不同制导算法对应的发射距离。

初始高低角和方位角的确定是一个能够求解的辅助问题，例如，可以按照标准（SM）导弹武器控制系统相似的方式求解。通过对上述表格进行分析，可以清晰地看出一些数据及其变化趋势。不过，关于这些参数选取最终建议还需要经过深入的仿真和发射测试。

在表 11.8 中，给出了高低角和方位角的容许区间（方括号表示）以及表 11.7 中初始选定角度对应的拦截时间。

表 11.8　容许的初始高低角和方位角

目标与导弹发射点之间的地面距离 RTM_{gr}/km	t = 78s 时拦截弹位置/km	t = 75s 时拦截弹的高低角和方位角/（°/rad）	拦截时间 T_{int}/s（脱靶量/m）
730.5	R_{M1} = −510 R_{M2} = 523 R_{M3} = 15.2	46/0.8 135/2.356	186.88 (0.165)
660	R_{M1} = −460 R_{M2} = 473 R_{M3} = 15.2	46/0.8 [0.55, 1.4] 135/2.356 [1.4, 3.78]	178.56 [174, 187] (0.037)
449	R_{M1} = −310 R_{M2} = 325 R_{M3} = 15.2	46/0.8 [−0.85, 1.46] 136/2.37 [1.1, 3.7]	151.61 [150, 166] (0.052)
378.4	R_{M1} = −260 R_{M2} = 275 R_{M3} = 15.2	46/0.8 [−1, 1.25] 136/2.37 [1.45, 3.34]	142.21 [140, 147] (0.025)
307.8	R_{M1} = −210 R_{M2} = 225 R_{M3} = 15.1	16/0.28 [−1, 0.58] 137/2.39 [4.25, 2.54]	130.32 [129, 132] (0.063)
279.5	R_{M1} = −190 R_{M2} = 205 R_{M3} = 15	5.7/0.1 [−0.9, 0.12] 137/2.39 [4.3, 2.48]	126.09 [125, 126.1] (0.042)

还需要建立发射作战区域容许角度的域（方位角 - 高低角），并确定最典型的角度。发射距离较短时高低角为负，这是由无控的轴向加速度引起的，它超过了“需求”的范围。这说明距离较短时，可以使用能量较小的拦截弹。

如图 11.21 所示，当高低角和方位角更优选取时，发射作战区域（点画线）较之前（点线）变得更大。该区域中最具代表性的点相关的数据见表 11.9。

表 11.9　与更大作战区域对应的容许初始高低角和方位角

目标与导弹发射点之间的地面距离 RTM_{gr}/km	t = 78s 时拦截弹位置/km	t = 75s 时拦截弹的高低角和方位角/（°/rad）	拦截时间 T_{int}/s（脱靶量/m）
730.5	R_{M1} = −510 R_{M2} = 523 R_{M3} = 15.2	46/0.8 135/2.356	186.88 (0.165)

（续）

目标与导弹发射点之间的地面距离 RTM_{gr}/km	t = 78s 时拦截弹位置/km	t = 75s 时拦截弹的高低角和方位角/（°/rad）	拦截时间 T_{int}/s（脱靶量/m）
705.4	R_{M1} = −574 R_{M2} = 410 R_{M3} = 15.2	51/0.89 105.7/1.845	186.95 (0.48)
655.6	R_{M1} = −575 R_{M2} = 315 R_{M3} = 15.2	46/0.8 63.02/1.1	186.27 (0.32)
585.4	R_{M1} = −540 R_{M2} = 226 R_{M3} = 15.1	48.7/0.85 40.1/0.7	185.28 (0.19)
465.7	R_{M1} = −450 R_{M2} = 120 R_{M3} = 15.2	46/0.8 13.18/0.23	185.97 (0.1)
656	R_{M1} = −440 R_{M2} = 572 R_{M3} = 15.1	43/0.75 166/2.9	186.82 (0.16)
407	R_{M1} = −400 R_{M2} = 75 R_{M3} = 15	22.9/0.4 5.7/0.1	184.63 (0.15)
461	R_{M1} = −100 R_{M2} = 450 R_{M3} = 15.2	45.8/0.8 258.5/4.51	184.74 (0.18)
450.7	R_{M1} = −439 R_{M2} = 102 R_{M3} = 15.1	33.5/0.585 9.45/0.165	186.78 (0.5)
376.7	R_{M1} = −36 R_{M2} = 375 R_{M3} = 15.1	35.5/0.62 266/4.6397	186.34 (0.2947)
220	R_{M1} = 0 R_{M2} = 220 R_{M3} = 15	14.1/0.247 246.4/4.3	144.17 (0.5)

（续）

目标与导弹发射点之间的地面距离 RTM_{gr}/km	t = 78s 时拦截弹位置/km	t = 75s 时拦截弹的高低角和方位角/（°/rad）	拦截时间 T_{int}/s（脱靶量，m）
352	R_{M1} = −350 R_{M2} = 38 R_{M3} = 15.1	24.06/0.42 3.81/0.06649	183.71 (0.199)
220	R_{M1} = −220 R_{M2} = 0 R_{M3} = 15	4.4/0.077 14.3/0.25	150.03 (0.45)

11.5.3 仿真结果：成型项的影响

图11.21对应的是包含成型项的制导律（式（11.19））得到的仿真结果，成型项在受控助推段和距离大于250km的寻的段发挥作用。由于我们处理的是不断上升的目标，因此只在影响 U 坐标的制导律成型分量中使用成型项。为了分析这一项对拦截弹性能的影响，选取表11.7中“最难”边界的发射位置及其一个中间位置，并从受控助推段的制导律中将成型项剔除（如前所述，所选取的成型项对拦截器性能的影响并不大，只会略微减小拦截时间 T_{int} ）。仿真结果见表11.10。

表11.10　成型项的影响

目标与导弹发射点之间的地面距离 RTM_{gr}/km	拦截弹在 t = 78s 时的位置/km	拦截弹在 t=75s 时的高低角和方位角/（°/rad）	拦截弹在可控飞行段开始时（t = 78s）的速度分量/（m/s）	拦截时间 T_{int}/s（脱靶量/m）	KV 初始位置（t=109s）/m	拦截位置/m
730.5	R_{M1} = −510 R_{M2} = 523 R_{M3} = 15.2	46/0.8 135/2.356	V_{M1} = 92.12 V_{M2} = −92.05 V_{M3} = 134.1	186.7 (0.097)	R_1 = −468828 R_2 = 480231 R_3 = 69818	R_1 = −307210 R_2 = 318815 R_3 = 212969
378.4	R_{M1} = −260 R_{M2} = 275 R_{M3} = 15.2	46/0.8 136/2.37	V_{M1} = 90.73 V_{M2} = −93.42 V_{M3} = 134.1	142.5 (0.024)	R_1 = −227312 R_2 = 239987 R_3 = 79937	R_1 = −155771 R_2 = 161761 R_3 = 127530
222.8	R_{M1} = −154 R_{M2} = 161 R_{M3} = 15	−20/−0.35 140/2.45	拦截失败			

从表11.7和表11.10可以看出，在发射距离为222.8km的情况下，成型

项对拦截是至关重要的。对其他两种情况没有太大的影响。

与文献［2］类似，利用术语“累积速度变化（用 $\Delta V(t)$ 表示）”表示从推进系统开始工作直到时间 t 时拦截器加速度绝对值的积分。用同样的术语表示受控助推段助推发动机产生的侧向加速度绝对值的积分，并分析“最难”发射距离情况下助推段结束时刻及拦截时刻的 $\Delta V(t)$ 的值。

由于先进制导律的任何附加项都会影响累积速度变化及其最大值（其为一项重要的性能参数），因此我们将通过前面示例分析有成型项和无成型项两种情况下的累积速度变化。图 11.22 和图 11.23 所示的为助推段（实线）和寻的段（点线）的 $\Delta V(t)$，其中虚线对应于不包含成型项制导律。

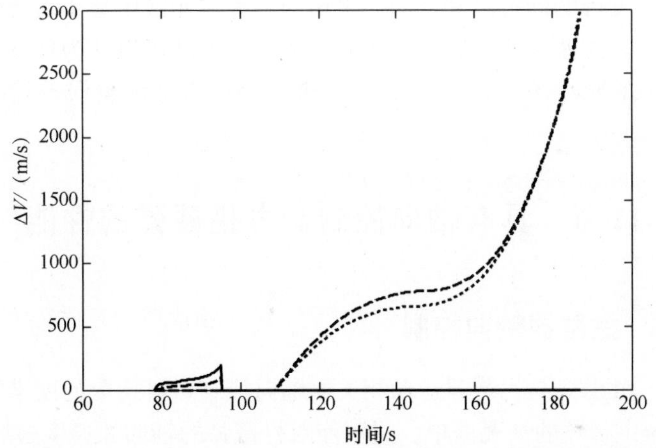

图 11.22　发射位置为 $R_{M1}=-510\text{km}$、$R_{M2}=523\text{km}$、$R_{M3}=15.2\text{km}$ 时的累积速度变化

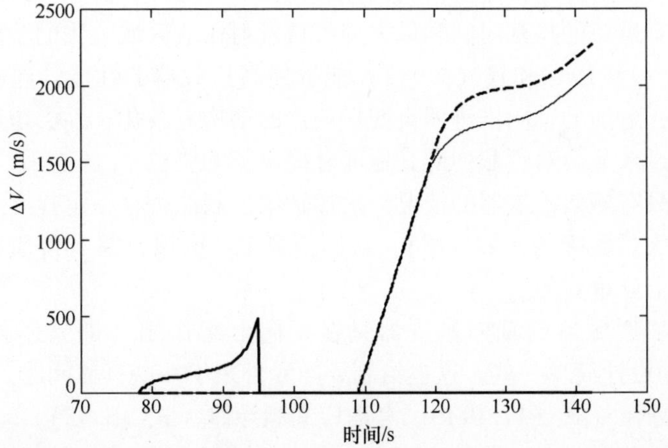

图 11.23　发射位置为 $R_{M1}=-260\text{km}$、$R_{M2}=275\text{km}$、$R_{M3}=15.2\text{km}$ 时的累积速度变化

图 11.22 对应于发射位置位于发射作战区域边界的情况，其拦截时间接近

于目标推进剂燃烧完毕的时间。成型项并未对拦截器 ΔV 的最大值（大约为 3km/s）造成影响。

从图 11.23 中可以看出，不包含成型项时会增大拦截器 ΔV 的最大值。

累积速度变化与初始方位角和高低角有关，在这些角度容许域内（表 11.8）合理地选择其值可以减小 $\Delta V(t)$ 。若假设 $\Delta V(t)$ 不应超过某范围，如 2.5km/s，可以确定一个实际的发射作战区域，该区域为图 11.21 中发射距离集合的一个子集。在无控助推段小于 3s 的情况下，还可以得到一个更大的发射作战区域。

上述分析是针对确定性模型的，其目的是验证所开发的制导律的适用性，以及在拦截弹飞行的助推段和寻的段采用同一种在实践中易于实现的制导律的能力。由于目标加速度测量并未用于制导律中，因此可以认为传感器噪声造成有效作战区域的减小不超过 10%。接下来将分析考虑测量误差情况下的拦截弹性能。

11.6 具有轴向控制能力拦截弹的性能

11.6.1 拦截器轴向控制

在本节，考虑只与拦截器运动相关的轴向控制。所选取的助推发动机明显比采用 Lambert 制导的情况简单，它不能对拦截弹的轴向加速度施加控制。

起始时，假设拦截器能够利用推进器产生侧向加速度，从而修正飞行轨迹。但考虑到在目标助推燃烧时间内完成拦截的必要性，需要对拦截器进行设计，使其具有最短的拦截时间和最大的可行发射作战区域。我们希望附加的制导分量（式（11.19）和式（5.95））能够提高拦截器的性能，同时减小拦截时间。然而，附加的轴向推进器会使拦截器的结构复杂化，并会增加拦截器的重量，这反过来又会对拦截弹的其他部分提出新的要求。

相比于只有侧向推进器的情况，附加轴向控制能否在一定程度上降低拦截时间（及增大拦截弹的作战区域），从而使更复杂的设计具有价值，对这一点进行分析是十分重要的。

假设未来拦截器的轴向推进器只在正向上起作用（即只作为加速器使用），这样的设计简单一些。这也给制导问题带来了一些具体问题。

除了制导律（式（11.19）），考虑广义制导律（式（5.95））：

$$a_{\mathrm{Mc1}s}(t) = 3v_{\mathrm{cl}}\dot{\lambda}_s(t) + 6.8\cdot 10^5\dot{\lambda}_s^3(t) + (1-N_{2s})r(t)\sum_{s=1}^{3}\dot{\lambda}_s^2(t)\lambda_s(t) + k_1(t)a_{\mathrm{Tr}s}(t)\quad(s=1,2,3) \tag{11.20}$$

对式（5.95）进行仿真，其中增益为 $k_1 = 1$，$N_{21} = N_{22} = 0$，$N_{23} = 1$。由于11.3节的仿真结果表明目标加速度项不能显著减小拦截时间，因此在这里只分析轴向分量的影响，即式（11.20）不包含式（5.95）中的 $N_{3s}a_{\mathrm{T}ts}(t)$（$s = 1,2,3$）。

前面在不考虑加速度限制情况下，对式（11.19）和式（11.20）中所有项有效率进行了数学证明。假设拦截器轴向推进器产生的加速度限制为（3～5）g（在仿真模型中，表示为参数形式 $(3 + (t - t_0)/(t_F - t_0) \cdot (5 - 3)) \cdot g$，式中：$t_0$ 表示拦截器开始工作时间，t_F 表示目标耗尽时间），下面将研究式（11.19）和式（11.20）中轴向分量对拦截时间的影响。如前所述，只考虑轴向加速度的正分量（即只考虑加速，而不考虑减速）。

由于前面所考虑的制导算法（式（11.19））不能产生一个“纯”侧向运动，首先考虑它的轴向分量对拦截时间和累积速度变化的影响，再比较它与广义制导算法的效率。

表11.11包含了式（11.19）所示算法的仿真结果。考虑（3～5）g的加速度限制相对较小，不改变立方项和成型项的增益（在后续设计阶段中，在处理拦截器更加明确的信息时，这样的分析是有用的）。如前所述，成型项在距离超过250km时发挥作用，距离的二阶导数由接近速度连续测量量近似确定。

表11.11 仿真结果（轴向分量对拦截时间的影响）

目标与导弹发射点之间的地面距离 RTM_{gr}/km	t = 78s 时拦截弹位置/km	t = 75s 时拦截弹的高低角和方位角/（°/rad）	拦截时间 T_{int}/s
730.5	$R_{M1} = -510$ $R_{M2} = 523$ $R_{M3} = 15.2$	(0.8; 2.356) (0.7; 2.356) (0.5; 2.356) (0.3; 2.356) (0; 2.356)	186.88; [185.56] 无; [184.49] 无; [182.11] 无; [180.02] 无; [178.72]
660	$R_{M1} = -460$ $R_{M2} = 473$ $R_{M3} = 15.2$	(0.7; 2.4) (0.6; 1.5) (1.2; 3)	178.09; [176.74] 181.97; [180.82] 184.77; [184.46]
449	$R_{M1} = -310$ $R_{M2} = 325$ $R_{M3} = 15.2$	(1.2; 3) (0.8; 2.37) (0.5; 2)	157.94; [157.89] 151.61; [151.39] 150.52; [150.57]
680	$R_{M1} = -550$ $R_{M2} = 400$ $R_{M3} = 15.1$	(0.8; 1.85) (0.5; 1.1) (1; 1.9)	183.04; [181.9] 186.34; [185.26] 184.71; [184.01]

（续）

目标与导弹发射点之间的地面距离 RTM_{gr}/km	t = 78s 时拦截弹位置/km	t =75s 时拦截弹的高低角和方位角/（°/rad）	拦截时间 T_{int}/s
656	R_{M1} = −400 R_{M2} = 520 R_{M3} = 15.1	(0.8；2.95) (0.5；3.6) (1；2.5)	179.46；[178.77] 183.3；[182.41] 180.64；[179.97]
461	R_{M1} = −100 R_{M2} = 450 R_{M3} = 15.1	(0.8；4.51) (0.6；4.1) (1；4.1)	184.75；[184.6] 无；[170.09] 无；[175.2]

使用拦截器轴向控制的主要目的是拓展作战区域，其可以通过减小不带加速度轴向分量控制功能的 KV 的拦截时间来实现，可以通过地面距离超过 450km 的发射位置的仿真（图 11.21）进行测试。表 11.11 最后一列对比了拦截器不具有轴向加速度和具有轴向加速度（方括号中的数据）两种情况下的拦截时间，脱靶量的精度为 $O(10^{-2})$m 。

通过对表 11.11 中的数据进行分析可以看出：通过附加的轴向推进器（或特殊设计的 TVC）能够减小拦截时间、拓展作战区域。例如，发射距离 730.5km 和 461km 属于（或十分靠近）作战区域的边界，在没有附加轴向加速度的情况下，方位角或高低角的显著变化就会使拦截失败，附加的轴向加速度能够显著扩宽这些角度的容许区域，并拓展操作区域。

图 11.21（双点划线）给出了与式（11.19）所示制导律一致的轴向控制的作战区域，此时的边界发射距离平均比无轴向控制时的情况（见图 11.21 中的点画线）大 10%。

式（11.20）的仿真结果见表 11.12，其形式与表 11.11 类似（方括号中的数据表示扩展制导律的拦截时间）。

表 11.12　仿真结果（广义制导律）

目标与导弹发射点之间的地面距离 RTM_{gr}/km	t = 78s 时拦截弹位置/km	t =75s 时拦截弹的高低角和方位角/（°/rad）	拦截时间 T_{int}/s
730.5	R_{M1} = −510 R_{M2} = 523 R_{M3} = 15.2	(0.8；2.356) (0.7；2.356) (0.5；2.356) (0.3；2.356) (0；2.356)	186.88；[177.26] 无；[175.54] 无；[172.3] 无；[170.8] 无；[170.46]
660	R_{M1} = −460 R_{M2} = 473 R_{M3} = 15.2	(0.7；2.4) (0.6；1.5) (1.2；3)	178.09；[168.98] 181.97；[173.44] 184.77；[177.63]

（续）

目标与导弹发射点之间的地面距离 RTM_{gr}/km	t = 78s时拦截弹位置/km	t = 75s时拦截弹的高低角和方位角/（°/rad）	拦截时间 T_{int}/s
449	R_{M1} = -310 R_{M2} = 325 R_{M3} = 15.2	(1.2; 3) (0.8; 2.37) (0.5; 2)	157.94; [151.95] 151.61; [147.37] 150.52; [146.33]
680	R_{M1} = -550 R_{M2} = 400 R_{M3} = 15.1	(0.8; 1.85) (0.5; 1.1) (1; 1.9)	183.04; [174.78] 186.34; [177.91] 184.71; [177.21]
656	R_{M1} = -400 R_{M2} = 520 R_{M3} = 15.1	(0.8; 2.95) (0.5; 3.6) (1; 2.5)	179.46; [172.06] 183.3; [174.65] 180.64; [173.14]
461	R_{M1} = -100 R_{M2} = 450 R_{M3} = 15.1	(0.8; 4.51) (0.6; 4.1) (1; 4.1)	184.75; [174.53] 无; [166.48] 无; [170.29]

利用广义制导律可以减小拦截时间5～10s，并能拓展作战区域。

与轴向控制相关的仿真结果（图11.21）反映出作战区域中最具代表性的点的相关数据。拦截器轴向控制拓宽了容许初始高低角和方位角的域，在假设拦截弹水平发射的条件下（即高低角为零），可以规划作战区域。广义制导律（式（11.20））的作战区域如图11.21（虚线）所示。边界发射距离平均比没有轴向控制时大15%，平均比采用式（11.19）的轴向控制时（图11.21中的点划线和双点划线）大5%。发射点越靠近目标轨迹平面时，轴向控制的效果越明显，这是因为这种情况下导弹加速度的轴向分量越大。边界发射距离较小时，导弹加速度轴向分量也较小，因此，所考虑的更复杂形式制导律的效果也越小。

通过对拦截器累积速度变化的最大值进行分析，可以对式（11.19）和式（11.20）减小拦截时间和增大作战区域的能力进行评估。在这里，用术语“作战区域”表示对ΔV不加限制情况下能够保证拦截的发射距离。实际的作战区域应根据ΔV的容许最大值来确定。

图11.23对应靠近图11.21中三个作战区域边界的发射位置，它比较了如下三种制导律的累积速度变化：

（1）只有拦截器侧向加速度（点画线）；

（2）拦截器侧向和轴向加速度与式（11.19）一致（实线）；

（3）拦截器侧向和轴向加速度与广义制导律式（11.20）一致（虚线）。

由图11.24可以看出，采用仅控制拦截器侧向加速度的制导律时拦截器

ΔV取最小值。附加轴向控制可以使边界发射距离增大约20%，使ΔV的最大值增大约5%（初始高低角变大时，上述增幅会变小，不过增幅仍然比较明显）。

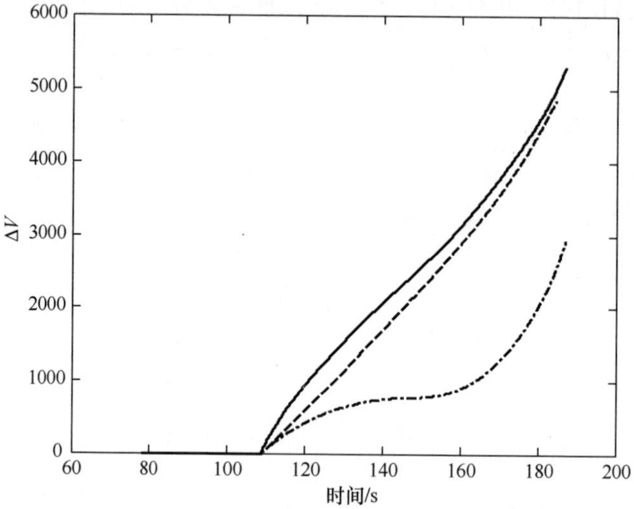

图 11.24　式（11.19）和式（11.20）的累积速度变化（发射位置：R_{M1} = - 510/ - 565/ - 630km、R_{M2} = 523/580/643km、R_{M3} = 15.2/15/15km）

ΔV的最大值是一个重要的设计参数，它决定拦截器的质量，有关拦截器运动轴向控制效率的最终建议应通过求解一个更通用的问题得到（包括最优拦截弹重量、拦截时间、作战区域等指标的多标准最优化问题）。拦截弹的质量以及拦截器的质量受到UAV允许载荷的限制，分别决定了拦截弹和拦截器的动力学特性。它们的动力学特性可以通过所设计的自动驾驶仪进行修正，并对拦截时间和作战区域产生影响。

11.6.2　拦截弹轴向控制

在11.6.1节讨论了拦截器附加轴向推进器对拦截弹性能的影响。对于助推发动机，选择最简单的形式——固定喷管，它可控制的侧向加速度可达12g。在助推阶段，如果拦截弹不具备轴向加速度控制能力，会使拦截器的性能不如装备复杂TVC助推发动机的情况。在本节，分析具备万向支架TVC能力拦截弹的性能，并分析制导律应用于这类助推发动机拦截弹时的效率。

如前所述，不同于PN制导律和APN制导律，所测试的制导律具有轴向分量，其在TVC情况下可以很容易地实现。虽然所选择的助推发动机要比前面考虑的发动机更复杂，但其仍然比Lambert制导采用的助推发动机简单，该发动机需要具有关机的能力。为了“补偿”TVC发动机的复杂结构，将考虑比前面各节中发动机功率较低的助推发动机。此外，选择的是TVC助推发动机最简单的变化形式。拦截弹的可控加速度是通过变换移动喷管的位置实现的。通常情况下，TVC 喷管的总回转角度限制约为 10°　~12°。为了简化仿真模型，利用式（11.14）和式（11.15）表示助推发动机的加速度剖面。在这个剖面中，12g 的侧向加速度约束对应 TVC 喷管回转角度为 14°。不过，所选定的加速度剖面的初始加速度仅为 5g，将在每一个阶段结束时利用 50g 的值对其进行"补偿"。与前面所考虑的助推发动机相比，早先所采用的加速度剖面和附加角度限制对侧向加速度施加了更多的限制。在采用更先进的 TVC 发动机的情况下，能够得到明显更好的结果。

为了应用式（11.10）~式（11.12），对前面建立的拦截弹模型做如下改变：

（1）受控的推进器加速度在 $t = 75$s 立即开始作用，即没有 3s 的延迟。

（2）助推发动机与前面所考虑的助推发动机具有相同的加速度剖面（式（11.14）和式（11.15））和侧向加速度限制，但由于采用的是移动喷管，侧向加速度限制表示为

$$\mathrm{LIM} = \min(\mathrm{thrust}, 12 \times 9.81) \tag{11.21}$$

如果 $a_{cN}(t) \geqslant \mathrm{LIM}$，则

$$a_{cNs}(t) = \mathrm{LIM}\frac{a_{cNs}(t)}{a_{cN}(t)}(s = 1,2,3) \tag{11.22}$$

及

$$a_{L}(t) = \sqrt{\mathrm{thrust}^2 - \mathrm{LIM}^2}, a_{Ls}(t) = a_{L}(t)e_{Ms}(s = 1,2,3) \tag{11.23}$$

（3）拦截弹总指令加速度 a_{cs} 包括法向分量 a_{cNs} 和轴向分量 a_{Ls}：

$$a_{cs}(t) = a_{cNs}(t) + a_{Ls}(t)(s = 1,2,3) \tag{11.24}$$

不同于式（11.13），在这里有：

$$a_{Ms}(t) = a_{cs}(t) + grav_s(s = 1,2,3) \tag{11.25}$$

仿真结果与拦截器基础模型相关，即不具有轴向控制的拦截器（表 11.13，包含了与图 11.21 中作战区域的最具代表性点相关的数据）。在所考虑的助推发动机和不具有附加轴向推进器的拦截器均由式（11.10）~式（11.12）控制的情况下（即不使用制导律的轴向分量），得到的作战区域（点线表示它的近似边界）如图 11.25 所示。

在图 11.25 中，本节得到的作战区域与前面得到的作战区域（即采用不具有轴向控制的更高功率助推发动机、且拦截器采用式（11.19）在具有轴向控制（双画划线）和不具有轴向控制（点画线）等情况下得到的作战区域，图 11.21 也给出了该作战区域）进行了比较。由于所考虑的制导律即使在不采用目标加速度项的情况下，也能获得的结果优于传统广泛应用的制导律（其需要目标加速度的有关信息），且它的实现也要比包含目标加速度相关项的制导律简单，因此图 11.25 中并没有给出广义制导律对应的更大作战区域。通过对

作战区域的对比可以看出，在 TVC 助推发动机情况中采用式（11.10）~式（11.12）是非常有效的。所考虑的 TVC 助推发动机的功率小于前面各节中所考虑的助推发动机，它的作战区域与带有轴向控制的更先进拦截器得到的作战区域具有可比性。

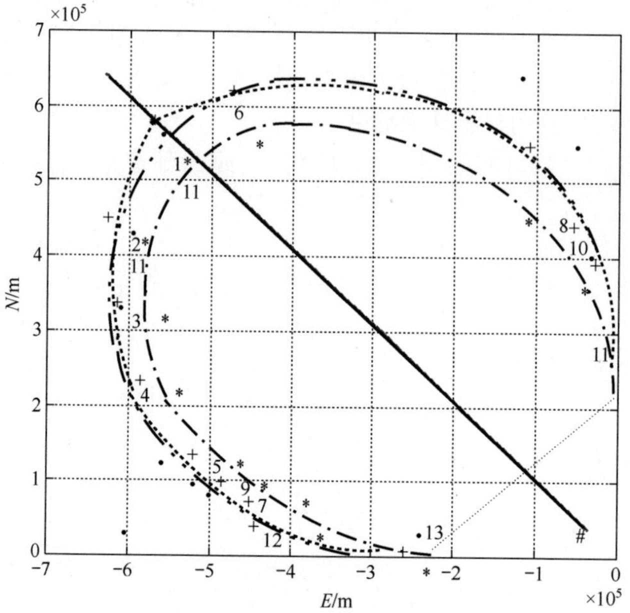

图 11.25 两类助推发动机操作区域对比

实线：—目标轨迹投影；#—$t=75$s 时目标位置；（*、+、·）—不同制导算法对应的发射距离。

显然，这两种变化形式的组合，即拦截器与助推发动机都采用所考虑的带有轴向分量的制导律，能够产生比采用单独一种变化形式时更大的作战区域。此外，如果能够放宽式（11.21）的要求，就能够得到更好的结果，这可以通过选择更优的助推发动机加速度剖面来实现。

在图 11.25 中，标示了多个与标记作战区域足够远的发射距离（标记为“·”），为简单起见，它们并没有包含在这个区域中，这是因为离这些标示位置比较近的其他位置并不能实现拦截。这可以用取决于推力 thrust(t) 的侧向加速度约束式（11.21）来解释。对于这些标示的位置，侧向加速度分量会显著影响拦截弹的飞行，且当侧向加速度约束值比较大时，距离标示的作战区域边界越远的位置，对应于 thrust(t) 中的时间越“有利”。这就是具有更高限制（式（11.21））的更复杂 TVC 发动机能够显著增大作战区域的原因，特别是图 11.25 中的短轴（假设它的形式类似于椭圆）。

所考虑的制导律用于控制 TVC 助推发动机，它的轴向分量使得拦截弹能够更加准确地实现平行导引，即能够更好地导引拦截器，因此它的最大累积速度应小于轴向分量不受控的情况。另一方面，对于所考虑的功率较低的助推发动机，耗尽速度会小于 3.5km/s，我们自然希望拦截器最大累积速度能够高于前面所考虑的大功率助推发动机的情况。

图 11.26 给出了发射位置为 R_{M1} = - 552.8km、R_{M2} = 566.8km、R_{M3} = 15km（实线，见表 11.13 第 1 行）和 R_{M1} = - 110km、R_{M2} = 550km、R_{M3} = 15km（虚线，见表 11.13 第 8 行），采用式（11.19）和 TVC 助推发动机时的累积速度变化。

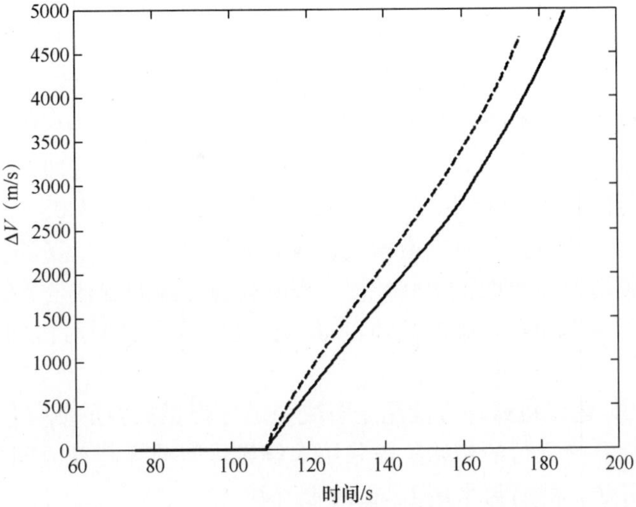

图 11.26　采用式（11.19）和 TVC 助推发动机时累积速度变化（发射位置：R_{M1} = - 552.8km/ - 110km、R_{M2} = 566.8km/550km、R_{M3} = 15km/15km）

如前所述，在图 11.25 中一些发射位置是位于作战区域之外的（为简单起见，使其形状类似于前面所得到的区域），因此与第 8 行中 R_{M2} = 560km 不同，我们选择 R_{M2} = 550km 的发射位置，它是位于作战区域中的，这个位置与具有轴向控制的拦截器作战区域的边界位置一致。对于所选择的发射位置，耗尽速度约为 3km/s。将图 11.26 中的 ΔV 变化与图 11.23（实线）所示具有附加轴向推进器的拦截器对应的 ΔV 变化进行对比，可以认为：与不采用轴向控制助推发动机但拦截器采用轴向控制的情况相比，采用 TVC 助推发动机时需要功率较低的拦截器。显然，如果采用功率更高、更先进的 TVC 助推发动机时，仅需要一个功率较小、最大 ΔV 较小的拦截器。如前所述，拦截器的质量约束不能单独地从助推发动机的质量约束来考虑，即这涉及拦截弹整体质量的优化问题。

在不同传感器中存在与目标跟踪问题相关的状态估计不确定性的假设条件下，重复进行 11.6 节中所考虑基础模型的仿真试验，仿真结果显示：随机情况下的发射距离边界要比确定情况下小 8% ~10%。

11.7 Lambert 制导对比分析

近些年，研究人员投入了大量的精力来研究在助推段利用 Lambert 制导控制拦截弹运动的可行性（文献［1，4，6］）。如第9章所述，在数学上严格的 Lambert 问题需要已知的起点、终点以及飞行时间 t_F，且其仅适用于进攻型导弹，因为其助推段是重力场弹道，可以提前进行计算。

在助推段拦截系统中，拦截弹是防御型导弹，在这种情况下，飞行时间和最终的拦截点是未知的。因此，为求解助推段拦截问题，需要将其描述为严格的数学问题，但这会带来更多的问题，很难得出一个确定的答案。

很多现代制导策略都使用了组合制导律，例如，标准（SM）导弹在飞行前期采用 Kappa 制导律，到末段再切换为比例导引。采用这种方法通常是因为在不同的飞行阶段主导作用力是不同的。举例来说，航天飞机（Space Shuttle）在飞行前期空气动力很大时，沿预先计算好的轨迹飞行，当空气动力项可以忽略不计后，再切换为线性正切制导律。洲际弹道导弹的制导是类似的，在飞行早期采用基于预先计算轨迹的简单制导律，在离开大气层后再切换为 Lambert 制导律。

文献［1］建议将这种方法用于解决弹道导弹拦截弹的制导问题以及面基拦截弹。在拦截弹飞行的初始阶段采用求解最优问题（拦截时间最小化问题）得到的制导算法，然后再采用 Lambert 制导律。

最小拦截时间是助推段拦截系统最重要的因素。但自由段（不受重力场影响）弹道所需的时间大于受力段弹道，Lambert 制导处理的就是这类弹道，基于 Lambert 制导得到的作战区域小于合理选择的 APN 制导律所得到的作战区域。

假设空中发射的助推段拦截弹由飞行高度为15km 的 UAV 发射，具备从角度和距离（可达1200km）两个方面捕获和跟踪目标的能力，因此可生成足够精度的预测拦截点（Predicted Intercept Point，PIP），则可在拦截弹的初始阶段采用 Lambert 制导方法。当能够以足够高的精度确定跟踪位置、速度和加速度时，就能够确定在预期拦截时间 t_F 时的目标位置。

制导算法的这一部分可能会产生明显的误差，甚至可能是致命的，造成拦截弹无法击中目标。首先，它可能造成无法选定预期拦截时间。不同的导弹具有不同的燃烧时间。通常，仿真中目标轨迹是已知的，期望的拦截时间选择为比耗尽时间小10s。但如果导弹的类型及其特性是未知的，就不能确定在实际作战环境中该如何动作。通常情况下，预测拦截点是由泰勒级数公式确定的，即便泰勒级数方法比较粗糙，但它的主要优点在于确定预测拦截点不需要先验信息（即目标类型及目标意图的信息）。但这是一个不可靠的论断。

采用三阶泰勒级数的问题在于，描述多级弹道导弹加速度剖面的函数是不连续的，泰勒级数通常不能用于这类函数中，只有无限可微函数才能展开为泰勒级数。此外，部分弹道导弹具有相似的第一级剖面或初始部分，据此即可确定初始的预期拦截点（即便它们的射程和飞行阶段数不同），且错误确定的 t_F 会产生很大的初始误差。在助推段，根据现有 ICBM 和 IRBM 的加速度剖面及预期拦截时间的相关信息（即使是近似的），可以利用目标运动的测量更好地估计预测拦截点。

图 11.20 给出了两种可能的目标拦截弹道。但如果仅根据已知的目标加速度剖面（耗尽时间）估计拦截时间 t_F，不能确定根据这个方法如何选择合适的拦截弹弹道。

此外，如果目标的位置、速度，特别是加速度的确定带有误差，会造成预测拦截点误差。

仿真表明，即使当拦截时间的误差仅为 5% 时，初始预测拦截点误差约为 100km，但这并不令人感到意外。由于 PIP 估计值一直在变化，为了使拦截弹能够击中最新、最精确的 PIP 估计点（式（9.82）），必须改变拦截弹推力矢量的方向。当拦截弹推进剂消耗完毕时，PIP 依然会存在很大的误差。这也是之所以拦截器在攻击目标过程中需要进行制导的原因。所描述的这种机载助推段拦截弹设计方法一般假设：当拦截弹的控制方向沿轴向时，采用 Lambert 制导律；当拦截弹的控制方向为沿侧向时，采用 APN 制导律。也就是说，在拦截弹推进的过程中采用 Lambert 制导律，在拦截弹飞行末段拦截器采用 APN 制导律。

仿真结果表明，在预测拦截点精确已知的下（该条件是不现实的），速度为 5km/s、燃烧时间为 20s、拦截时间约为 170s 的二级机载拦截弹，距离目标发射点的最大顺向射程约为 700km。如果预测拦截点根据三阶泰勒级数方法近似确定，最大顺向射程则小很多。

根据 11.6 节的仿真结果可以看出，速度为 3.5km/s、燃烧时间为 20s、拦截时间约为 187s 的小功率机载拦截弹，距离目标发射点的最大顺向射程也约为 700km（图 11.21 中点画线）。可以得出结论：前面考虑的基础模型，即不具有轴向控制且采用比 Lambert 制导所需的明显简单很多的助推发动机的拦截器，采用本书所讨论的制导律时能够得到明显较好的结果（更大的作战区域）。采用具有轴向控制和/或更复杂助推发动机（尽管如此，也要比 Lambert 制导需要的 TVC 发动机要简单）的拦截器，能够使作战区域进一步增大 20%（见图 11.21 和图 11.25）。

最重要的是，所讨论的制导律能够实现平行导引，是根据 Lyapunov 方法得到的，且并不需要有关预测拦截点的信息。复杂 Kappa 制导算法是基于预测拦截点的计算，并用于标准导弹中，由于它可以用于处理慢速移动且轨迹较助推机动目标要光滑的目标，因此这种方法可以证明是合理的。平行导引方法不需要连续地计算预测拦截点。捕食者并不确定未来拦截点，它们根据经验决定自身的运动，包括它们自身的内部资源与捕食对象的资源的对比分析。

同样重要的是，所测试制导律的按推荐的方式实现时，并不需要目标加速度的相关信息。所提出的制导律在算法上十分简单，在拦截弹的两部分中（拦截器和助推发动机）都可以实现，且比 Lambert 制导律要简单。这也极大地简化了拦截弹的设计。

本章介绍了如何在实践中应用本书所给出的理论结果。对所考虑的问题的具体特征进行阐述，再根据仿真选取所提供制导律的参数（首先采用平面交会模型，然后再利用三维仿真模型对所开发制导律的效率进行更详细的评估)，这是选择合适的制导律以及实现这些制导律的拦截弹组件的必要逻辑步骤。拦截弹及其拦截器的主要参数应根据所测试制导律的各个变量（带轴向控制、不带轴向控制以及不同类型的助推发动机）进行评估。我们已经确定了轴向加速度分量的积极效应。然而，仅在合理选择助推发动机的前提下，仿真结果才包含合理设计决策所需要高度可靠的信息。如前所述，拦截弹的质量问题应合理地阐述，拦截器和助推发动机的质量问题不应分开描述和解决。重要的是，建立这个多标准问题的合理模型，并采用合适的计算算法。这个问题的解可以证明所选择拦截器和助推发动机参数的合理性，或指出应做哪些修正，其实现应进行仿真验证。只有在这之后，才创建并测试 6 - DOF 仿真模型。拦截器的高速性提高了目标相关信息质量的要求。拦截器红外传感器信息延迟是降低拦截弹性能因素之一。分析时间延迟的影响十分重要，如果它会极大地减小作战区域，则应对修正的制导算法进行测试[5]。

为了设计能够攻击不同类型 ICBM 和 IRBM 的拦截弹，必须综合考虑助推段拦截问题和上升段拦截问题。所讨论的制导律必须在能够在上升段击中目标（大多是 IRBMs）的前提下，针对不同类型的目标进行测试。这个问题的解与前面所考虑的问题类似，且对助推段（上升段）拦截弹的一体化设计具有重要意义。

参考文献

1. Dougherty, J. and Speyer, J. A near - optimal approach to the ballistic missile interceptor guidance problem, SIG Technology Review, 1995, 42 - 57.

2. Kleppner, D. and Lamb, F. K. (eds.), Boost - Phase Intercept Systems for National Missile Defense, Report of the American Physical Society Study Group, July 2003.

3. National Academy of Sciences. Making Sense of Ballistic Missile Defense: An Assessment of Concepts and Systems for US Boost – Phase Missile Defense in Comparison to other Alternatives, The National Academies Press, New York, 2012.
4. Wilkening, D. A. Airborne boost – phase ballistic missile defense, Science and Global Security, June 2004, 1 – 67.
5. Yanushevsky, R., Missile Guidance, Lecture Notes, AIAA Guidance, Navigation, and Control Conference, Chicago, IL, 2009.
6. Zarchan, P., Tactical and Strategic Missile Guidance, Progress in Astronautics and Aeronautics, 176, American Institute of Astronautics and Aeronautics, Inc., Washington, 1997.

第 12 章　导弹制导软件

12.1　引言

与艺术家创造出一件新作品或数学家对一个定理进行了简洁的证明时一样,程序员在设计了具备良好架构且高效的程序时,能够获到一定程度的满足感。虽然本章介绍的程序并不能认为是已经十分复杂先进,但它们可以有效地用来分析和设计各种制导律,也可帮助读者设计自己的程序。这里给出的程序是 VISUAL FORTRAN 和 MATLAB 两种语言编写的[1-3]。

FORTRAN 语言诞生于 1954 年,是第一种高级计算机语言。但是,它的不足是程序框架并不太好,此外,在数据描述和处理输入和输出方面都不是特别完善。后续发展出了多个改进版本,如 FORTRAN 77 和 FORTRAN 90。在 1960 年,出现了另一种计算机语言——ALGOL,它对后来程序语言的发展产生了重大影响。这个语言的最大优势是程序构架,但 ALGOL 语言并没有得到广泛的应用。1965 年,BASIC 语言面世,并得到了广泛的应用,它的优点是简单,缺点在于缺乏结构性。1971 年出现了 Pascal 语言,该语言与 ALGOL 语言类似,具有良好的程序结构,但是在采用模块化思想来设计大规模程序上有所不足。因此,上述提到的计算机语言都更适用于开发小规模程序。

C 语言虽然早在 20 世纪 70 年代初期就出现了,但却非常受欢迎。当今大部分操作系统和系统程序,比如处理窗口和菜单的程序,都是利用 C 语言编写的。1985 年产生了 C++ 语言,这是对 C 语言的拓展,是应用最为广泛的面向对象的语言。为了使程序有更好的易读性、延展性和容错性,建立了一系列的规则和建议,并提出了结构化程序的概念。在 20 世纪 70 年代,逐渐变得明确的一点是,即使程序构架再好的计算机语言也无法满足处理复杂问题和开发大规模程序的需求,显然这就需要把这些程序分解成功能相对独立的部分,或可独立进行开发和测试的模块。一些新的计算机语言,比如:Ada 和 Java,不仅有良好的程序构架,能够支持程序的模块化开发,并且还能支撑人机交互。

与公共图书馆能够使我们获取知识、提高知识水平类似,现代程序语言也提供了资源库来提升它们的程序开发能力。而应用最广泛的计算机语言也会不断地更新和完善,在更新的版本中会尝试融入其他语言的优势和特色。此外,设计人员创建了各语言间的接口界面,以确保各种语言之间的兼容性。

显然，专业的程序语言在解决特殊类型的问题时比一般性语言更有效。MATLAB 就是这样一种专业性语言，它对科学编程非常有用。MATLAB 就是一种这类专业语言，对科学编程问题十分有效。MATLAB 第一个版本诞生于 20 世纪 70 年代末，可用在矩阵理论、线性代数和数值分析中。MATLAB 是一种高性能的技术计算语言，从根本上是基于复杂的矩阵软件建立起来的，它的基础数据元素是不需要明确维数的矩阵。它能帮助用户解决很多技术计算问题，尤其是矩阵计算的问题，也可调用 C 或 FORTRAN 等非交互语言编写的程序。MATLAB 支持简单的矩阵运算、函数和数据的绘图、算法的实现，创建用户界面以及与其他计算机语言交互的接口。面对各种工业领域的应用需求，MATLAB 发展出了所谓的工具箱，它将 M 文件和函数深入综合，拓展了 MATLAB 应用环境，使其能够解决信号处理、控制系统分析设计、神经网络等领域中的专业问题。MATLAB 数学函数库包含了大量的算法。SIMULINK 是 MATLAB 的一个软件包，用于系统的建模、仿真和动态分析，其能够支持线性和非线性系统在连续时间、离散时间或两者混合的情况下进行建模，支持用户利用其创建新的模型或修改已有模型。在建模中，SIMULINK 提供一种用户图形界面，可通过单击和拖动鼠标建立结构框图形式的模型。SIMULINK 包含了信号源模块、输出模块、线性和非线性部分模块以及连接器等一系列综合模块库。用户也可以使用 S 函数创建自己需要的结构框图。近年来，SIMULINK 已发展出能够用于航空航天工业领域中过程仿真和控制系统设计的结构框图。

本章介绍的 MATLAB 程序可利用 SIMULINK 和 MATLAB 创建，能够在时域内评估导弹的脱靶量。它的优势是利用了导弹飞行系统的频率特性，其比系统微分方程的形式更具有实际物理意义。本章后面部分给出的 VISUAL FORTRAN 程序与 FORTRAN 程序的特性是相似的[4]，它们在描述问题特性的程序结构上是相似的，且比文献［4］考虑的数学模型更加复杂。熟悉文献［4］的读者不需要花费大量的时间去理解这些程序，因为本章中的部分程序与文献［4］相似，且程序中使用的符号也是类似的。

VISUAL FORTRAN 包含 FORTRAN 90 的模块和库文件，可在 Win32 应用程序设计接口层面进行 Windows 编程。这样可使程序员应用可视化环境（也称为开发环境）将源代码构建成多类程序和资源库，也称为工程。一个工程由若干可实现一定功能的源文件和构建工程的说明组成。工程包含在一个工作空间之内。DFWIN. F90 模块可提供一系列操作的接口，包括窗口管理、图形界面、系统设置、多媒体和远程程序调用等。FORTRAN 库是与主程序分开的代码块，它们在组织大程序和在多个程序之间进行资源共享方面具有明显优势。VISUAL FORTRAN 非常适用于 3 – DOF 或 6 – DOF 的作战程序，也适用于包含雷达导引头模型在内的更复杂的模型。

利用 MATLAB 或 FORTRAN 编写的平面模型程序也可以用其他语言编写，比如：BASIC，Pascal，C 语言等。然而，对于多维的交会模型，VISUAL FORTRAN 是最适合的。对于包含雷达、武器控制系统和导弹的模型，则需用更加高级的计算机语言，如 Ada 或 Java。

12.2 频域方法软件

第4章介绍了应用频域分析法来对线性化比例制导系统模型进行分析的相关内容，得到了相对目标加速度的制导系统的传递函数表达式，以及导弹系统性能相关的表达式。为了得到解析表达式，需要采用比现有时域方法更简单的计算语言。

下面，给出一些能够在导弹性能分析中验证频域方法有效性的程序。

程序清单 12.1 给出了在目标摆动式机动情况下确定峰值脱靶量的 MATLAB 程序，该程序对应的是第4章中飞行控制系统三阶动态模型的示例，其时间常数、自然频率、阻尼和弹体零频分别用 T 、wm 、damp 和 wz 来表示。有效导航比采用前面的标记形式。系数 B、C 和 D 的表达式通过式（4.17）~ 式（4.19）得到。式（4.26）的表达式 $y(i,1)$ 由 ac1$(i,1)$ 、ac2$(i,1)$ 、ac3$(i,1)$ 和 ac4$(i,1)$（其分别等于式（4.26）中对应的因子）的乘积表示。

程序清单 12.1　计算峰值脱靶量的 MATLAB 程序

```
function peak. miss
    T = 0.5;
    N = 3.;
    wz = 5.;
    wm = 20.;
    damp = 0.7;
    beta = sqrt(1. - damp^2);
    B = (T^2 - wz^(-2))/(2. * damp/wm - T - 1./(T * wm^2));
    C = - 1./wm^2 - B/T/wm^2;
    D = -2. * damp/wm + C * T * wm^2 ;
    wt = 3.5;
    Tt = 0.15;
    wzt = 15.;
    dampt = 0.8;
```

```
for q =1:150
        w(q,1) = q/10;
        ac1(q,1) = 0;
        ac2(q,1) = 0;
        ac3(q,1) = 0;
        ac4(q,1) = 0;
        G(q,1) = 0;
        GT(q,1) = 0;
        y (q,1) = 0;
end
for i = 1:150
        ac1(i,1) = w(i,1).^(N-2);
        ac2(i,1) = (w(i,1).^2. + (1./T)^2).^(N*B/(T*2));
        ac3(i,1) = ((wm.^2-w(i,1).^2).^2 + 4.*(damp^2).*(w(i,1).^2)*wm.^2).^(C*N/4*wm^2);
        G(i,1) = atan((w(i,1) - wm*sqrt(1-damp^2))./wm/damp) - atan((w(i,1) +
          wm*sqrt(1-damp^2))./wm/damp);
        ac4(i,1) = exp(N*wm*(D-C*damp*wm)./(2.*sqrt(1. -damp^2)).*G(i,1));
        %        GT(i,1) = (1. -(w(i,1)./wzt).^2)./sqrt((1. +Tt^2)*((1. -
        %        (w(i,1)./wt).^2.)^2+4*((w(i,1)./wt).^2).*dampt^2));
        GT(i,1) = 1.;
        y(i,1) = 9.81*ac1(i,1).*ac2(i,1).*ac3(i,1).*ac4(i,1).*GT(i,1);
end
plot(w,y);grid; xlabel('Frequency (rad/s)'); ylabel('Steady-state miss amplitude (m)');
```

通过 for 循环（$i = 1: 150$）可以得到稳态脱靶量的幅值 $y(i,1)$ 与目标机动频率 $w(i,1)$ 之间的关系，如图 4.7 所示。通过分析该关系可确定最优机动策略和目标的最优机动频率。该程序还能够验证飞行控制系统参数对导弹系统性能的影响（表 4.1）。

如第 4 章所述，广义导弹制导模型（式（4.65）~式（4.70））能够对导弹脱靶量进行更精确的估计（图 4.13）。目标导弹的动力学特征分别用时间常数 Tt 、自然频率 wt 、阻尼 dampt 和弹体零频 wzt 表示。它的幅频特性 GT(i,1) 在式（4.67）中已给出，但是程序中并未使用（符号“%”后面这一行程序是无效的）。为了利用广义模型程序确定峰值脱靶量，把确定 GT(i,1) 这一行程序前面的符号“%”去掉，并将其放在 GT(i,1) = 1 行的前面。

程序清单 12.2 所示的 MATLAB 程序比清单 12.1 的程序更有效，它考虑了飞行控制系统的四阶模型（式（4.17））。由于这种情况存在两个时间常数 T_1 和 T_2 ，因此这里用 ac21(i,1) 和 ac22(i,1) 两个因子代替清单 12.1 的 ac2(i,1) 。程序同样包含相频特性 $f(i,1)$ 的表达式（式（4.28））。因此可以得到频率响应的实部 RE(i,1) 和虚部 IM(i,1)（图 4.9 和图 4.10）。在第 4 章的基础上，利用 RE(i,1) 可求出脱靶量阶跃响应 INT(j,1)（式（4.62））。

程序清单 12.2　确定情况下脱靶量分析的 MATLAB 程序示例

```
function miss_analysis;
    T1 = 0.5;
    T2 = 0.1;
    wz = 5.;
    r1 = 0.;
    r2 = -wz^(-2);
    r3 = 0.;
    N=3.;
    wm=20.;
    damp=0.7;
    wt=3.5;
    Tt=0.15;
    wzt=15.;
    dampt=0.8;
    beta=sqrt(1.-damp^2);
    B1 = (T1^2 -r1*T1 + r2-r3/T1)/(2.*damp/wm -T1-1./(T1*wm^2))/
    (1.-T2/T1);
    B2 = (T2^2 -r1*T2 + r2-r3/T2)/(2.*damp/wm -T2-1./(T2*wm^2))/
    (1.-T1/T2);
    BT2 = B2/T2;
    C = -1./wm^2 - B1/T1/wm^2 -BT2/wm^2;
    D = r1-B1-B2-(T1+T2) - 2.*damp/wm;
for q = 1:150
    w(q,1) = q/10;
    t(q,1) = q/10;
    ac1(q,1) = 0;
    ac21(q,1) = 0;
    ac22(q,1) = 0;
    ac3(q,1) = 0;
    ac4(q,1) = 0;
    G(q,1) = 0;
    RE(q,1) = 0;
    IM(q,1) = 0;
    INT(q,1) = 0;
    f(q,1) = 0;
    y(q,1) = 0;
    z(q,1) = 0;
end
for i = 1:150
    ac1(i,1) = w(i,1).^(N-2.);
    ac21(i,1) = (w(i,1).^2. + (1./T1)^2).^(N*B1/(T1*2));
    ac22(i,1) = (w(i,1).^2. + (1./T2)^2).^(N*BT2/2);
```

```
    ac3(i,1) = ((wm.^2 - w(i,1).^2).^2 +
    4. * (damp^2). * (w(i,1).^2) * wm.^2).^(C * N/4 * wm^2);
    G(i,1) = atan((w(i,1) - wm * sqrt(1. - damp^2))./wm/damp) - atan((w(i,1) +
    wm * sqrt(1. - damp^2))./wm/damp);
    ac4(i,1) = exp(N * wm * (D - C * damp * wm)./(2. * sqrt(1. - damp^2)). * G(i,1));
    y(i,1) = 9.81 * ac1(i,1). * ac21(i,1). * ac22(i,1). * ac3(i,1). * ac4(i,1);
    f(i,1) = -3.14 + N * (3.14/2. + B1/T1. * atan(w(i,1) * T1) +
        B2/T2. * atan(w(i,1) * T2) + C/2. * wm^2 * atan(2. * w(i,1) * wm * damp/(wm^2 - w(i,1)^2) -
        wm * (D - damp * wm * C)/4/sqrt(1. - damp^2) * log((w(i,1)^2 + wm^2 - 2. * w(i,1) * wm *
        sqrt(1. - damp^2))/(w(i,1)^2 + wm^2 + 2. * w(i,1) * wm * sqrt(1. - damp^2)))));
    RE(i,1) = y(i,1). * cos(f(i,1));
    IM(i,1) = y(i,1). * sin(f(i,1));
end
for j = 1:150
    for i = 1:150
        z(i,1) = RE(i,1). * sin(w(i,1). * t(j,1))./w(i,1);
    end
    INT(j,1) = 2./3.14 * 0.1 * sum(z);
end
plot(w, y);grid ; xlabel('Frequency (rad/s)');ylabel('Steady - state miss amplitude (m)');
    %plot(RE, IM); grid;xlabel(''RE (m)');ylabel('IM (m)');
    %plot(w, RE);grid;xlabel('Frequency (rad/s)');ylabel('Real frequency response (m)');
    %plot(t, INT);grid ; xlabel('Time (s)');ylabel('Step miss (m)');
```

在第 6 章，用频域方法设计了新型制导律，而不仅是用其来提高导弹比例制导系统的性能。程序清单 12.3 给出的程序是基于第 4 章、第 6 章的解析表达式和图 6.1 所示的修正导弹制导模型结构。该修正制导模型的特性由参数 tau1、tau2 及 K_1、K_2 表征（式（6.16）和式（6.17））。程序中参数的初值与未修正的 PN 制导律一致。第 6 章中的仿真图和表 6.1 通过该程序得到（见 **plot**（RE, IM）、**plot**（w, RE）、**plot**（t, INT））。

程序清单 12.3　制导规律 MATLAB 程序：分析与设计

```
function guidance_design;
    N = 3.;
    wz = 5.;
    wm = 20.;
    damp = 0.7;
    T = 0.5;
    tau1 = 0.;
    tau2 = 0.;
    K1 = 0.;
    K2 = 1.;
    a0 = -wz^(-2);
```

```
        b0 = T/wm^2 * tau2;
        b1 = T/wm^2 + (2. * T * damp/wm +1. /wm^2) * tau2 + a0 * tau1;
        b2 = 2. * T * damp/wm +1. /wm^2 + (2 * damp/wm + T) * tau2 + a0 * K1;
        b3 = 2. * damp/wm + T + tau1 + tau2;
        b4 = 1. + K1;
        d0 = a0 * (tau1 + tau2 * K2);
        d1 = a0 * (K2 + K1);
        d2 = tau1 + tau2 * K2;
        d3 = K2 + K1;
        X = [b0, b1, b2, b3, b4];
        roots(X)
        SYS = TF([d0 d1 d2 d3], [b0 b1 b2 b3 b4]);
        step(SYS)
        i1 = 1500. ;
for q = 1: i1
        w(q,1) = q/10;
        p1(q,1) = 0. ;
        p2(q,1) = 0. ;
        p3(q,1) = 0. ;
        p4(q,1) = 0. ;
        RE(q,1) = 0;
        RE1(q,1) = 0;
        IM(q,1) = 0;
        IM1(q,1) = 0;
        INT(q,1) = 0. ;
        INT1(q,1) = 0. ;
        y(q,1) = 0. ;
end
for q = 1:i1
        p1(q,1) = -d1. * w(q,1).^2 + d3;
        p2(q,1) = -d0. * w(q,1).^3 + d2. * w(q,1);
        p3(q,1) = b0. * w(q,1).^4 - b2. * w(q,1).^2 + b4;
        p4(q,1) = -b1. * w(q,1).^3 + b3. * w(q,1);
        RE(q,1) = (p1(q,1). * p3(q,1) + p2(q,1). * p4(q,1))./(p3(q,1).^2 + p4(q,1).^2);
        RE1(q,1) = RE(q,1)./w(q,1);
        IM(q,1) = ( -p1(q,1). * p4(q,1) + p2(q,1). * p3(q,1))./(p3(q,1).^2 + p4(q,1).^2);
        IM1(q,1) = IM(q,1)./w(q,1);
end
for i = 1:i1
        INT1(i,1) = RE1(i,1);
        for q = i+1:i1
           INT1(q,1) = (INT1(q-1,1) + RE1(q,1));
        End
```

```
        INT(i,1) = 0.1 * INT1(i1,1);
        y(i,1) = exp( - N * INT(i,1)). * 9.81./w(i,1)^2;
end
plot(w(1:150), y(1:150));grid ; xlabel(Frequency (rad/s)');ylabel('Steady - state miss amplitude (m)');
```

修正式（6.9）的传递函数可表示为如下形式：

$$W_{\Sigma}(s) = \frac{d_3 + d_2 s + d_1 s^2 + d_0 s^3}{b_4 + b_3 s + b_2 s^2 + b_1 s^3 + b_0 s^4} \tag{12.1}$$

并可得到分子和分母的系数表达式。根据这些系数的值并应用函数 **roots**（X），可计算特征方程根。利用语句 SYS = **TF**([$d0$ $d1$ $d2$ $d3$],[$b0$ $b1$ $b2$ $b3$]) 和 **step**(SYS)，可获得与传递函数 $W_{\Sigma}(s)$ 对应的阶跃响应。

相比于程序清单 12.1 和程序清单 12.2，这个程序清单 12.3 近似计算了频域响应（式（7.70）和式（7.71）），而没有采用式（4.35）和式（4.37）给出的精确表达式。在程序中，式（4.13）、式（7.70）和式（7.71）中的无穷积分上限变为由参数 $i1$ 表示的很大的值。$W_{\Sigma}(s)$ 的分子的实部和虚部分别由 $p1(q,1)$ 和 $p2(q,1)$ 表示，$W_{\Sigma}(i\omega)$ 分母的实部和虚部分别由 $p3(q,1)$ 和 $p4(q,1)$ 表示，$W_{\Sigma}(i\omega)$ 的实部和虚部分别由 RE(q,1) 和 IM(q,1) 表示。考虑到 $H(i\omega) = W_{\Sigma}(i\omega)/i\omega$（式（4.14）），即可得到 $H(i\omega)$ 的实部和虚部表达式 RE1(q,1) 和 IM1(q,1)。选取时间步长为总时间的 1/10，根据摆动式机动目标的频率 $w(q,1)$ 可计算得到稳态脱靶量的近似幅值 $y(i,1)$。

第 7 章分析了噪声对脱靶量的影响。基于式（7.55）~式（7.58）（也可见式（7.43）、式（7.46）、式（7.48）和式（7.49）），可得到计算闪烁噪声、距离独立噪声以及被动、主动探测器噪声影响下均方根（rms）脱靶量的程序。

程序清单 12.4 给出了在闪烁噪声谱密度为 0.4 m^2/Hz 的假设条件下，确定四阶制导系统模型在闪烁噪声影响下 rms 脱靶量（式（7.55））的程序。程序的上半部分与清单 12.2 相同，只是频率特性 $y(i,1)$、$f(i,1)$、RE(i,1) 和 IM(i,1)（式（4.42）和式（4.43））是相对目标垂直位置 $y_{\mathrm{T}}(t)$ 的，而不是像程序清单 12.2 一样相对目标加速度的。参数 $i1$ 表示傅里叶反变换近似值的上限，该值的选取需要高精度地计算傅里叶反变换积分的值。for 循环用于计算傅里叶反变换 $P1(j,1)$ 及其平方值 $P2(j,1)$，并以飞行时间 t_{F} 函数的形式计算定积分 $P3(j,1)$。用 $P4(j,1)$ 给出 rms 脱靶量（傅里叶反变换的系数 $2/\pi$ 包含在表达式 $P4(j,1)$ 中，$w(i,1)$ 和 $t(j,1)$ 分别为频率和时间）。

程序清单 12.4　MATLAB 程序示例：闪烁噪声情况下 rms 脱靶量的计算

```
function rms_glint;
    i1 = 250.;
    glint = 0.4;
```

```
    N = 3. ; T1 = 0.5; T2 = 0.1; wm = 20; damp = 0.7;
    r1 = 0. ;
    wz = 5. ; r2 = - wz^(-2) ;
    r3 = 0. ;
    beta = sqrt(1. -damp^2);
    B1 = (T1^2 -r1 * T1 + r2 -r3/T1)/(2. * damp/wm -T1 -1./(T1 * wm^2))/(1. -T2/T1);
    B2 = (T2^2 -r1 * T2 + r2 -r3/T2)/(2. * damp/wm -T2 -1./(T2 * wm^2))/(1. -T1/T2);
    BT2 = B2/T2;
    C = -1/wm^2 - B1/T1/wm^2 - BT2/wm^2;
    D = r1 -B1 -B2 -(T1 +T2) -2 * damp/wm;
for q = 1: i1
    w(q,1) = q/10; t(q,1) = q/10;
    ac1(q,1) = 0; ac2(q,1) = 0; ac3(q,1) = 0; ac4(q,1) = 0; G(q,1) = 0;
    RE(q,1) = 0; IM(q,1) = 0; RE1(q,1) = 0; f(q,1) = 0; y(q,1) = 0; z(q,1) = 0;
    P1(q,1) = 0; P2(q,1) = 0; P3(q,1) = 0; P4(q,1) = 0;
end
for i = 1: i1
    ac1(i,1) = w(i,1).^N;
    ac21(i,1) = (w(i,1).^2. +(1./T1)^2).^(N * B1/(T1 * 2));
    ac22(i,1) = (w(i,1).^2. +(1./T2)^2).^(N * BT2/2);
    ac3(i,1) = ((wm.^2 -w(i,1).^2).^2 +
              4. * (damp^2). * (w(i,1).^2) * wm.^2).^(C * N/4 * wm^2);
    G(i,1) = atan((w(i,1) -wm * sqrt(1. -damp^2))./wm/damp) -
             atan((w(i,1) +wm * sqrt(1. - damp^2))./wm/damp);
    ac4(i,1) = exp(N * wm * (D -C * damp * wm)./(2. * sqrt(1 -damp^2)). * G(i,1));
    y(i,1) = ac1(i,1). * ac21(i,1). * ac22(i,1). * ac3(i,1). * ac4(i,1);
    f(i,1) = N * (3.14/2 + B1/T1. * atan(w(i,1) * T1) + B2/T2. * atan(w(i,1) * T2) +
              C/2 * wm^2 * atan(2 * w(i,1) * wm * damp/(wm^2 -w(i,1)^2) - wm * (Ddamp * wm *
              C)/4./sqrt(1. -damp^2) * log((w(i,1)^2 +wm^2 -2. * w(i,1) *
              wm * sqrt(1 -damp^2))/(w(i,1)^2 +wm^2 +2. * w(i,1) * wm * sqrt(1 -damp^2)))));
    RE(i,1) = y(i,1). * cos(f(i,1));
    IM(i,1) = y(i,1). * sin(f(i,1));
end
for j = 1:100
    for i = 1: i1
        z(i,1) = (1. -RE(i,1)). * cos(w(i,1). * t(j,1));
        if i == 1
            z0(i,1) = z(i,1);
        else
            z0(i,1) = z(i,1) + z0(i -1,1);
        end
    end
    P1(j,1) = 0.1 * z0(i1,1);
```

```
    if j == 1
      P2(j,1) = P1(j,1).^2;
    else
      P2(j,1) = P1(j,1).^2 + P2(j -1,1);
    end
      P3(j,1) = glint * 0.1 * P2(j,1);
      P4(j,1) = 2./3.14 * sqrt(P3(j,1));
end
plot(w,P4);grid ; xlabel('Time (s)'); ylabel('RMS miss (m)');
```

在谱密度为 6.5×10^{-8} rad^2/Hz 、接近速度 vcl = 1500m/s 的假设条件下，程序清单 12.5 中的程序可以确定四阶制导系统模型在距离独立噪声影响下的 rms 脱靶量。该清单中程序中大部分与清单 12.4 中程序相同。$z(i,1)$ 和 $P3(j,1)$ 表达式是不同的，与式（7.56）对应，$y1$ 表示 IM$(i,1)$ 的一阶差分。

程序清单 12.5　MATLAB 程序：距离独立噪声影响下的 rms 脱靶量

```
function rms_independent;
     i1 =250. ;
     independent = 6.5 * 10^( -8);
     vcl = 1500. ;
     T1 = 0.5; T2 = 0.1;
     r1 = 0. ;
     wz = 5. ;
     r2 = - wz^( -2) ;
     r3 = 0. ;
     N = 3. ;
     wm = 20;
     damp = 0.7;
     beta = sqrt(1. - damp^2);
     B1 = (T1^2 - r1 * T1 + r2 - r3/T1)/(2. * damp/wm - T1 - 1./(T1 * wm^2))/(1. - T2/T1);
     B2 = (T2^2 - r1 * T2 + r2 - r3/T2)/(2. * damp/wm - T2 - 1./(T2 * wm^2))/(1. - T1/T2);
     BT2 = B2/T2;
     C = -1/wm^2 - B1/T1/wm^2 - BT2/wm^2;
     D = r1 - B1 - B2 - (T1 + T2) - 2 * damp/wm;
for q =1: i1
     w(q,1) =q/10; t(q,1) =q/10;
     ac1(q,1) =0; ac2(q,1) =0; ac3(q,1) =0; ac4(q,1) =0; G(q,1) =0;
     RE(q,1) =0; IM(q,1) =0; f(q,1) =0; y(q,1) =0; z(q,1) =0;
     P1(q,1) =0; P2(q,1) =0; P3(q,1) =0; P4(q,1) =0;
end
for i =1: i1
     ac1(i,1) = w(i,1).^N;
     ac21(i,1) = (w(i,1).^2. +(1./T1)^2).^(N * B1/(T1 * 2));
```

```
        ac22(i,1) = (w(i,1).^2. + (1./T2)^2).^(N * BT2/2);
        ac3(i,1) = ((wm.^2 - w(i,1).^2).^2 +
                4. * (damp^2). * (w(i,1).^2) * wm.^2).^(C * N/4 * wm^2);
        G(i,1) = atan((w(i,1) - wm * sqrt(1. - damp^2))./wm/damp) -
                atan((w(i,1) + wm * sqrt(1. - damp^2))./wm/damp);
        ac4(i,1) = exp(N * wm * (D - C * damp * wm)./(2. * sqrt(1 - damp^2)). * G(i,1));
        y(i,1) = ac1(i,1). * ac21(i,1). * ac22(i,1). * ac3(i,1). * ac4(i,1);
        f(i,1) = N * (3.14/2 + B1/T1. * atan(w(i,1) * T1) + B2/T2. * atan(w(i,1) * T2) +
                C/2 * wm^2 * atan(2 * w(i,1) * wm * damp/(wm^2 - w(i,1)^2) - wm * (D -
                damp * wm * C)/4./sqrt(1. - damp^2) * log((w(i,1)^2 + wm^2 - 2. * w(i,1) *
                wm * sqrt(1 - damp^2))/(w(i,1)^2 + wm^2 + 2. * w(i,1) * wm *
                sqrt(1. - damp^2)))));
        RE(i,1) = y(i,1). * cos(f(i,1));
        IM(i,1) = y(i,1). * sin(f(i,1));
end
        y1 = = diff IM ( ) ; y1 i ( ) 1,1 0;
for j = 1:100
        z(i,1) = y1(i,1). * cos(w(i,1). * t(j,1));
        for i = 1: i1
           if i = = 1
              z0(i,1) = z(i,1);
           else
              z0(i,1) = z(i,1) + z0(i - 1,1);
           end
        end
           P1(j,1) = 0.1 * z0(i1,1);
        if j = = 1
           P2(j,1) = P1(j,1).^2;
        else
           P2(j,1) = P1(j,1).^2 + P2(j - 1,1);
        end
        P3(j,1) = 0.1 * independent * vcl^2 * 10^2 * P2(j,1);
        P4(j,1) = 2./3.14 * sqrt(P3(j,1));
end
plot(w,P4);grid ; xlabel('Time (s)');ylabel('RMS miss (m)');
```

程序清单 12.6 给出了在噪声谱密度为 6.5×10^{-8} rad^2/Hz 、接近速度 vcl = 1500m/s 、参考距离 r0 = 10000m 的假设条件下，四阶制导系统模型在距离相关噪声影响下 rms 脱靶量的计算程序。该程序综合了被动接收机噪声（factor = 1）和主动接收机噪声两种情况。被动接收机噪声影响下的 rms 脱靶量通过式（7.69）计算（在这里没有采用式（7.57））。主动接收机噪声影响下的 rms 脱靶量通过式（7.67）计算，而不采用式（7.58）。与清单 12.5 类似，该程序也重复了清单 12.4 的大部分程序。$z(i,1)$ 和 $P3(j,1)$ 的表达式不同，且与式（7.67）和式（7.69）相对应；$y1$ 表示 $\mathrm{IM}(i,1)$ 的一阶差分，$y11$ 表示 $\mathrm{RE}(i,1)$ 的一阶差分。

程序清单 12.6　MATLAB 程序：接收机噪声影响下的 rms 脱靶量

```
function rms_receiver;
    i1 = 250. ;
    factor = 1. ;
    noise = 6.5 * 10^( -4);
    vcl = 1500. ;
    r0 = 10.^4;
    T1 = 0.5; T2 = 0.1;
    r1 = 0. ;
    wz = 30. ; r2 = - wz^( -2) ;
    r3 = 0. ;
    N = 3. ;
    wm = 20;
    damp = 0.7;
    beta = sqrt(1. - damp^2);
    B1 = (T1^2 - r1 * T1 + r2 - r3/T1)/(2. * damp/wm - T1 - 1./(T1 * wm^2))/(1. - T2/T1);
    B2 = (T2^2 - r1 * T2 + r2 - r3/T2)/(2. * damp/wm - T2 - 1./(T2 * wm^2))/(1. - T1/T2);
    BT2 = B2/T2;
    C = -1/wm^2 - B1/T1/wm^2 - BT2/wm^2;
    D = r1 - B1 - B2 - (T1 + T2) - 2 * damp/wm;
for q = 1: i1
   w(q,1) = q/10; t(q,1) = q/10;
   ac1(q,1) = 0; ac2(q,1) = 0; ac3(q,1) = 0; ac4(q,1) = 0; G(q,1) = 0;
   RE(q,1) = 0; IM(q,1) = 0; f(q,1) = 0; y(q,1) = 0; z(q,1) = 0;
   P1(q,1) = 0; P2(q,1) = 0; P3(q,1) = 0; P4(q,1) = 0;
end
for i = 1: i1
   ac1(i,1) = w(i,1).^N;
   ac21(i,1) = (w(i,1).^2. + (1./T1)^2).^(N * B1/(T1 * 2));
   ac22(i,1) = (w(i,1).^2. + (1./T2)^2).^(N * BT2/2);
   ac3(i,1) = ((wm.^2 - w(i,1).^2).^2 +
           4. * (damp^2). * (w(i,1).^2) * wm.^2).^(C * N/4 * wm^2);
   G(i,1) = atan((w(i,1) - wm * sqrt(1. - damp^2))./wm/damp) -
           atan((w(i,1) + wm * sqrt(1. - damp^2))./wm/damp);
   ac4(i,1) = exp(N * wm * (D - C * damp * wm)./(2. * sqrt(1 - damp^2)). * G(i,1));
   y(i,1) = ac1(i,1). * ac21(i,1). * ac22(i,1). * ac3(i,1). * ac4(i,1);
   f(i,1) = N * (3.14/2 + B1/T1. * atan(w(i,1) * T1) + B2/T2. * atan(w(i,1) * T2) +
           C/2 * wm^2 * atan(2 * w(i,1) * wm * damp/(wm^2 - w(i,1)^2) - wm * (D -
           damp * wm * C)/4./sqrt(1. - damp^2) * log((w(i,1)^2 + wm^2 - 2. * w(i,1) *
```

```
            wm * sqrt(1 - damp^2))/(w(i,1)^2 + wm^2 + 2. * w(i,1) * wm *
            sqrt(1 - damp^2)))));
        RE(i,1) = y(i,1). * cos(f(i,1));
        IM(i,1) = y(i,1). * sin(f(i,1));
end
        y1 = diff(IM); y1(i1,1) = 0; y11 = diff(RE); y11(i1,1) = 0;
for j = 1:100
        if factor == 1
            z(i,1) = y11(i,1). * t(j,1). * sin(w(i,1). * t(j,1));
        else
            z(i,1) = y1(i,1). * (t(j,1).^2). * cos(w(i,1). * t(j,1));
        end
        for i = 1: i1
            if i == 1
                z0(i,1) = z(i,1);
            else
                z0(i,1) = z(i,1) + z0(i-1,1);
            end
        end
        P1(j,1) = 0.1 * z0(i1,1);
        if j == 1
            P2(j,1) = P1(j,1).^2;
        else
            P2(j,1) = P1(j,1).^2 + P2(j-1,1);
        end
        if factor == 1
            PP3(j,1) = noise * (vcl^2/r0)^2 * 0.1 * 10^2 * PP2(j,1);
        else
            PP3(j,1) = noise * (vcl^3/r0^2)^2 * 0.1 * 10^2. * PP2(j,1);
        end
        P4(j,1) = 2./3.14 * sqrt(P3(j,1));
end
plot(w,P4);grid ; xlabel('Time (s)');ylabel('RMS miss (m)');
```

上述程序可嵌入到更复杂的程序之中，使我们能单独或同时分析各种类型噪声作用下的 rms 脱靶量。

平面交会的四阶模型广泛应用于导弹性能分析中。对于更高阶模型，其表达形式与程序清单 12.4 ~ 程序清单 12.6 类似，可通过式（4.32）和式（4.33）获得。通过利用程序清单 12.3 中频率特性的近似表达式（也见式（7.70）和式（7.71））可以对程序清单 12.4 ~ 程序清单 1.26 中的程序进行修正。读者很容易创建这样的程序。

上述程序可嵌入到综合确定情况和随机情况的更复杂的程序之中。

在第 7 章，讨论起始时间均匀分布的阶跃机动和相位均匀分布的随机相位正弦机动，随机相位表示为经过整形滤波器滤波的白噪声（式（7.39）和式（7.40））。程序清单 12.7 给出了基于式（7.5）和式（7.51）创建的程序。与程序清单 12.4 ~ 程序清单 12.6 的程序不同，在这里，$y(i,1)$、$f(i,1)$ 和 $RE(i,1)$ 对应于相对目标加速度的频域响应（式（7.53）），因此，与程序清单 12.2 中程序类似，需要对因子 ac1$(i,1)$、ac22$(i,1)$、ac3$(i,1)$ 和 ac4$(i,1)$ 进行处理。该程序包含了随机阶跃机动（factor = 1）和随机相位正弦机动两种情况。幅值为 $3g$ 的随机阶跃机动造成的 rms 脱靶量根据式（7.59）进行计算。幅值为 $3g$、频率 wt = 1.4 rad/s 的随机相位正弦机动造成的 rms 脱靶量则根据式（7.60）来计算。基于前面对所讨论程序的解释，很容易理解该程序。利用程序清单 12.3 中频率特性的近似表达式（式（7.70）和式（7.71））就可以对程序清单 12.7 的程序进行修正。

程序清单 12.7　MATLAB 程序：随机机动情况下的 rms 脱靶量

```
function rms_fading;
    i1 = 250.;
    factor = 1;
    act = 3. * 9.81; wt = 1.4;
    T1 = 0.5; T2 = 0.1;
    r1 = 0.;
    wz = 30.;
    r2 = - wz^(-2);
    r3 = 0.;
    N = 3.;
    wm = 20;
    damp = 0.7;
    beta = sqrt(1. - damp^2);
    B1 = (T1^2 - r1 * T1 + r2 - r3/T1)/(2. * damp/wm - T1 - 1./(T1 * wm^2))/(1. - T2/T1);
    B2 = (T2^2 - r1 * T2 + r2 - r3/T2)/(2. * damp/wm - T2 - 1./(T2 * wm^2))/(1. - T1/T2);
    BT2 = B2/T2;
    C = -1/wm^2 - B1/T1/wm^2 - BT2/wm^2;
    D = r1 - B1 - B2 - (T1 + T2) - 2 * damp/wm;
for q = 1: i1
    w(q,1) = q/10; t(q,1) = q/10;
    ac1(q,1) = 0; ac2(q,1) = 0; ac3(q,1) = 0; ac4(q,1) = 0; G(q,1) = 0;
    RE(q,1) = 0; f(q,1) = 0; y(q,1) = 0; z(q,1) = 0;
    P1(q,1) = 0; P2(q,1) = 0; P3(q,1) = 0; P4(q,1) = 0;
end
for i = 1: i1
    ac1(i,1) = w(i,1).^(N-2);
    ac21(i,1) = (w(i,1).^2. + (1./T1)^2).^(N * B1/(T1 * 2));
```

```
        ac22(i,1) = (w(i,1).^2. + (1./T2)^2).^(N * BT2/2);
        ac3(i,1) = ((wm.^2 - w(i,1).^2).^2 +
              4. * (damp^2). * (w(i,1).^2) * wm.^2).^(C * N/4 * wm^2);
        G(i,1) = atan((w(i,1) - wm * sqrt(1. - damp^2))./wm/damp) -
              atan((w(i,1) + wm * sqrt(1. - damp^2))./wm/damp);
        ac4(i,1) = exp(N * wm * (D - C * damp * wm)./(2. * sqrt(1 - damp^2)). * G(i,1));
        y(i,1) = ac1(i,1). * ac21(i,1). * ac22(i,1). * ac3(i,1). * ac4(i,1);
        f(i,1) = - 3.14 + N * (3.14/2 + B1/T1. * atan(w(i,1) * T1) +
              B2/T2. * atan(w(i,1) * T2)
              + C/2 * wm^2 * atan(2 * w(i,1) * wm * damp/(wm^2 - w(i,1)^2) - wm * (D -
              damp * wm * C)/4./sqrt(1. - damp^2) * log((w(i,1)^2 + wm^2 - 2. * w(i,1) *
              wm * sqrt(1 - damp^2))/(w(i,1)^2 + wm^2 + 2. * w(i,1) * wm * sqrt(1 - damp^2)))));
        RE(i,1) = y(i,1). * cos(f(i,1));
end
for j = 1:100
        if factor == 1
            z(i,1) = RE(i,1)./w(i,1). * sin(w(i,1). * t(j,1));
        end
        for i = 1: i1
            if i == 1
                z0(i,1) = z(i,1);
            else
                z0(i,1) = z(i,1) + z0(i-1,1);
            end
        end
        if factor == 1
            P1(j,1) = 0.1 * z0(i1,1);
        else
            P1(j,1) = y(14,1). * sin(w(14,1). * t(j,1) + f(14,1));
        end
        if j == 1
            P2(j,1) = P1(j,1).^2;
        else
            P2(j,1) = P1(j,1).^2 + P2(j-1,1);
        end
        P3(j,1) = 0.1 * act^2 * P2(j,1)./t(j,1);
        if factor == 1
            P4(j,1) = 2./3.14 * act * P1(j,1);
        else
            P4(j,1) = sqrt(P3(j,1));
        end
end
plot(w,P4);grid ; xlabel('Time (s)');ylabel('RMS miss (m)');
```

12.3　时域分析方法软件

时域仿真方法在导弹系统的分析与设计中起主导作用，因为它能帮助我们实时检验导弹和目标的飞行轨迹，以及在飞行过程中主要导弹参数对飞行特性的影响。每一个航空航天工业的机构都有自己的设计软件，利用所考虑的具体问题编写简单或复杂的软件程序。

由于动态系统模型由微分方程描述，因此需首先编写广泛用于微分方程求解的数值积分程序。程序清单 12.8 给出了利用四阶龙格－库塔法编写的飞行系统动态仿真程序，其中积分步长 $H = 0.01s$。飞行控制系统的动态微分方程由式（9.96）给出，与其对应的龙格－库塔表达式见附录 D（式（D.7）~式（D.9））。导弹的指令加速度和实际加速度分别用 TAM1 和 AM1F 表示。对于确定性情况，在这里假设 TAM1 是常数，为 1g。时间常数、自然频率、阻尼和弹体零频分别用 TACT、OM、ZET 和 ZERO 表示。$K0(NN)$、$K1(NN)$、$K2(NN)$ 和 $K3(NN)$ 为龙格－库塔系数，由式（D.7）~式（D.9）计算。这些系数等于在时间间隔 $[T,T+H]$ 内在不同时间的导数，积分周期为 Tf。由于下面每一个系数取决于前一个系数，因此 SUBROUTINE KINEMAT1（X, XD, TAM1）用来确定龙格－库塔法的系数。X 和 XD 分别表示系统的坐标及其导数。式（9.96）对应的传递函数等于式（9.26）与自动驾驶仪传递函数（单延迟单元）的乘积。

程序清单 12.8　FORTRAN 程序：飞行控制系统动力学特性

```
IMPLICIT NONE
INTEGER      NN, M
PARAMETER (NN = 3)
REAL * 8     T, Tf, H, ZERO, AM1F, TAM1
REAL * 8     X(NN), XX(NN), XD(NN), K0(NN), K1(NN),K2(NN), K3(NN)
             AM1F = 0.
             XX(1) = 0.
             XX(2) = 0.
             XX(3) = 0.
             XD(1) = 0.
             XD(2) = 0.
             XD(3) = 0.
             H = 0.01
             T = 0.
             Tf = 10.
             ZERO = 5.
             TAM1 = 9.81
```

```
50      CONTINUE
            T = T+H
        IF(T>Tf) GOTO 60
        CALL KINEMAT1(XX,XD,TAM1)
        DO  M = 1,3
            K0(M) = XD(M)
            X(M) = XX(M) + 0.5*H*K0(M)
        END DO
        CALL KINEMAT1(X,XD,TAM1)
        DO M = 1,3
            K1(M) = XD(M)
            X(M) = XX(M) + 0.5*H*K1(M)
        END DO
        CALL KINEMAT1(X, XD, TAM1)
        DO M = 1,3
            K2(M) = XD(M)
            X(M) = XX(M) + H*K2(M)
        END DO
        CALL KINEMAT1(X, XD, TAM1)
        DO M = 1,3
            K3(M) = XD(M)
            XX(M) = XX(M) + H*(K0(M) + 2*(K1(M) +K2(M)) + K3(M))/6
        END DO
            AM1F = XX(1) - ZERO**(-2)*XX(3)
        GOTO 50
20      CONTINUE
        WRITE(*,*) T, AM1F
        END DO
60      CONTINUE
        PAUSE
        END
        SUBROUTINE KINEMAT (X, XD, TAM1)
        PARAMETER (NN=3)
        REAL*8 X(NN), XD(NN)
        REAL*4OM, ZET, TACT
        REAL*8 TAM1
            OM = 20.
            ZET = 0.7
            TACT = 0.5
        XD(1) = X(2)
        XD(2) = X(3)
        XD(3) = -((OM**2/TACT)*X(1)) -((OM**2 + 2.*ZET*OM/TACT)*X(2))&
            -((2.*ZET*OM + (1./TACT))*X(3)) + (OM**2/TACT)*TAM1
```

```
RETURN
END
```

在程序中，NN 是系统微分方程组的阶数，在这里为 3。在标号 50 的程序之前是对系统进行初始化（即设定初始条件）。程序中 CALL KINEMAT1（XX, XD, TAM1）语句将程序转移到子程序 SUBROUTINE KINEMAT1（XX, XD, TAM1）中运行。

程序清单 12.9 给出了图 4.4 和图 4.10 所示模型对应的平面弹目交会仿真。在程序中没有利用伴随方法。现在计算机性能非常优越，运行多次程序也不会消耗太多时间，尤其是在参数确定的情况下。而且，伴随方法只适用于线性模型。导弹脱靶量可直接通过仿真获得，仿真飞行时间选择为 Tf ∈ [0.5,10] 范围内每隔 0.5s 所对应的时间。在标号 10 的程序之前是对系统进行初始化，即设定初始条件，包括目标加速度 AT1 和接近速度 VC。程序 SUBROUTINE KINEMAT（*X*, XD, TAM1, AT1）是根据广义导弹制导模型（图 4.10）编写的，该模型由 9 阶（NN =9）微分方程组描述。与程序清单 12.8 的子程序类似，导弹和目标系统用三阶微分方程组描述（与导弹参数不同，目标参数用字母 "*T*" 标记）。导弹位移 *Y* 用二阶微分方程描述（式（1.20））。与程序清单 12.8 相似，这里仍利用四阶龙格 – 库塔法对系统微分方程进行积分，积分步长为 $H = 0.01s$ 。

程序清单 12.9　FORTRAN 程序：确定参数情况下导弹脱靶量的计算

```
IMPLICIT NONE
INTEGER NN, M, J, STEP, GL
PARAMETER (NN = 8)
REAL*8      T, T1, Tf, Tgo, H, RTM, LOS, LOSD, TAM1, AT1,VC, N1
REAL*8      X(NN), XX(NN), XD(NN), K0(NN), K1(NN),K2(NN), K3(NN), XXold(NN)
REAL*8      YD, Y, Y1
                GL = 1
                VC = 1219.2
                AT1 = 3*9.81
        DO 60 Tf = 0.5, 10., 0.5
                TAM1 = 0.
                XX(1) = 0.
                XX(2) = 0.
                XX(3) = 0.
                XX(4) = 0.
                XX(5) = 0.
                XX(6) = 0.
                XX(7) = 0.
                XX(8) = 0.
                XD(1) = 0.
                XD(2) = 0.
```

```
            XD(3) = 0.
            XD(4) = 0.
            XD(5) = 0.
            XD(6) = 0.
            XD(7) = 0.
            XD(8) = 0.
            H = 0.01
            T = 0.
            Y = 0.
            YD = 0.
            LOSD = 0.
            LOS = 0.
            RTM = VC * Tf
10      IF(T > Tf - 0.0001) GOTO 999
        DO 30 J = 1, NN
            XXold(J) = XX(J)
30      CONTINUE
            Y = XX(7)
            YD = XX(8)
            T1 = T
        STEP = 1
        GOTO 200
40      STEP = 2
        CALL KINEMAT(XX,XD,TAM1,AT1)
        DO M = 1, 8
        K0(M) = XD(M)
            X(M) = XXold(M) + 0.5 * H * K0(M)
        END DO
            Y = XX(7)
            YD = XX(8)
            T1 = T + 0.5 * H
        GOTO 200
41      STEP = 3
        CALL KINEMAT(X,XD,TAM1,AT1)
        DO M = 1, 8
            K1(M) = XD(M)
            X(M) = XXold(M) + 0.5 * H * K1(M)
        END DO
            T1 = T + 0.5 * H
            Y = X(7)
            YD = X(8)
        GOTO 200
42      STEP = 4
```

```
        CALL KINEMAT(XX,XD,TAM1,AT1)
        DO M = 1, 8
                K2(M) = XD(M)
                X(M) = XXold(M) + H * K2(M)
        END DO
                T1 = T + H
                Y = XX(7)
                YD = XX(8)
        GOTO 200
43      STEP = 5
        CALL KINEMAT(X,XD,TAM1,AT1)
        DO M = 1, 8
                K3(M) = XD(M)
                X(M) = XXold(M) + H * (K0(M) +2. * (K1(M) + K2(M)) + K3(M))/6.
        END DO
                T = T1
                Y = X(7)
                YD = X(8)
200      CONTINUE
                Tgo = Tf - T1 + 0.00001
                RTM = VC * Tgo
                LOS = Y/VC/Tgo
                LOSD = (RTM * YD + Y * VC)/(RTM * * 2)
        IF (GL == 1) THEN
                TAM1 = 4. * VC * LOSD
        ENDIF
        IF (GL == 2) THEN
                TAM1 = 4. * VC * LOSD + 4. * (10 * * 4) * VC * LOSD * * 3
        ENDIF
        IF (GL == 3) THEN
                IF(AT1 * LOSD < 0. ) THEN
                        N1 = 0.75
                ELSE
                        N1 = 1.25
                ENDIF
                TAM1 = 4. * VC * LOSD + 4. * (10 * * 4) * VC * LOSD * * 3 + N1 * AT1
        ENDIF
        IF (ABS(TAM1) > = 10. * 9.81) THEN
                TAM1 = 10. * 9.81 * TAM1/ABS(TAM1)
        ENDIF
                IF(STEP == 1) THEN
        GOTO 40
        ELSEIF (STEP == 2) THEN
```

```
        GOTO 41
        ELSEIF (STEP  = = 3) THEN
        GOTO 42
        ELSEIF (STEP  = = 4) THEN
        GOTO 43
        ELSE
        GOTO 10
        ENDIF
999     CONTINUE
        Y1  =  ABS(Y)
        WRITE( * , * ) Tf ,Y1
60      CONTINUE
        PAUSE
        END
        SUBROUTINE KINEMAT (X, XD, TAM1, AT1)
        PARAMETER(NN  =  8)
        REAL * 8   X(NN),XD(NN)
        REAL * 4OM, ZET, TACT, ZERO, TOM, TZET, TTACT, TZERO
        REAL * 8   TAM1, AT1
                OM  =  20.
                ZET  =  0.7
                TACT  =  0.5
                ZERO  =  5.
                TOM  =  20.
                TZET  =  0.7
                TTACT  =  0.5
                TZERO  =  20.

        XD(1)  =  X(2)
        XD(2)  =  X(3)
        XD(3)  =  - ((OM * *2/TACT) * X(1))  - ((OM * *2  + 2. * ZET * OM/TACT) * X(2))&
                - ((2. * ZET * OM  +  (1/TACT)) * X(3))  +  (OM * *2/TACT) * TAM1
        XD(4)  =  X(5)
        XD(5)  =  X(6)
        XD(6)  =  -((TOM * *2/TTACT) * X(4)) - ((TOM * *2  + 2. * TZET * TOM/TTACT) * X(5))&
                - ((2. * TZET * TOM  +  (1./TTACT)) * X(6))  +  (TOM * *2/TTACT) * AT1
        XD(7)  =  X(8)
        XD(8)  =  (X(4)  -  TZERO * * ( -2) * X(6))  -  (X(1) - ZERO * * ( -2) * X(3))
        RETURN
        END
```

利用程序清单12.9还可分析多种类型的制导律。因子 GL = 1 对应有效导航比为 $N = 4$ 的 PN 制导律；GL = 2 对应的制导律包含“立方”项（式

(5.97))；GL = 3 对应制导律还包含增益随时间变化的目标加速度项（式 (5.94) 和式 (5.97))。根据式 (2.9) ~ 式 (2.12) 和式 (5.74)，能够写出这些制导律的表达式。程序中视线角、视线角速率、弹目相对距离和剩余飞行时间分别用 LOS、LOSD、RTM 和 Tgo 表示。设定加速度上限为 10g。在确定情况下，制导律参数的选取与第 5 章的示例类似。

程序清单 12.10 给出了图 4.4 中的平面模型的 VISUAL FORTRAN 仿真程序，其中视线角的测量值叠加了干扰噪声。视线角噪声（LOSNOISE）是零均值高斯噪声，其标准差 SIGNOISE 是由函数 gasdev（idum）产生的。噪声每隔 TS 秒向模型输入一次（见语句 IF (S < TS - 0.0001) GOTO 10)。在模型中应用了 α、β 滤波器（R_1 = 0.4，R_2 = 0.1/TS）。滤波器的方程由标号 75 和 77 中间的语句给出（式 (9.44) ~ 式 (9.46))。弹目视线角测量值及其角速率分别用 LOSH 和 LOSDH 表示。与程序清单 12.9 类似，将 LOSH 和 LOSDH 用于制导律中。脱靶量均值为 Ymean、绝对值为 Y1 和标准差 SIGMA，可以通过 50 次仿真后每一段飞行时间 Tf 上给出（见 DO 20；RUN = 50)。通过循环 DO 60，能得到在 0.5 ~ 10s 范围内每隔 0.5s 的飞行时间上的脱靶量估计值。

程序清单 12.10 FORTRAN 程序：随机情况下导弹脱靶量的计算

```
IMPLICIT NONE
INTEGER NN, M, I, STEP, RUN, idum, GL
PARAMETER (NN = 3)
REAL gasdev
DIMENSION Z(5000)
REAL*8      S, T, Tf, Tgo, H, TS, R1, R2, ZERO
REAL*8      LOS, LOSD, LOSH, LOSDH, RTM, VC, AT1, TAM1, AM1F, N1
EAL*8       X(NN), XX(NN), XD(NN), K0(NN), K1(NN),K2(NN), K3(NN)
REAL*8      SIGNOISE, LOSNOISE, RESLOS, Z1, SIGMA, Z
REAL*8      Ymean, YOLD,YDOLD, Y, YD, Y1, e
                GL = 1
                RUN = 50
                idum = 425001
                VC = 1219.2
                AT1 = 3*9.81
                ZERO = 5.
                SIGNOISE = 0.001
                TS = 0.1
                H = 0.001
        DO 60 Tf = 0.5, 10., 0.1
                Z1 = 0.
        DO 20 I = 1, RUN
```

```
          AM1F = 0.
          TAM1 = 0.
          XX(1) = 0.
          XX(2) = 0.
          XX(3) = 0.
          XD(1) = 0.
          XD(2) = 0.
          XD(3) = 0.
          T = 0.
          S = 0.
          YD =0.
          Y = 0.
          YOLD = 0.
          YDOLD = 0.
          e = 0.
          LOSD = 0.
10      IF(T > Tf - 0.0001) GOTO 999
          YOLD = Y
          YDOLD = YD
        STEP =1
        GOTO 200
66      STEP = 2
          Y = Y +H*YD
          YD = YD +H*e
          T = T+H
        GOTO 200
55      CONTINUE
          Y = 0.5*(YOLD + Y + H*YD)
          YD = 0.5*(YDOLD +YD + H*e)
          S = S + H
        IF (S < TS - 0.0001) GOTO 10
          S = 0.
          LOSNOISE = gasdev(idum)*SIGNOISE
75        R1 = 0.4
          R2 = 0.1/TS
          RESLOS = LOS + LOSNOISE - (LOSH +TS*LOSDH)
          LOSH = LOSH + TS* LOSDH + R1*RESLOS
77        LOSDH = LOSDH + R2*RESLOS
        IF (GL == 1)THEN
          TAM1 = 4*VC*LOSDH
        ENDIF
        IF (GL == 2)THEN
          TAM1 = 4*VC*LOSDH + 4*(10**4)*VC*LOSDH**3
```

```
        ENDIF
        IF (GL == 3)THEN
             IF(AT1 * LOSDH <0.) THEN
                    N1 = 0.75
             ELSE
                    N1 = 1.25
             ENDIF
             TAM1 = 4. * VC * LOSDH + 4. * (10 * *4) * VC * LOSDH * *3 + N1 * AT1
        ENDIF
        IF (ABS(TAM1) > = 10. *9.81) THEN
             TAM1 = 10. *9.81 * TAM1/ABS(TAM1)
        ENDIF
33      CONTINUE
        CALL KINEMAT(XX,XD,TAM1)
        DO   M = 1, 3
               K0(M) = XD(M)
               X(M) = XX(M) + 0.5 * H * K0(M)
        END DO
        CALL KINEMAT (X, XD,TAM1)
        DO   M = 1, 3
               K1(M) = XD(M)
               X(M) = XX(M) + 0.5 * H * K1(M)
        END DO
        CALL KINEMAT (X, XD, TAM1)
        DO   M = 1, 3
               K2(M) = XD(M)
               X(M) = XX(M) + H * K2(M)
        END DO
        CALL KINEMAT(X,XD, TAM1)
        DO   M = 1, 3
               K3(M) = XD(M)
               XX(M) = XX(M) + H * (K0(M) + 2. * (K1(M) +K2(M)) + K3(M))/6
        END DO
             AM1F = XX(1) - ZERO * * (-2) * XX(3))
             e = AT1 - AM1F
        GOTO 10
200     CONTINUE
             Tgo = Tf - T + 0.00001
             RTM = VC * Tgo
             LOS = Y/VC/Tgo
             LOSD = (RTM * YD + Y * VC)/(RTM * *2)
        IF(STEP - 1)66,66,55
999     CONTINUE
```

```
        Z(I) = Y
        Z1 = Z(I) + Z1
        Ymean = Z1/I
        Y1 = ABS(Ymean)
20    CONTINUE
        SIGMA = 0.
        Z1 = 0.
      DO 50 I = 1,RUN
        Z1 = (Z(I) - Ymean) * *2 + Z1
      IF (I == 1) THEN
        SIGMA = 0.
      ELSE
        SIGMA = SQRT(Z1/(I-1))
      ENDIF
50    CONTINUE
      WRITE( * , * ) Tf, Y1, SIGMA
60    CONTINUE
      PAUSE
      END
      SUBROUTINE KINEMAT (X, XD, TAM1)
      PARAMETER (NN = 3)
      REAL*8 X(NN), XD(NN)
      REAL*4OM, ZET, TACT
      REAL*8 TAM1

        OM = 20.
        ZET = 0.7
        TACT = 0.5
        XD(1) = X(2)
        XD(2) = X(3)
        XD(3) = -((OM* *2/TACT) *X(1)) - ((OM* *2 + 2. *ZET*OM/TACT) *X(2))&
                - ((2. *ZET*OM + (1./TACT)) *X(3)) + (OM* *2/TACT) *TAM1
      RETURN
      END
      FUNCTION gasdev(idum)
      INTEGER idum
      REAL gasdev
      INTEGER iset
      REAL fac,gset,rsq,v1,v2,ran
      SAVE iset,gset
      DATA iset/0/
      IF (iset.eq.0) THEN
```

```
1         v1  =2. * ran(idum) - 1.
          v2  =2. * ran(idum) - 1.
          rsq  =  v1 * * 2 + v2 * * 2
     IF(rsq. ge. 1. . or.  rsq. eq. 0. )GOTO 1
          fac  =  sqrt( -2. * log(rsq)/rsq)
          gset  =  v1 * fac
          gasdev  =  v2 * fac
          iset  =  1
     ELSE
          gasdev  =  gset
          iset  =  0
     ENDIF
     RETURN
     END
```

程序清单 12. 10 中确定的部分与程序清单 12. 9 中略有不同。这里不使用广义导弹模型（图 4. 10），忽略目标动力学部分（图 4. 4），这样就可以使用五阶微分方程组。且对系统中不单纯采用四阶龙格 - 库塔法，而是对描述导弹动力学三阶微分方程组系统采用四阶龙格 - 塔法（与程序清单 12. 8 类似），在二重积分过程中（式（1. 20））采用二阶龙格 - 库塔法。这种方法在积分步长 H 较小时，误差较小可忽略不计。与程序清单 12. 9 类似，标号 10 语句前面的程序对每一段飞行时间 Tf 进行系统初始化。子程序 SUBROUTINE KINEMAT1（X, XD, TAM1）与清单 12. 8 中的子程序类似。视线角、视线角速率、弹目距离和剩余时间分别由 LOS、LOSD、RTM 和 Tgo 表示，e 为目标和导弹加速度的差值。设定加速度上限为 $10g$。制导律参数的选择与第 5 章中的示例类似。

程序清单 12. 11 给出了确定情况和随机情况下的计算脱靶量 VISUAL FORTRAN 仿真程序，它综合了程序清单 12. 9 和程序清单 12. 10 的程序。下面给出程序只有一部分结合了上述程序，大部分程序都是修改后的新程序。从程序清单 12. 9 和程序清单 12. 10 中加入的程序是显而易见的。这个程序还有一个新特点就是参数 filter，它的值是零时，对应确定情况，在这种情况下整数 RUN 等于 1（见标号 11 和 12 的语句）。

程序清单 12. 11　FORTRAN 程序：一般情况下导弹脱靶量的计算

```
IMPLICIT  NONE
INTEGER  RUN, idum, GL, filter
REAL gasdev
DIMENSION Z(5000)
REAL * 8       S, TS, R1, R2, ZERO
REAL * 8       LOSH, LOSDH, RESLOS
REAL * 8  Ymean, SIGNOISE, LOSNOISE, RES, SIGMA, Z, Z1
11            RUN  =  50
```

```
            idum = 425001
            SIGNOISE = 0.001
            TS = 0.1
            filter = 1
        IF( filter == 0. ) THEN
            RUN = 1
        ENDIF
..........................................
        DO 60 Tf = 0.5, 10., 0.1
            Z1 = 0.
12      DO 20 I = 1, RUN
..........................................
            LOSDH = 0.
            LOSH = 0.
            RTM = VC * Tf
10       IF(T>Tf-0.0001) GOTO 999
            S=S+H
..........................................
95      CONTINUE
        IF(filter == 0. ) GOTO 10
        IF(S<(TS - 0.0001)) GOTO 10
            S = 0.
            LOSNOISE = gasdev(idum) * SIGNOISE
            R1 = 0.4
            R2 = 0.1/TS
            LOS = Y/VC/Tgo
            LOSD = (RTM * YD + Y * VC)/(RTM * *2)
            RESLOS = LOS + LOSNOISE - (LOSH + TS * LOSDH)
            LOSH = LOSH + TS * LOSDH + R1 * RESLOS
            LOSDH = LOSDH + R2 * RESLOS
        GOTO 10
200     CONTINUE
        Tgo = Tf-T1 + 0.00001
            RTM = VC * Tgo
            LOS = Y/VC/Tgo
            LOSD = (RTM * YD + Y * VC)/(RTM * *2)
        IF( filter == 0. ) THEN
            LOS = LOSH
            LOSD = LOSDH
            GOTO 50
        ENDIF
..........................................
999      CONTINUE
```

```
            Z(I) = Y
            Z1 = Z(I) + Z1
            Ymean = Z1/I
            Y1 = ABS(Ymean)
20      CONTINUE
            SIGMA = 0.
            Z1 = 0.
        DO 50 I = 1,RUN
                Z1 = (Z(I) - Ymean) * *2 +Z1
        IF (I == 1) THEN
                SIGMA = 0.
        ELSE
              SIGMA = SQRT(Z1/(I-1))
        ENDIF
50          CONTINUE
        WRITE( * , * ) Tf, Y1, SIGMA
60          CONTINUE
        PAUSE
        END
```

清单 12.12 给出了应用卡尔曼滤波的 VISUAL FORTRAN 仿真。考虑第 9 章讨论的广泛应用的近似常值加速度跟踪模型（式（9.62）和式（9.60））。程序包含黎卡提方程和卡尔曼滤波器增益 *K*1 、*K*2 和 *K*3 的表达式。假设目标的一个常值加速度分量 ATH 为 3*g*，目标沿 *y* 坐标轴轨迹由 YT 表示，利用卡尔曼滤波器对带有测量噪声 SIGNOISE1 和过程噪声 SIGNOISE2 的随机过程进行滤波。这两种噪声都是零均值白噪声，标准差分别为 SIGN1 和 SIGN2（式（9.56）~式（9.61），式（9.70））。

程序清单 12.12　应用卡尔曼滤波器进行目标参数估计

```
IMPLICIT NONE
INTEGER RUN, idum
REAL gasdev
REAL * 8    P11, P12, P13, P22, P23, P33, M11, M12, M13, M22, M23, M33, K1,K2, K3
REAL * 8    YT, YTH, YTDH, ATH, RES, Tf, T, T1, S, H, TS2, TS3, TS4, TS5
REAL * 8    ATNOISE, YTNOISE, SIGNOISE1, SIGNOISE2, SIGN1, SIGN2
                RUN = 50
                indum = 425001
                Tf = 10.
                TS = 0.1
                H = 0.01
                SIGNOISE1 = 10.
                SIGNOISE2 = 10.
```

```
          TS2 = TS * TS
          TS3 = TS2 * TS
          TS4 = TS3 * TS
          TS5 = TS4 * TS
          SIGN1 = SIGNOISE1 * * 2
          SIGN2 = SIGNOISE2 * * 2
      DO 20 I = 1, RUN
          P11 = SIGN1
          P12 = 0.
          P13 = 0.
          P23 = 0.
          P22 = 5. * * 2
          P33 = SIGN2
          YTH = 2500.
          YTDH = 30.
          ATH = 3. * 9.81
          T = 0.
          S = 0.
          YD = 0.
          Y = 0.
10    IF(T > Tf - 0.0001) GOTO 999
          T = T + H
          S = S + H
      IF(S < TS - 0.0001) GOTO 100
          S = 0.
          YTNOISE = gasdev(idum) * SIGNOISE1
11    YT = 2500. + 35. * T + 3. * 9.81 * T * * 2
          M11 = P11 + TS * P12 + 0.5 * TS2 * P13 + TS * (P12 + TS * P22 + 0.5 * TS2 * P23)
          M11 = M11 + 0.5 * TS2 * (P13 + TS * P23 + 0.5 * TS2 * P33) + TS5 * SIGN2/20
          M12 = P12 + TS * P22 + 0.5 * TS2 * P23 + TS * (P13 + TS * P23 + 0.5 * TS2 *
                P33) + TS4 * SIGN2/8
          M13 = P13 + TS * P23 + 0.5 * TS2 * P33 + TS3 * SIGN2/6
          M22 = P22 + TS * P23 + TS * (P23 + TS * P33) + SIGN2 * TS3/3
          M23 = P23 + TS * P33 + 0.5 * TS2 * SIGN2
          M33 = P33 + SIGN2 * TS

          K1 = M11/(M11 + SIGN1)
          K2 = M12/(M11 + SIGN1)
          K3 = M13/(M11 + SIGN1)
          P11 = (1. - K1) * M11
          P12 = (1. - K1) * M12
          P13 = (1. - K1) * M13
          P22 = - K2 * M12 + M22
```

```
            P23 = -K2 * M13 + M23
            P11 = -K3 * M13 + M33
            RES = YT + YTNOISE - YTH - TS * YDH - 0.5 * TS * TS * ATH
75          YTH = YTH + TS * YTDH + 0.5 * TS * TS * ATH + K1 * RES
76          YTDH = YTDH + TS * ATH + K2 * RES
77          ATH = ATH + TS * ATH + K3 * RES
100     CONTINUE
            T1 = T
999     WRITE( * , * ) T1, YTH
20      CONTINUE
        PAUSE
        END
```

与式（9.57）和式（9.58）中的黎卡提方程不同，这里采用其等效形式：

$$\boldsymbol{M}_n = \boldsymbol{A}_n\boldsymbol{P}_{n-1}\boldsymbol{A}_n^{\mathrm{T}} + \boldsymbol{B}_n\boldsymbol{Q}_n\boldsymbol{B}_n^{\mathrm{T}}, \boldsymbol{K}_n = \boldsymbol{M}_n\boldsymbol{H}^{\mathrm{T}}[\boldsymbol{H}\boldsymbol{M}_n\boldsymbol{H}^{\mathrm{T}} + \boldsymbol{R}_n], \boldsymbol{P}_n = (\boldsymbol{I} - \boldsymbol{K}_n\boldsymbol{H}_n)\boldsymbol{M}_n \tag{12.2}$$

式中：$\boldsymbol{M}_n = \boldsymbol{P}(n,n-1)$；$\boldsymbol{P}_n = \boldsymbol{P}(n,n)$（式（9.57）和式（9.60））；$\boldsymbol{A}_n$、$\boldsymbol{H}_n$ 和 $\boldsymbol{B}_n\boldsymbol{Q}_n\boldsymbol{B}_n^{\mathrm{T}}$ 分别由式（9.67）和式（9.70）得出；$\boldsymbol{R}_n = (\mathrm{SIGNOISE1})^2$。$Y$ 的估计值及其导数 YD、目标加速度 AT 由标号 75 ~ 77 的语句给出。

上述程序只能用于初始阶段的分析和设计。根据所讨论的平面模型也不能够得到目标机动情况下脱靶量的可靠估计值。这些模型和相关的计算机程序更适合定性的分析，而不适于定量分析，可以有效地验证某些想法，对不同的制导律进行对比，并分析各种参数对导弹性能的影响。为了获得更精确和可靠的估计值，应当使用 3 - DOF 和 6 - DOF 制导模型。上述程序中的部分描述可作为与更复杂模型对应的计算机程序的一部分。

程序清单 12.13 给出了根据第 9 章讨论的 3 - DOF 导弹模型得到的三维制导仿真计算程序的最重要部分。这里没有给出关于目标位置、速度和加速度的信息，以及关于导弹的初始位置、速度和加速度、飞行时间、动力学参数、推力和阻力的信息（即建立 3 - DOF 导弹模型所需的所有信息）。假设这些信息都包含在特殊创建的模块之中（一个模块就是集合于全局变量下的一组说明，且可通过调用 USE 语句应用到其他程序单元之中），并且这些信息可通过适当地调用 CALL 语句获得。例如，导弹可控助推段初始时的位置、速度和加速度可通过调用 CALL boost（Tin，T，RM1，RM2，RM3，VM1，VM2，VM3，AM1F，AM2F，AM3F）语句得到，其中 Tin 是可控助推段的初始时间，T 是发射后的时间，RMi、VMi 和 AMiF（i = 1 ~ 3）分别表示导弹的位置、速度和加速度；标号 1、2 和 3 分别代表 NED 坐标系的北向、东向和地向坐标。如果进行中制导段和末制导段仿真，相关信息由语句 CALL initial（T，RM1，RM2，RM3，VM1，VM2，VM3，AM1F，AM2F，AM3F）输入。推力和拉力信息分别由语句

CALL thrust 和 CALL drag 输入。导弹模型的各种参数应该包含单独的单元中(不同类型的导弹其值也不同)，在主程序中可通过 CALL var 进行调用。

程序清单 12.13　FORTRAN 程序：三维交会仿真

```
use mboost, only : boost
use track, only : track_smooth
use minitial, only : initial
use mthrust, only: thrust
use mdrag, only: drag
use mvar, only: var
IMPLICIT NONE
! VARIABLE DECLARATIONS
        CALL thrust(THRUST)
        CALL drag(DRAG)
        CALL var(KVECTOR)
        CALL boost (Tin, RM1, RM2, RM3, VM1, VM2, VM3, AM1F, AM2F, AM3F)
        ! CALL initial (Tk, RM1, RM2, RM3, VM1, VM2, VM3, AM1F, AM2F, AM3F)
              g = 9.81
              Tk = Tin +T
              T1 = Tk
         CALL track_smooth(Tk, RT1, RT2, RT3, VT1, VT2, VT3, AT1, AT2, AT3)
              S = 0.
              RTM1 = RT1 - RM1
              RTM2 = RT2 - RM2
              RTM3 = RT3 - RM3
              RTM = SQRT(RTM1 * *2 + RTM2 * *2 + RTM3 * *2)
              LOS1 = RTM1/RTM
              LOS2 = RTM2/RTM
              LOS3 = RTM3/RTM
              VTM1 = VT1 - VM1
              VTM2 = VT2 - VM2
              VTM3 = VT3 - VM3
              VC = -(RTM1 * VTM1 + RTM2 * VTM2 + RTM3 * VTM3)/RTM
              LOS1D = (VTM1 + LOS1 * VC)/RTM
              LOS2D = (VTM2 + LOS2 * VC)/RTM
              LOS3D = (VTM3 + LOS3 * VC)/RTM
        GOTO 10
40      CONTINUE
        IF (T1 + H + epsilon(H) < Tk + H1) THEN
              T1 = T1 + H
              T = T + H
        GOTO 23
        ELSE
```

```
          Tk = Tk + H1
          T = Tk - Tin
      ENDIF
23        RM1 = RM1OLD + 0.5 * H * H * AM1F + VM1OLD * H
          RM2 = RM2OLD + 0.5 * H * H * AM2F + VM2OLD * H
          RM3 = RM3OLD + 0.5 * H * H * AM3F + VM3OLD * H
          VM1 = VM1OLD + H * AM1F
          VM2 = VM2OLD + H * AM2F
          VM3 = VM3OLD + H * AM3F
          VM = SQRT(VM1 * *2 + VM2 * *2 + VM3 * *2)
          UVM1 = VM1/VM
          UVM2 = VM2/VM
          UVM3 = VM3/VM
          S = S + H
75    IF (S<0.09999 ) GOTO 10
          S = 0.
76    WRITE( * , * )T, RTM1, RTM2, RTM3
10    IF (VC<0. ) GOTO 999
          RM1OLD = RM1
          RM2OLD = RM2
          RM3OLD = RM3
          VM1OLD = VM1
          VM2OLD = VM2
          VM3OLD = VM3
      IF(T1 > Tk) GOTO 33
          T1 = Tk
78       IF(RTM<RG) THEN
          H = 0.001
          H1 = 0.01
      ELSE
          Thom = T
          H = 0.01
          H1 = 0.25
      ENDIF
CALL track_smooth(Tk, RT1,RT2, RT3, VT1, VT2, VT3, AT1, AT2, AT3)
          RTM1 = RT1 - RM1
          RTM2 = RT2 - RM2
          RTM3 = RT3 - RM3
          RTM = SQRT(RTM1 * *2 + RTM2 * *2 + RTM3 * *2)
          LOS1 = RTM1/RTM
          LOS2 = RTM2/RTM
          LOS3 = RTM3/RTM
      VTM1 = VT1 - VM1
```

```
VTM2 = VT2 - VM2
VTM3 = VT3 - VM3
VC = -(RTM1 * VTM1 + RTM2 * VTM2 + RTM3 * VTM3)/RTM
IF (VC <0. ) GOTO 999
     LOS1D = (VTM1 + LOS1 * VC)/RTM
     LOS2D = (VTM2 + LOS2 * VC)/RTM
     LOS3D = (VTM3 + LOS3 * VC)/RTM
     AM1 = 4. * VC * LOS1D
     AM2 = 4. * VC * LOS2D
     AM3 = 4. * VC * LOS3D - g
     AL = (AM1 * UVM1 + AM2 * UVM2 + AM3 * UVM3)
     AL1 = AL * UVM1
     AL2 = AL * UVM2
     AL3 = AL * UVM3
     NAC1 = AM1 - AL1
     NAC2 = AM2 - AL2
     NAC3 = AM3 - AL3
     NAC = SQRT(NAC1 * *2 + NAC2 * *2 + NAC3 * *2)
IF (NAC == 0. ) THEN
     UNAC1 = 0.
     UNAC2 = 0.
     UNAC3 = 0.
     ELSE
     UNAC1 = NAC1/NAC
     UNAC2 = NAC2/NAC
     UNAC3 = NAC3/NAC
     ENDIF
     UB1 = UVM1 * COS(AOA) + UNAC1 * SIN(AOA)
     UB2 = UVM2 * COS(AOA) + UNAC2 * SIN(AOA)
     UB3 = UVM3 * COS(AOA) + UNAC3 * SIN(AOA)
     AB = AM1 * UB1 + AM2 * UB2 + AM3 * UB3
     AB1 = AB * UB1
     AB2 = AB * UB2
     AB3 = AB * UB3
     AMN1 = AM1 - AB1
     AMN2 = AM2 - AB2
     AMN3 = AM3 - AB3

     AMN = SQRT(AMN1 * *2 + AMN2 * *2 + AMN3 * *2)
     G1 = MIN(K1 - K3 * (VM/340. ) * Q, K5)
     G2 = MIN(K2 - K4 * (VM/340. ) * Q, K5)
     BT1 = K6
     BT2 = K7
```

```
      NLIM = G1 + (G2 - G1) * (T - BT1)/BT2
   IF (AMN > NLIM) THEN
      LIMFAC = NLIM/AMN
      ELSE
      LIMFAC = 1.
   ENDIF
      AMN1 = AMN1 * LIMFAC
      AMN2 = AMN2 * LIMFAC
      AMN3 = AMN3 * LIMFAC
      AMN = SQRT(AMN1 * *2 + AMN2 * *2 + AMN3 * *2)
      CN = AMN /Q/Sref
77    AOA = K8 + K9 * CN + K10 * (CN * *2)
   CALL thrust(THRUST)
   CALL drag (DRAG)
      TAM1 = THRUST * UB1 - DRAG * UVM1 + AMN1
      TAM2 = THRUST * UB2 - DRAG * UVM2 + AMN2
      TAM3 = THRUST * UB3 - DRAG * UVM3 + AMN3
      TAM = SQRT(TAM1 * *2 + TAM2 * *2 + TAM3 * *2)
33    B2 = -1./wz * *2
   CALL KINEMAT(XX, XD, TAM1, TAM2, TAM3)
   DO  M = 1,9
      K0(M) = XD(M)
      X(M) = XX(M) + 0.5 * H * K0(M)
   END DO
   CALL KINEMAT(X, XD, TAM1, TAM2, TAM3)
   DO  M = 1,9
      K1(M) = XD(M)
      X(M) = XX(M) + 0.5 * H * K1(M)
   END DO
   CALL KINEMAT(X, XD, TAM1, TAM2, TAM3)
   DO M = 1,9
      K2(M) = XD(M)
      X(M) = XX(M) + H * K2(M)
   END DO
   CALL KINEMAT(X, XD, TAM1, TAM2, TAM3)
   DO M = 1,9
      K3(M) = XD(M)
      XX(M) = XX(M) + H * (K0(M) + 2. * (K1(M) +K2(M)) + K3(M))/6
   END DO
      AM1F = XX(1) + (B2 * XX(3))
      AM2F = XX(4) + (B2 * XX(6))
      AM3F = XX(7) + (B2 * XX(9))
   GOTO 40
```

```
999     CONTINUE
        WRITE( * , * ) T, RT1, RT2, RT3, RM1, RM2, RM3, RTM
        PAUSE
        END
```

假设读者熟悉 VISUAL FORTRAN 语言的基本规则，在程序清单 12.13 创建三维制导计算机程序时，首先定义程序中要用到的变量，并编写供主程序调用的辅助程序。即使忽略影响导弹总的加速度的推力和阻力部分（可证明在某些作战场景中末制导即是这种情形），三维交会仿真程序的仿真结果比基于图 4.4 所示导弹制导模型的计算机程序得到的结果更精确。读者可以较为容易地简化使该弹目交会仿真程序，而不采用程序清单 12.9 ~ 12.11 的仿真程序。符号"!"表示该行语句不被执行，仅用作注释，但在程序中应加入这样的注释，以使程序易于理解。

中制导段和末制导段的积分时间步长 H 是不同的。对于中制导段，采样步长为：$H_1 = 0.25\text{s}$ 和 $H = 0.02\text{s}$。对末制导阶段（距离 RTM < 1000m），采样步长为：$H_1 = 0.01\text{s}$ 和 $H = 0.001\text{s}$。在采样步长为 H_1 时，导弹指令加速度、推力和阻力皆为常值，而导弹实际加速度 AMiF（$i = 1 \sim 3$）随着导弹动力学特性变化。子程序 CALL KINEMAT（XX，XD，TAM1，TAM2，TAM3）与程序清单 12.8 和程序清单 12.10 中的子程序类似，只是在这里处理的是三维模型，因此程序清单 12.8 中计算加速度 TAM1 的表达式在对其他两个分量 TAM2 和 TAM3 重复使用即可。系统微分方程的阶次为 $M = 9$，且 AMiF 与 TAMi（$i = 1 \sim 3$）的关系类似于程序清单 12.8 中 AM1F 与 TAM1 的关系。编写这样一套程序不会有什么困难。语句 IF($T_1 > T_k$) GOTO33 能够计算采样时间内（即在 H_1 时间内）导弹的位置 RMi、速度 VMi 和加速度 AMiF（$i = 1 \sim 3$），语句中 T_k 是以 H_1 为步长的时间，T_1 是以 H 为步长的时间。目标信息（位置 R_{Ti}、速度 V_{Ti} 和能够得到的加速度 ATi（$i = 1 \sim 3$））每隔 H_1 秒向主程序输入一次（见语句 CALL track_ smooth（$T_k, R_{T1}, R_{T2}, R_{T3}, V_{T1}, V_{T2}, V_{T3}, A_{T1}, A_{T2}, A_{T3}$））。假设上述目标参数的估计值可通过对这些参数的测量值进行滤波得到。程序清单 12.12 所示针对三维模型的计算机程序即可用来生成上述估计值，也可用程序清单 12.10 的程序中的 α、β 滤波器。如今卡尔曼滤波器比 α、β 滤波器更受欢迎，但是，α、β 滤波器在实际中应用仍然很广泛。正如第 9 章所述，为了估计目标加速度必须使用 α、β、γ 滤波器。针对这种情况的程序，根据式（9.44）~式（9.47）改进程序清单 12.10 的计算机程序即可得到。

基于 T_k 时刻导弹和目标的数据，可确定弹目相对距离 RTM、接近速度 VC、视线角 LOSi 和视线角速度 LOSDi（$i = 1 \sim 3$）（式（1.8）、式（1.11）和式（1.12））。视线角速度用于制导律和指令加速度 AMi（$i = 1 \sim 3$）中。为了简单起见，这里只考虑有效导航比为 4 的 PN 制导律。重力的补偿分量应用于

"地"向分量中。类似于程序清单 12.9 和程序清单 12.10，程序中也可包含更复杂的制导律（部分制导律需要目标加速度的估计值）。如第 9 章所述，对于基于攻角 AOA 估计值的尾舵控制导弹（如第 9 章所述，这部分程序应该单独创建；见式（9.86）和式（9.87）），应计算与导弹弹体垂直的指令加速度分量。首先，可以确定导弹制导律指令加速度 AM*i* 在速度矢量上的投影 AL 及其分量 AL*i*（*i* = 1 ~ 3）（UVM*i* 是单位速度矢量的分量；见式（9.88）和式（9.89））。然后，计算与速度向量正交的加速度 NAC =（NAC1,NAC2,NAC3）（式（9.90））和与速度向量垂直的单位向量 UNAC =（UNAC1,UNAC2,UNAC3）（式（9.91））。基于弹体轴向单位矢量 UB =（UB1,UB2,UB3）（式（9.92）），根据式（9.93）可计算得出垂直于弹体的指令加速度分量 AMN =（AMN1,AMN2,AMN3）；再确定导弹制导律指令加速度 AM*i* 在弹体坐标轴上的投影 AB 及其分量 AB*i*（*i* = 1 ~ 3）。

如第 9 章所述，自动驾驶仪加速度约束 NLIM(pitch,roll/yaw) 可由半经验表达式给出。这反映了一个事实，即导弹在飞行期间会受到气压变化的影响，气压取决于导弹的高度和速度。在程序中，这个约束会表示为一般形式，且系数 K_1 ~ K_7 需要给定。根据式（9.94）可得到制导律的法向向量。法向力系数 *CN* 由与式（9.3）类似的表达式来确定，它的值可用来近似计算攻角。编号 77 的语句给出了确定攻角的简单回归表达式。实际上，在程序的这部分应引入一个更精确的算法，该算法与第 9 章所讨论的算法相似。总的加速度 TAM*i*（*i* = 1 ~ 3）由制导律的法向分量、推力和阻力组成，该加速度为描述飞行控制系统动态微分方程组的输入（式（9.96）），它的输出为实际的导弹加速度 AM*i*F（*i* = 1 ~ 3），可通过式（9.85）进行两次积分，这样便可确定导弹新的位置和速度。基于目标的最新信息可以开始新的循环。导弹的状态和目标的位置每隔 0.1s 再显示一次（见标号 75 和 76 的语句）。在程序中，寻的时间 Thom 可通过 RTM = RG 确定，这个时间也可提前估计出来。这种情况下，标号 78 的语句应根据 Thom 直接编写。当接近速度符号改变时仿真结束，因为这代表导弹和目标的距离到达了最小值。

为了理解上述程序（更准确地说，可行的程序部分），读者需要有通用的编程知识。为了使程序可行，读者不需要具备先进的编程技巧，但需要能够理解。并应创建指示模块，这样能够建立相对简单的程序。编程时主要的困难是得到创建程序所需要的数据。如前所述，即使推力和阻力信息不能得到，相对图 4.4 中导弹制导模型仿真程序更为简化的三维交会仿真程序也能使我们得到更精确的结果。以上描述的程序可以进一步改进，使其包含比 PN 制导更有效率的制导律，它也可用作包含 6 - DOF 导弹模型的更复杂程序的一部分。若编写复杂的程序是一门艺术，作者希望他不会误导具有天赋的艺术家。作者同时希望这本书能给读者提供用于编写复杂计算程序的知识，使其可以满足不同程序员的需求。

根据第8章的内容，对前面的程序进行微小修改，就可建立固定翼UAV的相似程序（见第8章示例）。

参考文献

1. Chapman, S. J. , Introduction to Fortran 90/95, McGraw - Hill, Boston, 1998.
2. Etzel, M. and Dickinson, K. , Digital Visual Fortran 90 Programmer's Guide, Digital Press, Boston, 1999.
3. Higham, D. J. and Higham, N. J. , MATLAB Guide, SIAM, Philadelphia, 2000.
4. Zarchan, P. , Tactical and strategic missile guidance, Progress in Aeronautics and Astroronautics, 124, AIAA, Washington, DC, 1999.

附录 A

A.1 Lyapunov 方法

控制理论,无论是经典形式还是现代形式,都是建立在唯一并可靠的基础之上——运动稳定性的 Lyapunov 理论。

虽然 Lyapunov 理论在分析非线性微分方程所描述的过程的稳定性问题时最有效的,但在本书中,大多是用它来分析线性微分方程的稳定性问题。直观地来看,运动的稳定性是指在 t_0 时刻的初始条件微小变化的情况下,对于所有 $t > t_0$ 时间上的运动变化也始终非常微小。

更准确地说,如下的微分方程:

$$\dot{\boldsymbol{x}} = \boldsymbol{A}\boldsymbol{x}, \boldsymbol{x}(t_0) = \boldsymbol{x}(0) \tag{A.1}$$

的解 $\boldsymbol{x}_0(t)$ 在如下条件下是稳定的(或者说由式(A.1)描述的系统关于平衡点 $\boldsymbol{x}_0 = 0$ 稳定):如果对于所有的 $\varepsilon > 0$,存在 $\delta(\varepsilon, t_0) > 0$,使得在满足 $\|\boldsymbol{x}(0) - \boldsymbol{x}_0(0)\|^2 < \delta$ 时,系统的任意解 $\boldsymbol{x}(t)$ 在所有 $t \geqslant 0$ 时,都有 $\|\boldsymbol{x}(t) - \boldsymbol{x}_0(t)\|^2 < \varepsilon$,其中 $\|x\|^2 = \sum x_i^2$(对线性系统微分方程来说,常系数 δ 与 t_0 无关。)

如果式(A.1)描述的系统是稳定的且满足 $\lim\limits_{t\to\infty}\boldsymbol{x}(t) \to 0$,那么该系统渐近稳定。

利用所谓的正定和半正定函数 $V(\boldsymbol{x}) \geqslant 0$,可根据 Lyapunov 方法判定稳定和渐近稳定。正定函数 $V(\boldsymbol{x}) \geqslant 0$ 对于所有 $\boldsymbol{x} \neq 0$ 均为正。负定函数符号相反。

定理:对于式(A.1),如果存在正定函数 $V(x)$($V(0) = 0$),其沿式(A.1)的导数是负定的,那么该系统渐近稳定。

$V(x)$ 沿式(A.1)的导数为

$$\frac{\mathrm{d}V}{\mathrm{d}t} = \frac{\partial V^{\mathrm{T}}}{\partial \boldsymbol{x}}\boldsymbol{A}\boldsymbol{x} \tag{A.2}$$

选取 $V(\boldsymbol{x}) = \boldsymbol{x}^{\mathrm{T}}\boldsymbol{W}\boldsymbol{x}$,$\boldsymbol{W}$ 是一个对称的正定矩阵,代入式(A.2)中,可得 $\boldsymbol{x}^{\mathrm{T}}(\boldsymbol{W}\boldsymbol{A} + \boldsymbol{A}^{\mathrm{T}}\boldsymbol{W})\boldsymbol{x}$,因此渐近稳定的条件为

$$\boldsymbol{W}\boldsymbol{A} + \boldsymbol{A}^{\mathrm{T}}\boldsymbol{W} = -\boldsymbol{R} < 0 \tag{A.3}$$

也就是说，式(A.3)一定是负定的[2]。

上述定理的物理意义如下：矩阵 $V(\boldsymbol{x})$ 的形状是碗状。式(A.3)表明 $V(\boldsymbol{x}(t))$ 沿着式(A.1)任意轨迹都是随着时间单调递减的。因此 $V(\boldsymbol{x}(t))$ 在 $t\to\infty$ 时将最终趋近于零。由于 $V(\boldsymbol{x})$ 是正定的，仅当 $\boldsymbol{x}=0$ 时，有 $V(\boldsymbol{x})=0$。因此，如果能够通过式(A.3)得到正定矩阵 $\boldsymbol{W}$ 和 $\boldsymbol{R}$，那么当 $t\to\infty$ 时，式(A.1)的每一条轨迹都将趋近于零。函数 $V(\boldsymbol{x})$ 就称为式(A.1)的 Lyapunov 函数。

目前 Lyapunov 方法有许多改进形式，特殊类型动态系统的稳定性也有多种定义方式[3,4]。下面讨论 Lyapunov 方法在有限时间区间 $[0,t_F]$ 上运行系统的稳定性分析问题。通过引入：

$$\tau=\frac{1}{t_F-t} \tag{A.4}$$

可将 t 的区间 $[0,t_F]$ 转换为 τ 的区间 $\left[\frac{1}{t_F},\infty\right]$。考虑到 $\frac{d}{dt}=\tau^2\frac{d}{d\tau}$，式（A.1）可表示为

$$\frac{d\boldsymbol{x}}{d\tau}=\frac{1}{\tau^2}\boldsymbol{A}\boldsymbol{x} \tag{A.5}$$

若 $V(\boldsymbol{x})$ 是式（A.5）的 Lyapunov 函数，那么在 τ 的区间内式（A.5）的解是稳定的。由于式（A.4）的不改变式

$$\frac{dV}{d\tau}=\frac{1}{\tau^2}\frac{dV}{dt}$$

的符号，故在 t 的区间内式（A.5）的解也是稳定的，即，对于 τ 区间上的每一条稳定的轨迹，都存在有限区间上的一条稳定路径，使得当 $t\to t_F$ 时，$V(\boldsymbol{x})$ 将减小。然而，由于 $\tau\to\infty$ 时，$dV/d\tau$ 常为零，因此 $\boldsymbol{x}$ 的减小不是渐近的。

A.2 Bellman – Lyapunov 方法

下面考虑如下方程描述的动态系统：

$$\dot{\boldsymbol{x}}=\boldsymbol{A}\boldsymbol{x}+\boldsymbol{B}\boldsymbol{u},\boldsymbol{x}(t_0)=x(0) \tag{A.6}$$

式中：$\boldsymbol{x}$ 为 m 维向量；$\boldsymbol{u}$ 为 n 维控制向量；$\boldsymbol{A}$ 和 $\boldsymbol{B}$ 为适当维数的矩阵。

确定控制律 $\boldsymbol{u}$，使如下代价函数取最小：

$$\boldsymbol{I}=\frac{1}{2}(\boldsymbol{x}^T(t_F)\boldsymbol{C}_0\boldsymbol{x}(t_F)+\int_{t_0}^{t_F}(\boldsymbol{x}^T(t)\boldsymbol{R}\boldsymbol{x}(t)+\|\boldsymbol{u}(t)\|^2)dt) \tag{A.7}$$

式中：$\boldsymbol{C}_0$ 和 $\boldsymbol{R}$ 为半正定的对称阵。

为了确定最优控制律，采用动态规划法[1]。根据最优性原理，推导出 Bellman 泛函方程：对每一个优化轨迹的跟踪都是一个最优路径。

取最优函数值为

$$\varphi(\boldsymbol{x}(t_0),t_0) = \min_{u(t)} \boldsymbol{I} \tag{A.8}$$

根据最优化原理，式（A.8）也可以写为

$$\begin{aligned}\varphi(\boldsymbol{x}(t_0),t_0) &= \min_{u(t)} \frac{1}{2}\Big\{\boldsymbol{x}^{\mathrm{T}}(t_{\mathrm{F}})\boldsymbol{C}_0\boldsymbol{x}(t_{\mathrm{F}}) + \int_{t_0}^{t_0+\delta}(\boldsymbol{x}^{\mathrm{T}}(t)\boldsymbol{R}\boldsymbol{x}(t) + \|\boldsymbol{u}(t)\|^2)\mathrm{d}t \\ &\quad + \int_{t+\delta}^{t_{\mathrm{F}}}(\boldsymbol{x}^{\mathrm{T}}(t)\boldsymbol{R}\boldsymbol{x}(t) + \|\boldsymbol{u}(t)\|^2)\mathrm{d}t\Big\} \\ &= \min_{u(t)}\Big\{\frac{1}{2}[\boldsymbol{x}^{\mathrm{T}}(t_{\mathrm{F}})\boldsymbol{C}_0\boldsymbol{x}(t_{\mathrm{F}}) + \int_{t_0}^{t_0+\delta}(\boldsymbol{x}^{\mathrm{T}}(t)\boldsymbol{R}\boldsymbol{x}(t) \\ &\quad + \|\boldsymbol{u}(t)\|^2)\mathrm{d}t] + \varphi(\boldsymbol{x}(t_0+\delta),t_0+\delta)\Big\}\end{aligned} \tag{A.9}$$

假设 δ 足够小，并且在 $\boldsymbol{x} \in [\boldsymbol{x}(t_0),\boldsymbol{x}(t_0+\delta)]$ 区间内存在 $\varphi(\boldsymbol{x})$ 的偏导数。将 $\varphi(\boldsymbol{x}(t_0+\delta),(t_0+\delta))$ 在 $\boldsymbol{x}(t_0)$ 附近进行泰勒级数展开，再经过适当的推导，可得

$$\begin{aligned}\varphi(\boldsymbol{x}(t_0),t_0) &= \min_{u(t)}\Big\{\frac{1}{2}(\boldsymbol{x}^{\mathrm{T}}(t_0)\boldsymbol{R}\boldsymbol{x}(t_0) + \|\boldsymbol{u}(t_0)\|^2)\delta + \varphi(\boldsymbol{x}(t_0),t_0) \\ &\quad + \frac{\partial\varphi}{\partial t}\delta + \frac{\partial\varphi^{\mathrm{T}}}{\partial\boldsymbol{x}}(\boldsymbol{A}\boldsymbol{x}(t) + \boldsymbol{B}\boldsymbol{u}(t))\Big|_{\substack{x=x_0\\u=u_0}}\delta + O(\delta)\Big\}\end{aligned} \tag{A.10}$$

式中：$\dfrac{\partial\varphi^{\mathrm{T}}}{\partial\boldsymbol{x}} = \left(\dfrac{\partial\varphi}{\partial x_1},\dfrac{\partial\varphi}{\partial x_2},\cdots,\dfrac{\partial\varphi}{\partial x_m}\right)$ 为一行向量，且假设 $\lim\limits_{\delta\to 0}O(\delta)/\delta = 0$。

使 δ 趋近于零，依据最优化原理，无论系统在实际中处于哪种状态，控制策略一定是最优的（也就是说，$\boldsymbol{x}(t_0)$ 和 $\boldsymbol{u}(t_0)$ 可看作向量 $\boldsymbol{x}(t)$ 和 $\boldsymbol{u}(t)$ 的当前值)，得到要求的泛函方程如下：

$$\min_{u(t)}\Big\{\frac{1}{2}(\boldsymbol{x}^{\mathrm{T}}(t)\boldsymbol{R}\boldsymbol{x}(t) + \|\boldsymbol{u}(t)\|^2) + \frac{\partial\varphi}{\partial t} + \frac{\partial\varphi^{\mathrm{T}}}{\partial\boldsymbol{x}}(\boldsymbol{A}\boldsymbol{x}(t) + \boldsymbol{B}\boldsymbol{u}(t))\Big\} = 0 \tag{A.11}$$

由于大括号内的表达式存在最小值，因此它对 $\boldsymbol{u}(t)$ 的导数（$\dfrac{\mathrm{d}}{\mathrm{d}u}\{\}$）一定为零，如：

$$\boldsymbol{u}(t) = -\boldsymbol{B}^{\mathrm{T}}\frac{\partial\varphi}{\partial\boldsymbol{x}} \tag{A.12}$$

将式（A.12）代入式（A.11）中，可得

$$\frac{1}{2}\boldsymbol{x}^{\mathrm{T}}(t)\boldsymbol{R}\boldsymbol{x}(t) + \frac{\partial\varphi}{\partial t} + \frac{\partial\varphi^{\mathrm{T}}}{\partial\boldsymbol{x}}\boldsymbol{A}\boldsymbol{x}(t) - \frac{1}{2}\frac{\partial\varphi^{\mathrm{T}}}{\partial\boldsymbol{x}}\boldsymbol{B}\boldsymbol{B}^{\mathrm{T}}\frac{\partial\varphi}{\partial\boldsymbol{x}}\boldsymbol{u}(t) = 0 \tag{A.13}$$

所考虑问题的求解问题可以归纳为确定满足式（A.13)（或等价方程（式（A.11)））的函数 $\varphi(\boldsymbol{x})$ 的问题。

要确定的解的形式为

$$\varphi(\boldsymbol{x}) = \frac{1}{2}\boldsymbol{x}^{\mathrm{T}}(t)\boldsymbol{W}(t)\boldsymbol{x}(t) \tag{A.14}$$

将其代入式（A.12）和式（A.13），可得

$$\boldsymbol{u}(t) = -\boldsymbol{B}^{\mathrm{T}}\boldsymbol{W}(t)\boldsymbol{x}(t) \tag{A.15}$$

$$\dot{\boldsymbol{W}} + \boldsymbol{A}^{\mathrm{T}}\boldsymbol{W} + \boldsymbol{W}\boldsymbol{A} - \boldsymbol{W}\boldsymbol{B}\boldsymbol{B}^{\mathrm{T}}\boldsymbol{W} + \boldsymbol{R} = 0 \tag{A.16}$$

这就是黎卡提（Riccati）微分方程。当 $t = t_{\mathrm{F}}$ 时，比较式（A.7）和式（A.14），可知 $\boldsymbol{W}(t_{\mathrm{F}}) = \boldsymbol{C}_0$。根据具有无穷上限的函数平方可积原则（式（A.7）），$\boldsymbol{W}$ 是一个常值矩阵，不同于式（A.16），可得到所谓的代数黎卡提方程，这相当于式（A.16）的稳态解[5]：

$$\boldsymbol{A}^{\mathrm{T}}\boldsymbol{W} + \boldsymbol{W}\boldsymbol{A} - \boldsymbol{W}\boldsymbol{B}\boldsymbol{B}^{\mathrm{T}}\boldsymbol{W} + \boldsymbol{R} = 0 \tag{A.17}$$

比较式（A.13）和式（A.17），可以看出式（A.17）是根据式（A.15）作用的闭环系统的式（A.3）得到的，并且对于这个系统来说，$\boldsymbol{W}$ 为 Lyapunov 函数。

以上分析的重点是建立 Lyapunov 方法和最优方法之间的联系，在本书中，Lyapunov 方法是用来设计新的制导律，而最优方法更确切地说是为了得到使二次积分型代价函数最小的最优系统的一种方法。应用于最优滤波问题的黎卡提方程的离散形式见第9章。

综上所述，可以得到最优 PN 制导律的表达式（式（2.56））。对式（2.54）和式（2.55），式（A.6）和式（A.7）中的矩阵为

$$\boldsymbol{A} = \begin{bmatrix} 0 & 1 \\ 0 & 0 \end{bmatrix},\quad \boldsymbol{B} = \begin{bmatrix} 0 \\ 1 \end{bmatrix},\quad \boldsymbol{C}_0 = \begin{bmatrix} C & 0 \\ 0 & 0 \end{bmatrix},\quad \boldsymbol{R} = 0 \tag{A.18}$$

因此，式（A.16）可以写为

$$\begin{bmatrix} \dot{w}_{11} & \dot{w}_{12} \\ \dot{w}_{12} & \dot{w}_{22} \end{bmatrix} + \begin{bmatrix} 0 & w_{11} \\ 0 & w_{12} \end{bmatrix} + \begin{bmatrix} 0 & 0 \\ w_{11} & w_{12} \end{bmatrix} - \begin{bmatrix} w_{12}^2 & w_{12}w_{22} \\ w_{12}w_{22} & w_{22}^2 \end{bmatrix} = 0$$

$$w_{12}(t_{\mathrm{F}}) = w_{22}(t_{\mathrm{F}}) = 0,\quad w_{11}(t_{\mathrm{F}}) = \boldsymbol{C}$$

非线性矩阵黎卡提方程的求解十分困难，即便对一些相对简单的问题。但可以简单地验证：

$$w_{11}(t) = \frac{3}{3/C + (t_{\mathrm{F}} - t)^3},\quad w_{12}(t) = \frac{3(t_{\mathrm{F}} - t)}{3/C + (t_{\mathrm{F}} - t)^3},\quad w_{22}(t) = \frac{3\,(t_{\mathrm{F}} - t)^2}{3/C + (t_{\mathrm{F}} - t)^3}$$

满足得到的黎卡提方程，因此最优控制的如下表达式：

$$u(t) = -a_{\mathrm{M}}(t) = -w_{12}x_1 - w_{22}x_2$$

与式(2.56)一致。

参考文献

1. Bellman, R., Dynamic Programming, Princeton University Press, Princeton, NJ, 1957.

2. Bellman, R., Introduction to Matrix Analysis, McGraw – Hill, New York, 1960.

3. Martynyuk, A. (ed.), Advances in Stability at the End of the 20th Century (Stability, Control, Theory, Methods and Applications), CRC Press, Boca Raton, FL, 2002.

4. Rumyantsev, V. V., On asymptotic stability and instability of motion with respect to a part of the variables, Journal of Applied Mathematics and Mechanics, 35, 1, 19-30, 1971.

5. Yanushevsky, R., Theory of Optimal Linear Multivariable Control Systems, Nauka, Moscow, 1973.

附录 B

B.1　拉普拉斯变换

对于定义在时间区间 $0 \leqslant t < \infty$ 上的函数 $f(t)$，它的拉普拉斯变换表示为 $F(s)$，是通过如下的积分得到的

$$L\{f(t)\} \equiv F(s) = \int_0^\infty f(t)\mathrm{e}^{-st}\mathrm{d}t$$

式中，s 是拉普拉斯变量，L 称为拉普拉斯变换算子。

当 $f(t)$ 为区间 $[0,K]$（对于任意的 $K > 0$）上是分段连续函数，且渐近增大的速度慢于 $Me^{\sigma t}$（即 $|f(t)| \leqslant Me^{\sigma t}$）时，拉普拉斯变换存在且定义在 $s > \sigma$ 范围内。

在实际物理系统中，拉普拉斯变换通常可理解为将问题从时间域向频率域转换，在时间域内输入和输出都是关于时间的函数，而在频率域同样的输入和输出看作是复变函数。“t - 域”函数和对应的“s - 域”函数之间存在唯一的映射关系。

拉式反变换定义为

$$L^{-1}\{F(s)\} = f(t) = \frac{1}{2\pi i}\int_{\sigma - i\infty}^{\sigma + i\infty} F(s)\mathrm{e}^{st}\mathrm{d}s$$

拉式反变换存在的条件为：

(i) $\lim\limits_{s\to\infty} F(s) = 0,\quad s \to \infty$;

(ii) $\lim\limits_{s\to\infty} sF(s),\quad s \to \infty$是有限的。

通常，拉普拉斯变换应用于线性定常微分方程的求解中，并且应用实部系数来解决关于 s 的有理复变函数(即单变量函数)。

B.2　定理证明

式(4.13)和 $P(t_{\mathrm{F}},s)$ 的相关表达式(4.53)为多值函数。可以看出，在满足

式(4.64)的情况下，$P(t_F,s)$ 为 $P(t_F,t)$ 的拉普拉斯变换，它是有界的，并趋于零。

函数 $P(t_F,s)$ 为一个有多个分量的多值函数，如果固定式（4.34）中每个元素的一个分量，便可得到该分量的传递函数。把最后复杂的指数因子表示为 $x^p = e^{p\ln|x|+pi(\arg x+2\pi k)}$，其可以表示为 $x_0^p e^{p2k\pi i}$，$k = 0,1,2,\cdots$，这里 x_0^p 对应于 $k = 0$ 时的情况（式（4.38）~式（4.41），令其 $k = 0$ 和 $s = i\omega$）。由式（4.34）可以得出，对于实数 s，$\ln|x| = 0$，因此，由于 p 是纯虚数，$x^p = e^{p_1(\arg x+2k\pi)}$，$k = 0,1,2,\cdots$，其中：

$$p_1 = \frac{N\omega_j(D_j - \zeta_j\omega_j C_j)}{2\sqrt{1-\zeta_j^2}}$$

也就是说，x^p 的值是实数 s 的实部。

以上述取实数 s 实部的方式，固定式（4.34）的所有其他因子的分量，并任意地选取最后一个因子中 k 分量，可以得到很多分量 $P_k(t_F,s)$，$k = 0,1,2\cdots$，其中 s 的实部大于零。显然，$P_k(t_F,s) = P(t_F,s)e^{2\pi p_1 k}$，因此，只考虑 $P(t_F,s)$ 就足够了。

式（4.34）定义的函数 $P(t_F,s)$ 在域 $C_v = \{s:\text{Re}s > -\sigma\}$ 上是解析的，其中 $\sigma = \min(1/\tau_k,\zeta_j\omega_j)$，$k = 1,2,\cdots,l$；$j = 1,2,\cdots,m$。它在复平面右半平面（$\text{Re}s \geqslant 0$）是解析的，实数 s 的实部为正，且对 $\alpha > 0$，有：

$$P(t_F,s) = O(\frac{1}{|s|^{\alpha}}),\ P'(t_F,s) = O(\frac{1}{|s|^{\alpha+1}}),\ s\to\infty,\ s\in C_v \quad (B.1)$$

对于 $t > 0$ 和 $0 < \gamma < \sigma$，定义：

$$\begin{aligned} y_0(t) &= \frac{1}{2\pi i}\int_{\gamma-i\infty}^{\gamma+i\infty} P(t_F,s)e^{t_F s}ds \\ &= \lim_{\alpha\to\infty}\frac{1}{2\pi i}\left(\frac{1}{t}P(t_F,s)e^{ts}\Big|_{\gamma-ia}^{\gamma+ia} - \frac{1}{t}\int_{\gamma-ia}^{\gamma+ia}P'(t_F,s)e^{ts}ds\right) \end{aligned} \quad (B.2)$$

$y_0(t)$ 可重写为如下形式：

$$y_0(t) = \frac{1}{2\pi}\int_{-\infty}^{\infty} P(t,\gamma+iz)e^{(1+iz)t}dz \quad (B.3)$$

由于 $P(t_F,s)e^{ts}$ 是 s 的实部，通过对称性原理，$P(t_F,\gamma+iz)e^{(1\pm iz)t}$ 的值是复共轭的。因此，式（B.3）的被积函数的虚部是一个关于 z 的奇函数。所以，如果一个被积函数用它的实部来取代，积分结果不变，那么 $y_0(t)$ 也是实数。

从式（B.1）和式（B.2）可知，当 $t\to\infty$ 时，$y_0(t)$ 趋近于零。根据建立的所考虑的各分量 $P_k(t_F,s)$ 之间的关系，能够得出结论：每一个分量都是实值函数 $y_k(t)$ 的拉普拉斯变换，且当 $t\to\infty$ 时，$y_k(t)$ 趋于零，且 $y_k(t) = y_0(t)e^{2\pi p_1 k}$，$k = 0,1,2,\cdots$，$y_k(t)$ 在 $[0,\infty)$ 上是绝对可积的。

我们可以使主要分量 $k=0$，因为它对式（4.13）的积分下限满足零条件（式（4.35）~式（4.37）、式（4.39）和式（4.40））。

上面的讨论对应于 $N>2$ 且为整数的时候。如果 N 不是整数，式（4.34）的因子 s^{N-2} 是一个多值函数。在这种情况下，指数 s^{N-2} 在零附近的邻域没有完全定义，因此，用 $C_v=\{s:\mathrm{Re}s>-\sigma/\{s:-\sigma<s\leqslant 0\}\}$ 代替 $C_v=\{s:\mathrm{Re}s>-\sigma\}$，并将式（B.2）的整体积分替换为由下面四个区间组成的积分：

$$y_0(t)=\frac{1}{2\pi i}\left(\int_{-\gamma-i\infty}^{-\gamma}+\int_{-\gamma}^{-0}+\int_{+0}^{-\gamma}+\int_{-\gamma}^{-\gamma+i\infty}\right)P(s,t_{\mathrm{F}})\mathrm{e}^{ts}\mathrm{d}s \tag{B.4}$$

由式（B.1）和式（B.2）可知，当 $t\to\infty$ 时，$y_0(t)$ 趋于零[1]。

参考文献

1. Yanushevsky, R., Frequency domain approach to guidance system design, IEEE Transactions on Aerospace and Electronic Systems, 43, 2007.

附录 C

C.1 空气动力回归模型

对于选定的高度和马赫数,导弹数据表提供关于升力、阻力、轴向力和法向力系数作为攻角函数的数据表信息,即,对于每一对马赫数和高度(Mach(i),Alt(j)),都有一个包含系数 C_{Lk}、C_{Dk}、C_{Nk} 和 C_{ak} 的表格,这些系数与攻角 $\alpha_{\mathrm{T}k}$ $(k = 1,2,\cdots,m_{ij})$ 相对应,这里 m_{ij} 表明攻角是有界的,并且取决于马赫数 Mach(i) 和高度 Alt(j)。

例如,当用二阶多项式 $\alpha_{\mathrm{T}} = k_{10} + k_{11}C_{\mathrm{N}} + k_{12}C_{\mathrm{N}}^2$ 表示 α_{T} 和 C_{N} 之间的关系,必须用 $\alpha_{\mathrm{T}k}$ 和 $C_{\mathrm{N}k}$ 替换其中的对应量,因此,能够得到 $m_{ij} > 3$ 的线性方程组,方程组的求解需依据未知系数 k_{10}、k_{11} 和 k_{12},也就是说,我们需求解线性方程组:

$$\boldsymbol{Ck} = \boldsymbol{\alpha} \tag{C.1}$$

式中:$\boldsymbol{k} = (k_{10}, k_{11}, k_{12})$ 为未知向量;$\boldsymbol{\alpha} = (\alpha_{\mathrm{T}1}, \alpha_{\mathrm{T}2}, \cdots, \alpha_{\mathrm{T}mij})$ 为攻角向量(显然,在这里和前面,我们没有指定它是行向量还是列向量);$\boldsymbol{C}$ 为 $m_{ij} \times 3$ 矩阵[2],即

$$\boldsymbol{C} = \begin{vmatrix} 1 & C_{\mathrm{N}1} & C_{\mathrm{N}1}^2 \\ 1 & C_{\mathrm{N}2} & C_{\mathrm{N}2}^2 \\ \cdots & \cdots & \cdots \\ 1 & C_{\mathrm{N}m_{ij}} & C_{\mathrm{N}m_{ij}}^2 \end{vmatrix} \tag{C.2}$$

在根据试验数据确定函数关系的各类问题中,有与式(C.1)和式(C.2)类似的超定线性方程组。

未知系数 k_{10}、k_{11} 和 k_{12} 通过使回归模型数据的偏差的平方和取最小值来确定(即 $\min\limits_{k} \| \boldsymbol{\alpha} - \boldsymbol{Ck} \|^2$),最优解的形式如下[1]:

$$\boldsymbol{k} = \boldsymbol{C}^{+}\boldsymbol{\alpha}, \boldsymbol{C}^{+} = (\boldsymbol{C}'\boldsymbol{C})^{-1}\boldsymbol{C}^{\mathrm{T}} \tag{C.3}$$

若 $\boldsymbol{C}$ 的各列是线性独立的,则伪逆矩阵 $\boldsymbol{C}^{+}$ 就是可写出的。更多的 $\boldsymbol{C}^{+}$ 的表达式的形式可参考文献[1]。

在 MATLAB,最小二乘解可通过反斜杠运算得到(即 $\boldsymbol{k} = \boldsymbol{\alpha} \backslash \boldsymbol{C}$)。

参考文献

1. Albert, A., Regression and the Moor – PenrosePseudoinverse, Academic Press, NewYork, 1972.
2. Phillips, G. M., Interpolation and Approximation by Polynomials, Springer – Verlag, New York, 2003.

附录 D

D.1 龙格-库塔法

本书中的大部分微分方程都没有闭合解析解，因此，数值积分方法应被用于求解或仿真这类方程。这里将介绍简单、精确，并且在实际中广泛应用的龙格-库塔法。

利用如下形式的微分方程：

$$\dot{y} = f(y,t) \tag{D.1}$$

描述龙格-库塔数值积分的过程。

四阶龙格-库塔法是求解微分方程的标准算法之一。在给出四阶龙格-库塔法的算法之前，先导出二阶龙格-库塔法，它在实际中也有很多应用。

根据微分方程给出其标准积分形式：

$$y_{n+1} = \int_0^{t_n} f(t,y)\,\mathrm{d}t + \int_{t_n}^{t_{n+1}} f(t,y)\,\mathrm{d}t = y_n + \int_{t_n}^{t_{n+1}} f(t,y)\,\mathrm{d}t \tag{D.2}$$

式中：$y_n = y(t_n)$。

不同的计算程序取决于如何计算出式（D.2）右侧的积分。通过把这个积分变成 $h\dot{y}(t)$，可得到欧拉公式，其精度为 $O(h^2)$：

$$y_{n+1} = y_n + h\dot{y}_n + O(h^2) = y_n + hf(t_n,y_n) + O(h^2) \tag{D.3}$$

式中：$h = t_{n+1} - t_n$ 为积分区间。

利用梯形公式对式（D.2）进行积分，可得

$$y_{n+1} = y_n + 0.5h(f(t_n,y_n) + f(t_{n+1},y_{n+1})) + O(h^3) \tag{D.4}$$

因此，根据式（D.3），可得

$$y_{n+1} = y_n + 0.5h(f(t_n,y_n) + f(t_{n+1},y_{n+1})) + O(h^3),\quad y_{n+1} = y_n + hf(t_n,y_n) \tag{D.5}$$

利用矩形公式对式（D.2）进行积分，可得

$$y_{n+1} = y_n + hf(t_n + 0.5h, y(t_n + 0.5h)) + O(h^3) \tag{D.6}$$

式中：

$$y(t_n + 0.5h) = y_n + 0.5hf(t_n,y_n)$$

不像上面二阶龙格 - 库塔法公式中只有两项，四阶龙格 - 库塔法要求有下面四项：

$$\begin{cases} k_1 = f(t_n, y_n) \\ k_2 = f(t_n + 0.5h, y_n + 0.5k_1) \\ k_3 = f(t_n + 0.5h, y_n + 0.5k_2) \\ k_4 = f(t_n + h, y_n + hk_3) \end{cases} \tag{D.7}$$

且

$$y_{n+1} = y_n + \frac{h}{6}(k_1 + 2k_2 + 2k_3 + k_4) + O(h^5) \tag{D.8}$$

通过考虑式（9.96）来验证四阶龙格 - 库塔法。根据式（D.7）和式（D.8），可得

$$k_{1i}^1 = x_{2in}, \quad k_{2i}^1 = x_{3in}$$

$$k_{3i}^1 = -\frac{\omega_M^2}{\tau}x_{1in} - \frac{\omega_M^2 + 2\xi\omega_M}{\tau}x_{2in} - \frac{2\xi\omega_M\tau + 1}{\tau}x_{3in} + \frac{\omega_M^2}{\tau}a_{MTin}$$

$$\boldsymbol{k}_1 = (k_{1i}^1, k_{2i}^1, k_{3i}^1)^T, \quad y_n = (x_{1in}, x_{2in}, x_{3in})^T$$

$$x_{jin}^1 = x_{jin} + 0.5hk_{ji}^1$$

$$k_{1i}^2 = x_{2in}^1, \quad k_{2i}^2 = x_{3in}^1$$

$$k_{3i}^2 = -\frac{\omega_M^2}{\tau}x_{1in}^1 - \frac{\omega_M^2 + 2\xi\omega_M}{\tau}x_{2in}^1 - \frac{2\xi\omega_M\tau + 1}{\tau}x_{3in}^1 + \frac{\omega_M^2}{\tau}a_{MTin}$$

$$\boldsymbol{k}_2 = (k_{1i}^2, k_{2i}^2, k_{3i}^2)^T$$

$$x_{jin}^2 = x_{jin} + 0.5hk_{ji}^2$$

$$k_{1i}^3 = x_{2in}^2, \quad k_{2i}^3 = x_{3in}^2$$

$$k_{3i}^3 = -\frac{\omega_M^2}{\tau}x_{1in}^2 - \frac{\omega_M^2 + 2\xi\omega_M}{\tau}x_{2in}^2 - \frac{2\xi\omega_M\tau + 1}{\tau}x_{3in}^2 + \frac{\omega_M^2}{\tau}a_{MTin}$$

$$\boldsymbol{k}_3 = (k_{1i}^3, k_{2i}^3, k_{3i}^3)^T$$

$$x_{jin}^3 = x_{jin} + hk_{ji}^2, \boldsymbol{y}_n^3 = (x_{1in}^3, x_{2in}^3, x_{3in}^3)^T$$

$$k_{1i}^4 = x_{2in}^3, \quad k_{2i}^4 = x_{3in}^3$$

$$k_{3i}^4 = -\frac{\omega_M^2}{\tau}x_{1in}^3 - \frac{\omega_M^2 + 2\xi\omega_M}{\tau}x_{2in}^3 - \frac{2\xi\omega_M\tau + 1}{\tau}x_{3in}^3 + \frac{\omega_M^2}{\tau}a_{MTin}$$

$$\boldsymbol{k}_4 = (k_{1i}^4, k_{2i}^4, k_{3i}^4)^T \quad (i = 1,2,3)$$

$$y_{n+1} = y_n + \frac{h}{6}(\boldsymbol{k}_1 + 2\boldsymbol{k}_2 + 2\boldsymbol{k}_3 + \boldsymbol{k}_4) \tag{D.9}$$